房屋安全鉴定培训教材

邓锦尚　施少锐　主编

中国建筑工业出版社

图书在版编目（CIP）数据

房屋安全鉴定培训教材 / 邓锦尚，施少锐主编 . —
北京：中国建筑工业出版社，2021.11（2023.12重印）
ISBN 978-7-112-26646-3

Ⅰ.①房… Ⅱ.①邓… ②施… Ⅲ.①房屋 — 安全鉴
定 — 技术培训 — 教材 Ⅳ.① TU746.2

中国版本图书馆 CIP 数据核字（2021）第 193387 号

责任编辑：张礼庆
责任校对：赵　菲

房屋安全鉴定培训教材
邓锦尚　施少锐　主编
*
中国建筑工业出版社出版、发行（北京海淀三里河路9号）
各地新华书店、建筑书店经销
北京点击世代文化传媒有限公司制版
建工社（河北）印刷有限公司印刷
*
开本：787毫米×1092毫米　1/16　印张：22½　字数：505千字
2021年12月第一版　2023年12月第二次印刷
定价：**78.00**元
ISBN 978-7-112-26646-3
　　　（38500）

本书编写委员会

主编单位： 广州市房屋安全鉴定协会

参编单位： 广东稳固检测鉴定有限公司

广东真正工程检测有限公司

广东汇建检测鉴定有限公司

大鹏检测鉴定（广东）有限公司

广东保顺检测鉴定有限公司

广东至业建筑结构检测鉴定有限公司

广州正高工程技术有限公司

广东尚标检测鉴定有限公司

广东省有色工业建筑质量检测站有限公司

广州华力建筑技术有限公司

主　编： 邓锦尚　施少锐

副主编： （按姓氏笔画排序）

丁洪涛　龙　涛　龙耀坚　刘　鹏　李启平

陈　伟　罗爱平　黄启云　黄贵勇　温炽华

参编人员： （按姓氏笔画排序）

万　超　丘文杰　江洪波　汤书军　汤剑斌

李从楼　李江涛　肖旭平　吴永清　吴建兴

何学明　沈建辉　张世添　张卓力　张焯深

易开全　郑　喆　顾冬瑞　黄　梓　黄宇华

梁　驹　梁　殿　龚有权　曾令思　袁本乾

潘　琪　孙咏莉

主　审： 张卓然　李毅锋

前 言 | PREFACE

我国既有房屋数量众多，房屋改造、加建，改变使用用途，达到设计使用年限需要继续使用，房屋周边施工影响等均需要进行房屋安全鉴定。在国外建筑工程发展过程中，当工程建设进行到一定阶段后，工程结构的房屋安全鉴定、加固、改造将成为城市建设的主流方向。老旧房屋与日益完善的城市功能相比日趋滞后，已成为我国当前城市化进程中需要改进和加强的薄弱环节，然而房屋安全鉴定机构和人员并没有明确的资质管理，鉴定人员的技术水平也参差不齐。

为适应房屋安全鉴定技术与管理发展趋势，进一步提高广大房屋安全鉴定人员的专业技术水平和房屋安全鉴定机构的质量管理水平，规范鉴定行业，急需加强对房屋安全鉴定人员的系统性培训，为此编写本书作为本行业的专门培训教材。

本书系统全面地介绍了房屋安全鉴定、建筑结构检测、建筑结构基本知识与资质认定及管理，详细阐述了房屋安全鉴定依据、程序及内容，房屋安全查勘技术与方法，房屋裂缝类型、成因与处理，房屋安全鉴定技术要求，同时介绍了结构检测内容与抽样方法，常用检测技术，结构性能荷载试验，仪器使用与维护。另外，为帮助大家学好结构理论，本书还介绍了房屋建筑学，常见结构形式，结构力学，结构加固技术，工程制图、钢筋平法表示。根据管理要求和实际的需要，本书还补充了房屋安全鉴定机构管理体系和资质认定概论。

限于编者水平和时间仓促，书中难免有疏漏不当之处，敬请读者批评指正。

编者
2021 年 7 月

目 录 | CONTENTS

第一篇　房屋安全鉴定 ………………………………………………………………… 1

第1章　房屋安全鉴定概述 …………………………………………………………… 2

　　1.1　房屋安全鉴定的概念 …………………………………………………………… 2

　　1.2　房屋安全鉴定目的和意义 ……………………………………………………… 2

　　1.3　房屋安全鉴定与房屋安全管理的关系 ………………………………………… 3

　　1.4　房屋安全鉴定的作用 …………………………………………………………… 3

　　1.5　房屋安全鉴定的分类 …………………………………………………………… 4

　　1.6　房屋安全鉴定与建筑工程质量鉴定的区别 …………………………………… 6

　　1.7　房屋安全鉴定与查勘、检测的关系 …………………………………………… 6

第2章　房屋安全鉴定依据 …………………………………………………………… 8

　　2.1　法律、法规 ……………………………………………………………………… 8

　　2.2　鉴定标准 ………………………………………………………………………… 8

　　2.3　荷载及结构验算标准 …………………………………………………………… 9

　　2.4　检测技术标准 …………………………………………………………………… 9

　　2.5　法律、法规相关条文列举 ……………………………………………………… 10

第3章　房屋安全鉴定程序及内容 …………………………………………………… 13

　　3.1　房屋安全鉴定的程序 …………………………………………………………… 13

　　3.2　房屋安全鉴定工作内容 ………………………………………………………… 14

　　3.3　鉴定思路的形成 ………………………………………………………………… 18

　　3.4　鉴定项目资料管理 ……………………………………………………………… 18

第4章　房屋查勘技术与方法 ………………………………………………………… 20

　　4.1　房屋查勘概念 …………………………………………………………………… 20

　　4.2　房屋查勘的目的 ………………………………………………………………… 20

　　4.3　房屋查勘的分类 ………………………………………………………………… 20

　　4.4　房屋查勘方法 …………………………………………………………………… 20

　　4.5　房屋安全隐患的概述 …………………………………………………………… 21

　　4.6　房屋安全隐患的分类 ·· 22

　　4.7　房屋的调查 ·· 24

　　4.8　房屋查勘技能要点 ·· 28

　　4.9　鉴定标准对房屋结构体系查勘的要求 ·························· 33

第 5 章　房屋裂缝类型、成因与处理 ··································· 34

　　5.1　钢筋混凝土裂缝 ·· 34

　　5.2　砌体裂缝 ·· 49

　　5.3　裂缝处理 ·· 55

第 6 章　房屋安全鉴定技术要点 ······································ 60

　　6.1　房屋完损性鉴定 ·· 60

　　6.2　房屋危险性鉴定 ·· 67

　　6.3　房屋可靠性鉴定 ·· 80

　　6.4　房屋抗震鉴定 ··· 118

　　6.5　火灾后工程结构鉴定 ·· 135

　　6.6　房屋专项鉴定 ··· 145

第二篇　建筑结构检测 ·· 157

第 7 章　房屋检测内容与抽样方法 ··································· 158

　　7.1　房屋检测概念 ··· 158

　　7.2　房屋检测的目的 ··· 158

　　7.3　既有房屋性能检测 ·· 158

　　7.4　房屋检测的程序与内容 ·· 158

　　7.5　房屋检测方法与选定原则 ······································· 163

　　7.6　房屋结构检测项目 ·· 163

　　7.7　房屋检测抽样方法 ·· 163

第 8 章　常用检测技术 ··· 167

　　8.1　房屋安全鉴定常见检测类型 ····································· 167

　　8.2　混凝土结构现场检测 ·· 167

　　8.3　砌体结构现场检测 ·· 181

　　8.4　钢结构现场检测 ··· 186

　　8.5　建筑物主体倾斜观测 ·· 190

　　8.6　检测新技术在房屋安全鉴定中的应用 ························· 192

第9章　结构性能荷载试验 ……………………………………………… 195
9.1 结构性能荷载试验的目的和分类 …………………………… 195
9.2 结构性能荷载试验的程序 …………………………………… 197
9.3 试验报告 ……………………………………………………… 210

第10章　检测仪器的使用和维护 ……………………………………… 211
10.1 概述 ………………………………………………………… 211
10.2 钢筋扫描仪 ………………………………………………… 211
10.3 混凝土回弹仪 ……………………………………………… 218
10.4 贯入式砂浆强度检测仪 …………………………………… 225
10.5 经纬仪 ……………………………………………………… 227
10.6 全站仪 ……………………………………………………… 233
10.7 裂缝综合测试仪 …………………………………………… 237
10.8 非金属超声波检测仪 ……………………………………… 240

第三篇　建筑结构基本知识 …………………………………………… 245

第11章　房屋建筑学 …………………………………………………… 246
11.1 建筑高度、房间的净高和层高 …………………………… 246
11.2 楼地层、屋盖及阳台、雨篷的基本构造 ………………… 247
11.3 墙体的基本构造 …………………………………………… 253
11.4 地基与基础 ………………………………………………… 257
11.5 楼梯和电梯 ………………………………………………… 260
11.6 建筑变形缝 ………………………………………………… 261

第12章　常见结构形式 ………………………………………………… 264
12.1 混合结构 …………………………………………………… 264
12.2 框架结构 …………………………………………………… 267
12.3 钢排架结构 ………………………………………………… 269
12.4 砖木结构 …………………………………………………… 272
12.5 其他常见结构 ……………………………………………… 273

第13章　结构力学 ……………………………………………………… 275
13.1 结构力学基本概念 ………………………………………… 275
13.2 静定梁 ……………………………………………………… 280
13.3 静定平面刚架 ……………………………………………… 285
13.4 静定平面桁架 ……………………………………………… 289

    13.5　结构力学各种计算方法简介 ··· 295

第 14 章　结构加固技术 ··· 300
    14.1　改造建筑的结构设计 ··· 300
    14.2　加固方法及技术 ··· 304

第 15 章　工程制图、钢筋平法识图 ··· 313
    15.1　工程制图 ··· 313
    15.2　钢筋平法识图 ··· 318

第四篇　资质认定及管理 ··· 329

第 16 章　房屋安全鉴定机构管理体系 ······································· 330
    16.1　机构 ··· 330
    16.2　人员 ··· 331
    16.3　场所环境 ··· 332
    16.4　设备设施 ··· 332
    16.5　管理体系 ··· 333

第 17 章　资质认定概论 ··· 339
    17.1　产品质量检验机构计量认证 ··· 339
    17.2　产品质量监督检验机构审查认可（验收） ······························· 340
    17.3　实验室和检验机构认可 ··· 340
    17.4　检验检测机构资质认定 ··· 341
    17.5　检验检测机构资质认定的评审过程 ····································· 343

参考文献 ··· 351

第一篇

房屋安全鉴定

第1章 房屋安全鉴定概述

1.1 房屋安全鉴定的概念

房屋是指人类用于生产、生活以及从事其他活动的具有顶盖和维护的建筑物的总称。从使用属性看,房屋具有私有性,比如房屋拥有人的所有权、使用权、处分权等。从社会属性看,房屋所处的空间和环境具有公共性,如果发生房屋安全事故时,其后果不是简单的私有个体事件,而是公共突发事件,房屋危险会给人类生命和财产带来威胁。因此,通过房屋安全鉴定加强房屋安全管理可以保障房屋权属人的利益,可以减少房屋安全事故和房屋灾害的发生。

房屋在建成投入使用后,由于材料的老化、构件强度的降低、结构强度的降低、结构安全储备的减少、使用不当等因素导致了房屋由完好到损坏、由小损到大损、由大损到危险。引起房屋"发病"和"衰老"的原因有很多,比如设计因素、施工因素、材料因素、地质因素、人为因素、自然因素、环境因素等,这些影响因素所展现的是结构、构件的损坏、变形、裂缝、承载能力不足,并造成房屋结构、构件功能失效。

是否有必要对房屋进行维修、更换房屋危险构件或消除安全隐患,必须依靠专业机构和专业技术人员对房屋现状的阶段性技术评估结果来确定。这种对房屋现状的阶段性技术评估就是房屋鉴定,参与技术评估的专业机构和专业技术人员就是鉴定单位和鉴定人。

房屋安全鉴定即是对既有房屋结构的工作性能和工作状态所进行调查、检测、分析验算和评定等一系列活动。

1.2 房屋安全鉴定目的和意义

房屋安全鉴定的重要工作是对现阶段房屋结构、构件工作安全状态的评估,梳理房屋存在的问题,评定房屋安全等级,提示房屋应该采取的有效处理措施,延缓结构损伤的进程,延长房屋使用寿命及可利用的程度。

房屋安全鉴定机构受当事人的委托开展资格范围内的房屋鉴定工作,其鉴定行为是一种公平、公正具有一定的证明权行为。鉴定的目的是为公民、法人或其他组织解决房屋安全纠纷提供一种技术服务。其核心是保障当事人的合法权益,维护社会的公平、公正,构建和谐社会,协助政府加强对房屋安全使用和管理。

　　近 40 年以来，随着我国经济的快速发展，城市建设日新月异，既有房屋的存量逐年增加。由于城市规划、建设、管理和人为及历史的原因，城市建设中曾出现一定批量的不规范的既有建筑，房屋倒塌事故不断涌现。加强对房屋的安全使用管理，消除房屋安全隐患，已迫在眉睫。在房价普遍高企的现状下，百姓把一生的积蓄投入购置房产，当遇到房屋质量瑕疵时必然发生尖锐的纠纷。这就要求房屋安全鉴定机构提供公平、公正的技术服务。

　　房屋安全鉴定关系到国家和人民群众生命财产安全，关系到经济发展和社会稳定。这就要求鉴定机构在从事房屋安全鉴定的过程中，必须严格按照国家的有关法律、法规开展房屋安全鉴定工作，支持政府对房屋安全使用进行管理，同时促进房地产行政主管部门的职能建设。

　　特别是涉及房屋安全的突发事件如：爆炸、地震、火灾、倒塌等突发事故，作为房屋安全鉴定机构，首先应该义务为政府的决策提供应急建议，其次是对房屋的深度查勘、鉴定、损坏评估。要想做好房屋安全鉴定工作，没有标准化的管理很难应付这些房屋安全的突发事件。

1.3　房屋安全鉴定与房屋安全管理的关系

　　"安居方能乐业"，房屋安全鉴定关系到人民群众的基本生活和生命、财产安全，关系到社会稳定和经济发展。

　　房屋安全鉴定是房屋安全管理中一个非常重要环节，主要是对房屋现状安全性、使用性、耐久性的技术评定，评定的结果是房屋安全等级，房屋安全等级代表房屋现状的安全程度。

　　房屋安全鉴定包括房屋安全普查、房屋安全检查、房屋安全专项鉴定等，是房屋安全管理的基础，房屋安全鉴定数据和结论的准确与否直接影响到房屋安全管理的效果。

　　房屋安全管理就是要通过房屋安全鉴定，将房屋现状安全程度的未知变成已知。房屋安全等级的划分主要是筛分出危险房屋或疑似危险房屋，为房屋安全管理起到导向作用，既要减少危险房屋对人民生命财产造成巨大威胁和损失，又要考虑危险房屋或疑似危险房屋在治理过程中的轻重缓急的递进进行。

　　房屋安全管理是为保障房屋建筑结构使用安全而进行的管理，是由房屋安全鉴定管理、危险房屋治理、房屋应急抢险以及白蚁预防和灭治管理等环节构成的一个管理系统。它环环相扣，任何一个环节出现疏漏都会造成房屋安全管理的不安全因素。

1.4　房屋安全鉴定的作用

　　（1）确保各类房屋的使用安全

　　房屋投入使用后，有形、无形和人为的损伤无时不在发生，维护不当或若加固维修不及时，房屋的可靠性就会迅速降低，使用寿命大幅度缩短，甚至出现房屋倒塌的事故。我国多年来受"重建设，轻管理"思想影响，对已建成房屋的定期检查和维护工作还未引起足够的重视，也缺乏健全的管理制度，往往是房屋功能明显损耗或损坏严重时才进行鉴定，其结果是造成房屋的使用寿命缩短，维修费用大大增加，有的甚至危及人民的财产和生命的安全。因此，在正确使用的前提下，应该通过对房屋定期鉴定，合理维护，保证房屋各部分处于正常、安全状态。

（2）促进城市危旧房屋的改造

20世纪50—60年代，为解决城镇职工住房问题，一些城市大力兴建了砖混结构、砖木结构或简易结构房屋；另外还少量存在中华人民共和国成立前建造的砖木结构或简易结构房屋。这些房屋经过几十年甚至上百年的风雨剥蚀和各种自然的、人为的损坏，绝大部分已成为危险房屋。通过对这些房屋实施安全鉴定，可以尽早地发现安全隐患，及时采取排险解危措施，最大限度地减少房屋倒塌事故的发生和人员财产损失。同时也能查清危旧房屋的结构类型、使用情况和分布状况，促进危旧房屋相对集中的区域有计划、有重点的翻建、改造。

（3）起到防灾和减灾作用

房屋遭受自然灾害或火灾等突发事件的侵袭后，房屋的结构会受到不同程度的损伤甚至破坏，通过对受损房屋进行鉴定来确定房屋是否符合安全使用条件，或采取排险解危措施后继续使用。另外，加强房屋的定期鉴定，可以及时维护、加固已损坏房屋，保持房屋预定的抵御突发灾害的能力，从而降低自然灾害或火灾等突发事故给房屋造成的破坏或人员财产损失，起到防灾减灾的作用。

（4）为司法裁决提供技术依据

随着经济的发展、法律法规的完善及人们法律意识的不断增强，在大量的公、私房新建或装修、改扩建施工中，出现了不少相互影响，甚至造成损失，并引起房屋纠纷的事件。当诉讼关系形成后，法院或其他仲裁机构等，可以委托房屋安全鉴定机构对房屋损坏原因、程度及危险等进行鉴定，为司法裁决提供技术依据。房屋安全鉴定必须实事求是、科学公正，在为维护正当利益和社会安定团结过程中，发挥重要作用。

1.5 房屋安全鉴定的分类

房屋安全鉴定类型划分取决于委托方的需求和鉴定的目的，但鉴定过程中发现重大问题时，鉴定人可以根据房屋实际状况调整或改变鉴定类型。

（1）房屋危险性鉴定

房屋危险性鉴定是指根据《危险房屋鉴定标准》对既有房屋现阶段是否存在安全隐患进行检查，对房屋的危险程度进行评级鉴定，并对危险房屋提出处理建议。危险房屋属于警示性的提法，应归类于安全性鉴定。危险性房屋鉴定主要适用于房屋结构传力体系明确，房屋损毁明显的房屋。按照房屋无危险点、有危险点、局部危险、整体危险四个等级进行鉴定评级，对于房屋后续处理有明确的指导意义。

（2）房屋应急鉴定

房屋应急鉴定是房屋危险性鉴定的一种特殊形式。如爆炸、地震、火灾、台风、水淹、交通事故、地质灾害、房屋倒塌等涉及房屋安全的突发性事件时，应决策方或委托方要求，房屋鉴定机构对遭遇外界突发事故的房屋进行紧急安全检查、检测，对房屋损坏程度及影响范围进行紧急评估。这一类鉴定带有公益性，由于时限要求和鉴定条件的局限性，房屋安全应急鉴定多以紧急处理建议的形式提出，如紧急排险、紧急撤离等。紧急处理建议应安全可靠，具有可操作性。

应急鉴定一般不采用可靠性鉴定方法，因时间和现场的局限，其检测量、测试数据不可能按部就班展开，所以房屋应急性鉴定可根据房屋结构工作状态直接给出鉴定报告，以主要数据齐全并能说明问题即可。

（3）民用建筑可靠性鉴定

民用建筑可靠性鉴定是指根据《民用建筑可靠性鉴定标准》，对民用建筑结构的承载能力和整体稳定性，以及安全性、适用性、耐久性等建筑的使用性能所进行的调查、检测分析、验算及评定等一系列活动。

民用建筑可靠性鉴定是按照安全性和使用性要求，通过比对筛分综合评定房屋可靠性等级，同时也包括处理建议。其目的是评估房屋是否有可继续利用的价值或改变使用条件的可行性。

民用建筑可靠性鉴定适用于房屋结构传力体系清晰、房屋存在显性与隐性安全隐患或延缓、延伸其有利用价值的房屋。如：建筑物大修前；建筑物改造或增容、改建或扩建前；建筑物改变用途或使用环境前；建筑物达到设计使用年限拟继续使用时；遭受灾害或事故后；存在较严重的质量缺陷或出现较严重的腐蚀、损伤、变形时等。

（4）工业建筑可靠性鉴定

工业建筑可靠性鉴定是指根据《工业建筑可靠性鉴定标准》，对工业建筑的安全性和使用性进行调查、检测、分析、验算及评定等一系列活动。

《工业建筑可靠性鉴定标准》适用于对以混凝土结构、钢结构、砌体结构为承重结构的单层或多层厂房等建筑物，以及烟囱、贮仓、通廊、水池等构筑物的可靠性鉴定。

（5）房屋完损等级评定

房屋完损等级评定是指根据《房屋完损等级评定标准》，对民用房屋外观的完好状况或损坏程度进行评定等级，以房屋使用功能为主。房屋完损等级评定属于传统经验型鉴定方法，必要时才依靠检测数据。

主要适用于对结构体系较简单的房屋受损程度的评定，亦可作为房屋普查的评定依据。房屋完损等级评定不适用危险性房屋、工业建筑、原设计质量和原使用功能的鉴定，对于构成危险的房屋，应采用其他鉴定标准进行评定。

（6）特殊需求的专项鉴定

房屋专项鉴定是根据委托方的要求进行的鉴定。包括施工对周边房屋影响的鉴定、火灾后房屋结构损伤程度鉴定、房屋质量司法鉴定、房屋损坏纠纷鉴定、房屋抗震鉴定、结构单项检测等专项鉴定。房屋专项鉴定目的性明确，鉴定此类房屋应符合相关鉴定标准的要求。

1.6 房屋安全鉴定与建筑工程质量鉴定的区别

房屋安全鉴定与建筑工程质量鉴定的区别如下：

（1）鉴定对象不同

房屋安全鉴定的鉴定对象是既有房屋，即已建成并投入使用一段时期（一般为两年以上）的房屋；建筑工程质量鉴定的对象是在建或新建尚未投入使用的房屋建筑。

（2）鉴定程序不同

房屋安全鉴定主要根据房屋结构的工作状态及结构构件的失效率筛分，进行房屋等级评估，必要时辅以检测和承载力复核；建筑工程质量鉴定主要通过检测数据对建筑各分项工程、分部工程或单位工程进行评定，以施工质量合格率进行评判。

（3）检测量和检测环境不同

房屋安全鉴定受房屋使用环境影响，检测条件有局限性，鉴定标准对最少检测量有明确规定；建筑工程质量鉴定因检测环境比较好，可以满足检测标准对检验批和检测量的要求。

（4）执行标准不同

房屋安全鉴定主要采用《工业建筑可靠性鉴定标准》《民用建筑可靠性鉴定标准》和《危险房屋鉴定标准》；建筑工程施工质量鉴定采用《建筑工程施工质量验收统一标准》及相应的各专业工程施工质量验收规范或设计标准，由于房屋安全鉴定标准低于设计标准，所以房屋安全鉴定标准不能用于建筑工程施工质量验收或建筑抗震验收。

（5）鉴定成果不同

房屋安全鉴定成果的标志是《房屋安全鉴定报告》。房屋安全鉴定报告是根据委托方的要求，依据现行的鉴定标准对房屋进行等级评定；建筑工程质量鉴定成果是《建筑工程质量鉴定技术报告》。建筑工程质量鉴定技术报告是根据委托要求，依据现行相关标准对鉴定项目进行质量及原因分析，一般情况下可不进行房屋等级评定。

1.7 房屋安全鉴定与查勘、检测的关系

（1）房屋查勘与房屋检测的定义

房屋查勘是指对房屋现状的调查探测，即借助专业知识和经验，对房屋现状进行全面调查，收集相关资料和照片，记录和复核相关资料，对房屋现状进行基本描述。

房屋检测是指借助仪器设备对房屋检验项目进行测定，取得准确的检测数据，为鉴定分析提供可靠的数据支持。

（2）房屋安全鉴定与查勘、检测的区别

鉴定是根据查勘情况与检测数据，对房屋进行分析验算和评定，查勘只是对房屋

现状的调查和初步判断，检测是对查勘的深入验证，检测可仅提供检测数据。

查勘是鉴定工作的准备，检测是查勘深层次的继续，查勘和检测不能替代整个鉴定活动。

（3）房屋安全鉴定与查勘、检测的关系

鉴定包含着查勘和检测，查勘和检测是鉴定一系列活动中不可缺少的内容。查勘与检测是为鉴定服务的，查勘是鉴定工作的基础，检测为鉴定提供可靠的数据支持。

第 2 章　房屋安全鉴定依据

2.1　法律、法规

法律法规是调整建设活动各方面关系的规范性文件。房屋安全鉴定所涉及的依据主要是法律法规（包括部门规章）和与房屋鉴定的有关技术标准规范。与房屋安全鉴定管理有关的法律法规主要包括：

《中华人民共和国建筑法》（中华人民共和国主席令第 91 号）

《中华人民共和国防震减灾法》（中华人民共和国主席令第 34 号）

《建设工程质量管理条例》（国务院令第 687 号）

《建筑工程质量检测管理办法》（建设部令第 141 号）

《城市危险房屋管理规定》（建设部令第 129 号）

《住宅室内装饰装修管理办法》（建设部令第 110 号）

《中华人民共和国文物保护法》（中华人民共和国主席令第 84 号）

《司法鉴定程序通则》（司法部令第 132 号）

2.2　鉴定标准

房屋安全鉴定执行的技术标准和规范在业务工作中是行业必须遵守的规定。主要包括：

《建筑结构可靠度设计统一标准》GB 50068

《民用建筑可靠性鉴定标准》GB 50292

《工业建筑可靠性鉴定标准》GB 50144

《建筑抗震鉴定标准》GB 50023

《危险房屋鉴定标准》JGJ 125

《房屋完损等级评定标准》（城住〔1984〕第 678 号）

《火灾后工程结构鉴定标准》T/CECS 252

《混凝土结构耐久性评定标准》CECS 220

《混凝土结构工程施工质量验收规范》GB 50204

《钢结构工程施工质量验收标准》GB 50205

《砌体结构工程施工质量验收规范》GB 50203

《木结构工程施工质量验收规范》GB 50206

2.3　荷载及结构验算标准

荷载和结构验算标准主要包括：
《建筑结构荷载规范》GB 50009
《建筑抗震设计规范》GB 50011
《混凝土结构设计规范》GB 50010
《砌体结构设计规范》GB 50003
《钢结构设计标准》GB 50017
《木结构设计标准》GB 50005
《建筑地基基础设计规范》GB 50007

2.4　检测技术标准

2.4.1　综合检测标准

《建筑结构检测技术标准》GB/T 50344
《建筑变形测量规范》JGJ 8

2.4.2　混凝土结构检测标准

《混凝土结构现场检测技术标准》GB/T 50784
《混凝土中钢筋检测技术标准》JGJ/T 152
《回弹法检测混凝土抗压强度技术规程》JGJ/T 23
《高强混凝土强度检测技术规程》JGJ/T 294
《超声回弹综合法检测混凝土强度技术规程》CECS 02
《拔出法检测混凝土强度技术规程》CECS 69
《超声法检测混凝土缺陷技术规程》CECS 21
《钻芯法检测混凝土强度技术规程》CECS 03
《钻芯法检测混凝土强度技术规程》JGJ/T 384
《混凝土强度检验评定标准》GB/T 50107
《混凝土结构试验方法标准》GB/T 50152

2.4.3　砌体结构检测标准

《砌体工程现场检测技术标准》GB/T 50315
《回弹仪评定烧结普通砖强度等级的方法》JC/T 796
《贯入法检测砌筑砂浆抗压强度技术规程》JGJ/T 136

2.4.4　钢结构检测标准

《钢结构现场检测技术标准》GB/T 50621

《钢结构超声波探伤及质量分级法》JB/T 203

《无损检测　超声测厚》GB/T 11344

《焊缝无损检测　超声检测　技术、检测等级和评定》GB/T 11345

《钢网架螺栓球节点》JG/T 10

《焊缝无损检测　焊缝磁粉检测　验收等级》GB/T 26952

《焊缝无损检测　焊缝渗透检测　验收等级》GB/T 26953

《金属材料 里氏硬度试验　第 1 部分：试验方法》GB/T 17394.1

《紧固件机械性能　不锈钢螺栓、螺钉和螺柱》GB/T 3098.6

《钢结构用扭剪型高强度螺栓连接副》GB/T 3632

2.4.5　木结构检测标准

《木材含水率测定方法》GB/T 1931

《木材耐久性能　第 1 部分：天然耐腐性实验室试验方法》GB/T 13942.1

《木材耐久性能　第 2 部分：天然耐久性野外试验方法》GB/T 13942.2

2.5　法律、法规相关条文列举

2.5.1　城市危险房屋管理规定

第七条　房屋所有人或使用人向当地鉴定机构提供鉴定申请时，必须持有证明其具备相关民事权利的合法证件。

鉴定机构接到鉴定申请后，应及时进行鉴定。

第十条　进行安全鉴定，必须有两名以上鉴定人员参加。对特殊复杂的鉴定项目，鉴定机构可另外聘请专业人员或邀请有关部门派员参与鉴定。

第十一条　房屋安全鉴定应使用统一术语，填写鉴定文书，提出处理意见。

经鉴定属危险房屋的，鉴定机构必须及时发出危险房屋通知书；属于非危险房屋的，应在鉴定文书上注明在正常使用条件下的有效时限，一般不超过一年。

第十二条　房屋经安全鉴定后，鉴定机构可以收取鉴定费。鉴定费的收取标准，可根据当地情况，由鉴定机构提出，经市、县人民政府房地产行政主管部门会同物价部门批准后执行。

房屋所有人和使用人都可提出鉴定申请。经鉴定为危险房屋的，鉴定费由所有人承担；经鉴定为非危险房屋的，鉴定费由申请人承担。

第十七条　房屋所有人对经鉴定的危险房屋，必须按照鉴定机构的处理建议，及时加固或修缮治理；如房屋所有人拒不按照处理建议修缮治理，或使用人有阻碍行为的，房地产行政主管部门有权指定有关部门代修，或采取其他强制措施。发生的费用由责任人承担。

第二十二条　因下列原因造成事故的，房屋所有人应承担民事或行政责任：

（一）有险不查或损坏不修；

（二）经鉴定机构鉴定为危险房屋而未采取有效的解危措施。

第二十三条　因下列原因造成事故的，使用人、行为人应承担民事责任：

（一）使用人擅自改变房屋结构、构件、设备或使用性质；

（二）使用人阻碍房屋所有人对危险房屋采取解危措施；

（三）行为人由于施工、堆物、碰撞等行为危及房屋。

第二十四条　有下列情况的，鉴定机构应承担民事或行政责任：

（一）因故意把非危险房屋鉴定为危险房屋而造成损失；

（二）因过失把危险房屋鉴定为非危险房屋，并在有效时限内发生事故；

（三）因拖延鉴定时间而发生事故。

2.5.2　住宅室内装饰装修管理办法

第五条　住宅室内装饰装修活动，禁止下列行为：

（一）未经原设计单位或者具有相应资质等级的设计单位提出设计方案，变动建筑主体和承重结构；

（二）将没有防水要求的房间或者阳台改为卫生间、厨房间；

（三）扩大承重墙上原有的门窗尺寸，拆除连接阳台的砖、混凝土墙体；

（四）损坏房屋原有节能设施，降低节能效果；

（五）其他影响建筑结构和使用安全的行为。

目前，全国各地的住宅室内装饰装修管理均由房屋管理部门负责，如果有上述行为，应进行房屋安全鉴定。

2.5.3　司法鉴定程序通则

第五条　司法鉴定实行鉴定人负责制度。司法鉴定人应当依法独立、客观、公正地进行鉴定，并对自己作出的鉴定意见负责。司法鉴定人不得违反规定会见诉讼当事人及其委托的人。

第九条　司法鉴定机构和司法鉴定人进行司法鉴定活动应当依法接受监督。对于有违反有关法律、法规、规章规定行为的，由司法行政机关依法给予相应的行政处罚；对于有违反司法鉴定行业规范行为的，由司法鉴定协会给予相应的行业处分。

第十三条　司法鉴定机构应当自收到委托之日起七个工作日内作出是否受理的决定。对于复杂、疑难或者特殊鉴定事项的委托，司法鉴定机构可以与委托人协商决定受理的时间。

第十五条　具有下列情形之一的鉴定委托，司法鉴定机构不得受理：

（一）委托鉴定事项超出本机构司法鉴定业务范围的；

（二）发现鉴定材料不真实、不完整、不充分或者取得方式不合法的；

（三）鉴定用途不合法或者违背社会公德的；

（四）鉴定要求不符合司法鉴定执业规则或者相关鉴定技术规范的；

（五）鉴定要求超出本机构技术条件或者鉴定能力的；

（六）委托人就同一鉴定事项同时委托其他司法鉴定机构进行鉴定的；

（七）其他不符合法律、法规、规章规定的情形。

第十六条　司法鉴定机构决定受理鉴定委托的，应当与委托人签订司法鉴定委托书。司法鉴定委托书应当载明委托人名称、司法鉴定机构名称、委托鉴定事项、是否属于重新鉴定、鉴定用途、与鉴定有关的基本案情、鉴定材料的提供和退还、鉴定风险，以及双方商定的鉴定时限、鉴定费用及收取方式、双方权利义务等其他需要载明的事项。

第二十四条　司法鉴定人有权了解进行鉴定所需要的案件材料，可以查阅、复制相关资料，必要时可以询问诉讼当事人、证人。

经委托人同意，司法鉴定机构可以派员到现场提取鉴定材料。现场提取鉴定材料应当由不少于二名司法鉴定机构的工作人员进行，其中至少一名应为该鉴定事项的司法鉴定人。现场提取鉴定材料时，应当有委托人指派或者委托的人员在场见证并在提取记录上签名。

第二十七条　司法鉴定人应当对鉴定过程进行实时记录并签名。记录可以采取笔记、录音、录像、拍照等方式。记录应当载明主要的鉴定方法和过程，检查、检验、检测结果，以及仪器设备使用情况等。记录的内容应当真实、客观、准确、完整、清晰，记录的文本资料、音像资料等应当存入鉴定档案。

第二十八条　司法鉴定机构应当自司法鉴定委托书生效之日起三十个工作日内完成鉴定。

鉴定事项涉及复杂、疑难、特殊技术问题或者鉴定过程需要较长时间的，经本机构负责人批准，完成鉴定的时限可以延长，延长时限一般不得超过三十个工作日。鉴定时限延长的，应当及时告知委托人。

第四十三条　经人民法院依法通知，司法鉴定人应当出庭作证，回答与鉴定事项有关的问题。

第3章 房屋安全鉴定程序及内容

3.1 房屋安全鉴定的程序

房屋安全鉴定程序是鉴定工作质量的保证。房屋安全鉴定程序可以根据鉴定项目的不同进一步细化，但不能故意简化或漏项。房屋安全鉴定过程要按程序办事，不按程序操作很容易出问题。

房屋安全鉴定的基本程序，应按图3.1进行：

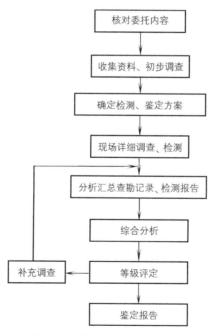

图 3.1　房屋安全鉴定程序框图

鉴定机构受理鉴定委托时，应根据委托人要求，确定房屋鉴定内容和范围。

鉴定机构应指导委托人正确填写《房屋安全鉴定委托书》，委托书填写内容应与委托人持有合法证件的相应内容一致。委托人为单位的，委托书应加盖单位公章；委托人为个人的，应有委托人签字或加盖私章。

受理房屋安全鉴定委托时，鉴定机构应根据委托内容查验下列证件，并复印留存：

（1）房屋产权证或所有权有效证明；

（2）房屋租赁合同；

（3）仲裁或审判机关出具的房屋安全鉴定委托书、已发生法律效力的裁定书、判决书等。

查验证件是鉴定程序中值得注意的事项，在区别建筑是否违章有着重要意义。还有查验证件有利于鉴定工作的顺利开展。如相关人提出房屋安全鉴定时，应征得产权人或使用人的同意，不然容易发生纠纷。

3.2 房屋安全鉴定工作内容

房屋安全鉴定工作的主要内容包括：初步调查、制定房屋安全鉴定方案、详细调查、结构和构件检测、结构验算、鉴定评级、编制房屋安全鉴定报告等。

接受鉴定委托，不仅要明确鉴定目的、范围和内容，同时还要按规定要求做好初步调查，特别是对比较复杂和陌生的工程项目更要做好初步调查工作，才能制定出符合实际、符合要求的鉴定方案，确定下一步工作大纲并指导下一步工作。

3.2.1 初步调查

初步调查包括图纸资料调查、使用历史调查和使用状况调查三部分，调查时应考虑使用条件在目标使用年限内可能发生的变化。

（1）图纸资料调查应包括工程地质勘察报告、设计文件（含建筑、结构设计图或竣工图，设计变更通知书等）、竣工验收技术资料（含隐藏工程验收记录）、曾有过的房屋检测或安全鉴定报告及结构安全等方面出现问题的记录和处理情况。

（2）房屋使用历史的调查主要包括：了解房屋坐落位置、产权属性、建成年代、用途、结构类型、结构体系、平面形式等情况，以及施工、维修与加固、用途变更与改扩建、使用条件变更以及受灾害等情况。

（3）房屋使用状况的调查包括房屋的实际状况、使用条件、内外环境、房屋下部不良地质构造影响以及目前存在的问题等。调查房屋的现状缺陷、环境条件和是否受过火灾、水淹、蚁害、震害等灾害影响和相邻施工所产生的振动、降水、堆载等影响。

3.2.2 制定房屋安全鉴定方案

房屋安全鉴定方案，应根据委托方提出的鉴定原因、范围、目的和国家相关检测鉴定技术标准、规范，经初步调查后综合确定，并及时告知委托人。房屋安全鉴定方案宜包括下列主要内容：

（1）房屋概况：主要包括房屋结构类型、建筑面积、总层数、设计、施工单位、建造年代等；

（2）鉴定类别；

（3）鉴定目的、范围和内容；

（4）检测鉴定依据：主要包括鉴定所依据的标准及有关的技术资料等；

（5）检测仪器：包括本次检测过程主要采用的仪器、设备及常用检测工具包；

（6）检测项目、检测方法以及检测的数量；

（7）检测鉴定工作进度计划和时间安排；

（8）委托方应提供的资料及须配合的工作；

（9）参与检测鉴定人员名单：参与检测鉴定项目主要成员名单、职务、职称及在该检测鉴定任务中担任的职责。

3.2.3 详细调查与检测

详细调查与检测是鉴定的关键性工作，不应有疏漏，否则影响鉴定的结论和鉴定报告的科学性，其工作内容可根据实际鉴定需要进行选择。工程鉴定实践表明，搞好现场详细调查与检测工作，才能获得可靠的数据、必要的资料，是进行下一步综合分析、验算与评定工作的基础，也就是说，确保其质量，是决定鉴定工作好坏的关键之一。各类查勘记录要妥善保管，现场照片要齐全，这样有利于鉴定分析和鉴定报告的审核。

检测工作完成后，应及时进行检测数据的处理和分析，数据的处理和分析应符合国家或行业相关技术标准、规范的规定，不得随意处理。当发现检测数据不足或不准确时，应及时进行补充检测。

详细调查与检测应包括地基基础、上部结构和围护结构三个部分。

（1）地基基础

1）查阅岩土工程勘察报告以及有关图纸资料，调查房屋实际使用状况和地下管线布置情况，检查是否出现因地基基础变形引起的上部结构倾斜、扭曲、裂缝等反应。

2）当需要重新确定地基的岩土性能指标和地基承载力特征值时，应根据重新勘察或补充勘察结果按国家现行有关标准的规定确定。

3）基础的种类和材料性能，可通过查阅图纸资料确定；当资料不全或存疑时，可采用局部开挖基础检测，查明基础类型、尺寸、埋深、材料强度，基础的变形、开裂、腐蚀和损伤等。

4）地基基础工作状况查勘，主要是测量地基变形及其在上部结构中的反应，根据沉降观测资料和上部结构的工作状态分析判断基础的工作状态。必要时可开挖检查基础的裂缝、腐蚀和损坏情况等。对邻近有地下工程施工的房屋，还应调查地基土质分布情况、基坑支护方案、地下水流失等情况。

（2）上部结构

1）结构体系调查：重点检查结构平面布置、竖向和水平向承重构件布置、支撑系统布置等；砌体结构还应检查圈梁和构造柱布置情况。

2）结构荷载调查：主要核查结构上的实际荷载与原设计荷载是否相符。

3）结构构件检测：包括构件尺寸及几何参数检测、建筑变形检测及材料力学性能检测三部分。结构和构件检测属于比较成熟的技术，目前的检测方法基本满足房屋安全鉴定的基本要求。

4）结构缺陷和损伤的调查：结构缺陷重点检查设计和施工缺陷，以及因缺陷影响结构安全的结构构件变形、支撑系统缺失等。损伤主要检查混凝土构件的材料老化、构件裂缝、混凝土剥落、腐蚀、钢筋锈蚀等；钢构件的锈蚀、变形、焊缝裂缝、连接螺栓松动位移等；砌体构件的裂缝、变形（倾斜）、砌块腐蚀风化等；木材开裂、变形、腐朽、虫蛀、连接节点松动等；使用过程中随意拆改结构情况。

（3）围护结构

围护结构的调查，应在查阅资料和普查的基础上，重点根据不同围护结构的特点对存在明显损伤的结构构件进行检查，重点检查围护结构的承重构件。

3.2.4 复核验算

进行结构构件承载力复核验算时，应遵守下列规定：

（1）结构构件验算采用的结构分析方法，应符合国家相应的规范规定；

（2）结构复核验算所依据的设计规范应根据鉴定目的和鉴定类型确定，按以下原则进行操作：

1）加建、改建和改变使用功能的房屋宜采用现行设计规范为依据，因已改变了房屋的原有设计条件；

2）对于未进行拆改建和改变使用功能的房屋可根据委托人要求，采用建造时期处在有效期内相应的设计规范，但不宜低于89系列规范。对明显不符合现行设计规范要求，且可能影响房屋结构安全的应提出完善建议。仅评定原结构质量宜采用原设计或验收规范为依据；

（3）结构构件验算使用的验算模型，应与实际受力与构造状况相符；

（4）结构分析采用的构件材料强度标准值，若原设计文件有效，且不怀疑结构有严重的性能退化或设计、施工偏差，可取原设计值，否则应根据现场检测确定；

（5）结构分析所采用的计算机软件应能满足相关的技术要求，并采用正版软件；

（6）结构分析时，应考虑结构工作环境和损伤对结构构件和材料性能的影响，包括构件裂缝对其刚度的影响、高温对材料性能的影响等；

（7）构件和结构的几何尺寸参数应采用实测值，并应考虑锈蚀、腐蚀、腐朽、虫蛀、风化、局部缺陷或缺损以及施工偏差等的影响；

（8）当结构受到地基变形、温度和收缩变形、杆件变形等作用，且对其承载力有明显影响时，应考虑由之产生的附加内力；

（9）验算项目应完整，钢筋混凝土结构一般包括柱轴压比、配筋验算和整体变形验算。砌体结构一般包括受压承载力验算、高厚比验算等。对涉及加层的建筑，尚应进行地基和基础承载力验算、地基变形和稳定验算等；

（10）当需检查设计责任时，应按原设计计算书、施工图及竣工图，重新进行一次复核；

（11）当结构构件不具备验算条件时，必要时可通过现场荷载试验评价结构承载能力和使用性能。

3.2.5　综合分析

综合分析是确保进行正确评级的基础。

（1）根据详细调查的情况和结果，综合分析包括检测结果分析、结构构件承载力验算、房屋存在问题的原因分析等。

（2）检测结果分析，应符合国家或行业现行相关检测技术标准、规范的要求，当怀疑检查数据有异常值时，其判断和处理应符合国家现行有关标准的规定，不得随意舍弃数据。

（3）房屋存在问题的原因分析应详尽明晰、科学客观，如结构构件的缺陷、损伤及承载力不足，要详尽分析产生的原因和对结构性能的影响。

3.2.6　鉴定评级

（1）房屋等级评定应按选用的鉴定标准要求进行，评定程序不得简化，评定的等级应符合相应鉴定标准的分级标准要求，且同一份鉴定报告不宜采用两种以上的鉴定标准编写。

（2）可靠性鉴定包括安全性鉴定和正常使用性鉴定，其评定等级应按构件、子单元、鉴定单元三个层次进行。

（3）房屋危险性等级评定，应以整幢房屋的地基基础、结构构件的危险程度及影响范围进行评级，结合房屋历史现状、环境影响以及发展趋势，全面分析，综合判断。

（4）房屋专项鉴定应根据委托要求进行鉴定，房屋等级评定应符合相关鉴定标准的要求。

对于可不参与鉴定的构件或可直接评定等级的构件及房屋，应满足选用的鉴定标准的具体规定。

鉴定结论应严谨、公正，引用标准准确，应与委托鉴定事项对应。鉴定报告中应原则性地提出处理建议的，处理建议应具有针对性、适用性。

3.2.7　编制鉴定报告

鉴定工作完成后，应及时出具鉴定报告，并对鉴定报告承担相应的法律责任。鉴定报告的编写除遵守国家相应鉴定标准的要求外，还应符合鉴定报告编写要求。

房屋鉴定报告内容一般包括房屋概况、鉴定目的、鉴定依据、现场检查检测结果、结构承载力验算结果、房屋损坏原因分析、鉴定评级、处理建议、附件等部分。

编制鉴定报告应使用国家标准计量单位、符号和文字。鉴定报告一般由封面、正文和附件组成。发出的鉴定报告应有鉴定人签字，并加盖鉴定机构专用章，各页之间加盖骑缝章。

3.3 鉴定思路的形成

鉴定思路乃鉴定者对鉴定项目整体检测鉴定工作脉络的构思。这往往是在核对图纸资料及现场调查的基础上，初步分析结构关键缺陷所在的过程中逐渐形成的。

鉴定思路的清晰、准确与否，对鉴定工作质量至关重要，因为它总揽全局，涉及对结构关键缺陷的判断是否准确、完整，从而影响所确定的检测项目、部位及数量是否妥当、完整，进而影响鉴定结论及建议的准确、完整。如果鉴定思路有误，就有可能会在分析缺陷原因及危害性时出现误判、漏判，最终使鉴定结论不完整，存在遗漏和错误，甚至因而导致对结构重大险情处理不当或不及时，发生不应有的因鉴定责任而酿成的恶性事故，造成人身伤亡及重大经济损失。而鉴定者的水平往往就体现在对鉴定思路的准确把握上，即是否能找准结构缺陷的"死穴"。脉络清晰则事半功倍，否则贻害无穷。

只有了解涉及的专业知识，熟悉其中几个门类，并结合鉴定项目实际熟练应用，不断积累工作经验，才可能使所形成的鉴定思路清晰、准确。

3.4 鉴定项目资料管理

档案资料的管理（以广州市为例），检验检测机构应执行以下两个规定。

（1）《检验检测机构资质认定能力评价 检验检测机构通用要求》RB/T 214—2017 第4.5.27条记录和保存规定，"检验检测机构应对检验检测原始记录、报告、证书归档留存，保证其具有可追溯性。检验检测原始记录、报告、证书的保存期限通常不少于6年"。

（2）《房屋建筑和市政基础设施工程质量检测技术管理规范》GB 50618—2011 第6.0.5条，"检测资料档案保管期限，检测机构自身的资料保管期限应分为5年和20年两种。涉及结构安全的试块、试件及结构建筑材料的检测资料汇总表和有关地基基础、主体结构、钢结构、市政基础设施主体结构的检测档案等宜为20年；其他检测资料保管期限宜为5年"。

广州市房屋安全鉴定协会于2020年7月1日印发了《关于印发房屋安全鉴定项目资料管理指引的通知》（穗房鉴协字〔2020〕010号），作为广州市鉴定机构档案规定的最新指引。具体如下：

（1）鉴定项目档案管理应符合国家、地方法律、法规和《广州市房屋安全鉴定操作技术规程》DB44/T 724—2010的规定。

（2）鉴定机构应建立健全鉴定项目资料管理制度，确保鉴定项目资料的完整。每项鉴定完成后，应及时将相关资料按项目装订成册一并归档。原始资料的保存、整理，包括程序、方法、手续等均应符合档案管理的有关规定，鉴定人不能作为档案资料的保管人。具体包括封面；目录；报告完整版；报告审核稿；现场记录和鉴定员现场相片；

项目合同或委托书；房屋权属证明、委托人证明，单位为经营执照，个人为身份证；其他资料，包括但不限于：可靠性鉴定结构计算书、鉴定方案、设计图纸、施工前鉴定报告、监测报告、由委托方提供的其他资料等。

（3）封面基本内容包括：委托单位（委托人）；项目名称；项目地址；报告（自）编号；市统编号；档案编号；保管人；建档日期；保管期限。

（4）目录基本内容包括：目录名称；资料内容；资料页码；资料成册三级签名等。

（5）报告完整版包括如下内容：

所有对外发出的报告增加一式一份（含盖鉴定专用章），作为报告完整版存档；其中，报告需由注册结构工程师手写签名（非扫描图片或电子签名）和盖执业注册印章（若有）。

报告编制按照广东省地方标准《房屋安全鉴定报告编制规范》DB44/T 1887—2016执行。

以房屋完损性鉴定报告为例，完整版应包括报告封面、市统编号和二维码页、注意事项、报告首页表格、目录、正文等。

（6）报告审核稿包括如下内容：

鉴定报告应由现场作业鉴定员编制和校对，且至少由项目负责人（注册结构工程师）审核一次并签名和签署日期确认，该报告即为报告审核稿，需一并存档。

特别说明：报告审核人和次数不设上限，由公司制度自行确定。

（7）现场记录应满足如下要求：现场记录应如实、完整记录鉴定内容；现场记录由两名现场作业鉴定员签名和签署日期确认；现场记录不得随意更改；确需修改的，应采用杠改法进行。

（8）项目合同或委托书应满足如下要求：以项目合同存档的，一般以完整版存档。项目合同内容太多时，允许以项目合同关键页（显示委托方、项目地址、服务内容、签名盖章页等）存档。以委托书存档的，应有委托人的签章和日期，即单位委托盖章，个人委托签名。

第4章 房屋查勘技术与方法

4.1 房屋查勘概念

房屋查勘是指依据国家有关法律法规、规范、标准的规定，对房屋现状的调查探测，即借助专业知识和经验，对房屋现状进行全面调查，通过收集相关资料和照片，记录和复核相关资料，对房屋现状进行基本描述。

4.2 房屋查勘的目的

房屋查勘的目的是查找和发现房屋结构、房屋使用功能是否现存问题及安全隐患。这个过程所采集的数据参数，直接影响着房屋鉴定分析和房屋等级评定。因此，房屋查勘工作是整个鉴定过程中非常重要的阶段和组成部分。

4.3 房屋查勘的分类

房屋查勘主要包括初步调查和详细调查两个类别，因为查勘工作各时段的内容、深度不同，所以房屋查勘应依次进行。初步调查要了解房屋的基本情况和使用史；详细调查要掌握房屋结构、部件、设备的工作状态和完损状况及使用过程中违反设计和使用规定的违章行为。

（1）房屋初步调查

初步调查主要包括：图纸资料调查、使用历史调查和使用状况调查三个部分。初步调查是拟定鉴定方案的重要依据。

（2）房屋详细调查

详细调查主要包括：结构构件现状的查勘、结构上的作用调查、地基基础工作状况查勘、结构构件测量等。详细调查是鉴定分析的主要参考。

4.4 房屋查勘方法

一般情况下，房屋查勘按照下列顺序进行：先外部后内部，先下层后上层，先承重构件后非承重构件，先局部后整体，先表面后隐蔽。

通常情况下，查勘方法主要分为以下 4 种：

（1）直观检查法

直观检查法是指勘查人员以目测或简单工具来检查房屋完损状况的方法。查勘时通过现场直接观察房屋外形的变化，如房屋结构的变形、倾斜、裂缝、脱落等情况，用简单工具测估房屋损坏程度及损坏构件数量，根据技术经验判断房屋构件的损坏程度。如：看、摸、敲、照等。

（2）重复观察法

重复观察法是指由于被查勘房屋的损坏情况不断变化，需要多次查勘才能掌握其损坏程度，因此需采用重复多次观察的方法。

（3）量测检查法

量测检查法是指采用仪器对房屋构件的完损状况进行定量检查的方法。

（4）破损检验法

破损检验法是指由于被查勘房屋的构件损坏情况被遮挡或需采样，采用局部破损进行检查的方法。

4.5 房屋安全隐患的概述

房屋查勘的根本目的是找出房屋的隐患，以便提出消除隐患的措施，保证房屋使用安全。

房屋安全隐患是指房屋存在不安全的因素，对房屋使用者或周边环境构成潜在威胁。构成房屋安全隐患的有很多，如：结构构件存在的安全隐患、使用不当引起的安全隐患、相邻施工影响引起的安全隐患、环境改变引起的安全隐患、房屋及设备老化引起的安全隐患、突发事件引起的安全隐患等。

4.5.1 房屋安全隐患的表现特征

房屋安全隐患可以归纳为显性和隐性两个部分。即外在的安全隐患可以明显看得到，同时可以分辨出局部与整体存在安全隐患的表现特征。而内在的安全隐患只有通过分析才能发觉得到。

（1）外在表现特征

房屋的外在安全隐患表现特征大致有两种：一是通过直观可以发现房屋存在明显的传力路径改变、受力裂缝、变形、构造缺陷、结构损伤等可能影响房屋安全的现状。二是房屋自身不存在安全隐患，而周边环境存在安全隐患，当外在的安全隐患演变成事故时，会对房屋安全产生直接影响。如：房屋密集区周边危险房屋倒塌时，波及附近房屋；沟壑旁的已有房屋，由于周边新建房屋对已有房屋产生附加应力或其他原因使土方塌落，造成已有房屋倒塌。

（2）内在表现特征

房屋的内在安全隐患表现特征大致有两种：一是房屋自身存在的结构体系不完善、

平面及立面布局不合理。二是房屋自身存在的刚度、强度、整体性、牢固度、稳定性不足。

（3）局部表现特征

房屋安全隐患的局部表现特征是指房屋某一个或几个构件，包括结构的某一个部分存在安全隐患，这些安全隐患发展为破坏时，造成房屋局部结构破坏，但不至于影响房屋整体结构发生危险。如：屋架有安全隐患会影响上部屋面；简支梁破坏会影响上部楼板；多跨框架的连系梁破损，不致影响整个框架体系破坏等。

（4）整体表现特征

房屋安全隐患的整体表现特征是指房屋结构体系不合理，有一处或多处关键点存在安全隐患，安全隐患发展为事故时，其他关联结构或存有安全隐患的部位随即发生安全问题，使房屋结构体系发生破坏，严重时会造成房屋倒塌。如：老旧房屋其结构整体性差，某处发生事故时，整个房屋就有可能倒塌，或某一存有安全隐患的结构发生破坏时，房屋就有连续倒塌的可能。

4.5.2　房屋安全隐患产生的原因

房屋安全隐患产生的原因主要有两类，一类是先天因素，取决于房屋设计质量和施工阶段的建造质量，主要表现为：①设计考虑不周，结构不合理；②施工质量差，施工中偷工减料，粗制滥造等。另一类是后天因素，取决于房屋投入使用阶段的安全使用和维护维修，比如有房屋超期服役、不合理使用造成的人为损伤、自然或人为灾害影响、使用环境的改变等。任何先天和后天因素产生的安全隐患都可能降低房屋的安全性，甚至导致安全事故的发生。

4.6　房屋安全隐患的分类

4.6.1　因设计、施工缺陷引起的安全隐患

常见的设计缺陷很多，往往很小的设计缺陷会造成大的灾难，设计缺陷与安全隐患相伴而生，危害极大。设计缺陷存在于结构构件和结构体系中，当设计安全储备被设计缺陷的多发取代时或结构的某一点缺陷造成结构失稳时，灾难也就发生了。设计缺陷可以通过设计文件进行查找，也可以从房屋结构的工作状况中进行寻觅。

施工是依照施工程序、设计文件、施工工法和施工质量标准，将图纸要求转化为产品的行为。由于建筑产品的特殊性，决定了整个施工过程极其繁杂，施工阶段的每一个环节都会影响建筑质量。施工过程是房屋安全隐患产生的多发阶段，这一阶段包括基础工程施工、主体结构施工、屋面工程施工、装饰工程施工等。

常见的施工缺陷很多，施工缺陷与安全隐患相伴而生，施工缺陷既有构件缺陷也有结构体系缺陷，施工缺陷的堆积，会造成房屋灾难的频发，危害极大。

（1）地基基础缺陷。地基强度缺陷主要表现为地基承载力不足或丧失稳定性；地基变形缺陷主要表现为基础或上部结构出现裂缝或倾斜；基础错位缺陷主要表现为基础偏移影响荷载传递；基础施工缺陷主要表现为基础承载能力不足。

（2）砌体结构缺陷主要有砌体强度不足、较小墙肢墙体承受较大集中力和砌体裂缝。

（3）钢筋混凝土结构部分缺陷主要有混凝土承载能力不足、裂缝、钢筋材质不符合要求及钢筋配置不当等。

（4）钢结构缺陷包括加工下料缺陷、焊缝缺陷、螺栓的缺陷、支撑体系缺陷、防腐、防火涂装缺陷等。

4.6.2　因自然老化引起的安全隐患

结构材料老化较易被忽视。房屋在自然使用条件下，由于结构本身的自然耗损及外部环境作用等引起的结构破损，从而导致结构耐久性降低，出现房屋安全隐患。如：混凝土碳化、开裂，钢筋外露、锈蚀、砖墙风化、墙体开裂，以及木构件腐朽等导致结构材料性能逐渐变差，承载能力不断减弱的现象。在环境污染严重的城市里，结构材料老化得更快也更严重。结构材料老化一般不会造成房屋的突发性灾害。

4.6.3　因房屋使用不当引起的安全隐患

正常使用是指按房屋的设计使用功能合理地使用房屋，不随意改变使用功能，不随意改变结构或增大结构荷载。当改变了房屋应有的使用条件，或改变结构受力形式，或任其长期超载，或任其结构老化，都会形成房屋安全隐患，导致房屋破坏。经常对房屋进行检查和对房屋破损的及时维护与修缮，可以有效减缓房屋结构的老化，使房屋有较好的耐久性，从而达到或超过设计使用年限。

（1）随意破坏墙体。墙是砌体结构房屋中的主要竖向承重构件，纵横墙体之间相互连接，相互支撑，构成一个整体，保证了房屋空间的整体性和稳定性。房屋中墙体对房屋的刚度分布及房屋的抗震性能有着至关重要的作用。因此，墙体的破坏都会给房屋带来或多或少的影响，而承重墙的破坏会严重危害房屋的安全。如：常见的将客房或卧室通阳台的墙体拆除，以扩大室内使用面积；将原有内墙拆除，将小房间变为大房间；将临街底层住宅改建成商店，把原外墙上门、窗洞口以下墙体部分或全部拆除；擅自扩大原有门洞窗口的尺寸或建拱门、艺术窗等，减少了洞口上方钢筋混凝土过梁的搁置长度；为增加使用面积在主墙体内嵌入壁柜、鞋架等。

（2）擅自改变原设计使用条件，引起楼屋面使用荷载增加。如房屋原设计用途为办公，现改为商业，楼面活荷载明显增加；原设计为不上人的屋面改为上人屋面后，活荷载将增加，从而引起各承重构件及地基负担增加，形成安全隐患。

4.6.4　因周边环境改变引起的安全隐患

（1）降水对周边环境的影响。在软弱土层中降水，由于地下水位的下降，使土中的含水量减少，浮力减小，导致土层在上部建筑物荷载作用下因失水而产生空隙，从而使邻近建筑物及周边地面发生不均匀沉降，造成邻近建筑物的倾斜、结构开裂和倒塌。

（2）相邻建筑基坑开挖对周边环境的影响。相邻建筑基坑开挖时由于土的体内应力变化，软土层会发生蠕变及基坑外水土流失，而导致周围土体及维护墙向开挖区方向移动、地面沉降及基坑底部基土隆起，从而引起相邻建筑物沉降、位移或倾斜。尤其是高层建筑的地下部分，开挖面积大、深度也大，因而对周边建筑物的影响范围也大。

（3）桩基施工对环境影响。包括噪声、振动、挤土等，其中，振动和挤土对房屋安全影响较大。锤击沉桩产生的多次反复振动可能产生下列影响：使陈旧的砖木结构房屋的骨架和连接节点发生松动，原有的陈旧裂缝进一步扩展，如裂缝变长、缝宽变大。房屋墙体倾斜加剧，倾斜率变大。

（4）因挤土造成的邻近建筑物的损害。主要是沉桩区一定范围的地表和深层土体发生水平、竖向位移，并可能导致已沉入的桩的偏移、挠曲和上浮，给邻近既有建筑物造成损害。

（5）长期振动对周边环境的影响。大型重载车辆及地铁通过时引起建筑物的振动，当振动波长比建筑物宽度长或者波长总数与建筑物宽度一致时，会形成共振现象，对房屋形成损坏。

4.7 房屋的调查

4.7.1 房屋使用条件调查

主要包括调查了解房屋历史、实际使用条件和内外环境等相关情况。

（1）房屋历史的调查

主要包括：建筑物设计与施工、用途和使用年限、历次修缮与加固、用途变更与改扩建、使用荷载与动荷载作用、历次检测情况以及遭受灾害和事故的情况等。

（2）房屋结构体系调查

主要包括：房屋结构的基本情况、形式、连接、构造以及荷载变更情况。

（3）房屋存在的主要问题调查

主要包括：房屋变形、裂缝、渗漏等病害或缺陷；受灾结构的损坏程度，改扩建部位或维修加固部位的结构状况。

（4）主要承重结构工作状态的调查

主要包括：房屋地基基础、墙、柱、梁、板等主要承重结构的工作状态的调查检测。具体为检查基础沉降情况（沉降观测记录）和其所处环境（必要时挖开检查）；检测墙、柱梁、板有无裂缝、钢筋锈蚀等现象。

（5）施工质量和使用状况的调查

主要包括：房屋维修、改扩建、加固或加层的施工质量，以及改建后对整个房屋的影响。

（6）环境条件的调查

主要包括：房屋周围有无在建地下工程进行降水、深基础开挖、土方堆载，或滑坡塌方等对房屋的影响；房屋是否处于腐蚀性环境或者高温高湿环境；地基长期浸水。

4.7.2　房屋结构上的作用调查

（1）结构上的直接作用

1）永久作用。主要包括：结构构件、配件、楼、地面装修等自重；土压力、水压力预应力等作用。

2）可变作用。主要包括：楼面活荷载；屋面活荷载；工业区内民用建筑屋面积灰荷载；雪、冰荷载；风荷载；温度作用；动力作用；灾害作用；地震作用；爆炸、撞击、火灾；洪水滑坡、泥石流等地质灾害；风、龙卷风等。

（2）结构上的间接作用

主要包括：地基变形、收缩变形、焊接变形、温差变形或地震等。

结构上的作用不只是荷载的调查，同样重要的还有结构拆改的调查。

4.7.3　房屋图纸资料核查

房屋图纸资料核查的主要内容包括：

岩土工程勘察报告（必要时尚应收集处于同一工程地质单元的周边已有房屋建筑的工程地质资料和区域性地质资料）；设计变更记录；施工图、施工及施工变更记录、竣工图；竣工验收文件（包括隐蔽工程验收记录）；定点观测记录；事故处理报告；维修记录、历次加固改造图纸；房屋建筑检测或安全评估、安全鉴定报告等。

当建筑物的工程图纸资料不全时，应对建筑物的结构布置、结构体系、构件材料强度、混凝土构件的配筋、结构与构件几何尺寸等进行检测，若工程复杂，应绘制工程现状图。

4.7.4　地基基础的调查

地基基础现状调查应进行下列工作：

（1）查阅岩土工程勘察报告以及有关图纸资料调查

1）场地类别与地基土。主要包括：土层分布及下卧层、软弱土层、持力层的情况。

2）地基稳定性。主要包括：斜坡、滑坡、特殊土变形和开裂、山洪排泄变化、坡地树林态势、工程设施增减等情况。

3）地基变形的调查。主要包括：沉降和水平滑移的数值与速率，地基承载力的原位测试及室内物理力学性质试验等情况。

4）其他因素影响或作用。地下水抽降、地基浸水、水质、土壤腐蚀、临近工程（已有房屋建筑、在建房屋建筑、地下工程）等情况。

（2）房屋实际使用荷载、沉降量、沉降差和沉降稳定情况的调查

当地基的不均匀沉降引起建筑物倾斜量偏大、结构裂缝、门窗变形、装修及管线破损、电梯运行障碍等现象或怀疑沉降尚未稳定时，应对建筑物进行地基不均匀沉降观测。地基不均匀沉降测点布置、观测操作及判定地基是否进入稳定阶段等可按照《建筑变形测量规范》JGJ 8—2016 的规定进行。

（3）上部结构与地基变形关联情况的调查

当地基资料不足时，可根据建筑物上部结构是否存在地基变形的反应进行评定，如上部结构倾斜、扭曲、开裂，地下室和管线等情况与地基不均匀沉降是否有关联还可对场地地基进行近位勘察或沉降观测。

（4）调查地基的岩土性能标准值和地基承载力特征值

当需通过调查确定地基的岩土性能标准值和地基承载力特征值时，应根据调查和补充勘察结果按国家现行有关标准的规定以及原设计所做的调整进行确定。

（5）调查基础的种类和材料性能

调查基础的种类和材料性能时，可通过查阅图纸资料确定；当资料不足或资料虽然基本齐全但有怀疑时，可开挖个别基础进行检测。

（6）调查基础相关参数

查明基础类型、尺寸、埋深；检验基础材料强度，并检测基础变位、开裂、腐蚀和损伤等情况。

（7）基础与上部结构连接处的检查

检查基础与框架柱根部连接处的水平裂缝状况。

4.7.5　上部承重结构的调查

（1）上部结构体系的调查

上部结构体系的调查主要是确认结构体系类型，并对结构体系完整性和合理性进行核查。核查内容主要包括：

1）结构平面布置

调查主要包括：结构平面布置的完整性、合理性、规则性、对称性、并对防震缝设置的合理性进行核查。

具体内容为：结构平面的对称性布置；结构平面的规则性布置；短轴与长轴的比例关系；层间结构平面的一致性；楼板有无大洞口；相邻建筑的高差布局及关系等。

2）竖向和水平向承重构件布置

调查主要包括：结构竖向和水平传力途径，竖向和水平向承重构件布置的规则性、完整性、合理性的核查。

具体内容为：结构局部收进或悬挑部位的检查；竖向和水平向承重构件的转换等。

3）结构抗侧力作用体系（支撑系统）

调查主要包括：抗侧力构件竖向和水平向布置的整体性、对称性、一致性、连续性和其他抗侧力系统。

具体内容为：形成局部刚或局部弱的位置；竖向和水平向支撑系统剪力墙、填充墙剪刀撑的设置及传力线路的合理性；当结构下部楼层减少或取消部分剪力墙、柱子等结构构件时，应调查转换层、薄弱层的形成；竖向构件的连续性，注意结构的承载力和刚度宜自下而上逐渐减小无突变；房屋有无错层、结构间的连系构造；砌体结构还应包括圈梁和构造柱体系等。

（2）结构牢固性现状调查

结构体系其整体的安全性，在很大程度上取决于原结构方案及其布置是否合理；构件之间的连接、拉结和锚固是否可靠；原有构造措施是否得当与有效；这是结构整体牢固性的内涵。

结构整体牢固性的综合作用就是使结构具有足够的延性和冗余度，以防止在偶然作用的作用下发生连续倒塌。因此，不论鉴定范围大小，均应包括对结构整体牢固性现状的调查。

整体牢固性的调查，应结合结构现状，按设计或竣工资料核对实物，询问已发现的问题、听取有关人员的介绍等。

1）结构构件及其连接

主要包括：结构构件的材料强度、几何参数、稳定性、抗裂性、延性与刚度，预埋件紧固件与构件连接，结构间的连系等；对混凝土结构还应包括短柱、深梁的承载性能；对砌体结构还应包括局部承压与局部尺寸；对钢结构还应包括构件的长细比等。

2）结构缺陷、损伤和腐蚀

主要包括：材料和施工缺陷、施工偏差、构件及其连接、节点的裂缝或其他损伤以及腐蚀，如钢筋和钢件的锈蚀，砌体块材的风化和砂浆的酥碱、粉化，木材的腐朽、虫蛀等。

3）结构位移和变形

结构位移和变形的内容主要包括：结构顶点和层间位移，受弯构件的挠度与侧弯，墙、柱的侧倾等。

对房屋使用条件、使用环境、结构上的作用、结构牢固性现状进行调查时，调查深度、调查的内容、范围和技术要求应满足结构鉴定的需要，若发现不足，应进行补充调查，以保证鉴定的质量。

（3）上部结构现状调查

上部结构现状调查应根据结构的具体情况和鉴定内容、要求进行。

4.7.6　围护系统的调查

围护系统的现状调查，应在查阅资料和普查的基础上，针对不同围护结构的特点进行重要部件及其与主体结构连接的检查；必要时，尚应按现行有关围护系统设计、施工标准的要求进行取样检测。

（1）围护系统承重结构与构造

1）围护墙体的材料类型

如砌体墙（砖、砌块）、轻质墙板、钢筋混凝土大型墙板等。

2）围护墙体的结构布置及构造措施

如拉结筋、水平系梁、圈梁（基础圈梁、上部圈梁）、构造柱等设置的位置、间距、数量、长度与主体结构的拉结状况；特别注意检查超高超长墙体中圈梁或水平系梁的设置情况。

3）非结构构件

非结构构件包括：围护墙、隔墙、女儿墙、挑檐、阳台、雨篷的可靠性和布置合理性，其余非结构构件（广告牌等）按照合同约定进行检查。

（2）围护系统使用功能

1）屋面防水。检查防水构造及排水设施的完好程度，注意检查老化、破损、渗漏、排水不畅等现象。

2）吊顶（顶棚）。检查吊顶板、紧固件等的构造是否合理、外观是否完好，建筑功能是否符合设计要求。

3）非承重内墙（隔墙）、自承重墙、填充墙。检查墙体构造是否合理，与主体结构是否有可靠连接，有无可见变形，面层是否完好，建筑功能是否符合设计要求。

4）外墙。检查墙体及其面层外观是否开裂、变形，墙角是否有潮湿迹象，墙厚是否符合节能要求。

5）门窗。检查门窗的框架、外观及密封性的完好程度，注意检查开关或推动的灵活性。

6）地下防水。检查地下防水的做法及现状的完好程度。

7）其他防护设施。隔热、保温、防尘、隔声、防湿、防腐、防灾等各种设施的完好程度。

4.7.7 房屋现状测绘

当委托鉴定项目的图纸资料不满足鉴定工作需要时，可测绘房屋的建筑图与结构图。房屋现状图应能够反映该房屋的使用功能、平面及空间组织情况，包括各层建筑平面图、必要的立面图、剖面图等。结构现状图应能够反映该房屋结构体系在平面、竖向的布置情况，包括各层结构平面、结构的几何尺寸、节点外观等。

4.8 房屋查勘技能要点

房屋查勘技术水平是鉴定人员的基本功，是鉴定人员依据相关设计、施工、检测、鉴定标准对房屋进行体检的重要工作，查勘技术水平的高低直接影响鉴定结论准确性。

4.8.1 基本要求

房屋查勘技术是鉴定人理论知识和实践经验的结合体。查勘技术体现了鉴定人对被鉴定房屋工作状态的正确判断。由于鉴定人的阅历不同，从事的职业不同，其对房屋查勘的立足点也各有不同，单一专业不能完全解决查勘技术中所有难题，短板与差别同时存在。实际查勘过程中会出现查勘结果与房屋结构工作状况不一致现象，说明查勘技术水平不到位，将会影响鉴定分析与结果。所以要求从事查勘工作的鉴定人必须具备一定的专业知识和实际技术工作经验。

4.8.2 房屋查勘主要方向

房屋鉴定主要围绕房屋承载力、构造、变形、裂缝、使用功能、结构整体牢固性、不适于承载的侧向位移、整体稳定性和其他与其相关的要素等进行调查分析。查勘也同样按照鉴定的路线及要求展开工作。

（1）房屋承载力

承载力缺陷主要表现为结构传力系统的破坏，包括局部和整体破坏。以多道竖向、斜向或十字裂缝的形式表现出来。查勘过程中，根据对不同的结构体系和构件工作状态的查勘，查找出影响结构安全、结构稳定性的不良构件，分析原因，判断其影响程度。

（2）房屋构造

构造缺陷主要表现为房屋的损坏。大多以裂缝、变形或坍塌的形式表现出来。查勘过程中，根据对不同结构体系和构件工作状态的调查分析，查找重要连接节点部位和构件自身因构造引起的明显瑕疵，分析原因，并判断其影响程度。对产生怀疑的连接节点及构件应做进一步检测。

（3）房屋变形

房屋变形主要表现形式是倾斜和裂缝。识别结构、构件，属于整体或是局部变形，要看其破坏特征。对于钢结构构件还应该进行材质分析。查勘过程中，根据不同的结构体系和构件工作状态，查找并分清其变形是垂直变形、水平变形、整体变形、局部变形还是构件制作变形。对变形值较大的部位和构件，要分析原因，判断其影响程度，并进行进一步检测或跟踪测量。

（4）房屋裂缝

裂缝原因很多与变形、承载力、构造有关，属于哪一类原因应通过典型的破坏特征进行识别。查勘过程中，根据对不同的结构体系和构件工作状态的观察分析，查找构件裂缝，绘制裂缝分布图，分析产生裂缝的原因，判断其影响程度。

（5）房屋使用功能

使用功能缺陷多属于改变房屋使用功能或进行不合理改造导致的结果，主要表现为传力途径的不合理。查勘过程中，根据对不同的结构体系和构件工作状态的观察分析，查找结构及构件的堆载、损伤、变形、裂缝等，分析原因，判断其影响程度。

（6）房屋结构整体性

结构的整体性是由构件之间的锚固拉结系统、抗侧力系统等共同工作形成的，当结构某处局部出现破坏时，不至于导致大范围连续破坏倒塌，或者说是结构不应出现破坏后果。结构的整体主要依靠结构能有良好的延性和必要的冗余度，用来应对地震、爆炸等灾害荷载或因人为差错导致的灾难后果，可以减轻灾害损失。查勘过程中，根据结构布置及构造，支撑系统或其他抗侧力系统的构造，结构、构件间的联系，砌体结构中图案及构造柱的布置与构造来判断结构整体。

（7）房屋不适于承载的侧向位移

不适于承载的侧向位移主要包括顶点位移和层间位移两个部分。顶点位移是指楼层的顶点相对结构固定端（基底）的侧向位移；层间位移是指上、下层侧向位移之差。

过大的位移会影响结构的承载力、稳定性和舒适度，造成结构构件的开裂、非结构构件的损坏。同时侧向位移会产生有害的层间位移角，使结构受力产生弯曲。查勘过程中应注意侧向位移与结构损坏间的关系。

（8）房屋整体稳定性

结构的整体稳定性指结构的整体工作能力，以及抵御抗倾覆、抗连续坍塌的能力。结构的失稳破坏是一种突然破坏，其产生的后果往往比较严重。失稳破坏的形式包括：结构和构件的整体失稳、结构和构件的局部失稳。

4.8.3 混凝土结构构件查勘要点

混凝土结构构件查勘应包括承载力、构造与连接、变形和裂缝及其他损伤等四个项目。

（1）承载力

混凝土结构承载力的判定，重点是确定混凝土结构的主要构件、一般构件的强度、荷载作用及结构构造。混凝土结构强度主要由其外观质量和内在质量确定。外观质量包括结构布置、截面尺寸、混凝土表面缺陷（蜂窝、露筋、孔洞、裂缝）、碳化剥落与损伤情况等。内在质量包括混凝土强度、密实度、钢筋（位置、数量、直径、强度）、混凝土保护层厚度、碳化深度、钢筋锈蚀程度、抗渗与抗冻性能等。

（2）构造与连接

重点检查支承处的构造方式，梁柱节点构造方式、连接的形式和所用材料，伸缩缝的设置、安装偏差等。

（3）变形和裂缝

1）变形重点检查构件的挠曲、位移及结构整体倾斜。

2）裂缝主要查勘构件的受拉区、受剪区，如板的底面跨中部位及顶面四周部位，梁的跨中底部、两端支座部位上部、主次梁交接部位次梁两侧。

查勘内容：裂缝的位置与分布情况；裂缝的方向与形态特征；裂缝的长度、宽度、深度；裂缝产生的时间（拆模时、受力时、温度变化时等）和发展情况（稳定与否）；周围环境对混凝土的影响等。

（4）其他损伤（此处略）

4.8.4 钢结构构件查勘要点

钢结构构件查勘应包括承载力、构造与连接、变形和裂缝等三个项目。

（1）承载力

钢结构承载力的判定，重点是确定材料性能、荷载作用及结构构造，以及缺陷损伤、腐蚀、过大变形和偏差。材料性能主要是指钢材的质量（包括力学性能、化学成分、冶炼方法、尺寸规格）等。

1）主要构件及节点、连接域：构件或连接是否出现脆性断裂、疲劳开裂或局部失稳变形迹象。

2）一般构件：构件或连接是否出现脆性断裂、疲劳开裂或局部失稳变形迹象。

（2）构造与连接

1）构件的几何尺寸及连接方式，主要包括：受弯构件的钢板与梁受压翼缘的连接、梁支座处的抗扭措施、梁横向和纵向加劲肋的配置、梁横向加劲肋的尺寸、梁的支承加劲肋、梁受压翼缘及腹板的宽厚比、梁的侧向支承；受拉受压构件的格构式柱分肢的长细比、柱受压翼缘及腹板的宽厚比、柱的侧向支承、双角钢或双槽钢构件填板间距、受拉杆件的长细比、受压杆件的长细比。

2）支撑体系，主要包括：屋架纵横支撑、系杆，柱间支撑。

3）连接焊缝及高强度螺栓，主要包括：焊缝连接的拼接焊缝的间距、宽度和厚度不同板件拼接时的斜面过渡、最小焊脚尺寸、最大焊脚尺寸、侧面角焊缝的最小长度、侧面角焊缝的最大长度、角焊缝的表面形状和焊脚边比例、正面角焊缝搭接的最小长度、侧面角焊缝搭接的焊缝最小间距；螺栓连接的螺栓的最小间距、最大间距。

（3）变形和裂缝

1）变形检查重点：钢梁、吊车梁、檩条、桁架、屋架、托架、天窗架等构件平面内垂直变形（挠度）和平面外侧向变形；钢柱柱身的倾斜和挠曲；板件凹凸，局部变形；结构的整体垂直度（建筑物的倾斜）和整体平面弯曲。

2）裂缝重点检查承受动力荷载的构件，如吊车梁等；严重超载使用的构件；结构构件的薄弱部位，如构件开孔部位，梁的变截面处等。

3）锈蚀检查重点：埋设在砖墙内的钢结构支座部分；埋入地下或处于干湿交替环境且裸露构件的地面附近部位；构件组合截面净空小于12mm，涂层难于涂刷到的部位；截面厚度小的薄壁构件；湿度大、易积灰的构件；屋盖结构、柱与屋架、吊车梁与柱、大型屋面板与屋架的连接节点部位；直接面临侵蚀性介质的构件；露天结构的各种狭道以及其他可能存积水的部位，遭受结露或水蒸气侵蚀的部位等。

4.8.5 砌体结构构件查勘要点

砌体结构构件查勘应包括承载力、构造与连接、变形和裂缝三个项目。

（1）承载力

砌体结构承载力的判定，重点是确定砌体结构的砌体强度和荷载作用。砌体强度可直接对砌体进行原位检测，也可通过对砌筑砂浆和砌体块材的检测结果计算间接得出。另外砌体结构的损坏情况、结构布置缺陷及材料缺陷也是重要的判断依据。

（2）构造与连接

砌体结构主要检查跨度较大的屋架和梁支承面下的垫块和锚固措施、预制钢筋混凝土构件的支承长度、跨度较大门窗洞口的过梁的设置、砌体与梁、柱的拉结措施、砌体墙梁的构造及圈梁、构造柱或芯柱的设置等。重点检查砌筑方法、高厚比、连接方式、轴线位置偏差等。

（3）变形和裂缝

1）变形：砌体的倾斜、位移变形是主要检查项目。

2）裂缝：重点检查房屋应力集中部位或应力突变部位的裂缝，主要有：

① 纵横墙交接部位；承重墙或柱变截面部位；拱脚、拱顶部位。

② 梁、屋架端部支座部位；加层改造后的房屋承重墙与柱。

③ 底层易受地基基础变形影响部位；顶层易受温度应力影响部位。

④ 变形缝两侧易受附加应力影响部位。

⑤ 易受风化、腐蚀、冻融等外部因素影响部位。

4.8.6 木结构构件

木结构构件查勘应包括承载力、构造与连接、变形腐朽三个项目。

（1）承载力

木结构承载力的判定，重点是确定材料性能、荷载作用及结构构造，以及缺陷损伤、腐朽、蚁害、过大变形和偏差。材料性能主要是指木材的质量（包括力学性能、裂纹、木节、尺寸规格）等。

（2）构造与连接

1）构件的几何尺寸及连接方式检查，主要包括：受弯构件的弯曲，受压构件的长细比，榫卯连接、齿连接、销连接等。

2）支撑体系检查，主要包括：屋架纵横支撑、系杆，柱间支撑。

（3）变形腐朽

1）挠度：桁架（屋架、托架）、主梁、搁栅、檩条、椽条是否满足有关规定。

2）侧向弯曲的矢高：柱或其他受压构件、矩形截面梁是否满足有关规定。

3）危险性腐朽、虫蛀、裂纹。

4.8.7 判断结构可靠性的原则

建筑结构可靠性主要包括安全性、适用性和耐久性三个方面。

（1）安全性

安全性是指结构在正常施工和正常使用条件下，承受可能出现的各种作用和能力，以及在偶然事件发生时和发生后，仍保持必要的整体稳定性和能力。

（2）适用性

适用性是指结构在正常使用条件下，不产生影响使用的过大变形以及不发生过宽的裂缝等。

（3）耐久性

耐久性是指结构在正常维护的条件下，随时间变化而仍满足预定功能要求和能力。

4.8.8 判断结构安全的条件

（1）房屋使用功能必须采用适宜的结构体系；

（2）房屋结构布局具有合理的刚度；

（3）房屋结构具有良好的承载能力和变形能力；

（4）房屋必须保证一定的耐久性；

（5）房屋设计必须满足相关规范要求。

4.8.9 判断房屋正常使用的原则

（1）正确使用的原则

按照设计使用功能正确使用房屋，不能随意改变房屋的使用性质、擅自改变房屋结构等。

（2）安全检查与维护的原则

房屋所有人及使用人，应当正确使用房屋、加强日常安全检查、及时维修，发现异常情况及时委托鉴定。对超期使用的房屋以及涉及公共安全的公共建筑必须定期委托安全鉴定。

（3）不影响他人房屋安全的原则

房屋在使用过程中不得影响毗连房屋的安全，在进行桩基础、深基础等施工活动时应当保证相邻房屋的安全等。

4.9 鉴定标准对房屋结构体系查勘的要求

现行国内房屋鉴定标准《民用建筑可靠性鉴定标准》GB 50292—2015、《工业建筑可靠性鉴定标准》GB 50144—2019 对房屋鉴定时，标准中虽未明确提出对结构体系进行鉴定查勘的具体要求，但规定了按照构件、子单元、鉴定单元三级综合评定方法进行鉴定。其中，子单元评级时，按地基基础、上部承重结构、围护结构承重部分逐项递次评定，实际上已体现了传力树的结构体系概念，尤其是在上部承重结构中对结构整体性及结构侧向位移的鉴定要求，更充分地体现了对结构体系检查鉴定的高度重视。

鉴定过程中首先要确定被鉴定房屋的结构形式，才有利于后续的鉴定分析。房屋结构验算中也必然涉及结构体系。

相近的《建筑抗震鉴定标准》GB 50023—2009 对结构体系有明确的查勘要求。在从事房屋安全鉴定时，可参照抗震鉴定标准，引用对既有房屋鉴定应进行结构体系检查是可行的。

第 5 章　房屋裂缝类型、成因与处理

5.1　钢筋混凝土裂缝

钢筋混凝土结构是多种不同材料经拌合、振捣、养护后而成形的。从微观看，混凝土是带裂缝工作的，重要的是如何避免可见裂缝，特别是不出现对结构的安全有影响的裂缝。引起裂缝的原因很多，但可归结成两大类：

第一类，由外荷载引起的裂缝，也称为结构性裂缝、受力裂缝，其裂缝与荷载有关，预示结构承载力可能不足或存在严重问题。

第二类，由变形引起的裂缝，也称非结构性裂缝，如温度变化、混凝土收缩、地基不均匀沉降等因素引起的变形，当此变形得不到满足，在结构构件内部产生自应力，当此自应力超过混凝土允许拉应力时，即会引起混凝土裂缝，裂缝一旦出现，变形得到满足或部分得到满足，应力就发生松弛。

两类裂缝有明显的区别，危害程度也不尽相同，有时两类裂缝融合在一起。根据调查资料表明：两类裂缝中，变形引起的裂缝占主导，约占结构物总裂缝的 80%，其中包括变形与荷载共同作用，但以变形为主所引起的裂缝；属于荷载引起的裂缝约占 20%，其中包括变形与荷载共同作用，但以荷载为主所引起的裂缝。

5.1.1　钢筋混凝土裂缝分类

5.1.1.1　按裂缝产生的时间分类

（1）混凝土硬化前产生的裂缝：如沉缩裂缝等。

（2）混凝土硬化后产生的裂缝：如温度收缩裂缝等。

5.1.1.2　按裂缝原因分类

（1）原材料质量差：如水泥安定性不合格的裂缝等；

（2）建筑物构造不良：如各种变形缝设置不当而造成裂缝；

（3）施工工艺不当：如施工缝留置和处理不当而造成裂缝；

（4）温度差过大：如大体积混凝土温度裂缝等；

（5）干燥收缩：如混凝土早期的干缩裂缝等；

（6）结构受力：如受弯构件受拉区的裂缝等；

（7）地基不均匀沉降：如地基沉降差在超静定结构中形成裂缝等；

（8）化学作用：如使用活性砂石料引起碱骨料反应，而产生裂缝；

（9）使用不当：如长期处在高温环境下的混凝土被烤酥面开裂等；

（10）其他：如混凝土徐变造成开裂或裂缝扩展等。

5.1.1.3　按裂缝形态分类

（1）裂缝位置：如梁的跨中或支座处、梁上部或下部等；

（2）裂缝方向：如竖向、水平、斜向等；

（3）裂缝形状：如一端宽，另一端窄；中间宽，两端窄。

5.1.1.4　按裂缝危害分类

（1）一般裂缝：或简称为"无害裂缝"，这类裂缝不影响结构的强度、刚度与稳定性，也不降低结构的耐久性。如设计规范允许的宽度不大的裂缝等；

（2）影响结构构件安全的裂缝：如受压构件出现了承载能力不足的竖向裂缝等；

（3）影响耐久性的裂缝：如较宽的温度收缩裂缝，虽一时不可能造成结构破坏，但因缝宽，钢筋逐渐锈蚀，而导致结构破坏。

5.1.2　钢筋混凝土裂缝成因

5.1.2.1　主要裂缝成因分类（表5.1.2.1）

钢筋混凝土裂缝主要成因分类　　　　　　　　　　　　　　　表5.1.2.1

类　别	裂　缝　成　因
1.材料、半成品质量	1.水泥安定性不合格 2.砂石级配差、砂太细 3.砂、石中含泥或石粉量大 4.使用了反应性骨料或风化岩 5.混凝土配合比不良 6.不适当地掺用氯盐 7.水泥水化热引起过高升温
2.建筑和结构构造	1.违反构造规定和要求 2.变形缝设置不当 3.结构整体性差 4.建筑物防护不良
3.结构受力	1.设计断面不足 2.应力集中 3.超载 4.未进行必要的抗裂验算
4.地基变形	1.地基沉降差大 2.地基冻胀 3.地基土水平位移 4.相邻建筑影响

类　别	裂　缝　成　因
5. 施工工艺	1. 水泥或水用量过多 2. 配合比控制不准 3. 混凝土拌合不匀 4. 浇筑顺序有误 5. 浇筑方法不当 6. 浇筑速度过快 7. 振捣不实 8. 模板变形 9. 模板漏水、漏浆 10. 钢筋保护层过大或过小 11. 浇筑中碰撞钢筋 12. 施工缝处理不良 13. 混凝土沉缩未及时处理 14. 养护差、混凝土干缩 15. 拆模过早 16. 过早地加荷载或施工超载 17. 早期受冻 18. 构件吊装、运输、堆放时的吊点或支点位置错误
6. 温湿度变形	1. 环境温湿度变化 2. 构件各部分之间温湿度差 3. 冻融循环
7. 其他	1. 酸、盐等化学腐蚀 2. 振动、地震 3. 火灾、爆炸等

5.1.2.2　各类裂缝成因分析

（1）材料及半成品质量问题造成裂缝

较常见的是水泥或碎石（砾石）质量不良。例如四川省某单层厂房钢筋混凝土基础施工时，发现基础混凝土爆裂，经检查水泥安定性不合格。又如：某工程的混凝土采用泥灰质岩做碎石，浸水后膨胀，以后又受冻，使混凝土发生裂缝。再如：某宿舍使用三年后，混凝土大块大块地爆裂，爆裂点的直径 5～120mm，经检查发现，该混凝土所用碎石混有经过煅烧、但未烧透的石灰石，这种碎石在已硬化的混凝土中逐渐熟化，体积膨胀，而引起混凝土爆裂。因混凝土的碱 - 骨料反应而造成混凝土结构的破坏，在我国某些地区已有破坏实例。这是因为近年来我国水泥含碱量增加，混凝土中的水泥用量提高，不少工程又使用含碱外加剂，在这种条件下，若使用活性骨料（如蛋白石、玉髓等），就会产生碱 - 骨料反应，从而造成结构裂缝。

（2）建筑与结构构造不合理造成裂缝

较常见的有：断面突变，构件中开洞、凿槽引起应力集中，构造处理不当等引起开裂；现浇的主梁在搁置次梁处没有附加钢箍造成开裂；带有横杆的双肢柱，在纵横杆交接处，存在次弯矩和应力集中，如选型和处理不当，在双肢柱与横杆连接处产生裂缝；门式刚架转角处应力复杂，该处弯矩较大，过大的偏心距使受拉区加大，而造成转角处产生

斜裂缝；以及各种变形缝设置不当造成裂缝。

（3）应力裂缝

钢筋混凝土结构在静或动荷载作用下而产生的裂缝，称为应力裂缝，这类裂缝较多出现在受拉区、受剪区或振动严重部位。造成这类裂缝的原因很多，施工或使用中都可能出现。最常见的是钢筋混凝土梁、板等受弯构件，在使用荷载作用下往往出现不同的裂缝。从结构试验中可以看到，普通钢筋混凝土构件在承受 30%～40% 的设计荷载时，就可能出现裂缝，而这类构件的极限破坏荷载往往都在设计荷载的 1.5 倍以上。普通钢筋混凝土的裂缝不一定都是质量问题，只要裂缝宽度符合规范的规定，都属正常情况。但对宽度超过规范规定，或降低构件的承载能力，或有失稳破坏可能，或影响耐久性等方面的裂缝，以及不允许开裂的建筑物上的裂缝等，都应认真分析，慎重处理。应强调指出：对受压区的混凝土裂缝必须认真对待，因为受压区混凝土的明显竖向裂缝，往往是结构接近极限承载能力，或结构破坏的前兆。

（4）地基变形而造成的裂缝

这类裂缝的主要原因是地基不均匀变形在结构或构件内产生附加应力，超出混凝土结构的抗拉能力，而导致混凝土开裂。因此，这类裂缝也是应力裂缝的一种。其裂缝的大小、形状、方向决定于地基变形的情况，这类裂缝都是贯穿性的。

（5）施工裂缝

需要着重强调以下几点：

1）混凝土产生裂缝的重要原因之一是水分蒸发，水泥结石和混凝土干缩而造成。因此配合比不准，施工中任意加水，以及为了赶进度，任意提高混凝土强度，而使单位水泥用量加大等，都是工地上常见的造成裂缝的施工原因。

2）混凝土是一种混合材料，混凝土成型后的均匀性和密实程度可判断其质量的好坏。因此，从搅拌、运输、浇筑到振实的各道工序中的任何缺陷，都可能是裂缝的直接或间接原因。

3）混凝土早期沉缩裂缝。如混凝土流动性较低，浇筑速度过快，在硬化前因混凝土沉实能力不足而形成的裂缝，通常称为早期沉缩裂缝。这种裂缝大多出现在浇筑后 1～3h，一般沿着梁、板上面钢筋位置出现，裂缝深度常达钢筋表面。有的混凝土墙浇筑速度过快，混凝土未完全沉实，过一段时间后在墙高方向的中部附近出现接近水平方向的沉缩裂缝。有的肋形楼盖，梁板同时浇筑，施工不当，梁板连接处也会产生沉缩裂缝。例如宝山钢铁厂某工程肋形楼盖，板厚 150mm，梁断面为 300mm×600mm～300mm×800mm，梁跨度为 6～7.2m，浇筑梁后紧接着浇筑板，拆模后发现梁板交接处出现了宽为 0.1～0.3mm 的水平裂缝，其原因就是混凝土凝结过程中梁混凝土沉缩过大造成的。

4）模板支架系统的质量与施工裂缝密切相关。模板构造方案不当，漏水、漏浆、模板及支撑刚度不足，支撑地基下沉，以及过早拆模等，都可能造成混凝土开裂。

5）钢筋与混凝土共同作用的好坏，不仅决定构件的承载能力，而且影响构件的抗裂性能。因此，施工中，钢筋表面污染，保护层太小或太大，浇筑中和混凝土硬化前碰撞钢筋，都可能产生裂缝。

6）混凝土养护，特别是早期养护质量，与裂缝的关系密切。早期表面干燥，或早期受冻都可能产生裂缝。

7）装配式结构中，构件运输、堆放时，支承垫木不在一条垂直线上，或悬挑过长，或运输途中剧烈振、撞；吊装时吊点位置不当，桁架等侧向刚度较差的构件，侧向无可靠的加固措施等，都可能使构件产生裂缝。

8）装配式结构的安装顺序，构件安装工艺、焊接工艺与顺序不当时，也可造成构件裂缝。

（6）温度裂缝

温度裂缝的原因有两类：

1）混凝土具有热胀冷缩的性质，其线胀系数一般为 $1 \times 10^{-5}/℃$。当外部环境温度发生变化，或水泥水化热使混凝土内部温度发生变化时，钢筋混凝土结构就产生温度变形。众所周知，建筑物中的结构构件往往受到各种约束（外约束、内约束），在温度变形和约束的共同作用下，产生温度应力，当这种应力超过混凝土的抗裂强度时，就产生裂缝。这类裂缝较常见，例如：自防水屋面板上的裂缝；大体积混凝土的裂缝等。

2）钢筋混凝土受热后，物理力学性能恶化，轴心抗压、弯曲抗压和抗拉强度随受热温度的提高而下降。混凝土受热后，因游离水蒸发和水泥结石脱水收缩，而形成裂缝，钢筋与混凝土的粘结力也随之下降，在光圆钢筋中尤为明显。

温度裂缝一般走向无一定规律。梁、板类长度尺寸较大的构件，裂缝多平行于短边；大面积的构件，裂缝常纵横交错；深入的和贯穿性的温度裂缝一般与短边方向平行或接近平行，裂缝沿着长边分段出现，中间较密，裂缝宽度一般在 0.2～2mm。热胀引起的温度缝是中间粗，两端细。冷缩裂缝的粗细变化不太明显，其宽度在 0.5mm 以下，且从上至下没有太大变化。

引起温度变化的主要因素有：年温差、日照、骤然降温等。温度裂缝区别其他裂缝最主要特征是将随温度变化而扩张或合拢。

（7）混凝土收缩及收缩裂缝

1）混凝土收缩

混凝土的收缩是指混凝土在凝结硬化及使用过程中由于混凝土内部的化学反应、水分变化和温度变化等引起的体积减小。混凝土的收缩一般可以分为：塑性收缩、自收缩、干燥收缩、温度收缩、化学收缩和碳化收缩六大类。实际上，混凝土结构所处的环境条件非常复杂，其收缩变形并不是由某一单独的因素造成的，一般都是几种原因引起的几种收缩变形共同叠加作用的结果。按照收缩的成因可以简单地分为温度收缩和失水收缩，温度收缩主要由水泥水化期间引起的温差收缩，温差仅仅是影响混凝土开裂的因素之一，仅仅靠控制温度而忽视其他因素的影响来控制开裂是难以有效的。混凝土失水现象是另一个引起收缩的因素，失水收缩包括水化消耗水和外部环境作用下的干燥失水。

① 塑性收缩

混凝土浇筑后，水分从混凝土表面迅速蒸发，混凝土表面一直处于失水状态，除非空气湿度特别大，当混凝土表面蒸发失水速度大于混凝土泌水速度时，就会产生收缩，因为发生在混凝土的塑性阶段，所以被称为塑性收缩，塑性收缩主要发生在混凝土浇筑成型到终凝这一阶段，如图 5.1.2.2-1 所示。塑性收缩产生的应力大于混凝土自身抗拉力时就会引起塑性开裂，混凝土初凝前不具备强度，微弱的收缩拉力都会造成混凝土产生裂缝。在干燥的环境中，再加上风和高温的作用，混凝土如果不能及时养护，一直处于失水状态，在大面积的工程部位，如道路、地坪、楼板等，更容易失水产生裂缝。通常，控制塑性收缩的方法就是想办法降低混凝土表面失水的速度，其中在混凝土表面粘贴薄膜的手段效果较好。此外，混凝土沉降引起的裂缝通常也是塑性开裂的一种，一般发生在混凝土坍落度偏大，匀质性差时容易出现。如混凝土浇筑、发生分层、离析现象，混凝土骨料下沉过程中受到钢筋的阻挡造成钢筋上方仅剩砂浆，钢筋上方混凝土过薄就容易产生塑性沉降顺筋裂缝。

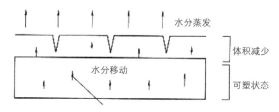

图 5.1.2.2-1　混凝土塑性收缩的发生

② 自收缩

自收缩是指混凝土或其他水泥基材料在恒温密封条件下，在表观体积或长度上的减小。混凝土初凝后，内部的水分虽然难以向外部散失，但随着水化的进行，混凝土内部的水分逐渐降低导致毛细孔液面形成弯月面，使毛细孔压升高而产生毛细孔负压，引起混凝土的自收缩。自收缩可以认为是由两部分组成：

（a）由于水泥的水化反应，整体结构的体积减小称之为水化收缩。例如 1g 水泥与大约 0.23g 水反应，生成的水化产物的体积仅为参与反应的水泥和水的总体积的 90%，也即产生水化收缩。

（b）由于水泥水化反应的继续进行。消耗水化产物毛细管孔隙中的水分，使毛细管产生自真空，毛细管内部产生负压，从而发生自收缩。这部分也称为水泥石的自身干燥收缩。水泥的水化收缩与水泥石的自身干燥收缩的总和，统称为混凝土的自收缩。

由此可见，混凝土的自收缩完全是由于其中的水泥水化造成的，这种收缩与外界湿度无关，且可以是正的（即收缩，如普通硅酸盐水泥混凝土），也可以是负的（即膨胀，如矿渣水泥混凝土与粉煤灰水泥混凝土）。

随着高效减水剂的使用，混凝土水胶比的大幅度降低，混凝土的自收缩现象越来越引起人们的关注，已经不可忽略。抑制自收缩的手段通常有加强养护，使用减缩剂，掺入矿物掺合料，选用低 C_3A、C_4AF 和高 C_2S 的水泥可以降低自收缩。

③ 干燥收缩

干燥收缩是混凝土停止保湿养护后，在干燥的空气中由于水分散失引起的不可逆收缩，随着相对湿度的降低，水泥浆体的干燥收缩逐渐增大。一般认为，干燥收缩发生在混凝土硬化后（7d 龄期后），随着湿度进一步降低引起水泥浆体开始失去较小毛细孔中的水，在毛细孔中形成弯液面对硬化浆体产生负压会引起混凝土收缩，引起干燥收缩的主要是物理吸附水的散失。一般来说，混凝土干燥收缩的大小受环境、水泥用量和品种、水胶比、外加剂、矿物掺合料品种和掺量、砂率及骨料的种类影响。

干燥收缩与自收缩的情况是不同的。自收缩（说得确切一点是自己干燥收缩）是由于混凝土中水泥组分继续水化，吸取了毛细管孔隙中水分，造成毛细管的自真空状态，由于负压而产生的收缩。自己干燥收缩是混凝土与外部环境没有物质交换条件下，自真空失水而造成。而干燥收缩是由混凝土中毛细孔中、凝胶水的逸散而造成的。两者水分消失的机理不同。

④ 温度收缩

水泥水化是放热反应，而混凝土的导热性差，造成内外温度存在差异，在物体热胀冷缩的特性下，在不同的部位导致体积变化的差异，当这种体积变形差异所引起的拉应力超过混凝土的极限抗拉强度时，会产生收缩开裂。一般情况下，混凝土的温度收缩与其本身及各成分的热膨胀系数、内部温度和降温速度等因素有关。对于热传导差的大体积而言，如果不采取保温措施，当混凝土外部接近环境温度时，内部温度可能仍处于高温或上升阶段，此时的混凝土内部高温膨胀，外部降温收缩，限制内部膨胀，内部混凝土对表层收缩的混凝土产生约束，使其产生开裂。混凝土内外温度变化不同产生的收缩（膨胀）也不同，使得毛细孔水的表面张力随着温度下降而增大，孔壁受到的收缩力增大导致水泥石的收缩。混凝土、浆体、骨料和混凝土内部的毛细孔水的热膨胀系数的差别造成混凝土在降温的过程中产生局部温度应力，从而会引起混凝土内部的微裂缝。这多在混凝土浇筑后一周的龄期内发生。

大体积混凝土在硬化过程中，由于水化热温度上升，体积发生变化，在混凝土体积发生变化的过程中发生约束的时候，就会产生温度应力。一般认为，温度应力有两种：内部约束应力和外部约束应力。

内部约束应力由混凝土断面内产生温差而造成。由于内部约束应力的作用，在混凝土表面产生不规则的裂缝。图 5.1.2.2-2 是混凝土断面内由于温度而产生温度应力，有对称与非对称两种情况，断面中央部位的温度应力为压应力；两边的温度应力均为拉应力。当温度应力超过混凝土的抗拉强度时，混凝土就会产生开裂。

外部约束应力是混凝土发生体积变化时，混凝土外部受到约束而产生的应力。在这种应力作用下的混凝土产生的裂缝，多发生在与约束面成直角方向，多会分段出现，贯通整个混凝土断面，如图 5.1.2.2-3 所示。混凝土的外部约束体如：地基、桩、基体沉积物以及已有的老混凝土等。

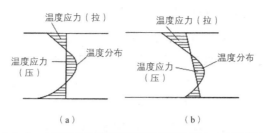

图 5.1.2.2-2　由断面内的温度差而产生的温度应力（内部约束应力）

（a）对称分布时　（b）非对称分布时

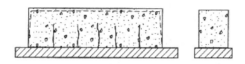

图 5.1.2.2-3　外部约束发生的温度应力

图中虚线表示温度下降时受约束的变形

⑤ 化学收缩

化学收缩是指水泥水化后引起的体积收缩，化学收缩伴随着水化反应产生，理论上说硅酸盐水泥浆体完全水化后体积将减缩 7%～9%。在水泥硬化的不同阶段，化学减缩通过不同的方式表现。在水泥硬化前，水化生成的固相体积填充了先前水分占据的空间，使水泥石密实，此阶段混凝土仍然是塑性状态，化学减缩通过宏观体积减小的方式表现。在水泥硬化后，混凝土具有一定的弹性模量而不能轻易产生宏观体积收缩，化学减缩以形成内部孔隙的方式表现。因此，化学减缩在硬化前不影响混凝土塑性阶段的性质，硬化后则随水胶比的不同形成不同孔隙率而影响混凝土的各种力学性质（如强度）和非力学性质（如渗透性）。

⑥ 碳化收缩

混凝土的碳化作用是指大气中的 CO_2 在有水分存在的条件下与混凝土中的水化产物 $Ca(OH)_2$ 发生化学中和反应生成 $CaCO_3$ 等产物，碳化作用引起的体积变小称为碳化收缩。

碳化速度取决于混凝土的含水量、混凝土孔溶液的 pH 值、环境相对湿度以及空气中 CO_2 的浓度。混凝土内部的碳化作用只在合适的相对湿度（约 50%）下才会比较快地进行。这是因为相对湿度过高（例如相对湿度 100% 时），混凝土孔隙中被水分充满，CO_2 很难通过孔隙扩散至水泥反应产物中去，而且水泥石中的 Ca^{2+} 会通过水分扩散到混凝土表面，并且快速碳化生成 $CaCO_3$ 把空隙堵塞，使得碳化作用难以进行，故碳化收缩较小；相反，相对湿度过低时（例如 25% 时），由于碳化作用需要水分，而此时孔隙中没有足够的水分，碳化作用也不易进行，碳化收缩相应也较小。

2）干缩裂缝

混凝土在空气中结硬时，体积会逐渐减小，称之为干缩或收缩，由此而造成的裂缝称为"干缩裂缝"。混凝土收缩由两部分组成：一是湿度收缩，包括塑性收缩和干燥收缩，即混凝土中多余水分蒸发，体积减小而产生收缩，这部分占整个收缩量的80%～90%；二是混凝土的自收缩，即水泥水化作用，造成其中的毛细管失水，使形成的水泥骨架不断紧密，造成体积减小。混凝土收缩值一般为0.2%～0.4%，钢筋混凝土为0.15%～0.2%。收缩发展规律是早期快，后期慢。影响收缩的因素很多，主要是水泥合料品种与质量、混凝土配合比、化学外加剂，以及养护条件等。与温度裂缝一样，收缩裂缝的形成，也必须同时存在收缩变形和约束两个条件。最常见的是施工中养护不良，表面干燥过快，而内部湿度变化小，表面收缩变形受到收缩慢的内部混凝土的约束，因此在构件表面产生较大的拉应力，当拉应力超过混凝土的极限抗拉强度时，即产生干缩裂缝。此外，尺寸较大的壁板式结构，长的现浇梁，以及框架等也经常出现干缩裂缝。而砂石级配差、砂太细、砂率太高、粗骨料中石粉含量高、配合比不良、用水量或水泥用量太多、混凝土中掺氯化钙等，都会增大混凝土的干缩率。

（8）混凝土开裂的时间轴

根据以上分析，从混凝土拌合开始、浇筑成型、初凝与终凝，以及强度发展的全过程。混凝土开裂与混凝土龄期的关系归纳如图5.1.2.2-4所示。

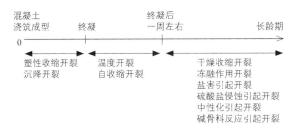

图5.1.2.2-4　混凝土在各个龄期阶段的开裂类型

（9）钢筋锈蚀引起的裂缝

由于混凝土质量较差或保护层厚度不足，混凝土保护层受二氧化碳侵蚀碳化至钢筋表面，使钢筋周围混凝土碱度降低，或由于氯化物介入，钢筋周围氯离子含量较高，均可引起钢筋表面氧化膜破坏，钢筋中铁离子与侵入到混凝土中的氧气和水分发生锈蚀反应，其锈蚀物氢氧化铁体积比原来增长约2～4倍，从而对周围混凝土产生膨胀应力，导致保护层混凝土开裂、剥离，沿钢筋纵向产生裂缝，并有锈迹渗到混凝土表面。由于锈蚀，使得钢筋有效断面面积减小，钢筋与混凝土握裹力削弱，结构承载力下降，并将诱发其他形式的裂缝，加剧钢筋锈蚀，导致结构破坏。

5.1.3　钢筋混凝土各类裂缝的形态特征与鉴别

5.1.3.1　裂缝鉴别重要性

建筑物的破坏，特别是钢筋混凝土结构的破坏往往是从裂缝开始的。但是，并不是所有的裂缝都是建筑物危险的征兆。只有那些影响结构承载能力、稳定性、刚度以及节点构造的可靠性等类裂缝，才可能危及建筑物的安全使用。而大量常见的裂缝，如温度、收缩裂缝等，并不危及建筑结构的安全。因此，各类裂缝对建筑物的危害是不同的，故对各类裂缝的处理应有区别。所以准确鉴别不同类别的裂缝是十分重要的。

5.1.3.2 裂缝鉴别的主要内容

一般需从裂缝现状、开裂时间与裂缝发展变化三方面调查分析，其鉴别的主要内容有以下几方面：

（1）裂缝位置与分布特征

一般应查明裂缝发生在第几层，出现在什么构件（梁、柱、墙等）上，裂缝在构件上的位置，如梁的两端或跨中，梁截面的上方或下面等。裂缝数量较多时，常用开裂面的平（立）面图表示。

（2）裂缝方向与形态

一般裂缝的方向同主拉应力方向垂直，因此要注意分清裂缝的方向，如纵向、横向、斜向、对角线以及交叉等。要注意区分裂缝的形态是上宽下窄，或相反，或两端窄中间宽等不同情况。

（3）裂缝分支情况

裂缝分支角的大小，分支角是指与主裂缝的夹角，常见的是锐角、90°、120°角。裂缝分支数，指以裂缝点计算的裂缝数（包括主裂缝），常见的是 3 支裂缝。

（4）裂缝宽度

常用裂缝测宽仪测量，操作时应注意以下五点：

1）测量与裂缝相垂直方向的宽度；

2）注意所量裂缝的代表性，以及其他缺陷的影响；

3）每次测量的温、湿度条件尽可能一致；

4）直接淋雨的构件，宜在干燥 2~3d 后测量；

5）梁类构件，应测量受力钢筋一侧的裂缝宽度，对弯曲裂缝，应在梁受拉侧主筋高度处测量，对于其他裂缝，应测量裂缝最大宽度处。

（5）裂缝长度

某条裂缝长；某个构件或某个建筑物裂缝总长度；单位面积的裂缝总长度。裂缝长度的测定，在裂缝的端部要有标志，标上年、月、日，以观测裂缝的发展。

（6）裂缝深度

主要区别浅表裂缝，保护层裂缝，较深的甚至贯穿性裂缝。裂缝深度检测可采用凿开法、钻芯法或超声波检测。采用凿开法检查前，先向缝中注入有色墨水，则易于辨认细小裂缝。当采用混凝土钻芯法时，可在芯样或抽芯孔处测量裂缝深度。超声波检测裂缝深度有三种方法，即平测法、斜测法和钻孔对测法。

（7）开裂时间

它与开裂原因有一定关系，因此要准确查清楚。要注意发现裂缝的时间不一定就是开裂的时间。对钢筋混凝土结构，拆模时是否出现裂缝也很重要。

（8）裂缝的发展与变化

裂缝长度、宽度、数量等方面的变化，要注意这些变化与环境温、湿度的关系。

（9）其他

混凝土有无碎裂、剥离；裂缝中有无漏水、析盐、污垢，以及钢筋是否严重锈蚀等。

5.1.3.3　几种常见裂缝的特征与鉴别

根据对前述七类裂缝的分析，可对大部分裂缝作出正确的鉴别，例如对构造不合理造成的裂缝、施工裂缝等都比较容易作出正确的判断。下面主要阐述应力、温度、干缩三类裂缝的特征与鉴别（表 5.1.3.3）。

混凝土结构典型裂缝特征　　　　　　　　表 5.1.3.3

原　因		一般裂缝特征	裂　缝　表　现
荷载作用下	轴心受拉	裂缝贯穿构件全截面，大体等间距（垂直于受力方向）；用带肋筋时，裂缝间出现位于钢筋附近的次裂缝	
	轴心受压	沿构件出现短而密的平行裂缝（平行于受力方向）	
	大偏心受压	弯矩最大截面附近从受拉边缘开始出现横向裂缝，逐渐向中性轴发展；用带肋钢筋时，裂缝间可见短向次裂缝	
	小偏心受压	沿构件出现短而密的平行于受力方向的裂缝，但发生在压力较大一侧，且较集中	
	局部受压	在局部受压区出现大体与压力方向平行的多条短裂缝	
	受弯	弯矩最大截面附近从受拉边缘开始出现横向裂缝，逐渐向中性轴发展，受压区混凝土压碎	

原　因		一般裂缝特征	裂　缝　表　现
荷载作用下	受剪	沿梁端中下部发生约45°方向相互平行的斜裂缝	
		沿悬臂剪力墙支撑端受力一侧中下部发生一条约45°方向的斜裂缝	
	受扭矩	某一面腹部先出现多条约45°方向斜裂缝，向相邻面以螺旋方向展开	
	受冲切	沿柱头板内四侧发生45°方向的斜裂缝；沿柱下基础体内柱边四侧发生45°方向斜裂缝	
	单跨框架梁、柱受弯	框架梁的跨中裂缝自下而上，两端裂缝自上而下；每侧框架柱都可能有水平裂缝，但上下两截面水平裂缝发展的方向相反	

续表

原　因		一般裂缝特征	裂　缝　表　现
外加变形或约束变形作用下	框架结构一侧下沉过多	框架梁两端发生裂缝的方向相反（一端自上面下，另一端自下面上）下沉柱上的梁柱接头处可能发生细微水平裂缝	
	梁的混凝土收缩和温度变形	沿梁长度方向的腹部出现大体等间距的横向裂缝，中间宽、两头尖，呈枣核形，至上下纵向钢筋处消失，有时出现整个截面裂通的情况	
	板的混凝土收缩和温度变形	沿板长度方向出现与板跨度方向一致的大体等间距的平行裂缝，有时板角出现斜裂缝	
钢筋锈蚀	混凝土内钢筋锈蚀膨胀引起混凝土表面出现胀裂	形成沿钢筋方向的通长裂缝	
施工因素	塑性混凝土下沉，被顶部钢筋所阻	形成沿钢筋的裂缝（通长或断续）	
	乱踩已绑扎的上层钢筋，使承受负弯矩的受力筋的混凝土保护层加大，构件的有效高度减小	形成沿构件支承边缘的垂直于受力筋的裂缝	
	混凝土振捣不密实，出现蜂窝、空洞	蜂窝、空洞易形成各种受力裂缝的起点	
	混凝土浇筑速度过快	浇筑 1～2h 后在板与墙、梁，梁与柱交接部位的纵向裂缝	

续表

原　因	一般裂缝特征	裂缝表现
施工因素	水泥安定性不合格或混凝土搅拌、运输时间过长，使水分蒸发，引起混凝土浇筑时坍落度过低；或阳光照射、养护不当	混凝土中出现不规则的网状裂缝	
	混凝土初期养护时急骤干燥	混凝土与大气接触面上出现不规则的网状裂缝	
	用泵送混凝土施工时，为了保证流动性，增加水和水泥用量，导致混凝土凝结硬化时收缩量增加	混凝土中出现不规则的网状裂缝	
	混凝土浇筑工作间歇时的施工缝接槎处理不好	在混凝土施工缝处出现裂缝	
	木模板受潮膨胀上拱	混凝土板面产生上宽下窄的裂缝	
	模板刚度不够，在刚浇筑混凝土的（侧向）压力作用下发生变形	混凝土构件出现与模板变形一致的裂缝	
	模板支撑下沉或局部失稳	已浇筑成型的构件产生相应部位的裂缝	
	过早拆模，混凝土尚未建立足够强度，构件在实际施加于自身的重力荷载作用下，容易发生各种受力裂缝		

47

（1）应力裂缝

随着构件或结构所受荷载的应力性质和受力大小不同，裂缝具有不同的形态特征。一般有两个主要特征；一是裂缝走向与主筋方向接近于垂直；二是裂缝宽度一般较宽，且沿长度与深度方向有明显的变化。

受弯构件常见的有垂直裂缝和斜裂缝两类：垂直裂缝多出现在梁、板构件弯矩最大的截面上或断面突然削弱处（如主筋切断处附近）；斜裂缝一般发生在剪力最大的部位，例如梁支座附近，多数剪力与弯矩共同作用而造成。裂缝由下部开始，一般沿45°方向向跨中上方伸展，随着荷载增加，裂缝不断扩展，数量增加。

轴心受压构件一般不出现裂缝，一旦发现受压区混凝土压裂可能预示结构开始破坏，应引起足够重视。小偏心受压构件和受拉区配筋较多的大偏心受压构件，裂缝与破坏情况，基本上与轴心受压构件相似。大偏心受压且受拉区配筋不多的构件，基本上类似受弯构件。

轴心受拉构件在荷载不大时，混凝土就产生裂缝，其特征是沿正截面开展，和钢筋拉力作用线相垂直，各缝间距近似相等。

冲切构件裂缝。例如柱下基础底板，从柱的周边开始沿45°斜面拉裂,形成冲切面。

扭弯构件裂缝。钢筋混凝土构件受扭弯时，构件内产生近于45°倾斜角的螺旋形斜裂缝。

（2）温度裂缝

由于产生的原因不同，可能出现表面的、较深的或贯穿性裂缝。其中表层裂缝的方向一般无规律性，较深的或贯穿裂缝走向往往与主筋方向平行或接近平行。这类裂缝的宽度大小不一，但每一条裂缝宽度变化不大。裂缝宽度随着温度变化而变化。在建筑工程中温度裂缝一般有以下三种类型：

1）环境温度（有时还有湿度）剧烈变化造成。常见的是现浇梁、板某些部位的温度裂缝。发生在板上时，多为贯穿裂缝。在矩形板上，裂缝方向常与较短边平行；当板有横肋时，裂缝多与横肋相垂直，常见的裂缝宽度是 0.15 ~ 0.5mm。

2）大体积混凝土中，水泥水化热大量积聚，散发很慢，由此而形成的各种温度差是裂缝的主要原因。其中内外温差与温度陡降只引起表面或浅层的裂缝；混凝土内部温差可造成贯穿裂缝。有时几种不同温差作用的叠加,可能造成结构截面全部断裂。

3）在使用中，结构受高温热源的影响而产生裂缝。例如某厂鼓风炉车间，在鼓风炉周围和冷凝器下的钢筋混凝土梁，表面温度 80 ~ 97℃，梁上出现了不少横向裂缝，其宽度为 0.1 ~ 0.8mm。再如钢筋混凝土烟囱受热后较普遍产生裂缝，常见的有竖向裂缝与水平裂缝。裂缝形成的时间，又可分为投产使用前和投产使用后两类。前者裂缝较浅，一般裂至内、外表面下 2 至十余厘米，宽度大多在 0.2 ~ 2mm。在长期高温下，钢筋混凝土烟囱的裂缝，有时竖缝可达数十米长，水平裂缝一般为 1/5 ~ 1/2 周长，有时贯通全圆周。

（3）干缩裂缝

其形状常见的为两种：一种是表面的不规则发丝裂缝，这种裂缝发生在混凝土终凝

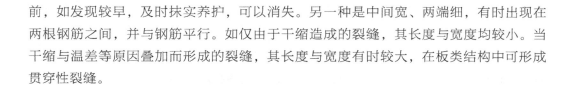

前，如发现较早，及时抹实养护，可以消失。另一种是中间宽、两端细，有时出现在两根钢筋之间，并与钢筋平行。如仅由于干缩造成的裂缝，其长度与宽度均较小。当干缩与温差等原因叠加而形成的裂缝，其长度与宽度有时较大，在板类结构中可形成贯穿性裂缝。

5.2　砌体裂缝

5.2.1　砌体裂缝产生原因

砌体结构产生裂缝的情况很普通，其主要原因大致可以分以下几个方面。

（1）地基不均匀沉降

地基不均匀变形引起的裂缝与工程地质条件、基础构造上部结构刚度、建筑体形以及材料和施工质量等因素有关。常见裂缝有以下几种类型：

1）斜裂缝：这是最常见的一种裂缝。建筑物中间沉降大，两端沉降小（正向挠曲），墙上出现"八"字形裂缝，反之则出现倒"八"字裂缝。多数裂缝通过窗对角，在紧靠窗口处裂缝较宽，向两边和上下逐渐缩小；其走向往往是由沉降小的一边向沉降较大的一边逐渐向上发展。在等高长条形房屋中，两端比中间裂缝多。这种斜裂缝的主要原因是地基不均匀变形，使墙身受到较大的剪切应力，造成了砌体的主拉应力过大而破坏。

2）窗间墙上水平裂缝：这种裂缝一般成对地出现在窗间墙的上下对角处，沉降大的一边裂缝在下，沉降小的一边裂缝在上，也是靠窗口处裂缝较宽。裂缝的主要原因是地基不均匀沉降，使窗间墙受到较大的水平剪力。

3）竖向裂缝：一般产生在纵墙顶层墙或底层窗台墙上。顶层墙竖向裂缝多数是建筑物反向挠曲（在地基突变处，建筑物一端沉降量大，一端沉降量小），使墙顶受拉而开裂。底层大窗台下的裂缝，多数是由于窗口过大，窗间墙下基础的沉降量大于窗台墙下基础的沉降量，使窗台墙产生反向弯曲变形而开裂。两种竖向裂缝都是上面宽，向下逐渐缩小。

4）单层厂房与生活间连接墙处的水平裂缝：多数是温度变形造成，但也有的是由于地基不均匀沉降，使墙身受到较大的来自屋面板水平推力而产生裂缝。

以上各种裂缝出现时间往往在建成后不久，裂缝的严重程度随着时间逐渐发展。

（2）温度变形

由于温度变化引起砖墙、砖柱开裂的情况较普遍。最典型的是位于房屋顶层墙上的"八"字形裂缝。其他还有女儿墙角裂缝，女儿墙根部的水平裂缝，沿窗边（或楼梯间）贯穿整个房屋的竖直裂缝，墙面局部的竖直裂缝、单层厂房与生活间连接处的水平裂缝，以及比较空旷高大房间窗口上下水平裂缝等。产生温度收缩裂缝的主要原因如下：砖混建筑主要由砖墙、钢筋混凝土楼盖和屋盖组成，钢筋混凝土的线膨胀系数为$(0.8 \sim 1.4) \times 10^{-5}/℃$，砖砌体为$(0.5 \sim 0.8) \times 10^{-5}/℃$，钢筋混凝土的收缩值约为$(15 \sim 20) \times 10^{-5}/℃$，而砖砌体收缩不明显。当环境温度变化或材料收缩时，两种材料的膨胀系数和收缩率不同，因此将产生各自不同的变形。当建筑物一部分结构发生变形，而又受到另一部分结构的约束时，其结果必然在结构内部产生应力。当温度升高时，钢筋混凝土变形大于砖，砖墙阻止屋盖（或楼盖）伸长因此在屋盖（楼盖）中产生压应力，在墙体中引起拉应力和剪应力。当墙体中的主拉应力超过砌体的抗拉能力时就在墙中产生斜裂缝（"八"字形缝）。女儿墙角与根部的裂缝主要原因是屋盖的温度变形。贯穿的竖直裂缝其发生原因往往是房屋太长或伸缩缝间距太大。单层厂房在生活间处的水平裂缝除了少数是地基不均匀下沉引起外，主要是由于屋面板在阳光暴晒下，温度升高而伸长，使砖墙受到较大的水平推力而造成的。屋顶下水平裂缝的特征是：位于平屋顶下或屋顶圈梁下 2 ~ 3 皮砖的灰缝中，裂缝一般沿外墙顶部分布，两端较为严重，有时形成水平包角缝，裂缝向中部逐渐减小，且渐成断续状态。出现这种裂缝主要是因为屋盖的温度变形大于墙体的变形，屋盖下砖墙产生的水平剪力大于砌体的水平抗剪强度。

（3）建筑构造

建筑构造不合理也会造成砖墙裂缝的发生。最常见的是在扩建工程中，新、旧建筑砖墙如果没有适当的构造措施而砌成整体，在新、旧墙结合处往往发生裂缝。其他如圈梁不封闭，变形缝设置不当等均可能造成砖墙局部裂缝。

（4）施工质量

砖墙在砌筑中由于组砌方法不合理，重缝、通缝多等施工质量问题，在混水墙往往出现不规则的较宽裂缝。另外。预留脚手眼的位置不当、断砖集中使用、砖砌平拱中砂浆不饱满等也易引起裂缝的发生。

（5）相邻建筑的影响

在已有建筑邻近新盖多层、高层建筑的施工中，由于开挖、排水、人工降低地下水位、打桩等都可能影响原有建筑地基基础和上部结构，从而造成砖墙开裂。另外，因新建工程的荷载造成旧建筑地基应力和变形加大，使旧建筑产生新的不均匀沉降。以致造成砖墙等处产生裂缝。

（6）受力裂缝

由于砖石砌体是脆性材料，其抗拉强度较低，因承载能力不足而造成的裂缝，很可能是结构破坏的特征或先兆。因此，正确认识这类裂缝的形态特征十分重要，这对于分析与处理砌体裂缝，保证建筑物安全使用，都具有重要意义。

砖砌体受力后开裂的主要特征是：一般轴心受压或小偏心受压的墙、柱裂缝方向是垂直的；在大偏心受压时，可能出现水平方向裂缝，裂缝位置常在墙、柱下部 1/3 位置，上、下两端除了局部承压承载力不足外，一般很少有裂缝。裂缝宽度 0.1 ~ 0.3mm 不等，中间宽，两端细。通常在楼盖（屋盖）支撑拆除后立即可见裂缝，也有少数在使用荷载突然增加时开裂。在梁底由于局部承压承载力不足也可能出现裂缝，其特征与上述的类似。砖砌体受力后产生裂缝的原因比较复杂，设计断面过小，稳定性不够，结构构造不良，砖及砂浆强度等级过低等均可能引起开裂。

5.2.2 砌体中各类裂缝的鉴别

准确区别上述各类裂缝的形态特征（表 5.2.2），是鉴别裂缝种类的重要依据。由于砌体裂缝大多数是温度裂缝、沉降裂缝和超载裂缝三类，而这三类裂缝的危害性和处理方法差异甚大，因此，怎样正确区别这三类裂缝尤显重要。为方便工程实际的应用，下面介绍些通过实践总结出来的经验。

（1）根据裂缝的位置区别裂缝原因

斜裂缝或水平裂缝出现在房屋的下部时，多数属于沉降裂缝，而出现在房屋顶部附近的斜裂缝和水平裂缝多数是温度裂缝。沉降裂缝和温度裂缝多数出现在纵墙上。出现在砌体应力较大处的竖向裂缝可能是超载引起的，它可能出现在顶层或底层等各个部位。出现在底层大窗台上的竖向裂缝多数是沉降裂缝。出现在房屋顶部的竖向裂缝可能是温度裂缝，也可能是沉降裂缝，如何正确鉴别，还应根据下述各条的内容来确定。

（2）根据裂缝出现的时间区别裂缝原因

地基不均匀沉降裂缝大多出现在房屋建成后不久，也有少数工程在施工期中已产生明显的不均匀沉降而导致砖墙裂缝，严重的甚至无法继续施工；超载裂缝大多发生在荷载突然增加，如大梁拆除支撑时，可能在梁或梁垫下出现裂缝，或在砖柱、附墙柱上出现裂缝；温度裂缝大多数出现在经过夏季（或冬季）后形成，除了上述所列举的各种裂缝外，有时还可见整个墙面普遍存在发丝状裂缝，这种裂缝在过第一个冬天时出现，以后不发展，其原因是房过长或伸缩缝间距过大，墙体降温收缩而开裂。

（3）根据裂缝发展与变化情况区别裂缝原因

沉降裂缝随时间逐渐发展，裂缝宽度和长度随着地基变形的加大而增加，地基变形稳定后裂缝不再发展；温度裂缝形成后，裂缝的宽度和长度随着气温的变化而变化，但总的趋势是裂缝不会不停地扩展恶化；超载裂缝如荷载已接近临界值，则裂缝不断发展，可能导致结构破坏、建筑物倒塌。如荷载值不大，且不再增加则有的裂缝短时期不会恶化。但超载裂缝必须立即分析处理。

（4）根据裂缝的成因或诱发因素区别裂缝原因

超载裂缝的位置，完全与受力相对应；沉降裂缝则取决于沉降曲线形状与上部结构刚度；温度裂缝则与当地温差，屋盖保温、隔热情况，建筑物长度等因素有关。

（5）确定为沉降裂缝的参照条件

确定为沉降裂缝的参照条件有以下 6 点：

1）地基土的压缩性有明显差异，地基沉降曲线不是直线；

2）房屋高度或荷载差异较大；

3）地基浸水；

4）在房屋周围开挖土方或人工降低地下水位；

5）地面堆载过大；

6）已有建筑临近新建高大建筑。

砌体结构典型裂缝特征 表 5.2.2

原因	裂缝主要特征		裂缝表现
	裂缝常出现位置	裂缝走向及形态	
受压	承重墙或窗间墙中部	多为竖向裂缝，中间宽、两端窄	
偏心受压	受偏心荷载的墙或柱	压力较大一侧产生竖向裂缝；另一侧产生水平裂缝，边缘宽，向内渐窄	
局部受压	梁端支承墙体；受集中荷载处	竖向裂缝并伴有斜裂缝	
受剪	受压墙体受较大水平荷载处	水平通缝	
		沿灰缝阶梯形裂缝	
		沿灰缝和砌块阶梯形裂缝	

续表

原因	裂缝主要特征		裂缝表现
	裂缝常出现位置	裂缝走向及形态	
地震作用	承重横墙及纵墙窗间墙	斜裂缝，X形裂缝	
不均匀沉降	底层大窗台下、建筑物顶部、纵横墙交接处	竖向裂缝上部宽、下部窄	
	窗间墙上下对角	水平裂缝边缘宽，向内渐窄	
	纵、横墙竖向变形较大的窗口对角，下部多、上部少，两端多、中部少	斜裂缝，正八字形	 沉降分布曲线 沉降分布曲线
	纵、横墙挠度较大的窗口对角，下部多、上部少，两端多、中部少	斜裂缝，倒八字形	

原因	裂缝主要特征		裂缝表现
	裂缝常出现位置	裂缝走向及形态	
不均匀沉降	纵、横墙挠度较大的窗口对角，下部多、上部少	斜裂缝	
温度变形、砌体干缩变形	纵墙两端部靠近屋顶处的外墙及山墙	斜裂缝，正八字形	
	外墙屋顶、靠近屋面圈梁墙体、女儿墙底部、门窗洞口	水平裂缝，均宽	

续表

原因	裂缝主要特征		裂缝表现
	裂缝常出现位置	裂缝走向及形态	
温度变形、砌体干缩变形	房屋两端横墙	X 形	
	门窗、洞口、楼梯间等薄弱处	竖向裂缝，均宽，贯通全高	

5.3　裂缝处理

5.3.1　荷载裂缝处理

（1）混凝土结构构件

首先对荷载裂缝进行结构构件承载能力验算，通过 $R/(\gamma_0 S)$ 限值的方法检验结构是否需要加固，如采用结构加固，则加固过程包含了对结构裂缝的处理。具体 $R/(\gamma_0 S)$ 限值见表 5.3.1-1、表 5.3.1-2。对于钢结构一旦出现裂纹便需要进行结构加固或直接更换构件。

当混凝土结构构件的荷载裂缝宽度小于现行国家标准《混凝土结构设计规范》GB 50010—2019 的规定时，构件可不做承载能力验算。

混凝土结构构件的荷载裂缝处理限值　　　　　　　　　表 5.3.1-1

建筑用途	构件类别	承载能力 $R/(\gamma_0 S)$	处理要求
民用建筑	主要构件	$R/(\gamma_0 S) < 0.95$	（1）应按《混凝土结构加固设计规范》GB 50367—2013 的要求进行加固
		$R/(\gamma_0 S) \geq 0.95$，且 ≤ 1	（2）进行裂缝修补处理
	一般构件	$R/(\gamma_0 S) < 0.90$	同（1）
		$R/(\gamma_0 S) \geq 0.90$，且 < 1	同（2）
工业建筑	主要构件	$R/(\gamma_0 S) < 0.90$	同（1）
		$R/(\gamma_0 S) \geq 0.90$，且 < 1	同（2）
	一般构件	$R/(\gamma_0 S) < 0.87$	同（1）
		$R/(\gamma_0 S) \geq 0.87$，且 ≤ 1	同（2）

砌体结构构件的荷载裂缝处理限值 表 5.3.1-2

建筑用途	构件类别	承载能力 $R/(\gamma_0 S)$	处理要求
民用建筑	主要构件	$R/(\gamma_0 S) < 0.95$	（1）应按《砌体结构加固设计规范》GB 50702—2011 的要求进行加固设计，加固作业面覆盖裂缝时可不进行裂缝修补
		$R/(\gamma_0 S) \geq 0.95$，且 <1.0	（2）根据裂缝产生原因的不同进行相应的处理
	一般构件	$R/(\gamma_0 S) < 0.90$	同（1）
		$R/(\gamma_0 S) \geq 0.90$，且 <1.0	同（2）
工业建筑		$R/(\gamma_0 S) < 0.87$	同（1）
		$R/(\gamma_0 S) \geq 0.87$，且 <1.0	同（2）

（2）砌体结构构件

砌体结构构件在出现荷载裂缝后可选择外加钢筋混凝土面层加固法、外加钢筋网片水泥砂浆面层加固法、外包型钢加固法等方法进行加固处理。加固作业面覆盖裂缝时可不进行裂缝修补。

砌体结构荷载裂缝出现下列情况时，应进行裂缝处理：

1）受压墙、柱沿受力方向产生缝宽大于 2mm、缝长超过层高 1/2 的竖向裂缝，或产生缝长超过层高 1/3 的多条竖向裂缝；

2）支承梁或屋架端部的墙体或柱截面因局部受压产生多条竖向裂缝，或裂缝宽度已超过 1mm；

3）墙柱因偏心受压产生水平裂缝，裂缝宽度大于 0.5mm；

4）墙、柱刚度不足，出现挠曲鼓闪，且在挠曲部位出现水平或交叉裂缝；

5）砖过梁中部产生明显的竖向裂缝，或端部产生明显的斜裂缝，或支承过梁的墙体产生水平裂缝；

6）砖筒拱、扁壳、波形筒拱、拱顶沿母线出现裂缝；

7）其他显著影响结构整体性的裂缝。

砌体结构构件裂缝处理的宽度限值，应按表 5.3.1-3 的规定选取。

砌体结构构件裂缝处理的宽度限值（mm） 表 5.3.1-3

区分	构件类别	
	主要构件	一般构件
（A）必须处理的裂缝宽度	>1.5	>5
（B）宜处理裂缝宽度	0.3~1.5	1.5~5
（C）不须处理的裂缝宽度	<0.3	<1.5

注：表中数据系指室内正常环境下的裂缝处理的宽度限值，对其他情况应根据环境恶劣程度相应减小。

5.3.2 非荷载裂缝处理

（1）混凝土结构构件

混凝土结构构件的非荷载裂缝应按裂缝宽度限值，并按表 5.3.2 的要求进行裂缝修补处理。

混凝土结构构件裂缝修补处理的宽度限值（mm）　　表 5.3.2

区分	构件类别		环境类别和环境作用等级			防水防气防射线要求
			I-C（干湿交替环境）	I-B（非干湿交替的室内潮湿环境及露天环境、长期湿润环境）	I-A（室内干燥环境、永久的静水浸没环境）	
（A）应修补的弯曲、轴拉和大偏心受压荷载裂缝及非荷载裂缝的裂缝宽度（mm）	钢筋混凝土构件	主要构件	>0.4	>0.4	>0 5	>0.2
		一般构件	>0.4	>0.5	>0.6	>0.2
	预应力混凝土构件	主要构件	>0.1（0.2）	>0.1（0.2）	>0.2（0.3）	>0.2
		一般构件	>0.1（0.2）	>0.1（0.2）	>0.3（0.5）	>0.2
（B）宜修补的弯曲、轴拉和大偏心受压荷载裂缝及非荷载裂缝的裂缝宽度（mm）	钢筋混凝土构件	主要构件	0.2~0.4	0.3~0.4	0.4~0.5	0.05~0.2
		一般构件	0.3~0.4	0.3~0.5	0.4~0.6	0.05~0.2
	预应力混凝土构件	主要构件	0.02~0.1（0.05~0.2）	0.02~0.1（0.05~0.2）	0.05~0.2（0.1~0.3）	0.05~0.2
		一般构件	0.02~0.1（0.05~0.2）	0.02~0.1（0.1~0.2）	0.05~0.3（0.1~0.5）	0.05~0.2
（C）不需要修补的弯曲、轴拉和大偏心受压荷载裂缝及非荷载裂缝的裂缝宽度（mm）	钢筋混凝土构件	主要构件	<0.2	<0.3	<0.4	<0.05
		一般构件	<0.4	<0.5	<0.6	<0.05
	预应力混凝土构件	主要构件	<0.02（0.05）	<0.02（0.05）	<0.05（0.1）	<0.05
		一般构件	<0.02（0.05）	<0.02（0.05）	<0.05（0.1）	<0.05
需修补的受剪（斜拉、剪压、斜压）、轴压、小偏心受压、局部受压、受冲切、受扭裂缝（mm）	钢筋混凝土构件或预应力混凝土构件	任何构件	出现裂缝			

混凝土结构的非荷载裂缝修补可采用表面封闭法、注射法、压力注浆法、填充密封等方法。

1）表面封闭法：利用混凝土表层微细独立裂缝（裂缝宽度 $\omega \leqslant 0.2mm$）或网状裂纹的毛细作用吸收低黏度且具有良好渗透性的修补胶液，封闭裂缝通道。对楼板和其他需要防渗的部位，尚应在混凝土表面粘贴纤维复合材料以增强封护作用。

常用的方法有压实抹平，涂抹环氧粘结剂，喷涂水泥砂浆或细石混凝土，压抹环氧胶泥，环氧树脂粘贴碳纤维布，增加整体面层，钢锚栓缝合等。

表面涂抹和表面贴补法：表面涂抹适用范围是浆材难以灌入的细而浅的裂缝，深度未达到钢筋表面的发丝裂缝，不漏水的裂缝，不伸缩的裂缝以及不再活动的裂缝。表面贴补（土工膜或其他防水片）法适用于大面积漏水（蜂窝麻面等或不易确定具体漏水位置、变形缝）的防渗堵漏。

2）注射法：以一定的压力将低黏度、高强度的裂缝修补胶液注入裂缝腔内，此方法适用于 $0.1mm \leqslant \omega \leqslant 1.5mm$ 静态的独立裂缝、贯穿性裂缝以及蜂窝状局部缺陷的补强和封闭。注射前，应按产品说明书的规定，对裂缝周边进行密封。

3）压力注浆法：在一定时间内，以较高压力（按产品使用说明书确定）将修补裂缝用的注浆料压入裂缝腔内。此法适用于处理大型结构贯穿性裂缝、大体积混凝土的蜂窝状严重缺陷以及深而蜿蜒的裂缝，目前常见的有纯水泥灌浆法和化学灌浆法（环氧树脂浆液）。

4）填充密封法：在构件表面沿裂缝走向骑缝凿出槽深和槽宽分别不小于 20mm 和 15mm 的 U 形沟槽，然后用改性环氧树脂或弹性填缝材料充填，密封材料嵌入前，先涂刷与嵌填材料混凝土性质的稀释涂料。表面可做砂浆保护层或不做保护层，或粘贴纤维复合材料以封闭其表面。此法适用于处理 $\omega > 0.5mm$ 的活动裂缝和静止裂缝，填充完毕后，其表面应做防护层。

注：当为活动裂缝时，槽宽应按不小于 15mm+5t 确定（t 为裂缝最大宽度）。

混凝土结构构件的非荷载裂缝修补方法，可按下列情况分别选用：

1）钢筋混凝土构件沿受力主筋处的弯曲、轴拉和大偏心受压应修补的非荷载裂缝，其宽度在 0.4～0.5mm 时可使用注射法进行处理，宽度大于或等于 0.5mm 时可使用压力注浆法进行处理；

2）对于宜修补的钢筋混凝土构件沿受力主筋处的弯曲、轴拉和大偏心受压宜修补的非荷载裂缝，其宽度在 0.2～0.5mm 时可使用填充密封法进行处理，宽度在 0.5～0.6mm 时可使用压力注浆法进行处理；

3）有防水、防气、防射线要求的钢筋混凝土构件或预应力混凝土构件的非荷载裂缝，其宽度在 0.05～0.2mm 时，可使用注射法并结合表面封闭法进行处理；其宽度大于 0.2mm 时，可使用填充密封法进行处理；

4）钢筋混凝土构件或预应力混凝土构件受剪（斜拉、剪压、斜压）、轴压、小偏心受压、局部受压、受冲切、受扭产生的非荷载裂缝，可使用注射法进行处理；

5）裂缝修补应根据混凝土结构裂缝深度 h 与构件厚度 H 的关系选择处理方法；h

小于或等于 $0.1H$ 的表面裂缝，应按表面封闭法进行处理；h 在 $0.1H \sim 0.5H$ 时的浅层裂缝，应按填充密封法进行处理；h 大于或等于 $0.5H$ 的纵深裂缝以及 h 等于 H 的贯穿裂缝，应按压力注浆法进行处理，并保证注浆处理后界面的抗拉强度不小于混凝土抗拉强度；

6）有美观、防渗漏和耐久性要求的裂缝修补，应结合表面封闭法进行处理。

（2）砌体结构构件

砌体结构构件裂缝修补，可选用裂缝表面封闭法或压力注浆法；对于地基不均匀沉降引起的裂缝，应结合地基加固进行修补，对于温差产生的裂缝，还应采取适当的构造措施。

第6章 房屋安全鉴定技术要点

房屋鉴定类型多种多样，为防止鉴定类型过于繁杂和将简单鉴定项目复杂化，将相似的鉴定类型进行归类，可归纳为以下6类：

（1）房屋完损性鉴定

（2）房屋危险性鉴定

（3）房屋可靠性鉴定

（4）房屋抗震鉴定

（5）火灾后工程结构鉴定

（6）房屋专项鉴定

6.1 房屋完损性鉴定

根据房屋的结构、装修、设备三个组成部分的完好和损坏程度评定房屋的完损等级，将房屋评定为完好房、基本完好房、一般损坏房和严重损坏房。

可用于以下鉴定业务：出租房屋（厂房）的安全鉴定；文化、体育、娱乐、宾馆、餐饮、商铺、展厅等公共场所的开业前、转业前和资质年审前的房屋安全鉴定；特种营业的房屋质量安全年审鉴定；毛胚房屋、精装修房屋、二手房交易等验房服务。

6.1.1 基本规定

6.1.1.1 房屋完损性鉴定工作内容目的及范围

通过对既有房屋结构构件的损坏情况、工作状态及完损等级进行鉴定评估。其目的是使房地产管理部门掌握各类房屋的完损情况，并为房屋技术管理和修缮计划的安排以及城市规划、改造提供基础资料和依据，另外也使委托单位或房屋使用人了解房屋的安全情况以及作为损坏记录证据和修缮依据。

6.1.1.2 房屋完损性鉴定主要依据

（1）《城市危险房屋管理规定》（建设部2004年第129号令）

（2）《房屋完损等级评定标准》（城住字〔84〕第678号）

（3）《建筑变形测量规范》JGJ 8—2016

（4）相关设计规范

（5）地方房屋安全管理规定及鉴定操作技术规程

6.1.1.3　房屋完损性鉴定适用范围

适用于房地产管理部门对所经营的房屋管理及对辖区内房屋安全普查（非危险房）；对单位自管房（不包括工业建筑）或私房进行鉴定、管理；对突发事故的房屋进行紧急安全检查及相邻工程施工周边房屋（非危险房）鉴定；对公共娱乐场所或租赁经营场所房屋因年审需要而进行的房屋安全检查等。

房屋完损性鉴定，不应涉及房屋原设计质量和原使用功能的鉴定，当房屋被鉴定为危险房屋时应按《危险房屋鉴定标准》JGJ 125—2016进行评定。

6.1.1.4　房屋完损性鉴定程序

受理委托→收集资料（制订方案）→现场查勘、检测→综合分析→等级评定→鉴定报告

（1）受理委托：根据委托人要求，确定房屋危险性鉴定内容和范围；

（2）初始调查：收集调查和分析房屋原始资料，明确房屋的产权人或使用人；

（3）检测验算：对房屋现状进行现场查勘，记录各种损坏数据和状况，必要时采用仪器测试和结构验算；

（4）鉴定评级：对调查、查勘、检测、验算的数据资料进行全面分析和综合评定，确定该房屋的完损性等级，提出原则性或适修性的处理建议；

（5）出具报告。

6.1.2　现场查勘与检测

6.1.2.1　查勘顺序及内容

（1）接受委托

接受委托时，一定要了解清楚委托方申请房屋鉴定的目的，当所需鉴定内容符合房屋完损性鉴定的范畴，方可依据《房屋完损等级评定标准》（城住字〔84〕第678号）进行鉴定和评定活动。

（2）查勘顺序

房屋存在因先天缺陷、自然与人为损坏而出现变形、裂缝、磨损、风化、剥落、锈蚀、渗漏、腐朽、蛀蚀、松动、破损等损坏现象，现场检查时，应对房屋的外观损坏特征及损坏程度进行查勘，宜采取"从外到内、从表及里、从局部到整体、从承重到围护结构"等顺序进行查勘。

（3）查勘内容

1）房屋地基基础的查勘内容，对房屋正常使用时地基基础的工作状态进行查勘，主要检查房屋是否因地基基础不均匀沉降出现上部结构倾斜、承重构件开裂等损坏情

况以及损坏程度。

2）房屋承重结构构件的查勘内容，对房屋结构类型和结构体系的工作状态进行查勘，主要检查结构的布置和形式、构件位置及其连接构造、构件细部尺寸；构件变形、裂缝状况（包括裂缝形态、宽度、长度、性质、分布规律等）及结构的受力情况等。

3）房屋围护构件的查勘内容，主要检查围护墙体、屋面、楼地面、顶棚的构造及用材等损坏情况。

4）房屋装饰装修的查勘内容，检查门窗、内外抹灰、顶棚、细木装修等损坏情况。

5）房屋设备设施的查勘内容，检查电照、水卫、暖气、特种设备（如消火栓、避雷装置等），以及附设结构物（冷却塔、太阳能热水器、广告牌、空调机架等）损坏情况。

6）房屋附属构筑物的查勘内容，检查围墙、挡土墙、烟囱等损坏情况。

（4）检查、检测的原始记录，应记录在专用记录纸上，如有笔误，应进行杠改，且原始记录表应有现场记录人签名。

（5）房屋的损坏记录，通常采用文字记录，也可采用表格或图形的形式记录，对损坏复杂、可能有损坏变化的部位及构件尽可能留下影像资料。

（6）检测时应确保所使用的仪器设备在检定或校准周期内，并处于正常状态，仪器设备的精度应满足检测项目的要求；检测数据应符合计量法要求。

6.1.2.2 现场资料核查

（1）核实委托申请表中资料（如：房屋地址、鉴定部位、建筑年代、层数、面积、用途、委托人、产权人、使用人等）；

（2）检查房屋结构形式（如：钢筋混凝土结构、砖混结构、砖木结构、钢结构、木结构、简易结构等）；

（3）核实房屋的使用资料（如：设计图纸资料、房屋使用年限及历史）；

（4）检查房屋的使用条件（如：房屋用途、荷载变更与改扩建情况、维修、加固和改造及装修情况等）。

6.1.2.3 地基基础检查及变形观测

（1）地基基础检查

1）既有房屋正常使用时地基基础的工作状态是否正常，一般情况下，可通过沉降观测资料和其不均匀沉降引起上部结构反应的检查结果进行分析和判定，判定时应重点检查基础与承重砖墙连接处的斜向阶梯形裂缝、水平裂缝、竖向裂缝状况，基础与框架柱根部连接处的水平裂缝状况，房屋的倾斜位移状况，地基滑坡、稳定、特殊土质变形和开裂等状况；并对房屋所处地段周边环境安全性进行检查及对房屋周边散水、墙脚、室内、外地台沉降、开裂情况检查进行综合判断。

2）当需判断地基基础承载能力时，则须通过检测手段分别对地基或基础进行检测，或当需了解房屋基础形式、埋深以及基础损坏（裂缝、压碎、折断、冻酥、腐蚀）等技术数据时，宜通过开挖检测和承载力验算结果进行判定。

3）鉴定时宜通过地质勘探报告等资料对地基的状态进行分析和判断，必要时可补充地质勘察。

（2）地基基础变形观测

1）房屋垂直度检测

房屋安全鉴定一般宜进行房屋垂直度检测，可采用经纬仪、全站仪、激光铅垂仪、锤球从房屋两个方向进行测量。鉴定报告中应写清楚测量的位置、方向及变形值，没有发现变形的也要在鉴定报告中注明。

2）沉降变形观测

对既有房屋地基基础不均匀沉降，通过对地基或基础的检测来获得技术数据，操作上有一定的难度，一般是采用水准仪对房屋的沉降变形进行观测，并根据观测数据分析房屋因地基基础承载力不足而导致基础沉降变形的程度，变形观测布点数量、观测次数及操作应依据《建筑变形测量规范》JGJ 8 的有关规定进行。

6.1.2.4　上部结构构件检查

房屋上部检查可分为承重结构、围护结构、装修和设备三大部分进行，房屋各类构件检查内容如下：

承重结构：由各类承重构件组成的结构；

围护结构：由承重墙、屋面、楼地面、门窗、内外墙饰面、顶棚等组成；

设备：由水卫、电照、电梯、水泵、特种设备组成。

（1）混凝土结构构件

混凝土结构构件应重点检查柱、梁、板及屋架的受力裂缝和主筋锈蚀状况，柱的根部和顶部的水平裂缝，屋架倾斜以及支撑系统稳定等，混凝土构件外观完损状态检查记录内容一般有：保护层脱落、裂缝、露筋、移位、蜂窝、麻面、空洞、掉角、水渍、变色等。

检查重点部位有：

裂缝检查的重点部位：梁的支座附近、集中力作用点、跨中部位；柱顶、柱脚、柱梁连接处；板底的跨中，板面支座附近、板角部位；屋架的上弦杆、下弦杆、腹杆、节点；悬挑构件的根部上表面；装配式结构构件连接点；楼梯与平台的交界位置。

风化、剥落检查的重点部位：梁、柱、板经常受潮、受腐蚀介质侵蚀的部位；板的下水道出水口附近、厨厕底部；外露的飘板、飘线和经常风吹雨打部位；处于温差变化较大的环境中的构件。

（2）砌体结构构件

砌体结构应重点检查不同类型构件的构造连接部位，纵横墙交接处的斜向或竖向裂缝状况，砌体承重墙体的变形和裂缝状况以及拱脚裂缝和位移状况，砌体外观完损状态检查记录内容一般有：破损、裂缝、倾斜、弓凸、风化、腐蚀、高低不平、灰缝酥松等。

检查重点部位有：

裂缝检查的重点部位：内外、纵横墙体连接处、两端山墙与纵墙交接处；承重墙、柱的变截面处或集中力作用点下的部位；不同建筑材料的接合处；天面混凝土板、圈梁与下部墙体接合处；门、窗洞的上下角及砖过梁处；悬挑构件（楼梯、阳台、雨篷、挑梁、挑板）上部砌体；拱脚、拱顶。

风化、剥落检查的重点部位：墙、柱脚部位；下水道、横沟出水口附近；厨厕周边墙体；有腐蚀物品的堆放处。

（3）木结构构件

木结构应重点检查木构件霉变、腐朽、虫蛀、变形、裂缝、灾害影响和金属件的锈蚀等项目。检查重点部位有：经常或容易受潮和通风不良环境下的木构件，尤其是柱头、梁头、桁头、屋架头入墙部位；容易受渗漏影响的构件，如檐口木檩、屋脊梁等，尤其是屋盖底、天沟底、厨厕底的构件；经常处于高温度、高湿度的房间，如炉房、蒸汽室、烘房、公共厨房等；容易受白蚁蛀蚀的部位，如天花封闭的楼底，通风不良和潮湿的房间；榫槽接合的木构件，如井口周边桁梁、举架的柱梁接合点等；胶合接合部位、螺孔附近部位木构件，连接处的钢构件。

若需要对木结构构件虫蛀的检测，可根据构件附近是否有木屑等进行初步判定，可通过锤击的方法确定虫蛀的范围；对木材腐朽的检测，可采用螺丝刀或钢钎触探检测判定。

（4）钢结构构件

1）整体性检查。整体性是否足够，结构构件有无出现倾斜、失稳、变形等。

2）构件变形检查。跨度、长细比较大构件及薄壁构件的变形情况。

3）受力构件检查。各构件能否正常受力，有无变形、裂缝、压损、孔洞、锈蚀及承受反复作用构件截面突变部位等。

4）连接部位检查。焊接、铆钉是否牢固可靠，连接有无松动、裂缝。

5）支撑的检查。支撑有无出现变形、裂缝、松动等。

6）钢材锈蚀检查。查明有否锈蚀及锈蚀程度，检查镀膜层、防腐涂层或防火涂层的损伤、老化或失效等。

7）钢结构应重点检查整体稳定性、连接的可靠性和钢材的防锈及锈蚀程度；若需判定构件承载力时，应做进一步检测鉴定。

6.1.2.5　围护结构检查

（1）做围护使用的承重墙体检查方法同砌体结构构件，屋面检查方法同装饰装修部分检查。

（2）房屋门窗的损坏情况应检查，窗框与墙体固定、木质腐朽、开启、钢门窗锈蚀、变形、玻璃、五金、油漆及启闭灵活性等。

（3）各类幕墙重点检查幕墙整体的变形、错位、松动及板材松动、损坏，面材与骨架连接情况、密封胶的脱胶、老化损伤等。

6.1.2.6 装饰装修部分检查

（1）重点检查房屋楼地面、屋面的饰面及隔热、保温层损坏、渗漏情况，对房屋门窗、玻璃幕墙、石材幕墙、金属幕墙、轻质外墙板和轻质屋面板的应检查其完好性或渗漏情况。

1）屋面防水、外墙防水和地下防水检查的重点宜为查找各类防水的老化、损伤和渗漏现象及防水部位的开裂情况。

2）建筑保温的检查应为墙面保温、地面保温和屋面保温等防护层的破损、开裂，保温层起翘、空鼓、脱落和受潮等。

3）室内地面的检查宜为表面的磨损、损伤、裂缝和空鼓起翘等现象；木地板应检查虫蛀现象等。

4）对室内墙、顶面的外抹灰层、粘贴的面砖和表面装饰块材的检查宜为空鼓、起翘、损伤、裂缝、脱落和沾污等。

5）对于外墙饰面粘贴的饰面砖和块材的检查宜为空鼓、起翘、损伤、裂缝、脱落和沾污等，若空鼓、开裂、脱落现象严重时，应采用检测手段做进一步检查。

（2）房屋门窗的损坏情况应检查窗框与墙体固定、木质腐朽、开启、钢门窗锈蚀、变形、玻璃、五金、油漆及启闭灵活性等。

（3）各类幕墙重点检查幕墙整体的变形、错位、松动及板材松动、损坏，面材与骨架连接情况、密封胶的脱胶、老化损伤等。

6.1.2.7 设备设施部分检查

检查房屋水电、暖通设备的使用功能，各类管线及器具安装的牢固性，各类管线及器具损伤和材料老化情况；给排水管道堵塞、锈蚀、渗漏；电照设备的新旧、完损、电线老化、绝缘等情况。

6.1.2.8 附设结构物的检查

附设结构物的检查宜为整体稳定性，安装、锚固的牢固性及连接的完好性；附设结构管线的锈蚀、老化、开裂、渗漏和受冻损伤等；重点检查附设结构物设置及与房屋主体结构构件连接的合理性，对后设的附设结构物尚应检查超载使用情况。

6.1.3 鉴定技术要求

6.1.3.1 现场查勘注意事项

（1）房屋完损性鉴定是对房屋的外观缺陷、损坏特征进行查勘，并通过对房屋构件的损坏部位和损坏程度进行分析评定的一系列行为，现场查勘时注重检查房屋的使用状况及构件的损坏部位、特征、程度，判定损坏性质对房屋结构安全的影响，有针对性地根据委托方和各类型鉴定操作要求进行现场检查取证。

（2）对于公共娱乐场所或经营场所房屋的年审鉴定，要突出房屋工作状态的查勘和房屋使用功能改变的情况，重点检查装修中是否有对结构构件的改动和破损情况，有条件的情况下可以结合原房屋设计功能进行核对。

（3）当现场检查时发现房屋重要构件因损坏导致断面明显不足，或承重构件出现受力结构性裂缝，必要时应增加对这部分构件的检测，并经过复核才能确定完损程度。

（4）对于受到环境侵蚀或遭受火灾、高温等影响的结构构件，应增加对这部分构件的检测，并根据相应规范进行复核评定。

（5）当现场检查时发现房屋墙、顶饰面空鼓、脱落及门窗设备存在有脱落危险隐患等问题时应告知委托人及时处理。

（6）当承重构件出现超出严重损坏标准的构件，则为危险房，应依据《危险房屋鉴定标准》JGJ 125 进行查勘及评定；查勘时发现房屋构件及部位存在有即时倒塌等危险险情，应马上采取相应（迁出、临时支顶等）措施排危处理。

（7）对于房屋安全性应急鉴定，除按常规内容检查外，应有针对性的进行查勘，对突发事件引起的房屋损坏在最短的时间内为决策方或委托方提供技术服务并提供紧急处理建议。

（8）对施工周边房屋鉴定，除按常规内容检查外，应有针对性地进行查勘与检测，查勘数据将作为区分房屋损坏责任的依据。

（9）对有抗震设防要求的地区，在划分房屋完损等级时应结合抗震能力进行评定。

6.1.3.2 构件损坏记录要求

（1）文字表述记录

1）房屋的方位记录，一般由入房大门所在方向为房屋的坐向朝向，例如：大门向南，则房屋的坐向为"坐北朝南"。

2）构件所在部位记录，一般先分清并确定构件的类型（柱、梁、板、墙等），然后记录构件所在房屋的那一层或那一单元，例如：首层、第二层（101单元、201单元）等；记录构件所在的区域（按房屋使用功能或方位分区或按图纸轴号分区），例如：客厅、饭厅、主人房、书房（或东北房、东南房）、厨房、厕所等，记录构件所在位置（一般按东、南、西、北方位确定或按图纸轴号确定）；例如：厨房，东墙门洞南上角……

3）构件的损坏记录，一般根据损坏的特征、程度、范围等进行记录，例如：裂缝损坏描述宜按位置、数量、走向、裂缝形态、宽度、长度的顺序进行记录，对竖向构件：一般宜按水平裂缝、竖向裂缝、斜裂缝（或阶梯形裂缝）等描述形态，对水平构件宜按裂缝走向描述形态。

（2）影像、表格、平面图示法记录

影像资料记录，用照相机拍摄记录异常和损坏现象时，应选择有代表性的损坏部位进行记录；平面图示法记录时，构件的位置宜用平面轴号定位。

6.1.3.3　房屋安全鉴定报告时效

经鉴定属于非危险房屋（或其他等同于非危险房屋），在正常使用条件下鉴定报告结论的有效时限一般不超过一年。

6.1.3.4　房屋完损性评定

房屋的完损等级评定是根据各类房屋的结构、装修、设备等组成部分的完好、损坏程度，分为完好房、基本完好房、一般损坏房、严重损坏房四个等级。

房屋各种结构构件完损等级依据《房屋完损等级评定标准》进行，房屋整体完损等级评定一般可参考如下标准：

（1）完好房屋标准：承重构件完好，围护构件完好或基本完好。

（2）基本完好房屋标准：承重构件中一般损坏构件数量不超过10%，且无严重损坏构件；围护构件中一般构件不超过30%，且无严重损坏构件。

（3）一般损坏房屋标准：承重构件中一般损坏构件数量超过10%，可出现严重损坏构件，但不超过2%；围护构件中一般损坏构件超过30%，可出现严重损坏构件，但不超过10%。

（4）严重损坏房屋标准：结构损坏情况超过一般损坏标准，但承重构件无出现超出严重损坏标准的构件。

（5）对有抗震设防要求的地区，在划分房屋完损等级时应结合抗震能力进行评定。

6.1.3.5　房屋完损性鉴定报告内容及要求

（1）报告内容

房屋安全鉴定报告内容包括，鉴定类别、鉴定依据、房屋概况、鉴定目的、现场检查结果、鉴定评级、鉴定结论、处理建议，附件（影像资料、图示资料、检测数据等）。

（2）鉴定报告要求

1）鉴定报告中现场检测的内容必须详尽、细致、完善，须将所有检查到的房屋损坏情况和检测数据详细写明，并附损坏示意图和照片。

2）鉴定结论必须具有充分可靠的依据，结论要明确，不能含糊不清，模棱两可，更不能没有依据就下结论。

6.2　房屋危险性鉴定

可按照《危险房屋鉴定标准》进行房屋危险性等级评定，也可依据《民用建筑可靠性鉴定标准》或《工业建筑可靠性鉴定标准》，根据房屋损坏特征及损坏程度（如：承载力、裂缝、变形、构造缺陷等）进行房屋安全性等级评定。

6.2.1 基本规定

6.2.1.1 危险房屋的定义及危险性鉴定的目的

（1）危险房屋的定义

系指结构已严重损坏或承重构件已属危险构件，随时有可能丧失结构稳定和承载能力，局部或整体不能满足安全使用及保证居住的房屋。

（2）鉴定的目的

通过对既有房屋结构构件的损坏情况进行鉴定，准确判断房屋结构的危险程度，其目的是有效排除房屋危险隐患及其他不安全因素，确保使用安全，为房屋的维护和修缮提供依据，也为地方人民政府房地产行政主管部门对辖区内危险房屋进行检查和督促房屋业主对危险房屋排险解危的安全管理工作提供依据。

6.2.1.2 房屋危险性鉴定主要依据

（1）《城市危险房屋管理规定》（建设部 2004 年第 129 号令）

（2）《危险房屋鉴定标准》JGJ 125—2016

（3）《建筑变形测量规范》JGJ 8—2016

（4）相关设计规范

（5）地方房屋安全管理规定及鉴定操作技术规程

危险房屋鉴定时选用评定的依据，一般应按照《危险房屋鉴定标准》JGJ 125 进行房屋等级评定，也可依据《民用建筑可靠性鉴定标准》GB 50292、《工业建筑可靠性鉴定标准》GB 50144 进行房屋安全性等级评定，其后要确定是否构成危险房屋。

6.2.1.3 责任和义务

（1）房屋鉴定申请：房屋所有人或使用人均可向当地鉴定机构提出鉴定申请，申请时必须持有证明其具备相关民事权利的合法证件；

（2）房屋责任人：房屋所有人对经鉴定的危险房屋，必须按照鉴定机构的处理建议，及时加固或修缮治理；若有险不查或有损坏不修，或经鉴定机构鉴定为危险房屋而未采取有效的解危措施，因此造成事故的，房屋所有人应承担民事或刑事责任；

（3）异产毗连危险房屋的各所有人，应按照国家对异产毗连房屋的有关规定，共同履行治理责任；

（4）行政主管理部门：住房和城乡建设部负责全国的城市危险房屋管理工作，县级以上地方人民政府房地产行政主管部门负责本辖区的城市危险房屋管理工作。

（5）鉴定机构：房屋安全鉴定机构应由市、县人民政府房地产行政主管部门设立或审批。鉴定机构因故意把非危险房屋鉴定为危险房屋而造成损失或因过失把危险房屋鉴定为非危险房屋，并在有效时限内发生事故，应承担民事或行政责任；

（6）鉴定人员：以广州为例，在广州地区从事房屋鉴定的鉴定人员，需具备工民建相关专业背景，且在广州市住房和城乡建设局网上系统备案，现场进行鉴定时，必须有两名以上鉴定人员参加；对特殊复杂的鉴定项目，鉴定机构可另外聘请专业人员或邀请有关部门派员参与鉴定；鉴定机构须具备 1 名以上注册结构工程师，鉴定报告须由注册结构工程师审核，并在鉴定报告上加盖结构工程师注册章。

6.2.1.4　危房的处理

对经鉴定属于危险房屋，应按《城市危险房屋管理规定》（建设部第 129 号令）的原则，在鉴定报告中明确处理类别，提出处理建议，并及时发出鉴定报告及危房治理通知书。同时将鉴定报告电子版上传危房管理系统或将副本报送房屋所在地的国土资源和房屋管理分局或相关行政主管部门。若查勘时发现房屋构件及部位存在即时倒塌等危险险情，应通知房屋责任人马上采取相应安全措施（迁出、临时支顶等）排危处理。

6.2.1.5　安全措施

现场检查人员应有可靠的自身安全防护措施，避免鉴定过程中出现意外伤害事故。

6.2.2　鉴定程序内容与鉴定方法

（1）房屋危险性鉴定程序

受理委托→收集资料（制订方案）→现场查勘、检测→综合分析（结构验算）→等级评定→编写鉴定报告

1）受理申请：根据委托人要求，确定房屋危险性鉴定内容和范围。

2）初始调查：收集调查和分析房屋原始资料，摸清房屋的历史和现状，并进行现场查勘；对于房屋处于危险场地及地段时，应收集调查和分析房屋所处场地地质情况，并进行场地危险性鉴定。

3）现场查勘检测：对房屋现状进行现场查勘检测，记录各种损坏状况和数据；必要时，可采用仪器检测并进行结构验算。

4）鉴定评级：对调查、查勘、检测、验算的数据资料进行全面分析，论证定性，确定房屋危险等级。

5）处理建议：对被鉴定的房屋，提出原则性的处理建议。

6）签发鉴定文书。

（2）资料核查及查勘重点

1）核实委托申请表中资料（如：房屋地址、鉴定部位、建筑年代、层数、面积、用途、委托人、产权人、使用人等），重点核查确定危房户主（即房屋产权人）和使用人、产籍、包括地籍等资料，防止发生产权纠纷。

2）核查房屋结构形式（如：钢筋混凝土结构、砖混结构、砖木结构、钢结构、木结构、简易结构等），重点了解房屋的基础形式和检查房屋的各种结构构造的不合理部位。

3）检查房屋的使用条件（如：房屋用途、荷载变更与改扩建情况、加固和改造及装修情况等），重点检查因拆改、超载使用或不合理施工导致的危险构件和危险隐患。

4）检查房屋的维修条件，重点调查房屋的维修保养情况及年久失修的损坏情况；

5）对遭遇外界突发事故以及房屋周边施工影响导致的危房，检查房屋基础的不均匀沉降、倾斜变形及开裂、坍塌等危险情况，重点检查房屋即时危险隐患以及可能导致的次生灾害的影响。

（3）查勘内容和顺序

1）现场检查的内容应包括结构构件的承载力、构造与连接、裂缝和变形等。

2）现场检查的顺序一般宜为先房屋外部，后房屋内部；若其外部破坏状态显而易见，属于破坏程度严重或濒危且有倒塌可能的房屋，可不再对房屋内部进行检查。

① 房屋外部检查的重点宜为：房屋的结构体系及其高度、宽度和层数；房屋上部倾斜、构件变形情况；地基基础的变形情况；房屋外观损伤、裂缝和破坏情况；房屋局部坍塌情况及其相邻部分已外露的结构、构件损伤情况。

除对房屋外部以上损坏情况检查，还应对房屋内部可能有危险的区域和可能出现安全问题的连接部位、构件进行检查鉴定。

② 内部检查重点宜为：应对所有可见的构件进行外观损伤、破坏情况的检查；对承重构件，必要时可剔除其表面装饰层进行核查，重点检查承重墙、柱、梁、楼板、屋盖及其连接构造的变形和裂缝等损坏现象。

③ 检查非承重墙和容易倒塌的附属构件，检查时，应着重区分抹灰层等装饰层的损坏与结构的损坏。

（4）鉴定方法

房屋危险性鉴定应根据地基危险性状态和基础及上部结构的危险性等级按下列两阶段进行综合评定：

1）第一阶段为地基危险性鉴定，评定房屋地基的危险性状态；

2）第二阶段为基础及上部结构危险性鉴定，综合评定房屋的危险性等级。

基础及上部结构危险性鉴定应按下列三层次进行：

1）第一层次为构件危险性鉴定，其等级评定为危险构件和非危险构件两类。

2）第二层次为楼层危险性鉴定，其等级评定为 A_u、B_u、C_u、D_u 四个等级。

3）第三层次为房屋危险性鉴定，其等级评定为 A、B、C、D 四个等级。

6.2.3 地基危险性鉴定

6.2.3.1 一般规定

（1）地基的危险性鉴定包括地基承载能力、地基沉降、土体位移等内容。

（2）需对地基进行承载力验算时，应通过地质勘察报告等资料来确定地基土层分布及各土层的力学特性，同时宜根据建造时间确定地基承载力提高的影响，地基承载力提高系数可按现行国家标准《建筑抗震鉴定标准》GB 50023—2009 相应规定取值。

（3）地基危险性状态鉴定应符合下列规定：

1）可通过分析房屋近期沉降、倾斜观测资料和其上部结构因不均匀沉降引起反应

的检查结果进行判定；

2）必要时宜通过地质勘查报告等资料对地基的状态进行分析和判断，缺乏地质勘查资料时，宜补充地质勘查。

6.2.3.2　评定方法

（1）当单层或多层房屋地基出现下列现象之一时，应评定为危险状态：

1）当房屋处于自然状态时，地基沉降速率连续两个月大于 4mm/ 月，且短期内无收敛趋势；当房屋处于相邻地下工程施工影响时，地基沉降速率大于 2mm/d，且短期内无收敛趋势；

2）因地基变形引起砌体结构房屋承重墙体产生单条宽度大于 10mm 的沉降裂缝，或产生最大裂缝宽度大于 5mm 的多条平行沉降裂缝，且房屋整体倾斜率大于 1%；

3）因地基变形引起混凝土结构房屋框架梁、柱出现开裂，且房屋整体倾斜率大于 1%；

4）两层及两层以下房屋整体倾斜率超过 3%，三层及三层以上房屋整体倾斜率超过 2%；

5）地基不稳定产生滑移，水平位移量大于 10mm，且仍有继续滑动迹象。

（2）当高层房屋地基出现下列现象之一时，应评定为危险状态：

1）不利于房屋整体稳定性的倾斜率增速连续两个月大于 0.05%/ 月，且短期内无收敛趋势；

2）上部承重结构构件及连接节点因沉降变形产生裂缝，且房屋的开裂损坏趋势仍在发展；

3）房屋整体倾斜率超过表 6.2.3.2 规定的限值。

高层房屋整体倾斜率限值　　　　　　　　　　　　表 6.2.3.2

房屋高度（m）	$24 < H_g \leqslant 60$	$60 < H_g \leqslant 100$
倾斜率限值	0.7%	0.5%

注：H_g 为自室外地面起算的建筑物高度（m）。

6.2.4　构件危险性鉴定

6.2.4.1　一般规定

（1）单个构件的划分

基础、墙体、柱、梁、杆、板、桁架、拱架、网架、折板、壳、柔性构件等构件划分按自然间、开间或计算单元进行划分。

（2）结构分析及承载力验算应符合下列规定：

1）结构分析应根据环境对材料、构件和结构性能的影响，以及结构累积损伤影响等进行；

2）结构构件承载力验算时应按现行设计规范的计算方法进行，计算时可不计入地震作用，且根据不同建造年代的房屋，其抗力与效应之比的调整系数应按表6.2.4.1取用。

结构构件抗力与效应之比调整系数（ϕ）　　　　　　　　表6.2.4.1

构件类型 房屋类型	砌体构件	混凝土构件	木构件	钢构件
I	1.15（1.10）	1.20（1.10）	1.15（1.10）	1.00
II	1.05（1.00）	1.10（1.05）	1.05（1.00）	1.00
III	1.00	1.00	1.00	1.00

注：1. 房屋类型按建造年代进行分类，I类房屋指1989年以前建造的房屋，II类房屋指1989—2002年间建造的房屋，III类房屋是指2002年以后建造的房屋（III类房屋不调整）；

2. 对楼面活荷载标准值在历次《建筑结构荷载规范》GB 50009修订中未调高的试验室、阅览室、会议室、食堂、餐厅等民用建筑及工业建筑，采用括号内数值。

（3）构件材料强度的标准值应按下列原则确定：

1）当原设计文件有效，且不怀疑结构有严重的性能退化或设计、施工偏差时，可采用原设计的标准值；

2）当实际调查情况不符合上述情况时，应按现行国家标准《建筑结构检测技术标准》GB/T 50344的规定进行现场检测鉴定。

（4）结构或构件的几何参数应采用实测值，并应计入锈蚀、腐蚀、腐朽、虫蛀、风化、裂缝、缺陷、损伤以及施工偏差等的影响。

（5）当构件同时符合下列条件时，可直接评定为非危险构件：

1）构件未受结构性改变、修复或用途及使用条件改变的影响；

2）构件无明显的开裂、变形等损坏；

3）构件工作正常，无安全性问题。

6.2.4.2　基础构件危险性鉴定

（1）基础构件的危险性鉴定应包括基础构件的承载能力、构造与连接、裂缝和变形等内容。

（2）基础构件的危险性鉴定应符合下列规定：

1）可通过分析房屋近期沉降、倾斜观测资料和其因不均匀沉降引起上部结构反应的检查结果进行判定。

2）必要时，宜结合开挖方式对基础构件进行检测，通过验算承载力进行判定。

3）当房屋基础构件有下列现象之一者，应评定为危险点：

① 基础构件承载能力与其作用效应的比值不满足下式（6.2.4.2）的要求：

$$\frac{R}{\gamma_0 S} \geqslant 0.90 \qquad (6.2.4.2)$$

式中：R——结构构件抗力；

　　　S——结构构件作用效应；

　　　γ_0——结构构件重要性系数。

② 因基础老化、腐蚀、酥碎、折断导致上部结构出现明显倾斜、位移、裂缝、扭曲等，或基础与上部结构承重构件连接处产生水平、竖向或阶梯形裂缝，且最大裂缝宽度大于 10mm。

③ 基础已有滑动，水平位移速度连续两个月大于 2mm/ 月，且在短期内无收敛趋势。

6.2.4.3 砌体结构构件危险性鉴定

（1）砌体结构构件的危险性鉴定应包括承载能力、构造与连接、裂缝和变形等内容。

（2）砌体结构构件检查应包括下列主要内容：

1）查明不同类型构件的构造连接部位状况；

2）查明纵横墙交接处的斜向或竖向裂缝状况；

3）查明承重墙体的变形、裂缝和拆改状况；

4）查明拱脚裂缝和位移状况，以及圈梁和构造柱的完损情况；

5）确定裂缝宽度、长度、深度、走向、数量及分布，并应观测裂缝的发展趋势。

（3）砌体结构构件有下列现象之一者，应评定为危险点：

1）砌体构件承载力与其作用效应的比值，主要构件不满足式（6.2.4.3-1）的要求，一般构件不满足式（6.2.4.3-2）的要求。

$$\phi \frac{R}{\gamma_0 S} \geq 0.90 \qquad （6.2.4.3\text{-}1）$$

$$\phi \frac{R}{\gamma_0 S} \geq 0.85 \qquad （6.2.4.3\text{-}2）$$

式中：ϕ——结构构件抗力与效应之比调整系数，按表 6.2.4.1 取值。

2）承重墙或柱因受压产生缝宽大于 1.0mm、缝长超过层高 1/2 的竖向裂缝，或产生缝长超过层高 1/3 的多条竖向裂缝。

3）承重墙或柱表面风化、剥落、砂浆粉化等，有效截面削弱达 15% 以上。

4）支承梁或屋架端部的墙体或柱截面因局部受压产生多条竖向裂缝，或裂缝宽度已超过 1.0mm。

5）墙或柱因偏心受压产生水平裂缝。

6）单片墙或柱产生相对于房屋整体的局部倾斜变形大于 7‰，或相邻构件连接处断裂成通缝。

7）墙或柱出现因刚度不足引起挠曲鼓闪等侧弯变形现象，侧弯变形矢高大于 $h/150$，或在挠曲部位出现水平或交叉裂缝。

8）砖过梁中部产生明显竖向裂缝或端部产生明显斜裂缝，或产生明显的弯曲、下挠变形，或支承过梁的墙体产生受力裂缝。

9）砖筒拱、扁壳、波形筒拱的拱顶沿母线产生裂缝，或拱曲面明显变形，或拱脚明显位移，或拱体拉杆锈蚀严重，或拉杆体系失效。

10）墙体高厚比超过现行国家标准《砌体结构设计规范》GB 50003 允许高厚比的 1.2 倍。

6.2.4.4　混凝土结构构件危险性鉴定

（1）混凝土结构构件的危险性鉴定应包括承载能力、构造与连接、裂缝和变形等内容。

（2）混凝土结构构件检查应包括下列主要内容：

1）查明墙、柱、梁、板及屋架的受力裂缝和钢筋锈蚀状况；

2）查明柱根和柱顶的裂缝状况；

3）查明屋架倾斜以及支撑系统的稳定性情况。

（3）混凝土结构构件有下列现象之一者，应评定为危险点：

1）混凝土结构构件承载力与其作用效应的比值，主要构件不满足式（6.2.4.4-1）的要求，一般构件不满足式（6.2.4.4-2）的要求；

$$\phi \, \frac{R}{\gamma_0 S} \geqslant 0.90 \qquad\qquad （6.2.4.4\text{-}1）$$

$$\phi \, \frac{R}{\gamma_0 S} \geqslant 0.85 \qquad\qquad （6.2.4.4\text{-}2）$$

2）梁、板产生超过 $l_0/150$ 的挠度，且受拉区的裂缝宽度大于 1.0mm；或梁、板受力主筋处产生横向水平裂缝或斜裂缝，缝宽大于 0.5mm，板产生宽度大于 1.0mm 的受拉裂缝；

3）简支梁、连续梁跨中或中间支座受拉区产生竖向裂缝，其一侧向上或向下延伸达梁高的 2/3 以上，且缝宽大于 1.0mm，或在支座附近出现剪切斜裂缝；

4）梁、板主筋的钢筋截面锈损率超过 15%，或混凝土保护层因钢筋锈蚀而严重脱落、露筋；

5）预应力梁、板产生竖向通长裂缝，或端部混凝土松散露筋，或预制板底部出现横向断裂缝或明显下挠变形；

6）现浇板面周边产生裂缝，或板底产生交叉裂缝；

7）压弯构件保护层剥落，主筋多处外露锈蚀；端节点连接松动，且伴有明显的裂缝；柱因受压产生竖向裂缝，保护层剥落，主筋外露锈蚀；或一侧产生水平裂缝，缝宽大于 1.0mm，另一侧混凝土被压碎，主筋外露锈蚀；

8）柱或墙产生相对于房屋整体的倾斜、位移，其倾斜率超过 10‰，或其侧向位移量大于 $h/300$；

9）构件混凝土有效截面削弱达 15% 以上，或受力主筋截断超过 10%；柱、墙因主筋锈蚀已导致混凝土保护层严重脱落，或受压区混凝土出现压碎迹象；

10）钢筋混凝土墙中部产生斜裂缝；

11）屋架产生大于 $l_0/200$ 的挠度，且下弦产生横断裂缝，缝宽大于 1.0mm；

12）屋架的支撑系统失效导致倾斜，其倾斜率大于 20‰；

13）梁、板有效搁置长度小于国家现行相关标准规定值的 70%；

14）悬挑构件受拉区的裂缝宽度大于 0.5mm。

6.2.4.5 木结构构件危险性鉴定

（1）木结构构件的危险性鉴定应包括承载能力、构造与连接、裂缝和变形等内容。

（2）木结构构件检查应包括下列主要内容：

1）查明腐朽、虫蛀、木材缺陷、节点连接、构造缺陷、下挠变形及偏心失稳情况；

2）查明木屋架端节点受剪面裂缝状况；

3）查明屋架的平面外变形及屋盖支撑系统稳定性情况。

（3）木结构构件有下列现象之一者，应评定为危险点：

1）木结构构件承载力与其作用效应的比值，主要构件不满足式（6.2.4.5-1）的要求，一般构件不满足式（6.2.4.5-2）的要求；

$$\phi \frac{R}{\gamma_0 S} \geq 0.90 \qquad (6.2.4.5\text{-}1)$$

$$\phi \frac{R}{\gamma_0 S} \geq 0.85 \qquad (6.2.4.5\text{-}2)$$

2）连接方式不当，构造有严重缺陷，已导致节点松动变形、滑移、沿剪切面开裂、剪坏或铁件严重锈蚀、松动致使连接失效等损坏；

3）主梁产生大于 $l_0/150$ 的挠度，或受拉区伴有较严重的材质缺陷；

4）屋架产生大于 $l_0/120$ 的挠度，或平面外倾斜量超过屋架高度的 1/120，且顶部或端部节点产生腐朽或劈裂；

5）檩条、搁栅产生大于 $l_0/100$ 的挠度，或入墙木质部位腐朽、虫蛀；

6）木柱侧弯变形，其矢高大于 $h/150$，或柱顶劈裂、柱身断裂、柱脚腐朽等受损面积大于原截面 20% 以上；

7）对受拉、受弯、偏心受压和轴心受压构件，其斜纹理或斜裂缝的斜率 ρ 分别大于 7%、10%、15% 和 20%；

8）存在心腐缺陷的木质构件；

9）受压或受弯木构件干缩裂缝深度超过构件直径的 1/2，且裂缝长度超过构件长度的 2/3。

6.2.4.6 钢结构构件危险性鉴定

（1）钢结构构件的危险性鉴定应包括承载能力、构造和连接、变形等内容。

（2）钢结构构件检查应包括下列主要内容：

1）查明各连接节点的焊缝、螺栓、铆钉状况；

2）查明钢柱与梁的连接形式以及支撑杆件、柱脚与基础连接部位的损坏情况；

3）查明钢屋架杆件弯曲、截面扭曲、节点板弯折状况和钢屋架挠度、侧向倾斜等偏差状况。

（3）钢结构构件有下列现象之一者，应评定为危险点：

1）钢结构构件承载力与其作用效应的比值，主要构件不满足式（6.2.4.6-1）的要求，一般构件不满足式（6.2.4.6-2）的要求；

$$\phi \frac{R}{\gamma_0 S} \geqslant 0.90 \qquad （6.2.4.6-1）$$

$$\phi \frac{R}{\gamma_0 S} \geqslant 0.85 \qquad （6.2.4.6-2）$$

2）构件或连接件有裂缝或锐角切口；焊缝、螺栓或铆接有拉开、变形、滑移、松动、剪坏等严重损坏；

3）连接方式不当，构造有严重缺陷；

4）受力构件因锈蚀，截面减少大于原截面的10%；

5）梁、板等构件挠度大于$l_0/250$，或大于45mm；

6）实腹梁侧弯矢高大于$l_0/600$，且有发展迹象；

7）受压构件的长细比大于现行国家标准《钢结构设计标准》GB 50017中规定值的1.2倍；

8）钢柱顶位移，平面内大于$h/150$，平面外大于$h/500$，或大于40mm；

9）屋架产生大于$l_0/250$或大于40mm的挠度；屋架支撑系统松动失稳，导致屋架倾斜，倾斜量超过$h/150$。

6.2.4.7 围护结构承重构件危险性鉴定

（1）围护结构承重构件主要包括围护系统中砌体自承重墙、承担水平荷载的填充墙、门窗洞口过梁、挑梁、雨篷板及女儿墙等。

（2）围护结构承重构件的危险性鉴定应包括承载能力、构造和连接、变形等内容。

（3）围护结构承重构件的危险性鉴定，应根据其构件类型按本节的相关条款进行评定。

6.2.5 房屋危险性鉴定

6.2.5.1 一般规定

（1）房屋危险性鉴定应根据被鉴定房屋的结构形式和构造特点，按其危险程度和影响范围进行鉴定。

（2）房屋危险性鉴定应以幢为鉴定单位。

（3）房屋基础及楼层危险性鉴定，应按下列等级划分：

A_u 级：无危险点；

B_u 级：有危险点；

C_u 级：局部危险；

D_u 级：整体危险。

（4）房屋危险性鉴定，应根据房屋的危险程度按下列等级划分：

A 级：无危险构件，房屋结构能满足安全使用要求；

B 级：个别结构构件评定为危险构件，但不影响主体结构安全，基本能满足安全使用要求；

C 级：部分承重结构不能满足安全使用要求，房屋局部处于危险状态，构成局部危房；

D 级：承重结构已不能满足安全使用要求，房屋整体处于危险状态，构成整幢危房。

6.2.5.2 综合评定原则

（1）房屋危险性鉴定应以房屋的地基、基础及上部结构构件的危险性程度判定为基础，结合下列因素进行全面分析和综合判断：

1）各危险构件的损伤程度；

2）危险构件在整幢房屋中的重要性、数量和比例；

3）危险构件相互间的关联作用及对房屋整体稳定性的影响；

4）周围环境、使用情况和人为因素对房屋结构整体的影响；

5）房屋结构的可修复性。

（2）在地基、基础、上部结构构件危险性呈关联状态时，应联系结构的关联性判定其影响范围。

（3）房屋危险性等级鉴定应符合下列规定：

1）在第一阶段地基危险性鉴定中，当地基评定为危险状态时，应将房屋评定为 D 级；

2）当地基评定为非危险状态时，应在第二阶段鉴定中，综合评定房屋基础及上部结构（含地下室）的状况后作出判断。

（4）对传力体系简单的两层及两层以下房屋，可根据危险构件影响范围直接评定其危险性等级。

6.2.5.3 综合评定方法

（1）基础危险构件综合比例应按式（6.2.5.3-1）确定：

$$R_f = n_{df}/n_f \qquad\qquad （6.2.5.3\text{-}1）$$

式中：R_f——基础危险构件综合比例（%）；

n_{df}——基础危险构件数量；

n_f——基础构件数量。

（2）基础层危险性等级判定准则应符合下列规定：

1）当 $R_\mathrm{f}=0$ 时，基础层危险性等级评定为 A_u 级；

2）当 $0 < R_\mathrm{f} < 5\%$ 时，基础层危险性等级评定为 B_u 级；

3）当 $5\% \leqslant R_\mathrm{f} < 25\%$ 时，基础层危险性等级评定为 C_u 级；

4）当 $R_\mathrm{f} \geqslant 25\%$ 时，基础层危险性等级评定为 D_u 级。

（3）上部结构（含地下室）各楼层的危险构件综合比例应按式（6.2.5.3-2）确定，当本层下任一楼层中竖向承重构件（含基础）评定为危险构件时，本层与该危险构件上下对应位置的竖向构件不论其是否评定为危险构件，均应计入危险构件数量：

$$R_{si}=（3.5n_{dpci}+2.7n_{dsci}+1.8n_{dcci}+2.7n_{dwi}+1.9n_{drti}+1.9n_{dpmbi}+1.4n_{dsmbi}$$
$$+n_{dsbi}+n_{dsi}+n_{dsmi}）/（3.5n_{pci}+2.7n_{sci}+1.8n_{cci}+2.7n_{wi}+1.9n_{rti}$$
$$+1.9n_{pmbi}+1.4n_{smbi}+n_{sbi}+n_{si}+n_{smi}）\qquad (6.2.5.3\text{-}2)$$

式中：　　　　　　R_{si}——第 i 层危险构件综合比例（%）；

n_{dpci}、n_{dsci}、n_{dcci}、n_{dwi}——第 i 层中柱、边柱、角柱及墙体危险构件数量；

n_{pci}、n_{sci}、n_{cci}、n_{wi}——第 i 层中柱、边柱、角柱及墙体构件数量；

n_{drti}、n_{dpmbi}、n_{dsmbi}——第 i 层屋架、中梁、边梁危险构件数量；

n_{rti}、n_{pmbi}、n_{smbi}——第 i 层屋架、中梁、边梁构件数量；

n_{dsbi}、n_{dsi}——第 i 层次梁、楼（屋）面板危险构件数量；

n_{sbi}、n_{si}——第 i 层次梁、楼（屋）面板构件数量；

n_{dsmi}——第 i 层围护结构危险构件数量；

n_{smi}——第 i 层围护结构构件数量。

（4）上部结构（含地下室）楼层危险性等级判定应符合下列规定：

1）当 $R_{si}=0$ 时，楼层危险性等级应评定为 A_u 级；

2）当 $0 < R_{si} < 5\%$ 时，楼层危险性等级应评定为 B_u 级；

3）当 $5\% \leqslant R_{si} < 25\%$ 时，楼层危险性等级应评定为 C_u 级；

4）当 $R_{si} \geqslant 25\%$ 时，楼层危险性等级应评定为 D_u 级。

（5）整体结构（含基础、地下室）危险构件综合比例应按式（6.2.5.3-3）确定：

$$R=（3.5n_{df}+3.5\sum_{i=1}^{F+B} n_{dpci}+2.7\sum_{i=1}^{F+B} n_{dsci}+1.8\sum_{i=1}^{F+B} n_{dcci}+2.7\sum_{i=1}^{F+B} n_{dwi}$$
$$+1.9\sum_{i=1}^{F+B} n_{drti}+1.9\sum_{i=1}^{F+B} n_{dpmbi}+1.4\sum_{i=1}^{F+B} n_{dsmbi}+\sum_{i=1}^{F+B} n_{dsbi}+\sum_{i=1}^{F+B} n_{dsi}$$
$$+\sum_{i=1}^{F+B} n_{dsmi}）/（3.5n_f+3.5\sum_{i=1}^{F+B} n_{pci}+2.7\sum_{i=1}^{F+B} n_{sci}+1.8\sum_{i=1}^{F+B} n_{cci}$$
$$+2.7\sum_{i=1}^{F+B} n_{wi}+1.9\sum_{i=1}^{F+B} n_{rti}+1.9\sum_{i=1}^{F+B} n_{pmbi}+1.4\sum_{i=1}^{F+B} n_{smbi}+\sum_{i=1}^{F+B} n_{sbi}$$
$$+\sum_{i=1}^{F+B} n_{si}+\sum_{i=1}^{F+B} n_{smi}）\qquad (6.2.5.3\text{-}3)$$

式中：R——整体结构危险构件综合比例；

    F——上部结构层数；

    B——地下室结构层数。

（6）房屋危险性等级判定准则应符合下列规定：

1）当 $R=0$，应评定为 A 级；

2）当 $0 < R < 5\%$，若基础及上部结构各楼层（含地下室）危险性等级不含 D_u 级时，应评定为 B 级，否则应为 C 级；

3）当 $5\% \leqslant R < 25\%$，若基础及上部结构各楼层（含地下室）危险性等级中 D_u 级的层数不超过（$F+B+f$）/3 时，应评定为 C 级，否则应为 D 级；

4）当 $R \geqslant 25\%$ 时，应评定为 D 级。

6.2.6 鉴定报告

6.2.6.1 报告内容

（1）建筑物的建筑、结构概况，以及历年来的使用、维修情况等；

（2）鉴定的目的、内容、范围、依据及日期；

（3）调查、检测、分析的结果；

（4）评定等级或评定结果；

（5）鉴定结论及建议；

（6）相关附件。

6.2.6.2 报告编写

鉴定报告编写中，应对危险构件的数量、位置、在结构体系中的作用以及破损程度，逐一作出详细说明，必要时可通过图表来进行说明。

6.2.6.3 处理类别

对被鉴定为危险房屋的，一般可分为以下四类进行处理：

（1）观察使用：适用于采取适当安全技术措施后，尚能短期使用，但需继续观察的房屋。

（2）处理使用：适用于采取适当技术措施后，可解除危险的房屋。

（3）停止使用：适用于已无修缮价值，暂时不便拆除，又不危及相邻建筑和影响他人安全的房屋。

（4）整体拆除：适用于整幢危险且无修缮价值，需立即拆除的房屋。

对有特殊规定的房屋应按相关规定处理。例如：文物建筑经鉴定属于危险房屋的，应当按照《中华人民共和国文物保护法》的规定进行抢救修缮处理，并按相关规定处理。

6.2.6.4　修缮处理建议

在对被鉴定房屋提出处理建议时，应结合周边环境、经济条件等各类因素综合考虑。对于存在危险构件的房屋，可根据危险构件的破损程度和具体情况有选择地采取下列处理措施：

（1）减少结构上的荷载；

（2）加固或更换构件；

（3）架设临时支撑；

（4）观察使用或停止使用；

（5）拆除部分结构或全部结构。

6.3　房屋可靠性鉴定

分工业建筑可靠性鉴定、民用建筑可靠性鉴定、古建筑可靠性鉴定、高层建筑可靠性鉴定。

可用于以下鉴定业务：

（1）房屋改变使用用途、拆改结构布置、增加使用荷载、延长设计使用年限、增加使用层数、装修前及安装广告屏幕等装修加固改造前的性能鉴定或装修加固改造后的验收鉴定。

（2）对房屋主体工程质量、结构安全性、构件耐久性、使用性存在质疑时的复核鉴定。

1）主体工程质量：包括混凝土结构及砖混结构工程的混凝土强度、钢筋布置情况、截面尺寸、结构布置、钢筋强度、混凝土构件内部缺陷、砖砌体强度、砌筑砂浆强度及施工工艺等；钢结构工程的钢材性能、施工工艺、截面尺寸、结构布置、螺栓节点强度、焊缝质量、涂层厚度等。

2）结构安全性：包括地基基础出现不均匀沉降、滑移、变形等；上部承重结构出现开裂、变形、破损、风化、碳化、腐蚀等；围护系统出现因地基基础不均匀沉降、承重构件承载能力不足而引起的变形、开裂、破损等。建筑外立面瓷砖、玻璃幕墙等构件的安全鉴定。

3）建筑结构构件的耐久性和剩余使用年限评估。

建筑物的可靠性鉴定的对象是现有房屋，现有房屋是指建成后使用了一定时间的房屋，这和设计新建筑物有很多不同。首先我们面对的房屋已经定型，也即可能含有在建造或设计过程中的某些缺陷；其次在使用过程中，因长期使用可能造成一定的损坏，如遭受人为环境影响或自然老化影响；有如房屋超载使用或需要进行结构改变等。那么，这两种原因都可能使建筑物的可靠程度达不到国家规范要求。

建筑物的可靠性概念是指在规定时间内和条件下，工程结构具有满足完成预定功能的能力，这里说的规定时间是指设计使用年限，条件是指在正常使用情况下（排除超载等不正常的使用）。可靠性鉴定具体应根据《建筑结构可靠度设计统一标准》（以下简称《统一标准》）定义的承载能力极限状态和正常使用极限状态，对建筑物进行可靠度校核（鉴定）。也就是评估其可靠度指标 β 大小，评价其目前的可靠度是否达到要求。

从 1999 年开始，我国出台了第一部可靠性鉴定标准《民用建筑可靠性鉴定标准》（以下简称《民用可标》），并在 2015 年进行了更新改版；在 2000 年出台了《工业建筑可靠性鉴定标准》（以下简称《工业可标》），并在 2019 年进行了更新改版。《民用建筑可靠性鉴定标准》GB 50292—2015 和《工业建筑可靠性鉴定标准》GB 50144—2019 作为建筑物可靠性鉴定的最新依据。

应当指出，建筑物的可靠性鉴定应用非常广泛，它是确保建筑物在各种情况下能够安全和合理使用的重要手段。比如，房屋的加固改造，房屋受损的程度与修复，房屋质量存在问题，改变使用用途设计，延长使用寿命，火灾后评估和加固及抗震加固等都需要对房屋的可靠度进行评价。

6.3.1 基本规定

6.3.1.1 安全性鉴定和使用性鉴定

民用建筑可靠性鉴定包含安全性鉴定和使用性鉴定，两方面的指标组成其可靠度大小。

（1）安全性鉴定是指建筑物按照《统一标准》定义的承载能力极限状态符合程度，具体到安全性评定等级是根据可靠度指标 β 与目标可靠度指标 β_0 差值来确定，而实际操作根据结构的基本原理，即从结构强度、刚度和稳定性这三个方面考虑，通过承载能力的验算，位移测量、构造检查等手段完成。

当结构或结构构件出现下列状态之一时应认为超过了承载能力极限状态：

1）整个结构或结构的一部分作为刚体失去平衡（如倾覆等）；

2）结构构件或连接因超过材料强度而破坏（包括疲劳破坏）或因过度变形而不适于继续承载；

3）结构转变为机动体系；

4）结构或结构构件丧失稳定（如压屈等）；

5）地基丧失承载能力而破坏（如失稳等）。

（2）正常使用性鉴定是指建筑物按照《统一标准》定义的正常使用极限状态符合程度。

当结构或结构构件出现下列状态之一时应认为超过了正常使用极限状态：

1）影响正常使用或外观的变形；

2）影响正常使用或耐久性能的局部损坏（包括裂缝）；

3）影响正常使用的振动；

4）影响正常使用的其他特定状态。

6.3.1.2　安全性、使用性或可靠性鉴定的选择

民用建筑可靠性鉴定是由安全性和使用性构成，但并非每宗鉴定都要全过程完成，可根据鉴定目标来选择。根据《民用建筑可靠性鉴定标准》GB 50292—2015，在下列情况下，应进行可靠性鉴定：建筑物大修前；建筑物改造或增容、改建或扩建前；建筑物改变用途或使用环境前；建筑物达到设计使用年限拟继续使用时；遭受灾害或事故时；存在较严重的质量缺陷或出现较严重的腐蚀、损伤、变形时。

在下列情况下，可仅进行安全性检查或鉴定：各种应急鉴定；国家法规规定的房屋安全性统一检查；临时性房屋需延长使用期限；使用性鉴定中发现安全问题。

在下列情况下，可仅进行使用性检查或鉴定：建筑物使用维护的常规检查；建筑物有较高舒适度要求。

除了上述规定情况外，还可以根据具体情况要求和初步调查来确定鉴定项目；

建筑物大修是指建筑物经一定年限使用后，对其已老化、受损的结构和设施进行的全面修复，如大范围的结构加固、改造和装饰装修等。

各种应急鉴定是指遭受突发事件发生后，对建筑物的破坏程度及其危险性进行的以排险为目标的紧急检查和鉴定。如工地周边的房屋因突发事故造成损坏还在变化中；房屋遭到物体撞击或自然灾害等；

建筑物使用维护的常规检查一般包括如常规性的安全检查；房屋普查；台风来临前检查等；

可靠性鉴定的目标使用年限，一般是到达其设计使用年限，或根据业主的需要决定。若该房屋已经超过了设计年限，那后续使用年限一般不超过 10 年，并应结合抗震设防来决定。

6.3.1.3　鉴定的目的、范围和内容

民用建筑可靠性鉴定的目的、范围和内容，应根据委托方提出的鉴定原因和要求，经初步调查后确定。

6.3.1.4　鉴定评级的层次

在进行民用建筑可靠性鉴定程序中，建筑物被划分为构件、子单元和鉴定单元三个部分。构件是指梁、板、柱、砖墙、剪力墙等单个构件；子单元是指把一幢建筑物（独立结构体系）划分为地基基础、上部结构和围护结构这三个子单元，也可以指一种构件集，如某层柱、某层梁等；鉴定单元是指一幢独立结构的房子（有伸缩缝，抗震缝等情况应视为分开的鉴定单元）。

上述划分原则是按照结构传力的过程，将复杂结构体系分为相对简单的若干层次，然后分开评定再综合评价。

6.3.1.5 等级划分

可靠性鉴定评级的层次、等级划分、工作步骤和内容　　　　表 6.3.1.5-1

层次		一	二	三
层名		构件	子单元	鉴定单元
安全性鉴定	等级	a_u、b_u、c_u、d_u	A_u、B_u、C_u、D_u	A_{su}、B_{su}、C_{su}、D_{su}
安全性鉴定	地基基础	按同类材料构件各检查项目评定单个基础等级	地基变形评级 边坡场地稳定性评级 地基承载力评级 → 地基基础评级	鉴定单元安全性评级
安全性鉴定	上部承重结构	按承载能力、构造、不适于承载的位移或损伤等检查项目评定单个构件等级	每种构件集评级 结构侧向位移评级 → 上部承重结构评级	鉴定单元安全性评级
安全性鉴定	上部承重结构	—	按结构布置、支撑、圈梁、结构间连系等检查项目评定结构整体性等级	鉴定单元安全性评级
安全性鉴定	围护系统承重部分	按上部承重结构检查项目及步骤评定围护系统承重部分各层次安全性等级		
使用性鉴定	等级	a_s、b_s、c_s	A_s、B_s、C_s	A_{ss}、B_{ss}、C_{ss}
使用性鉴定	地基基础	—	按上部承重结构和围护系统工作状态评估地基基础等级	鉴定单元正常使用性评级
使用性鉴定	上部承重结构	按位移、裂缝、风化、锈蚀等检查项目评定单个构件等级	每种构件集评级 结构侧向位移评级 → 上部承重结构评级	鉴定单元正常使用性评级
使用性鉴定	围护系统功能	—	按屋面防水、吊顶、墙、门窗、地下防水及其他防护设施等检查项目评定围护系统功能等级 → 围护系统评级	鉴定单元正常使用性评级
使用性鉴定	围护系统功能	按上部承重结构检查项目及步骤评定围护系统承重部分各层次使用性等级		
可靠性鉴定	等级	a、b、c、d	A、B、C、D	Ⅰ、Ⅱ、Ⅲ、Ⅳ
可靠性鉴定	地基基础 上部承重结构 围护系统	以同层次安全性和正常使用性评定结果并列表达，或按《民用可标》规定的原则确定其可靠性等级		鉴定单元可靠性评级

注：1. 表中地基基础包括桩基和桩；

　　2. 表中使用性鉴定包括适用性鉴定和耐久性鉴定；对专门鉴定，耐久性等级符号也可按《民用建筑可靠性鉴定标准》GB 50292—2015 第 2.2.2 条的规定采用。

安全性鉴定评级的各层次分级标准　　表 6.3.1.5-2

层次	鉴定对象	等级	分级标准	处理要求
一	单个构件或其检查项目	a_u	安全性符合本标准对 a_u 级的规定，具有足够的承载能力	不必采取措施
		b_u	安全性略低于本标准对 a_u 级的规定，尚不显著影响承载能力	可不采取措施
		c_u	安全性不符合本标准对 a_u 级的规定，显著影响承载能力	应采取措施
		d_u	安全性不符合本标准对 a_u 级的规定，已严重影响承载能力	必须及时或立即采取措施
二	子单元或子单元中的某种构件集	A_u	安全性符合本标准对 A_u 级的规定，不影响整体承载	可能有个别一般构件应采取措施
		B_u	安全性略低于本标准对 A_u 级的规定，尚不显著影响整体承载	可能有极少数构件应采取措施
		C_u	安全性不符合本标准对 A_u 级的规定，显著影响整体承载	应采取措施，且可能有极少数构件必须立即采取措施
		D_u	安全性极不符合本标准对 A_u 级的规定，严重影响整体承载	必须立即采取措施
三	鉴定单元	A_{su}	安全性符合本标准对 A_{su} 级的规定，不影响整体承载	可能有极少数一般构件应采取措施
		B_{su}	安全性略低于本标准对 A_{su} 级的规定，尚不显著影响整体承载	可能有极少数构件应采取措施
		C_{su}	安全性不符合本标准对 A_{su} 级的规定，显著影响整体承载	应采取措施，且可能有极少数构件必须及时采取措施
		D_{su}	安全性严重不符合本标准对 A_{su} 级的规定，严重影响整体承载	必须立即采取措施

注：表中关于"不必采取措施"和"可不采取措施"的规定，仅针对安全性鉴定而言，不包括使用性鉴定所要求采取的措施。

使用性鉴定评级的各层次分级标准　　表 6.3.1.5-3

层次	鉴定对象	等级	分级标准	处理要求
一	单个构件或其检查项目	a_s	使用性符合本标准对 a_s 的规定，具有正常的使用功能	不必采取措施
		b_s	使用性略低于本标准对 a_s 级的规定，尚不显著影响使用功能	可不采取措施
		c_s	使用性不符合本标准对 a_s 级的规定，显著影响使用功能	应采取措施
二	子单元或其中某种构件集	A_s	使用性符合本标准对 A_s 级的规定，不影响整体使用功能	可能有极少数一般构件应采取措施
		B_s	使用性略低于本标准对 A_s 级的规定，尚不显著影响整体使用功能	可能有极少数构件应采取措施
		C_s	使用性不符合本标准对 A_s 级的规定，显著影响整体使用功能	应采取措施

续表

层次	鉴定对象	等级	分级标准	处理要求
三	鉴定单元	A_{ss}	使用性符合本标准对 A_{ss} 级的规定，不影响整体使用功能	可能有极少数一般构件应采取措施
		B_{ss}	使用性略低于本标准对 A_{ss} 级的规定，尚不显著影响整体使用功能	可能有极少数构件应采取措施
		C_{ss}	使用性不符合本标准对 A_{ss} 级的规定，显著影响整体使用功能	应采取措施

注：表中关于"不必采取措施"和"可不采取措施"的规定，仅针对使用性鉴定而言，不包括安全性鉴定所要求采取的措施。

可靠性鉴定评级的各层次分级标准　　　　　　　　表 6.3.1.5-4

层次	鉴定对象	等级	分级标准	处理要求
一	单个构件	a	可靠性符合本标准对 a 级的规定，具有正常的承载功能和使用功能	不必采取措施
		b	可靠性略低于本标准对 a 级的规定，尚不显著影响承载功能和使用功能	可不采取措施
		c	可靠性不符合本标准对 a 级的规定，显著影响承载功能和使用功能	应采取措施
		d	可靠性极不符合本标准对 a 级的规定，已严重影响安全	必须及时或立即采取措施
二	子单元或其中的某种构件	A	可靠性符合本标准对 A 级的规定，不影响整体承载功能和使用功能	可能有个别一般构件应采取措施
		B	可靠性略低于本标准对 A 级的规定，但尚不显著影响整体承载功能和使用功能	可能有极少数构件应采取措施
		C	可靠性不符合本标准对 A 级的规定，显著影响整体承载功能和使用功能	应采取措施，且可能有极少数构件必须及时采取措施
		D	可靠性极不符合本标准对 A 级的规定，已严重影响安全	必须及时或立即采取措施
三	鉴定单元	I	可靠性符合本标准对 I 级的规定，不影响整体承载功能和使用功能	可能有极少数一般构件应在安全性或使用性方面采取措施
		II	可靠性略低于本标准对 I 级的规定，尚不显著影响整体承载功能和使用功能	可能有极少数构件应在安全性或使用性方面采取措施
		III	可靠性不符合本标准对 I 级的规定，显著影响整体承载功能和使用功能	应采取措施，且可能有极少数构件必须及时采取措施
		IV	可靠性极不符合本标准对 I 级的规定，已严重影响安全	必须及时或立即采取措施

　　在表 6.3.1.5-1～表 6.3.1.5-4 中看到，评定等级的原则都是以第一级作为衡量标准的，例如，子单元的安全性是以第一级 A_u 为衡量标准，那么其余 B_u、C_u、D_u 级则表达成与 A_u 的比较结果。有关各层次的第一级的具体标准在后面评定内容中表述。

　　而三个层次的可靠性、安全性和使用性划分差异是这样确定的：第一个 a（A）级其可靠指标达到《统一标准》里目标可靠度指标 β_0 的要求，即 $\beta=\beta_0$；b（B）级可靠指

标 $\beta \geqslant \beta_{0-0.25}$；c（C）级可靠指标 $\beta_{0-0.5} \leqslant \beta < \beta_{0-0.25}$；d（D）级可靠指标 $\beta < \beta_{0-0.5}$。

6.3.2 调查、检测与验算

6.3.2.1 调查

在确定的可靠性鉴定项目中，首先是要进行全面详细调查，主要包括三大方面：建筑物使用条件和环境的调查；建筑物使用历史的调查和建筑物质量现状的调查。

建筑物使用条件的调查主要是指对作用在建筑物上的荷载情况和使用历史的调查，比如从业主方调取图纸查阅或现场查勘等渠道了解作用于建筑物的荷载大小、种类，有无特殊性等（如是否有腐蚀性等）；环境的调查主要指建筑物周边是否为不利环境如位于海水海边，工地周边等，还有场地地质情况（如是否位于边坡或滑坡体内等不良地质条件下），地基是否处于冻融环境等。

建筑物使用历史调查是指调查该建筑物是否曾因损坏做过加固，使用用途是否曾改变，是否曾经超载使用等情况。

建筑物质量现状的调查是指检查建筑物本身是否有质量问题，例如材料强度是否符合要求，砌体的高厚比是否达到要求，承载能力是否达到使用要求等，这是需要通过检测验算手段获取；另一方面，建筑物结构体系、构造措施等是否达到设计要求和本身存在的损坏、变形等则需要通过现场检查和测量取得。调查内容项目不是千篇一律，可根据鉴定目的做增减，关键是采用何种手段确保调查结果是真实的，这将在下面内容中进一步叙述。

6.3.2.2 检测

当可靠性鉴定需要对结构进行检测时，建筑物的结构检测应遵循下面的原则和做法：

（1）各种检测（包括材料和构件几何尺寸等）方法应按照《建筑结构检测技术标准》GB/T 50344—2019 和其他专项的检测标准规定的执行。

（2）检测前应根据房屋具体情况结合相关国家规范制定检测方案，包括取样方法，取样数量和布点方面的说明。

（3）对结构平面轴线，构件尺寸检测，可采取现场抽样方法检测。

（4）检测方法应按国家现行有关标准采用。当需采用不止一种检测方法同时进行测试时，应事先约定综合确定检测值的规则，不得事后随意处理。

（5）当怀疑检测数据有离群值时，其判断和处理应符合《数据的统计处理和解释 正态样本离群值的判断和处理》GB/T 4883—2008 的规定，不得随意舍弃或调整数据。

（6）当需要对已有结构检测某种材料强度的标准值时，除应按照《建筑结构检测技术标准》GB/T 50344—2019 确定其检测方法外，在检测数量及取值方面应符合下列规定：

1）受检构件应随机地选自同一总体（同批）；

2）在受检构件上选择的检测强度部位应不影响该构件承载；

3）当按检测结果推定每一受检构件材料强度值（即单个构件的强度推定值）时，应符合该现行检测方法的规定。

（7）当检测数量少于 5 个时，可取其最小值作为材料强度标准值；当检测数量不少于 5 个时，应按照正态分布概率计算方法确定材料标准值，这里已经考虑可靠指标，具体如下：

当受检构件数量（n）不少于 5 个，且检测结果用于鉴定一种构件集时，应按式（6.3.2.2）确定其强度标准值（f_k）：

$$f_k = m_f - k \cdot s \qquad (6.3.2.2)$$

式中：m_f——按 n 个构件算得的材料强度均值；

$\quad\ s$——按 n 个构件算得的材料强度标准差；

$\quad\ k$——与 α、γ 和 n 有关的材料标准强度计算系数，可由表 6.3.2.2 查得；

$\quad\ \alpha$——确定材料强度标准值所取的概率分布下分位数，一般取 $\alpha = 0.05$；

$\quad\ \gamma$——检测所取的置信度，对钢材，可取 $\gamma=0.90$；对混凝土和木材，可取 $\gamma=0.75$；对砌体，可取 $\gamma=0.60$。

计算系数 k 值　　　　　　　　　　　　　　表 6.3.2.2

n	k 值			n	k 值		
	$\gamma=0.90$	$\gamma=0.75$	$\gamma=0.60$		$\gamma=0.90$	$\gamma=0.75$	$\gamma=0.60$
5	3.400	2.463	2.005	18	2.249	1.951	1.773
6	3.092	2.336	1.947	20	2.208	1.933	1.764
7	2.894	2.250	1.908	25	2.132	1.895	1.748
8	2.754	2.190	1.880	30	2.080	1.869	1.736
9	2.650	2.141	1.858	35	2.041	1.849	1.728
10	2.568	2.103	1.841	40	2.010	1.834	1.721
12	2.448	2.048	1.816	45	1.986	1.821	1.716
15	2.329	1.991	1.790	50	1.965	1.811	1.712

当按 n 个受检构件材料强度标准差算得的变差系数（也称变异系数）；对钢材大于 0.10，对混凝土、砌体和木材大于 0.20 时，不宜直接按式（6.3.2.2）计算构件材料的强度标准值，而应先检查导致离散性增大的原因。若查明系混入不同总体（不同批）的样本所致，宜分别进行统计，并分别按式（6.3.2.2）确定其强度标准值。

6.3.2.3 验算

进行结构或构件承载能力验算时应遵守下列规定：

（1）结构构件验算采用的结构分析方法，应符合国家现行设计规范的规定。

（2）结构构件验算使用的计算模型，应符合其实际受力与构造状况。

（3）结构上的作用（荷载）应经调查或检测核实，并应按下列规定取值：

1）材料自重的标准值应按设计尺寸或现场检测尺寸计算取得；

2）活荷载根据荷载规范取值，并经现场取样检测核实。

（4）结构构件作用效应的确定，应符合下列要求：

1）作用的组合、作用的分项系数及组合值系数，应按现行国家标准《建筑结构荷载规范》GB 50009 的规定执行；

2）当结构受到温度、变形等作用，且对其承载有显著影响时，应计入由之产生的附加内力；

3）作用在结构上的效应主要为恒荷载和活荷载，恒荷载主要包括自重和装修自重等；对于已有结构，结构构件几何尺寸按照现场测量结果取实测值，并应计入锈蚀、腐蚀、腐朽、虫蛀、风化、裂缝、缺陷、损伤以及施工偏差等的影响，装修自重按照现场检查结果的实测值，而活荷载，应根据其楼层用途按照荷载规范取值。风荷载地震作用按规范取值。

（5）目前大多数使用结构计算软件进行结构验算，使用最多的软件 PKPM、广厦。这些都是经过长期使用验证的。

（6）构件材料强度的标准值应根据结构的实际状态按下列原则确定：

1）若原设计文件有效，且不怀疑结构有严重的性能退化或设计、施工偏差，可采用原设计的标准值；

2）若调查表明实际情况不符合上款的要求，应按规定进行现场检测确定其标准值。

这里需要说明的是，若原设计文件有效，为安全考虑，也可采用校核性检测材料强度；若怀疑与设计文件不符，就应对该建筑进行详细检测，得出材料强度标准值，才能进行验算。

需要说明关于规范使用问题，在可靠性鉴定整个过程中，材料强度取值、荷载取值和承载能力计算相应的规范应使用现行的规范来进行，并评定等级，这是《统一标准》的要求，而不宜采用旧规范。但具体到个案时有时可根据鉴定目的需要按建筑物原设计的规范来计算，如业主对当初的施工和设计是否符合要求时，但实际上太久远的建筑也没有程序能够计算，用手算工作量太大不切实际。

6.3.3 构件的安全性鉴定评级

第一层次构件的安全性鉴定，这里的构件是指一个单一的构件，也可以是一个片段，一榀等；如一根梁，一根柱（一层），一榀屋架，一片墙等，具体划分见《民用可标》要求。这里主要阐述建筑结构中常见的混凝土构件、钢构件、砌体构件和木构件这四种构件的评定。

6.3.3.1 混凝土结构构件的安全性鉴定

混凝土结构构件的安全性鉴定，应按承载能力、构造、不适于承载的位移或变形、裂缝或其他损伤等四个检查项目，分别评定每一受检构件的等级，并取其中最低一级作为该构件安全性等级。四个项目分级详见表 6.3.3.1-1 ~ 表 6.3.3.1-4。

按承载能力评定的混凝土结构构件安全性等级　　　　表 6.3.3.1-1

构件类别	安全性等级			
	a_u 级	b_u 级	c_u 级	d_u 级
主要构件及节点、连接	$R/(\gamma_0 S) \geq 1.0$	$R/(\gamma_0 S) \geq 0.95$	$R/(\gamma_0 S) \geq 0.90$	$R/(\gamma_0 S) < 0.90$
一般构件	$R/(\gamma_0 S) \geq 1.0$	$R/(\gamma_0 S) \geq 0.90$	$R/(\gamma_0 S) \geq 0.85$	$R/(\gamma_0 S) < 0.85$

按构造评定的混凝土结构构件安全性等级　　　　表 6.3.3.1-2

检查项目	a_u 级或 b_u 级	c_u 级或 d_u 级
结构构造	结构、构件的构造合理，符合国家现行相关规范要求	结构、构件的构造不当，或有明显缺陷，不符合国家现行相关规范要求
连接或节点构造	连接方式正确，构造符合国家现行相关规范要求，无缺陷，或仅有局部的表面缺陷，工作无异常	连接方式不当，构造有明显缺陷，已导致焊缝或螺栓等发生变形、滑移、局部拉脱、剪坏或裂缝
受力预埋件	构造合理，受力可靠，无变形、滑移、松动或其他损坏	构造有明显缺陷，已导致预埋件发生变形、滑移、松动或其他损坏

除桁架外其他混凝土受弯构件不适于承载的变形的评定　　　　表 6.3.3.1-3

检查项目	构件类别		c_u 级或 d_u 级
挠度	主要受弯构件——主梁、托梁等		$> l_0/200$
	一般受弯构件	$l_0 \leq 7m$	$> l_0/120$，或 $> 47mm$
		$7m < l_0 \leq 9m$	$> l_0/150$，或 $> 50mm$
		$l_0 > 9m$	$> l_0/180$
侧向弯曲的矢高	预制屋面梁或深梁		$> l_0/400$

（1）桁架是以一榀为一个构件的，当其变形大于 $l_0/400$，要结合其承载力验算结果来评定其等级：

① 若验算结果不低于 b_u 级，仍可定为 b_u 级；

② 若验算结果低于 b_u 级，应根据其实际严重程度定为 c_u 级或 d_u 级。

（2）对其他受弯构件的挠度或施工偏差超限造成的侧向弯曲，应按表 6.3.3.1-3 的规定评级。

（3）对柱顶的水平位移或倾斜,当其实测值大于子单元上部结构位移所列的限值时，应按下列规定评级：

① 若该位移与整个结构有关，应根据子单元上部结构位移的评定结果，取与上部承重结构相同的级别作为该柱的水平位移等级；

② 若该位移只是孤立事件，则应在其承载能力验算中考虑此附加位移的影响，并

按承载能力的规定评级；

③ 若该位移尚在发展，应直接定为 d_u 级。

混凝土结构构件不适于承载的裂缝宽度的评定   表 6.3.3.1-4

检查项目	环境	构件类别		c_u 级或 d_u 级
受力主筋处的弯曲裂缝、一般弯剪裂缝和受拉裂缝宽度（mm）	室内正常环境	钢筋混凝土	主要构件	> 0.50
			一般构件	> 0.70
		预应力混凝土	主要构件	> 0.20（0.30）
			一般构件	> 0.30（0.50）
	高湿度环境	钢筋混凝土	任何构件	> 0.40
		预应力混凝土		> 0.10（0.20）
剪切裂缝和受压裂缝（mm）	任何环境	钢筋混凝土或预应力混凝土		出现裂缝

（4）当混凝土结构构件出现下列情况之一的非受力裂缝时，也应视为不适于承载的裂缝，并应根据其实际严重程度定为 c_u 级或 d_u 级：

① 因主筋锈蚀或腐蚀，导致混凝土产生沿主筋方向开裂、保护层脱落或掉角；

② 因温度、收缩等作用产生的裂缝，其宽度已比表 6.3.3.1-4 规定的弯曲裂缝宽度值超过 50%，且分析表明已显著影响结构的受力；

③ 当混凝土结构构件同时存在受力和非受力裂缝时，应按表 6.3.3.1-4 和①、②点分别评定其等级，并取其中较低一级作为该构件的裂缝等级；

④ 当混凝土结构构件有较大范围损伤时，应根据其实际严重程度直接定为 c_u 级或 d_u 级。

从上面四个表格和评定内容看到，构件的承载能力、构造、不适于承载的位移或变形、裂缝或其他损伤都分为四个等级，从 a_u 级到 d_u 级降低。

各表中一般构件是指其自身失效为孤立事件，不会导致其他构件失效的构件；主要构件是指其自身失效将导致其他构件失效，并危及承重结构系统安全工作的构件。例如楼板属于一般构件，梁柱则属于主要构件；檩条属于一般构件，而木桁、屋架则属于主要构件等。

混凝土构件的承载能力通过计算构件的抗力 R 和作用效应 S 之比值来评定等级，抗力 R 是指根据该构件截面尺寸配筋等计算的该构件的承载能力，作用效应 S 是指荷载产生的该构件的内力。表 6.3.3.1-1 中的 γ_0 为结构重要性系数，应按验算所依据的国家现行设计规范选择结构安全等级并确定该系数。检测和验算的规定要按照 6.3.2 条的内容进行操作。

构造连接是保证力的传递和分配的重要手段，而预埋件是构造连接的重要组成部分。即使承载力足够，但构件间的构造连接不当，也会直接危及结构安全。构造方面主要从构造合理性，连接、预埋件的安全状况入手考虑，具体操作时通过现场检测和检查后，与国家规范对比是否合理，连接构件和预埋受力构件是否有损坏，例如螺栓松脱、预埋件退位等来评级。

由变形的评定内容可见，有条件的情况下，构件的变形一般采用检测值与计算值互相配合的模式来评定构件的变形。这样，既可以不完全依赖计算（有时资料欠缺，无法准确计算）；也能满足有时条件所限无法检测的情况。

柱子的变形（这里指柱顶位移）要区分是房屋整体变形所致还是自身变形所致，并结合验算结果来评级，如果是整体变形产生的，就应按照第二层次中的上部结构子单元评定条款来评级；梁的挠度评定中，主要构件变形控制比一般构件严格；跨度大的比跨度小的控制严格，很明显，这里是以 $l_0=7\text{m}$ 和 9m 为分界点；预应力构件比非预应力构件控制严格。另外构件变形出现过大虽然不一定就是承载力到达极限状态，但也不宜使用了，所以此时应按变形项目确定安全性等级。

裂缝方面根据构件属性（一般构件、主要构件）、裂缝性质（是受弯、受剪还是拉压裂缝）、裂缝宽度等因素进行评级，另要考虑裂缝是结构性裂缝还是非结构性裂缝，根据《统一标准》的原则，不适于承载的裂缝为结构性裂缝，表 6.3.3.1-3 和表 6.3.3.1-4 是结构性裂缝的限值；与安全无关，仅影响使用和耐久性的属于非结构性裂缝，如温度收缩裂缝等。除此之外，还要考虑所处的环境，如处于不利的环境下（例如海边环境），相同裂缝宽度对构件钢筋的锈蚀影响加大，故评级要求提高。另构件裂缝宽度过大虽然不一定就是承载力到达极限状态，但也不宜使用了，此时应按裂缝项目确定安全性等级。

6.3.3.2 钢结构构件的安全性鉴定

钢结构构件的安全性鉴定，应按承载能力、构造以及不适于承载的位移或变形三个检查项目，分别评定每一受检构件等级；钢结构节点、连接域的安全性鉴定，应按承载能力和构造两个检查项目，分别评定每一节点、连接域等级；对冷弯薄壁型钢结构、轻钢结构、钢桩以及地处有腐蚀性介质的工业区，或高湿、临海地区的钢结构，尚应以不适于承载的锈蚀作为检查项目评定其等级；然后取其中最低一级作为该构件的安全性等级。

钢结构构件的承载能力评定见表 6.3.3.2-1。

按承载能力评定的钢结构构件安全性等级

表 6.3.3.2-1

构件类别	安全性等级			
	a_u 级	b_u 级	c_u 级	d_u 级
主要构件及节点、连接域	$R/(\gamma_0 S) \geqslant 1.0$	$R/(\gamma_0 S)$ $\geqslant 0.95$	$R/(\gamma_0 S)$ $\geqslant 0.90$	$R/(\gamma_0 S) < 0.90$ 或当构件或连接出现脆性断裂、疲劳开裂或局部失稳变形迹象时
一般构件	$R/(\gamma_0 S) \geqslant 1.0$	$R/(\gamma_0 S)$ $\geqslant 0.90$	$R/(\gamma_0 S)$ $\geqslant 0.85$	$R/(\gamma_0 S) < 0.85$ 或当构件或连接出现脆性断裂、疲劳开裂或局部失稳变形迹象时

表 6.3.3.2-1 包括了主要构件、一般构件和节点、连接域的承载能力分级标准，评

定时，应分别评定每一项目的等级，取最低一级作为该构件的等级，即一个构件安全性由构件本身和其连接共同决定。连接的项目等级与主要构件相同。

钢结构构件的构造评定见表 6.3.3.2-2。

按构造评定的钢结构构件安全性等级   表 6.3.3.2-2

检查项目	a_u 级或 b_u 级	c_u 级或 d_u 级
构件构造	构件组成形式、长细比或高跨比、宽厚比或高厚比等符合国家现行相关规范规定；无缺陷，或仅有局部表面缺陷；工作无异常	构件组成形式、长细比或高跨比、宽厚比或高厚比等不符合国家现行相关规范规定；存在明显缺陷，已影响或显著影响正常工作
节点、连接构造	节点构造、连接方式正确，符合国家现行相关规范规定；构造无缺陷或仅有局部的表面缺陷，工作无异常	节点构造、连接方式不当，不符合国家现行相关规范规定；构造有明显缺陷，已影响或显著影响正常工作

钢结构构件的安全性按不适于承载的位移或变形评定时，对于受弯构件是指其挠度、侧向弯曲和侧向倾斜；对于柱子是指其柱顶水平位移或柱身弯曲。评定时应遵守下列规定：

① 对桁架、屋架或托架的挠度，当其实测值大于桁架计算跨度的 1/400 时，应验算其承载能力。验算时，应考虑由于位移产生的附加应力的影响，并按下列原则评级：

a. 当验算结果不低于 b_u 级，仍定为 b_u 级，但宜附加观察使用一段时间的限制；

b. 当验算结果低于 b_u 级，应根据其实际严重程度定为 c_u 级或 d_u 级。

② 对桁架顶点的侧向位移，当其实测值大于桁架高度的 1/200，且有可能发展时，应定为 c_u 级或 d_u 级。

③ 对其他钢结构受弯构件不适于承载的变形的评定，应按表 6.3.3.2-3 的规定评级。

其他钢结构受弯构件不适于承载的变形的评定   表 6.3.3.2-3

检查项目	构件类别			c_u 级或 d_u 级
挠度	主要构件	网架	屋盖的短向	$> l_s/250$，且可能发展
			楼盖的短向	$> l_s/200$，且可能发展
		主梁、托梁		$> l_0/200$
	一般构件	其他梁		$> l_0/150$
		檩条梁		$> l_0/100$
侧向弯曲的矢高	深梁			$> l_0/400$
	一般实腹梁			$> l_0/350$

注：表中 l_0 为构件计算跨度；l_s 为网架短向计算跨度。

④ 对柱顶的水平位移（或倾斜），当其大于上部结构子单元位移评级表 6.3.5.2-4 所列的限值时，应按下列规定评级：

a. 若该位移与整个结构有关，应根据上部结构子单元评定结果，取与上部承重结构相同的级别作为该柱的水平位移等级；

b. 若该位移只是孤立事件，则应在柱的承载能力验算中考虑此附加位移的影响，并根据验算结果按①的原则评级；

c. 若该位移尚在发展，应直接定为 d_u 级。

d. 对偏差超限或其他使用原因引起的柱、桁架受压弦杆的弯曲，当弯曲矢高实测值大于柱的自由长度的 1/660 时，应在承载能力的验算中考虑其所引起的附加弯矩的影响，并按①的原则评级。

当钢结构构件的安全性按不适于承载的锈蚀评定时，应按剩余的完好截面验算其承载能力，并应同时兼顾锈蚀产生的受力偏心效应，应按表 6.3.3.2-4 的规定评级。

	钢结构构件不适于承载的锈蚀的评定 表 6.3.3.2-4
等级	评定标准
c_u	在结构的主要受力部位，构件截面平均锈蚀深度 Δt 大于 $0.1t$，但不大于 $0.15t$
d_u	在结构的主要受力部位，构件截面平均锈蚀深度 Δt 大于 $0.15t$

注：表中 t 为锈蚀部位构件原截面的壁厚，或钢板的板厚。

从钢结构构件评定内容看，除了承载能力外，钢结构在构造及连接方面的内容很多，包括受力构件的长细比（受拉、受压），各连接如螺栓连接、焊接、焊缝质量等、构造连接件的尺寸等，都需要详细检查检测；钢构件的变形主要包括受弯构件的挠度和侧向弯曲。挠度也是跟构件的主次及跨度大小有关；钢构件的挠度过大时，虽然承载力尚未受影响，但实践上证明可能是一些因素引起的，例如可能是因为节点连接松脱、变形引起附加应力较大、出现超载现象等，这类问题都与构件的安全性有关。

钢构件处于不利环境中（如海水环境，酸碱浓度大等）锈蚀速度会大大加快，若其锈蚀达到一定深度，除了使截面减少，影响承载力外，即使是截面仍能满足承载能力，但因锈蚀导致钢材局部出现应力集中，对构件的抗裂和耐久性都有一定影响。

6.3.3.3 砌体结构构件的安全性鉴定

砌体结构构件的安全性鉴定，应按承载能力、构造、不适于承载的位移和裂缝或其他损伤等四个检查项目，分别评定每一受检构件等级，并应取其中最低一级作为该构件的安全性等级。

当按承载能力评定砌体结构构件的安全性等级时，应按表 6.3.3.3-1 的规定，分别评定每一验算项目的等级，并应取其中最低等级作为该构件承载能力的安全性等级。

	按承载能力评定的砌体构件安全性等级 表 6.3.3.3-1			
构件类别	安全性等级			
	a_u 级	b_u 级	c_u 级	d_u 级
主要构件及连接	$R/(\gamma_0 S) \geq 1.0$	$R/(\gamma_0 S) \geq 0.95$	$R/(\gamma_0 S) \geq 0.90$	$R/(\gamma_0 S) < 0.90$
一般构件	$R/(\gamma_0 S) \geq 1.0$	$R/(\gamma_0 S) \geq 0.90$	$R/(\gamma_0 S) \geq 0.85$	$R/(\gamma_0 S) < 0.85$

注：表里的符号含义与等级水平都与混凝土构件的相同。

当按连接及构造评定砌体结构构件的安全性等级时，应按表 6.3.3.3-2 的规定，分别评定每个检查项目的等级，并应取其中最低等级作为该构件的安全性等级。

按连接及构造评定砌体结构构件安全性等级 表 6.3.3.3-2

检查项目	安全性等级	
	a_u 级或 b_u 级	c_u 级或 d_u 级
墙、柱的高厚比	符合国家现行相关规范的规定	不符合国家现行相关规范的规定，且已超过现行国家标准《砌体结构设计规范》GB 50003 规定限值的 10%
连接及构造	连接及砌筑方式正确，构造符合国家现行相关规范规定，无缺陷或仅有局部的表面缺陷，工作无异常	连接及砌筑方式不当，构造有严重缺陷，已导致构件或连接部位开裂、变形、位移、松动，或已造成其他损坏

当砌体结构构件安全性按不适于承载的位移或变形评定时，应符合下列规定：

① 对墙、柱的水平位移或倾斜，当其实测值大于子单元结构安全性位移评定表 6.3.5.3-4 所列的限值时，应按下列规定评级：

a. 当该位移与整个结构有关，应根据上部承重结构子单元位移评定结果作为该墙、柱的水平位移等级；

b. 当该位移只是孤立事件，则应在其承载能力验算中考虑此附加位移的影响；当验算结果不低于 b_u 级，仍可定为 b_u 级；当验算结果低于 b_u 级，应根据其实际严重程度定为 c_u 级或 d_u 级。

c. 当该位移尚在发展时，应直接定为 d_u 级。

② 对拱或壳体结构构件出现的下列位移或变形，可根据其实际严重程度定为 c_u 级或 d_u 级：

a. 拱脚或壳的边梁出现水平位移；

b. 拱轴线或筒拱、扁壳的曲面发生变形。

从位移判断内容中，柱子顶点水平位移较大时，要结合验算结果来评定等级；另外，经判断其位移是整个结构位移而引起的，应按照第二层次子单元的规定去评定等级。对于砌体拱结构和壳结构，一旦边梁或弯曲曲面出现变形，无论大小，都定为 c_u 级或 d_u 级，这是因为砌体拱结构和壳结构对变形比较敏感，一旦有位移，容易整体倒塌。

砌体结构的裂缝评定，当砌体结构的承重构件出现下列受力裂缝时，应视为不适于承载的裂缝，并应根据其严重程度评为 c_u 级或 d_u 级：

① 桁架、主梁支座下的墙、柱的端部或中部，出现沿块材断裂或贯通的竖向裂缝或斜裂缝。

② 空旷房屋承重外墙的变截面处，出现水平裂缝或沿块材断裂的斜向裂缝。

③ 砖砌过梁的跨中或支座出现裂缝；或虽未出现肉眼可见的裂缝，但发现其跨度范围内有集中荷载。

④ 筒拱、双曲筒拱、扁壳等的拱面、壳面，出现沿拱顶母线或对角线的裂缝。

⑤ 拱、壳支座附近或支承的墙体上出现沿块材断裂的斜裂缝。

⑥ 其他明显的受压、受弯或受剪裂缝。

当砌体结构、构件出现下列非受力裂缝时，也应视为不适于承载的裂缝，并根据其实际严重程度评为 c_u 级或 d_u 级：

① 纵横墙连接处出现通长的竖向裂缝。

② 承重墙体墙身裂缝严重，且最大裂缝宽度已大于 5mm。

③ 独立柱已出现宽度大于 1.5mm 的裂缝，或有断裂、错位迹象。

④ 其他显著影响结构整体性的裂缝。

除了裂缝之外，当砌体结构、构件存在可能影响结构安全的损伤时，应根据其严重程度直接定为 c_u 级或 d_u 级。

从砌体结构的评定内容上看到：

砌体构件的高厚比控制主要是考虑构件的失稳问题，砌体的失稳破坏是严重的脆性破坏，具体应通过计算出构件的高厚比与国家规范限值对比进行评级；构造要求一般是指墙柱最小截面尺寸、梁的支承长度和砌体搭接拉结等。另外，砌筑方式合理性是保证砌体构件的整体性，受力均匀的重要措施；构造缺陷包括原设计与规范要求不符和施工缺陷等，如是否有墙体拉结筋、窗间墙尺寸等问题。

砌体结构因为属于脆性材料，往往容易出现裂缝。裂缝产生的原因很多，从是否影响安全上可分为受力裂缝和非受力裂缝，从裂缝成因上可分为沉降裂缝，因承载力不足引起的裂缝，还有因温度和材料收缩等引起的裂缝，这在后边有详细叙述。从裂缝评定的内容看到，除个别情况外砌体构件的裂缝控制主要是裂缝的位置，例如受压弯构件是否有中部水平裂缝，拱结构是否拱脚有受压裂缝等，这些受力大的敏感部位出现裂缝是非常危险的，一旦肉眼看到裂缝，即处于危险状态，需要立即采取措施，所以直接定为 c_u 级或 d_u 级。

6.3.3.4　木结构构件的安全性鉴定

木结构构件的安全性鉴定，应按承载能力、构造、不适于承载的位移或变形、裂缝以及危险性的腐朽和虫蛀等六个检查项目，分别评定每一受检构件等级，并应取其中最低一级作为该构件的安全性等级。

当按承载能力评定木结构构件及其连接的安全性等级时，应按表 6.3.3.4-1 的规定，分别评定每一验算项目的等级，并应取其中最低等级作为该构件承载能力的安全性等级。

按承载能力评定木结构构件及其连接安全性等级　　　　　　表 6.3.3.4-1

构件类别	安全性等级			
	a_u 级	b_u 级	c_u 级	d_u 级
主要构件及连接	$R/(\gamma_0 S) \geqslant 1.0$	$R/(\gamma_0 S) \geqslant 0.95$	$R/(\gamma_0 S) \geqslant 0.90$	$R/(\gamma_0 S) < 0.90$
一般构件	$R/(\gamma_0 S) \geqslant 1.0$	$R/(\gamma_0 S) \geqslant 0.90$	$R/(\gamma_0 S) \geqslant 0.85$	$R/(\gamma_0 S) < 0.85$

注：表里的符号含义与等级水平都与混凝土构件的相同。

当按构造评定木结构构件的安全性等级时，应按表 6.3.3.4-2 的规定分别评定每个检查项目的等级，并应取其中最低等级作为该构件构造的安全性等级。

按构造评定木结构构件的安全性等级   表 6.3.3.4-2

检查项目	a_u 级或 b_u 级	c_u 级或 d_u 级
构件构造	构件长细比或高跨比、截面高宽比等符合国家现行设计规范的规定；无缺陷、损伤，或仅有局部表面缺陷；工作无异常	构件长细比或高跨比、截面高宽比等不符合国家现行设计规范的规定；存在明显缺陷或损伤；已影响或显著影响正常工作
节点、连接构造	节点、连接方式正确，构造符合国家现行设计规范规定；无缺陷，或仅有局部的表面缺陷；通风良好；工作无异常	节点、连接方式不当，构造有明显缺陷、通风不良，已导致连接松弛变形、滑移、沿剪面开裂或其他损坏

注：构件支承长度检查结果不参加评定，当存在问题时，需在鉴定报告中说明，并提出处理意见。

当木结构构件的安全性按不适于承载的位移评定时，应按表 6.3.3.4-3 的规定评级。

木结构构件的安全性按不适于承载的变形评定   表 6.3.3.4-3

检查项目		c_u 级或 d_u 级
挠度	桁架、屋架、托架	$> l_0/200$
	主梁	$> l_0^2 / (3000h)$ 或 $> l_0/150$
	搁栅、檩条	$> l_0^2 / (2400h)$ 或 $> l_0/120$
	椽条	$> l_0/100$，或已劈裂
侧向弯曲的矢高	柱或其他受压构件	$> l_c/200$
	矩形截面梁	$> l_0/150$

注：1. 表中 l_0 为计算跨度；l_c 为柱的无支长度；h 为截面高度；

  2. 表中的侧向弯曲，主要是由木材生长原因或干燥、施工不当所引起的；

  3. 评定结果取 c_u 级或 d_u 级，应根据其实际严重程度确定。

这里需要说明的是高跨比（h/l_0）是影响受弯木构件破坏形态的因素，当高跨比较大时，挠度发展不大时已经产生劈裂破坏，所以表中体现这个问题，另外表中挠度表达式是按照挠度计算公式的模式给出的，我们可根据挠度计算结果比较。

当木结构构件具有下列斜率（ρ）的斜纹理或斜裂缝时，应根据其严重程度定为 c_u 级或 d_u 级。

对受拉构件及拉弯构件 $\rho > 10\%$

对受弯构件及偏压构件 $\rho > 15\%$

对受压构件 $\rho > 20\%$

木材属于各向异性的材料，木材的斜纹理的特征对木材的力学性能影响很大，可以说，具有上述斜率的木材是不应作为受力构件使用的。

当木结构构件的安全性按危险性腐朽或虫蛀评定时，应按下列规定评级：

① 一般情况下，应按表 6.3.3.4-4 的规定评级。

② 当封入墙、保护层内的木构件或其连接已受潮时，即使木材尚未腐朽，也应直接定为 c_u 级。

木结构构件的安全性按危险性腐朽或虫蛀评定　　　　　　　　表 6.3.3.4-4

检查项目		c_u 级或 d_u 级
表层腐朽	上部承重结构构件	截面上的腐朽面积大于原截面面积的 5%，或按剩余截面验算不合格
	木桩	截面上的腐朽面积大于原截面面积的 10%
心腐	任何构件	有心腐
虫蛀		有新蛀孔；或未见蛀孔，但敲击有空鼓音，或用仪器探测，内有蛀洞

木构件由于年代久远，受潮，或虫蛀导致木质腐朽、空心而使有效截面减少，木材强度降低。这种现象对构件的承载能力和变形都有较大影响。特别是当发现有心腐（空心）存在时，是采取一票否决的做法。

6.3.4　构件的使用性鉴定评级

使用性评定的概念在上述已提到，是按照《统一标准》中正常使用极限状态的原则要求进行鉴定的。

使用性鉴定，应以现场的调查、检测结果为基本依据，必要时辅以一定验算。鉴定采用的检测数据，应符合第 6.3.2 点中关于结构检测的基本要求，使用性鉴定虽然不涉及安全问题，但对它检测要求不能降低。

当遇到下列情况之一时，结构的主要构件鉴定，尚应按正常使用极限状态的要求进行计算分析与验算：检测结果需与计算值进行比较；检测只能取得部分数据，需通过计算分析进行鉴定；为改变建筑物用途、使用条件或使用要求而进行的鉴定。

对被鉴定的结构构件进行计算和验算，除应符合现行设计规范的规定和第 6.3.2 点中关于结构验算的基本要求外，尚应遵守下列规定：对构件材料的弹性模量、剪变模量和泊松比等物理性能指标，可根据鉴定确认的材料品种和强度等级，按现行设计规范规定的数值采用；验算结果应按现行标准、规范规定的限值进行评级。若验算合格，可根据其实际完好程度评为 a_s 级或 b_s 级；若验算不合格，应定为 c_s 级；若验算结果与观察不符，应进一步检查设计和施工方面可能存在的差错。

6.3.4.1　混凝土结构构件的使用性鉴定

混凝土结构构件的使用性鉴定，应按位移或变形、裂缝、缺陷和损伤等四个检查项目，分别评定每一受检构件的等级，并取其中最低一级作为该构件使用性等级。

（1）当混凝土桁架和其他受弯构件的使用性按其挠度检测结果评定时，应按下列规定评级：

① 当检测值小于计算值及国家现行设计规范限值时，可评为 a_s 级；

② 当检测值大于或等于计算值，但不大于国家现行设计规范限值时，可评为 b_s 级；

③ 当检测值大于国家现行设计规范限值时，应评为 c_s 级。

（2）当混凝土柱的使用性需要按其柱顶水平位移或倾斜检测结果评定时，应按下列原则评级：

① 当该位移的出现与整个结构有关时，应根据子单元结构使用性评定中的侧向水平位移评定表6.3.6.2-3来评定。

② 当该位移的出现只是孤立事件时，可根据其检测结果直接评级。评级所需的位移限值，可按表6.3.6.2-3所列的层间限值乘以1.1的系数确定。

受弯构件的变形主要是挠度，柱主要是柱顶位移，其检测值是经过现场检测取得；计算值是按照规范计算取得，两者往往不一致；而规范限值是保证结构正常使用的最低要求。柱顶位移还要考虑是否由整体结构产生的还是构件独立的变形，这个问题可通过计算或现场测量整体变形和层间变形取得。如果是整体变形，那应该按照第二层次（子单元）来评定等级（具体见后面子单元评级的内容）。例如，由各种荷载产生的水平位移、周边施工引起基础下沉导致变形等均属于整体变形；构件因制造偏差、局部楼层变形等则属于独立变形。

（3）当混凝土结构构件的使用性按其裂缝宽度检测结果评定时，应符合下列规定：

① 当有计算值时：

a. 当检测值小于计算值及国家现行设计规范限值时，可评为 a_s 级；

b. 当检测值大于或等于计算值，但不大于国家现行设计规范限值时，可评为 b_s 级；

c. 当检测值大于国家现行设计规范限值时，应评为 c_s 级。

② 当无计算值时，构件裂缝宽度等级的评定应按表6.3.4.1-1或表6.3.4.1-2的规定评级；

③ 对沿主筋方向出现的锈迹或细裂缝，应直接评为 c_s 级；

④ 当一根构件同时出现两种或以上的裂缝，应分别评级，并应取其中最低一级作为该构件的裂缝等级。

钢筋混凝土构件裂缝宽度等级的评定 表6.3.4.1-1

检查项目	环境类别和作用等级	构件种类		裂缝评定标准		
				a_s 级	b_s 级	c_s 级
受力主筋处的弯曲裂缝或弯剪裂缝宽度（mm）	I-A	主要构件	屋架、托架	≤ 0.15	≤ 0.20	> 0.20
			主梁、托梁	≤ 0.20	≤ 0.30	> 0.30
		一般构件		≤ 0.25	≤ 0.40	> 0.40
	I-B、I-C	任何构件		≤ 0.15	≤ 0.20	> 0.20
	II	任何构件		≤ 0.10	≤ 0.15	> 0.15
	III、IV	任何构件		无肉眼可见的裂缝	≤ 0.10	> 0.10

注：1. 对拱架和屋面梁，应分别按屋架和主梁评定；

2. 裂缝宽度以表面量测的数值为准。

预应力混凝土构件裂缝宽度等级的评定　　　　　　　　表 6.3.4.1-2

检查项目	环境类别和作用等级	构件种类	裂缝评定标准		
			a_s 级	b_s 级	c_s 级
受力主筋处的弯曲裂缝或弯剪裂缝宽度（mm）	I-A	主要构件	无裂缝（≤ 0.05）	≤ 0.05（≤ 0.10）	> 0.05（> 0.10）
		一般构件	≤ 0.02（≤ 0.15）	≤ 0.10（≤ 0.25）	> 0.10（> 0.25）
	I-B、I-C	任何构件	无裂缝	≤ 0.02（≤ 0.05）	> 0.02（> 0.05）
	Ⅱ、Ⅲ、Ⅳ	任何构件	无裂缝	无裂缝	有裂缝

注：1. 表中括号内限值仅适用于采用热轧钢筋配筋的预应力混凝土构件；

　　2. 当构件无裂缝时，评定结果取 a_s 级或 b_s 级，可根据其混凝土外观质量的完好程度判定。

（4）当混凝土结构构件的使用性按其缺陷和损伤检测结果评定时，应按表 6.3.4.1-3 的规定评级。

混凝土构件的缺陷和损伤等级的评定　　　　　　　　表 6.3.4.1-3

检查项目	a_s 级	b_s 级	c_s 级
缺陷	无明显缺陷	局部有缺陷，但缺陷深度小于钢筋保护层厚度	有较大范围的缺陷，或局部的严重缺陷，且缺陷深度大于钢筋保护层厚度
钢筋锈蚀损伤	无锈蚀现象	探测表明有可能锈蚀	已出现沿主筋方向的锈蚀裂缝，或明显的锈迹
混凝土腐蚀损伤	无腐蚀损伤	表面有轻度腐蚀损伤	有明显腐蚀损伤

使用性鉴定的裂缝界限值与安全性的裂缝界限值意义是不一样，安全性的裂缝界限值是安全问题，即构件出现不适宜继续承载的裂缝，而使用性鉴定的裂缝界限值则是考虑适用性和耐久性的问题。所以，由使用性等级决定可靠度等级时构件往往处于低应力水平状态。

构件出现沿主筋的裂缝时特别是裂缝较明显时，说明主筋因钢筋锈蚀而产生混凝土爆裂，可通过现场开凿检查证实，那么，钢筋截面积就会由于锈蚀而减少；预应力结构往往用在使用时不允许出现裂缝的建筑物上，预应力构件如果出现肉眼可见裂缝（一般缝宽 0.02mm），可能预示预应力松弛，影响使用功能，所以预应力的裂缝控制较严格。另外，从表 6.3.4.1-2 看到：裂缝控制也和结构所处的环境类别有关，例如处于酸碱浓度高的环境，构件存在裂缝极容易导致钢筋锈蚀，影响使用和安全。

除了按照位移、裂缝来评定混凝土构件的使用性等级外，如果构件存在人为损伤深度较大，钢筋有锈蚀等缺陷现象，也要考虑降低其使用性等级。例如，人为开孔，水槽位置钢筋锈蚀等。

碳化深度的问题虽未在评定条文中出现，但现场检测到其深度较大时，可预示着对钢筋锈蚀有一定影响，可作为是否应采取措施的依据。

6.3.4.2 钢结构构件的使用性鉴定

钢结构构件的使用性鉴定，应按位移或变形、缺陷和锈蚀或腐蚀等三个检查项目，分别评定每一受检构件等级，并以其中最低一级作为该构件的使用性等级；对钢结构受拉构件，除应按上述三个检查项目评级外，尚应以长细比作为检查项目参与上述评级。

（1）当钢桁架和其他受弯构件的使用性按其挠度检测结果评定时，应按下列规定评级：

① 当检测值小于计算值及国家现行设计规范限值时，可评为 a_s 级；

② 当检测值大于或等于计算值，但不大于国家现行设计规范限值时，可评为 b_s 级；

③ 当检测值大于国家现行设计规范限值时，可评为 c_s 级。

④ 在一般构件的鉴定中，对检测值小于国家现行设计规范限值的情况，可直接根据其完好程度定为 a_s 级或 b_s 级。

（2）当钢柱的使用性按其柱顶水平位移（或倾斜）检测结果评定时，应按下列原则评级：

① 当该位移的出现与整个结构有关时，应根据子单元上部结构侧向位移评定结果，取与上部承重结构相同的级别作为该柱的水平位移等级；

② 当该位移的出现只是孤立事件时，可根据其检测结果直接评级，评级所需的位移限值，可按子单元上部结构使用性侧向位移评定标准表 6.3.6.2-3 的层间限值确定。

（3）当钢结构构件的使用性按缺陷和损伤的检测结果评定时，应按表 6.3.4.2-1 的规定评级。

钢结构构件的使用性按缺陷和损伤的检测结果评定 表 6.3.4.2-1

检查项目	a_s 级	b_s 级	c_s 级
桁架、屋架不垂直度	不大于桁架高度的 1/250，且不大于 15mm	略大于 a_s 级允许值，尚不影响使用	大于 a_s 级允许值，已影响使用
受压构件平面内的弯曲矢高	不大于构件自由长度的 1/1000，且不大于 10mm	不大于构件自由长度的 1/660	大于构件自由长度的 1/660
实腹梁侧向弯曲矢高	不大于构件计算跨度的 1/660	不大于构件计算跨度的 1/500	大于构件计算跨度的 1/500
其他缺陷或损伤	无明显缺陷或损伤	局部有表面缺陷或损伤，尚不影响正常使用	有较大范围缺陷或损伤，且已影响正常使用

除了位移和锈蚀外，钢结构构件的使用性方面还应考虑屋架的垂直度，受压构件的侧向弯曲和梁的侧向弯曲等。

（4）当钢结构受拉构件的使用性按其长细比的检测结果评定时，应按表 6.3.4.2-2 的规定评级。

受拉构件长细比的要求水平参照了国家钢结构设计标准的规定，控制受拉构件长细比的原因是考虑柔细的杆件在自重作用下会产生晃动，不仅影响美观，还影响正常工作。现场操作除应测定计算长细比具体比值对比外，还应观察其实际工作状态是否良好进行评级。例如现场检查是否有明显变形，连接固定是否正常等。

钢结构受拉构件长细比等级的评定 表 6.3.4.2-2

构件类别		a_s 级或 b_s 级	c_s 级
重要受拉构件	桁架拉杆	≤ 350	> 350
	网架支座附近处拉杆	≤ 300	> 300
一般受拉构件		≤ 400	> 400

（5）当钢结构构件的使用性按防火涂层的检测结果评定时，应按表 6.3.4.2-3 的规定评级。

钢结构构件的使用性按防火涂层的检测结果评定 表 6.3.4.2-3

基本项目	a_s 级	b_s 级	c_s 级
外观质量	涂膜无空鼓、开裂、脱落、霉变、粉化等现象	涂膜局部开裂，薄型涂料涂层裂纹宽度不大于 0.5mm；厚型涂料涂层裂纹宽度不大于 1.0mm；边缘局部脱落，对防火性能无明显影响	防水涂膜开裂，薄型涂料涂层裂纹宽度大于 0.5mm；厚型涂料涂层裂纹宽度大于 1.0mm；重点防火区域涂层局部脱落；对结构防火性能产生明显影响
涂层附着力	涂层完整	涂层完整程度达到 70%	涂层完整程度低于 70%
涂膜厚度	厚度符合设计或国家现行规范规定	厚度小于设计要求，但小于设计厚度的测点数不大于 10%，且测点处实测厚度不小于设计厚度的 90%；厚涂型防火涂料涂膜，厚度小于设计厚度的面积不大于 20%，且最薄处厚度不小于设计厚度的 85%，厚度不足部分的连续长度不大于 1m，并在 5m 范围内无类似情况	达不到 b_s 级的要求

6.3.4.3 砌体结构构件的使用性鉴定

砌体结构构件的使用性鉴定，应按位移、非受力裂缝、腐蚀三个检查项目，分别评定每一受检构件等级，并取其中最低一级作为该构件的使用性等级。

（1）当砌体墙、柱的使用性按其顶点水平位移或倾斜的检测结果评定时，应按下列原则评级：

① 当该位移与整个结构有关时，应根据上部结构子单元侧向（水平）位移等级评定表 6.3.6.2-3 的评定结果，取与上部承重结构相同的级别作为该构件的水平位移等级；

② 当该位移只是孤立事件时，则可根据其检测结果直接评级。评级所需的位移限值，可按照表 6.3.6.2-3 的层间位移限值乘以 1.1 的系数确定。

③ 构造合理的组合砌体墙、柱应按混凝土墙、柱评定。

砌体结构的变形主要是指砌体墙、柱的顶部位移，若该位移是整体结构产生的，说明与安全性有关；所以，这种情况评定取安全性评定的结果；若与整体结构无关，仅是构件变形，那么就按照安全性的等级放松一点来评定；组合砌体因其有配筋及构造柱

101

等，整体性很好，所以变形与混凝土柱、墙压弯情况接近，因此按照混凝土构件使用性评级标准。如墙体有水平网状配筋及构造柱圈梁等，柱子有表面网状配筋砂浆层等均属于这种情况。

（2）当砌体结构构件的使用性按其非受力裂缝检测结果评定时，应按表6.3.4.3-1的规定评级。

砌体结构构件的使用性按非受力裂缝检测结果评定　　　　　表6.3.4.3-1

检查项目	构件类别	a_s 级	b_s 级	c_s 级
非受力裂缝宽度（mm）	墙及带壁柱墙	无肉眼可见裂缝	≤ 1.5	> 1.5
	柱	无肉眼可见裂缝	无肉眼可见裂缝	出现肉眼可见裂缝

注：对无可见裂缝的柱，取 a_s 级或 b_s 级，可根据其实际完好程度确定。

这里看到，如果判断裂缝是受力裂缝，应按照安全性对裂缝的评定来看；如果是非受力裂缝，从表6.3.4.3-1看到，墙体裂缝宽度1.5mm是个界限值；对柱的要求更严格，一旦出现肉眼可见的裂缝就定为 c_s 级。非受力裂缝的定义已在构件安全性评定一节说明。

（3）当砌体结构构件的使用性按其腐蚀，包括风化和粉化的检测结果评定时，应按表6.3.4.3-2的规定评级。

砌体结构构件腐蚀等级的评定　　　　　表6.3.4.3-2

检查部位		a_s 级	b_s 级	c_s 级
块材	实心砖	无腐蚀现象	小范围出现腐蚀现象，最大腐蚀深度不大于6mm，且无发展趋势	较大范围出现腐蚀现象，最大腐蚀深度大于6mm，或腐蚀有发展趋势
	多孔砖空心砖小砌块	无腐蚀现象	小范围出现腐蚀现象，最大腐蚀深度不大于3mm，且无发展趋势	较大范围出现腐蚀现象，最大腐蚀深度大于3mm，或腐蚀有发展趋势
砂浆层		无腐蚀现象	小范围出现腐蚀现象，最大腐蚀深度不大于10mm，且无发展趋势	较大范围出现腐蚀现象，最大腐蚀深度大于10mm，或腐蚀有发展趋势
砌体内部钢筋		无锈蚀现象	有锈蚀可能或有轻微锈蚀现象	明显锈蚀或锈蚀有发展趋势

砌体的风化粉化是砌体构件常见的损坏现象，风化深度和面积较大时，会削弱墙体的承载能力和造成观感不良等，风化的深度与砌体的材质、是否有饰面层有关，砂浆的粉化也是主要与这两个因素有关。

6.3.4.4　木结构构件的使用性鉴定

木结构构件的使用性鉴定，应按位移、干缩裂缝和初期腐朽三个检查项目的检测结果，分别评定每一受检构件等级，并取其中最低一级作为该构件的使用性等级。

（1）当木结构构件的使用性按其挠度检测结果评定时，应按表6.3.4.4-1的规定评级。

木结构构件的使用性按挠度检测结果评定   表 6.3.4.4-1

构件类别		a_s 级	b_s 级	c_s 级
桁架、屋架、托架		$\leq l_0/500$	$\leq l_0/400$	$> l_0/400$
檩条	$l_0 \leq 3.3\mathrm{m}$	$\leq l_0/250$	$\leq l_0/200$	$> l_0/200$
	$l_0 > 3.3\mathrm{m}$	$\leq l_0/300$	$\leq l_0/250$	$> l_0/250$
椽条		$\leq l_0/200$	$\leq l_0/150$	$> l_0/150$
吊顶中的受弯构件	抹灰吊顶	$\leq l_0/360$	$\leq l_0/300$	$> l_0/300$
	其他吊顶	$\leq l_0/250$	$\leq l_0/200$	$> l_0/200$
楼盖梁、搁栅		$\leq l_0/300$	$\leq l_0/250$	$> l_0/250$

注：表中 l_0 为构件计算跨度实测值。

（2）当木结构构件的使用性按干缩裂缝的检测结果评定时，应按表 6.3.4.4-2 的规定评级。

木结构构件的使用性按干缩裂缝检测结果评定   表 6.3.4.4-2

检查项目	构件类别		a_s 级	b_s 级	c_s 级
干缩裂缝深度（t）	受拉构件	板材	无裂缝	$t \leq b/6$	$t > b/6$
		方材	可有微裂	$t \leq b/4$	$t > b/4$
	受弯或受压构件	板材	无裂缝	$t \leq b/5$	$t > b/5$
		方材	可有微裂	$t \leq b/3$	$t > b/3$

注：表中 b 为沿裂缝深度方向的构件截面尺寸。

在湿度正常、通风良好的室内环境中，对无腐朽迹象的木结构构件，可根据其外观质量状况评为 a_s 级或 b_s 级；对有腐朽迹象的木结构构件，应评为 c_s 级；但若能判定其腐朽已停止发展，仍可评为 b_s 级。

木结构的挠度采取的是检测值跟规定限值的比较，即没有要求与计算值的比较，是因为木结构属于各向异性体，不容易取得其物理力学指标，因此不容易获取较精确计算值。

木材的干缩裂缝是指长期使用因气候气温交替变化使木材收缩出现表面顺长度方向的裂缝，太深时会降低木材的刚度，造成变形加大等。

木材因霉菌侵蚀造成腐朽。腐朽的产生和很多因素有关，与木材品种，通风条件和环境湿度不良等有关；虫蛀是造成木材空心的主要原因。

6.3.5 子单元安全性鉴定评级

民用建筑安全性的第二层次鉴定评级应按地基基础（含桩基和桩，以下同）、上部承重结构和围护系统的承重部分这三个子单元分别评级。

6.3.5.1 地基基础子单元的安全性鉴定评级

地基基础评级应根据地基变形或地基承载力，结合上部结构的反应评定结果进行确定。对建在斜坡场地的建筑物，还应按边坡场地稳定性的评定结果进行确定。

一般情况下可根据地基、桩基沉降观测资料，以及其不均匀沉降在上部结构中反映的检查结果进行鉴定评级。但对承载能力有怀疑时或上部结构已有不均匀沉降的现象，需对地基、桩基的承载力进行鉴定评级时，计算承载力应以岩土工程勘察档案和有关检测资料为依据进行计算和评定。若档案、资料不全，还应补充近位勘探点，进一步查明土层分布情况，并结合当地工程经验进行核算和评价。

（1）当按地基变形（建筑物沉降）观测资料或其上部结构反应的检查结果评定时，应按下列规定评级：

A_u级　不均匀沉降小于现行国家标准《建筑地基基础设计规范》GB 50007 规定的允许沉降差；建筑物无沉降裂缝、变形或位移。

B_u级　不均匀沉降不大于现行国家标准《建筑地基基础设计规范》GB 50007 规定的允许沉降差；且连续两个月地基沉降量小于每月 2mm；建筑物的上部结构虽有轻微裂缝，但无发展迹象。

C_u级　不均匀沉降大于现行国家标准《建筑地基基础设计规范》GB 50007 规定的允许沉降差；或连续两个月地基沉降量大于每月 2mm；或建筑物上部结构砌体部分出现宽度大于 5mm 的沉降裂缝，预制构件连接部位可能出现宽度大于 1mm 的沉降裂缝，且沉降裂缝短期内无终止趋势。

D_u级　不均匀沉降远大于现行国家标准《建筑地基基础设计规范》GB 50007 规定的允许沉降差；连续两个月地基沉降量大于每月 2mm，且尚有变快趋势；或建筑物上部结构的沉降裂缝发展显著；砌体的裂缝宽度大于 10mm；预制构件连接部位的裂缝宽度大于 3mm；现浇结构个别部分也已开始出现沉降裂缝。

（2）当地基基础的安全性按其承载力评定时，可根据检测和计算分析结果，采用下列规定评级（计算时要取得场地的地质资料，资料缺失时要采取补充钻探措施）：

1）当地基基础承载力符合现行国家标准《建筑地基基础设计规范》GB 50007 的规定时，可根据建筑物的完好程度评为 A_u级 或 B_u级。

2）当地基基础承载力不符合现行国家标准《建筑地基基础设计规范》GB 50007 的规定时，可根据建筑物开裂、损伤的严重程度评为 C_u级 或 D_u级。

一般地基有沉降发生时，上部结构都有开裂倾斜的反应，上述做法是当地基基础承载力符合规定时，可根据上部结构因地基不均匀沉降导致开裂倾斜损坏情况评级。但对出现地基基础承载力符合要求而上部结构开裂变形严重的情况，要结合具体情况进行分析评级。

（3）当地基基础的安全性按边坡场地稳定性项目评级时，应按下列规定评定：

A_u级　建筑场地地基稳定，无滑动迹象及滑动史。

B_u级　建筑场地地基在历史上曾有过局部滑动，经治理后已停止滑动，且近期评估表明，在一般情况下，不会再滑动。

C_u级 建筑场地地基在历史上发生过滑动，目前虽已停止滑动，但若触动诱发因素，今后仍有可能再滑动。

D_u级 建筑场地地基在历史上发生过滑动，目前又有滑动或滑动迹象。

在鉴定中当发现地下水位或水质有较大变化，或土压力、水压力有显著改变，且可能对建筑物产生不利影响时，应对此类变化所产生的不利影响进行评价，并应提出处理的建议。

以上是地基基础子单元在沉降观测、承载力验算和稳定三个方面的评定结果。当某建筑物地基基础子单元在三方面都进行评级时，应根据评定结果按其中最低一级确定其等级。

从地基基础子单元评定条款中看到，已有建筑物地基基础安全性首先从地基变形、承载能力和沉降观测、上部结构反应等方面去考察评级，特别是沉降观测资料反映的变形趋势，变形速率尤为重要；其次结合承载力验算和沉降计算结合评定。一般不提倡轻易开挖检查，尤其是使用年代较长，基础形式和损坏情况不明的时候，当然如果检查中发现基础构件有损坏的，应根据损坏的程度来参与地基基础的评级。

地基基础承载力验算和沉降计算设计控制值是与结构形式有关的，对于上部结构比较均匀，包括刚度均匀和受力均匀，可用总沉降量控制；有差异沉降的可用沉降差控制，对于高耸建筑如烟囱水塔应用整体倾斜值控制，具体见各类地基基础设计规范。

6.3.5.2 上部承重结构子单元的安全性鉴定评级

上部承重结构子单元的安全性鉴定评级应根据其结构承载功能等级、结构整体性等级以及结构侧向位移等级的评定结果进行确定。即从上部结构的承载能力、构造和侧向位移这三个方面来评级。

（1）当上部承重结构可视为由平面结构组成的体系，且其构件工作不存在系统性因素的影响时，其承载功能的安全性等级应按下列规定评定：

1）可在多、高层房屋的标准层中随机抽取$\sqrt{m}$层为代表层作为评定对象；m为该鉴定单元房屋的层数；当$\sqrt{m}$为非整数时，应多取一层；对一般单层房屋，宜以原设计的每一计算单元为一区，并应随机抽取$\sqrt{m}$区为代表区作为评定对象。

2）除随机抽取的标准层外，尚应另增底层和顶层，以及高层建筑的转换层和避难层为代表层。代表层构件应包括该层楼板及其下的梁、柱、墙等。

3）宜按结构分析或构件校核所采用的计算模型，以及标准关于构件集的规定，将代表层（或区）中的承重构件划分为若干主要构件集和一般构件集，并应按下列第（3）和第（4）条的规定评定每种构件集的安全性等级。

4）可根据代表层（或区）中每种构件集的评级结果，按下列第（5）条的规定确定代表层（或区）的安全性等级。

5）可根据本条1）~4）点的评定结果，按下列第（6）条的规定确定上部承重结构承载功能的安全性等级。

（2）当上部承重结构虽可视为由平面结构组成的体系，但其构件工作受到灾害或其他系统性因素的影响时，其承载功能的安全性等级应按下列规定评定：

1）宜区分为受影响和未受影响的楼层（或区）。

2）对受影响的楼层（或区），宜全数作为代表层（或区）；对未受影响的楼层（或区），可按上述第（1）条规定，抽取代表层。

3）可分别评定构件集、代表层（或区）和上部结构承载功能的安全性等级。

（3）在代表层（或区）中，主要构件集安全性等级的评定，可根据该种构件集内每一受检构件的评定结果，按表6.3.5.2-1的分级标准评级。

主要构件集安全性等级的评定　　　　　　　　表6.3.5.2-1

等级	多层及高层房屋	单层房屋
A_u	该构件集内，不含c_u级和d_u级，可含b_u级，但含量不多于25%	该构件集内，不含c_u级和d_u级，可含b_u级，但含量不多于30%
B_u	该构件集内，不含d_u级，可含c_u级，但含量不应多于15%	该构件集内，不含d_u级，可含c_u级，但含量不应多于20%
C_u	该构件集内，可含c_u级和d_u级；当仅含c_u级时，其含量不应多于40%；当仅含d_u级时，其含量不应多于10%；当同时含有c_u级和d_u级时，c_u级含量不应多于25%；d_u级含量不应多于3%	该构件集内，可含c_u级和d_u级；当仅含c_u级时，其含量不应多于50%；当仅含d_u级时，其含量不应多于15%；当同时含有c_u级和d_u级时，c_u级含量不应多于30%；d_u级含量不应多于5%
D_u	该构件集内，c_u级或d_u级的含量多于C_u级的规定数	该构件集内，c_u级或d_u级的含量多于C_u级的规定数

注：当计算的构件数为非整数时，应多取一根。

（4）在代表层（或区）中，一般构件集安全性等级的评定，应按表6.3.5.2-2的分级标准评级。

一般构件集安全性等级的评定　　　　　　　　表6.3.5.2-2

等级	多层及高层房屋	单层房屋
A_u	该构件集内，不含c_u级或d_u级，可含b_u级，但含量不多于30%	该构件集内，不含c_u级或d_u级，可含b_u级，但含量不多于35%
B_u	该构件集内，不含d_u级，可含c_u级，但含量不应多于20%	该构件集内，不含d_u级，可含c_u级，但含量不应多于25%
C_u	该构件集内，可含c_u级或d_u级；但c_u级含量不应多于40%；d_u级含量不应多于10%	该构件集内，可含c_u级或d_u级；但c_u级含量不应多于50%；d_u级含量不应多于15%
D_u	该构件集内，c_u级或d_u级的含量多于C_u级的规定数	该构件集内，c_u级或d_u级的含量多于C_u级的规定数

（5）各代表层（或区）的安全性等级，应按该代表层（或区）中各主要构件集间的最低等级确定。当代表层（或区）中一般构件集的最低等级比主要构件集最低等级低二级或三级时，该代表层（或区）所评的安全性等级应降一级或降二级。

（6）上部结构承载功能的安全性等级，可按下列规定确定：

1）A_u 级，不含 C_u 级和 D_u 级代表层（或区）；可含 B_u 级，但含量不多于 30%；

2）B_u 级，不含 D_u 级代表层（或区）；可含 C_u 级，但含量不多于 15%；

3）C_u 级，可含 C_u 级和 D_u 级代表层（或区）；当仅含 C_u 级时，其含量不应多于 50%；当仅含 D_u 级时，其含量不应多于 10%；当同时含有 C_u 级和 D_u 级时，其 C_u 级含量不应多于 25%；D_u 级含量不应多于 5%；

4）D_u 级，其 C_u 级或 D_u 级代表层（或区）的含量多于 C_u 级的规定数。

（7）结构整体牢固性等级的评定，可按表 6.3.5.2-3 的规定，先评定其每一检查项目的等级，并应按下列原则确定该结构整体性等级：

1）当四个检查项目均不低于 B_u 级时，可按占多数的等级确定；

2）当仅一个检查项目低于 B_u 级时，可根据实际情况定为 B_u 级或 C_u 级；

3）每个项目评定结果取 A_u 级或 B_u 级，应根据其实际完好程度确定；取 C_u 级和 D_u 级，应根据其实际严重程度确定。

结构整体牢固性等级的评定　　　　　　　　　　　表 6.3.5.2-3

检查项目	A_u 级或 B_u 级	C_u 级或 D_u 级
结构布置及构造	布置合理，形成完整的体系，且结构选型及传力路线设计正确，符合国家现行设计规范规定	布置不合理，存在薄弱环节，未形成完整的体系；或结构选型、传力路线设计不当，不符合国家现行设计规范规定，或结构产生明显振动
支承系统或其他抗侧力系统的构造	构件长细比及连接构造符合国家现行设计规范规定，形成完整的支撑系统，无明显残损或施工缺陷，能传递各种侧向作用	构件长细比或连接构造不符合国家现行设计规范规定，未形成完整的支撑系统，或构件连接已失效或有严重缺陷，不能传递各种侧向作用
结构、构件间的联系	设计合理、无疏漏；锚固、拉结、连接方式正确、可靠，无松动变形或其他残损	设计不合理，多处疏漏；或锚固、拉结、连接不当，或松动变形，或已残损
砌体结构中圈梁及构造柱的布置与构造	布置正确，截面尺寸、配筋及材料强度等符合国家现行设计规范规定，无裂缝或其他残损，能起闭合系统作用	布置不当，截面尺寸、配筋及材料强度不符合国家现行设计规范规定，已开裂，或有其他残损，或不能起闭合系统作用

（8）对上部承重结构不适于承载的侧向位移，应根据其检测结果，按下列规定评级：

1）当检测值已超出表 6.3.5.2-4 界限，且有部分构件出现裂缝、变形或其他局部损坏迹象时，应根据实际严重程度定为 C_u 级或 D_u 级。

2）当检测值虽已超出表 6.3.5.2-4 界限，但尚未发现上款所述情况时，应进一步进行计入该位移影响的结构内力计算分析，并应按《民用建筑可靠性鉴定标准》GB 50292—2015 第 5 章的规定，验算各构件的承载能力，当验算结果均不低于 b_u 级，仍可将该结构定为 B_u 级，但宜附加观察使用一段时间的限制。当构件承载能力的验算结果有低于 b_u 级时，应定为 C_u 级。

3）对某些构造复杂的砌体结构，当按本条第 2 款规定进行计算分析有困难时，各类构件不适于承载的侧向位移等级的评定可直接按表 6.3.5.2-4 规定的界限值评级。

各种结构不适于继续承载的侧向位移　　　　　　　表 6.3.5.2-4

检查项目	结构类别			顶点位移 C_u 级或 D_u 级	层间位移 C_u 级或 D_u 级
结构平面内的侧向位移	混凝土结构或钢结构	单层建筑		$> H/150$	—
		多层建筑		$> H/200$	$> H_i/150$
		高层建筑	框架	$> H/250$ 或 $> 300mm$	$> H_i/150$
			框架剪力墙 框架筒体	$> H/300$ 或 $> 400mm$	$> H_i/250$
结构平面内的侧向位移	砌体结构	单层建筑	墙 $H \leqslant 7m$	$> H/250$	—
			墙 $H > 7m$	$> H/300$	—
			柱 $H \leqslant 7m$	$> H/300$	—
			柱 $H > 7m$	$> H/330$	—
		多层建筑	墙 $H \leqslant 10m$	$> H/300$	$> H_i/300$
			墙 $H > 10m$	$> H/330$	
			柱 $H \leqslant 10m$	$> H/330$	$> H_i/330$
单层排架平面外侧倾				$> H/350$	—

从上述规定看到，根据变形（位移）来进行子单元安全性评级时，一般情况下按照检测数据来进行对比判断，必要时还要进行承载能力验算来确定等级。对于木结构的房屋，其侧向位移和倾斜，除了参照表 6.3.5.2-4 的内容来评定外还可以参照当地的经验和规程来确定。

（9）上部承重结构的安全性等级，应按下列原则确定：

1）一般情况下，应按上部结构承载功能和结构侧向位移或倾斜的评级结果，取其中较低一级作为上部承重结构（子单元）的安全性等级。

2）当上部承重结构按上款评为 B_u 级，但当发现各主要构件集所含的各种 c_u 级构件处于下列情况之一时，宜将所评等级降为 C_u 级：

① 出现 c_u 级构件交汇的节点连接；

② 不止一个 c_u 级存在于人群密集场所或其他破坏后果严重的部位。

3）当上部承重结构按承载功能和侧向位移或倾斜评为 c_u 级，但当发现其主要构件集有下列情形之一时，宜将所评等级降为 D_u 级：

① 多层或高层房屋中，其底层柱集为 C_u 级；

② 多层或高层房屋的底层，或任一空旷层，或框支剪力墙结构的框架层的柱集为 D_u 级；

③ 在人群密集场所或其他破坏后果严重部位，出现不止一个 d_u 级；

④ 任何种类房屋中，有 50% 以上的构件为 c_u 级。

4）当上部承重结构按承载功能和侧向位移或倾斜评为 A_u 级或 B_u 级，而结构整体性等级为 C_u 级或 D_u 级时，应将所评的上部承重结构安全性等级降为 C_u 级。

5）当上部承重结构在按上述规定作了调整后仍为 A_u 级或 B_u 级，但当发现被评为 C_u 级或 D_u 级的一般构件集，已被设计成参与支撑系统或其他抗侧力系统工作，或已在抗震加固中，加强了其与主要构件集的锚固时，应将上部承重结构所评的安全性等级降为 C_u 级。

（10）对检测、评估认为可能存在整体稳定性问题的大跨度结构，应根据实际检测结果建立计算模型，采用可行的结构分析方法进行整体稳定性验算；当验算结果尚能满足设计要求时，仍可评为 B_u 级；当验算结果不满足设计要求时，应根据其严重程度评为 C_u 级或 D_u 级，并应参与上部承重结构安全性等级评定。

（11）当建筑物受到振动作用引起使用者对结构安全表示担心，或振动引起的结构构件损伤，已可通过目测判定时，应按《民用建筑可靠性鉴定标准》GB 50292—2015 附录 M 的规定进行检测与评定。当评定结果对结构安全性有影响时，应将上部承重结构安全性鉴定所评等级降低一级，且不应高于 C_u 级。

6.3.5.3　围护系统的承重部分的安全性鉴定评级

首先要说明，如果可靠性鉴定不需要进行围护结构的可靠性评定，那么也不需要进行围护结构子单元的安全性评级；直接按照上部结构和地基基础的安全性等级来确定子单元的安全性即可。如果需要，按照下面步骤进行。

（1）围护系统承重部分的安全性，应在该系统专设的和参与该系统工作的各种承重构件的安全性评级的基础上，根据该部分结构承载功能等级和结构整体性等级的评定结果进行确定。

（2）当评定一种构件集的安全性等级时，应根据每一受检构件的评定结果及其构件类别，分别按 6.3.5.2 条中表 6.3.5.2-3 或表 6.3.5.2-4 的规定评级。

（3）当评定围护系统的计算单元或代表层的安全性等级时，应按 6.3.5.2 条中第（5）点的规定评级。

（4）围护系统的结构承载功能的安全性等级，应按 6.3.5.2 条中第（6）点的规定评级。

（5）当评定围护系统承重部分的结构整体性时，应按 6.3.5.2 条中第（7）点的规定评级。

（6）围护系统承重部分的安全性等级，应根据 6.3.5.2 条中第（2）和（3）点的评定结果，按下列规定确定：

1）当仅有 A_u 级和 B_u 级时，可按占多数级别确定。

2）当含有 C_u 级或 D_u 级时，可按下列规定评级：

① 当 C_u 级或 D_u 级属于结构承载功能问题时，可按最低等级确定；

② 若当 C_u 级或 D_u 级属于结构整体性问题时，可定为 C_u 级。

3）围护系统承重部分评定的安全性等级，不应高于上部承重结构的等级。

从上述原则可见，围护系统承重部分的安全性鉴定评级，其评定条款基本按照上部承重结构子单元中的构件检查结果和整体性要求套用，但围护系统承重部分的安全性最后评级不应高于上部承重结构子单元的安全性等级，因为可以理解为围护系统承重部分的安全性是依附在上部承重结构安全性上的，也就是说上部承重结构的安全性直接影响围护系统承重部分的安全性。

6.3.6 子单元使用性鉴定评级

同子单元安全性评定一样，民用建筑使用性的第二层次子单元鉴定评级，应按地基基础（含桩基和桩，以下同）、上部承重结构和围护系统划分为三个子单元分别评级。

6.3.6.1 地基基础的使用性鉴定评级

地基基础的使用性，可根据其上部承重结构或围护系统的工作状态进行评定。具体应按下列规定评级：

（1）当上部承重结构和围护系统的使用性检查未发现问题，或所发现问题与地基基础无关时，可根据实际情况定为 A_s 级或 B_s 级。

（2）当上部承重结构和围护系统所发现的问题与地基基础有关时，可根据上部承重结构和围护系统所评的等级，取其中较低一级作为地基基础使用性等级。

从上面的规定看到，地基基础使用性主要根据上部结构受地基基础影响而产生的反应来看，具体即从上部结构的变形和开裂来判断。且直接按照上部结构和围护结构的评级来确定。一般不轻易开挖地基基础检查。

6.3.6.2 上部承重结构的使用性鉴定评级

（1）上部承重结构子单元的使用性鉴定评级，应根据其所含各种构件集的使用性等级和结构的侧向位移等级进行评定。当建筑物的使用要求对振动有限制时，还应评估振动的影响。

（2）当评定一种构件集的使用性等级时，应按下列规定评级：

1）对单层房屋，应以计算单元中每种构件集为评定对象；

2）对多层和高层房屋，应随机抽取若干层为代表层进行评定，代表层的选择应符合下列规定：

① 代表层的层数，应按 $\sqrt{m}$ 确定，m 为该鉴定单元的层数；当 $\sqrt{m}$ 为非整数时，应多取一层；

② 随机抽取的 $\sqrt{m}$ 层中，当未包括底层、顶层和转换层时，应另增这些层为代表层。

（3）在计算单元或代表层中，评定一种构件集的使用性等级时，应根据该层该种构件中每一受检构件的评定结果，按表 6.3.6.2-1 进行评级：

每种构件集使用性等级的评定   表 6.3.6.2-1

等级	评定标准
A_s	该构件集内，不含 c_s 级构件，可含 b_s 级，但含量不多于 35%
B_s	该构件集内，可含 c_s 级构件，但含量不多于 25%
C_s	该构件集内，c_s 级含量多于 B_s 级的规定数

（4）上部结构使用功能的等级，应根据计算单元或代表层所评的等级，按表6.3.6.2-2进行确定：

上部结构使用功能等级的评定　　　　　　　　　　表 6.3.6.2-2

等级	评定标准
A_s	不含 C_s 级的计算单元或代表层；可含 B_s 级，但含量不多于30%
B_s	可含 C_s 级的计算单元或代表层，但含量不多于20%
C_s	在该计算单元或代表层中，C_s 级含量多于 B_s 级的规定值

（5）当上部承重结构的使用性需考虑侧向位移的影响时，可采用检测或计算分析的方法进行鉴定，应按下列规定进行评级：

1）对检测取得的主要由综合因素引起的侧向位移值，应按表6.3.6.2-3的规定评定每一测点的等级，并按下列原则分别确定结构顶点和层间的位移等级：

① 对结构顶点，应按各测点中占多数的等级确定；

② 对层间，应按各测点最低的等级确定。

③ 根据以上两项评定结果，取其中较低等级作为上部承重结构侧向位移使用性等级。

2）当检测有困难时，应在现场取得与结构有关参数的基础上，采用计算分析方法进行鉴定。当计算的侧向位移不超过表6.3.6.2-3中 B_s 级界限时，可根据该上部承重结构的完好程度评为 A_s 级或 B_s 级。当计算的侧向位移值已超出表6.3.6.2-3中 B_s 级的界限时，应定为 C_s 级。

结构的侧向位移限值　　　　　　　　　　表 6.3.6.2-3

检查项目	结构类别		位移限值		
			A_s 级	B_s 级	C_s 级
钢筋混凝土结构或钢结构的侧向位移	多层框架	层间	$\leq H_i/500$	$\leq H_i/400$	$> H_i/400$
		结构顶点	$\leq H/600$	$\leq H/500$	$> H/500$
	高层框架	层间	$\leq H_i/600$	$\leq H_i/500$	$> H_i/500$
		结构顶点	$\leq H/700$	$\leq H/600$	$> H/600$
	框架-剪力墙框架-筒体	层间	$\leq H_i/800$	$\leq H_i/700$	$> H_i/700$
		结构顶点	$\leq H/900$	$\leq H/800$	$> H/800$
	筒中筒剪力墙	层间	$\leq H_i/950$	$\leq H_i/850$	$> H_i/850$
		结构顶点	$\leq H/1100$	$\leq H/900$	$> H/900$
砌体结构侧向位移	以墙承重的多层房屋	层间	$\leq H_i/550$	$\leq H_i/450$	$> H_i/450$
		结构顶点	$\leq H/650$	$\leq H/550$	$> H/550$
	以柱承重的多层房屋	层间	$\leq H_i/600$	$\leq H_i/500$	$> H_i/500$
		结构顶点	$\leq H/700$	$\leq H/600$	$> H/600$

注：表中 H 为结构顶点高度；H_i 为第 i 层的层间高度。

（6）上部承重结构的使用性等级，应根据 6.3.6.2 条第（3）至第（5）点的评定结果，按上部结构使用功能和结构侧向位移所评等级，并应取其中较低等级作为其使用性等级。

（7）当考虑建筑物所受的振动作用可能对人的生理、仪器设备的正常工作、结构的正常使用产生不利影响时，可按《民用建筑可靠性鉴定标准》GB 50292—2015 附录 M 的规定进行振动对上部结构影响的使用性鉴定。当评定结果不合格，应按下列规定对按 6.3.6.2 条第（3）或第（4）点所评等级进行修正：

1）当振动的影响仅涉及一种构件集时，可仅将该构件集所评等级降为 C_s 级。

2）当振动的影响涉及两种及以上构件集或结构整体时，应将上部承重结构以及所涉及的各种构件集均降为 C_s 级。

（8）当遇到下列情况之一时，可不按上述第（7）点的规定，应直接将该上部结构使用性等级定为 C_s 级：

1）在楼层中，其楼面振动已使室内精密仪器不能正常工作，或已明显引起人体不适感。

2）在高层建筑的顶部几层，其风振效应已使用户感到不安。

3）振动引起的非结构构件或装饰层的开裂或其他损坏，已可通过目测判定。

6.3.6.3 围护系统的使用性鉴定评级

同安全性评定一样，如果可靠性鉴定不需要进行围护结构的可靠性评定，那么也不需要进行围护结构子单元的安全性评级；直接按照上部结构和地基基础的安全性等级来确定子单元的安全性即可。如果需要，按照下面步骤进行。

（1）围护系统（子单元）的使用性鉴定评级，应根据该系统的使用功能及其承重部分的使用性等级进行评定。

（2）当对围护系统使用功能等级评定时，应按表 6.3.6.3 规定的检查项目及其评定标准逐项评级，并按下列原则确定围护系统的使用功能等级：

1）一般情况下，可取其中最低等级作为围护系统的使用功能等级。

2）当鉴定的房屋对表中各检查项目的要求有主次之分时，也可取主要项目中的最低等级作为围护系统使用功能等级。

3）当按上款主要项目所评的等级为 A_s 级或 B_s 级，但有多于一个次要项目为 C_s 级时，应将围护系统所评等级降为 C_s 级。

（3）当评定围护系统承重部分的使用性时，应按上部结构构件集的正常使用性的标准评级，并应取其中最低等级作为该系统承重部分使用性等级。

（4）围护系统的使用性等级，应根据其使用功能和承重部分使用性的评定结果，按较低的等级确定。

（5）对围护系统使用功能有特殊要求的建筑物，除应按本标准鉴定评级外，尚应按国家现行标准进行评定。当评定结果合格时，可维持按本标准所评等级不变；当不合格时，应将按本标准所评的等级降为 C_s 级。

围护系统使用功能等级的评定   表 6.3.6.3

检查项目	A_s 级	B_s 级	C_s 级
屋面防水	防水构造及排水设施完好，无老化、渗漏及排水不畅的迹象	构造、设施基本完好，或略有老化迹象，但尚不渗漏及积水	构造、设施不当或已损坏，或有渗漏，或积水
吊顶	构造合理，外观完好，建筑功能符合设计要求	构造稍有缺陷，或有轻微变形或裂纹，或建筑功能略低于设计要求	构造不当或已损坏，或建筑功能不符合设计要求，或出现有碍外观的下垂
非承重内墙	构造合理，与主体结构有可靠联系，无可见变形，面层完好，建筑功能符合设计要求	略低于 A_s 级要求，但尚不显著影响其使用功能	已开裂、变形，或已破损，或使用功能不符合设计要求
外墙	墙体及其面层外观完好，无开裂、变形；墙脚无潮湿迹象；墙厚符合节能要求	略低于 A_s 级要求，但尚不显著影响其使用功能	不符合 A_s 级要求，且已显著影响其使用功能
门窗	外观完好，密封性符合设计要求，无剪切变形迹象，开闭或推动自如	略低于 A_s 级要求，但尚不显著影响其使用功能	门窗构件或其连接已损坏，或密封性差，或有剪切变形，已显著影响其使用功能
地下防水	完好，且防水功能符合设计要求	基本完好，局部可能有潮湿迹象，但尚不渗漏	有不同程度损坏或有渗漏
其他防护设施	完好，且防护功能符合设计要求	有轻微缺陷，但尚不显著影响其防护功能	有损坏，或防护功能不符合设计要求

　　从表 6.3.6.3 看到，围护系统的使用性等级除了与围护系统中的承重构件使用性等级有关外，还与其装饰装修、防护设施完好程度等有关，表中的其他项目一般是指隔热、防尘、隔声、防湿，防腐、防灾等各种设施，总的项目比较多，主要靠现场检查决定。整个围护系统是建筑物可靠性的一部分。

6.3.7　鉴定单元的安全性和使用性评级

6.3.7.1　鉴定单元的安全性评级

　　民用建筑第三层次鉴定单元的安全性鉴定评级，应根据其地基基础、上部承重结构和围护系统承重部分等的安全性等级，以及与整幢建筑有关的其他安全问题进行评定。具体按下列规定评级：

　　（1）一般情况下，应根据地基基础和上部承重结构的评定结果按其中较低等级确定。

　　（2）当鉴定单元的地基基础和上部承重结构子单元的安全性等级按上款评为 A_u 级或 B_u 级但围护系统承重部分的等级为 C_u 级或 D_u 级时，可根据实际情况将鉴定单元所评等级降低一级或二级，但最后所定的等级不得低于 C_{su} 级。

　　（3）对下列任一情况，可直接评为 D_{su} 级：

　　1）建筑物处于有危房的建筑群中，且直接受到其威胁。

　　2）建筑物朝一方向倾斜，且速度开始变快。

　　（4）当新测定的建筑物动力特性，与原先记录或理论分析的计算值相比，有下列变化时，可判其承重结构可能有异常，但应经进一步检查、鉴定后再评定该建筑物的安全性等级。

1）建筑物基本周期显著变长或基本频率显著下降。

2）建筑物振型有明显改变或振幅分布无规律。

6.3.7.2　鉴定单元的使用性评级

（1）民用建筑鉴定单元的使用性鉴定评级，应根据地基基础、上部承重结构和围护系统的使用性等级，以及与整幢建筑有关的其他使用功能问题进行评定。一般情况下，按三个子单元中最低的等级确定。

（2）当鉴定单元的使用性等级按 6.3.6 条评为 A_{ss} 级或 B_{ss} 级，但若遇到下列情况之一时，宜将所评等级降为 C_{ss} 级。

1）房屋内外装修已大部分老化或残损。

2）房屋管道、设备已需全部更新。

6.3.8　民用建筑的可靠性评级

（1）民用建筑的可靠性鉴定，应按划分的三个层次，以其安全性和使用性的鉴定结果为依据逐层进行。

（2）当不要求给出可靠性等级时，民用建筑各层次的可靠性，宜采取直接列出其安全性等级和使用性等级的形式予以表示。例如，在第二层次（子单元），上部结构安全性评为 A_u 级；使用性评为 B_s 级，上部结构可靠性评为 B 级。也可以不评可靠性，就用安全性和使用性表示。

（3）当需要给出民用建筑各层次的可靠性等级时，应根据其安全性和正常使用性的评定结果，按下列规定确定：

1）当该层次安全性等级低于 b_u 级、B_u 级或 B_{su} 级时，应按安全性等级确定。

2）除上款情形外，可按安全性等级和正常使用性等级中较低的一个等级确定。

3）当考虑鉴定对象的重要性或特殊性时，可对本条第 2 款的评定结果作不大于一级的调整。

6.3.9　房屋常见损坏及原因

通过上几节的叙述，房屋可靠性鉴定一般根据承载能力、变形（位移）、裂缝、构造等方面来评定等级。承载能力、变形计算值等按照国家相应规范和规定进行计算，但裂缝、变形检测值和构造做法等要依靠现场检测和检查来完成。即正确完善的现场检查检测是可靠性鉴定必不可少的程序。下面，专门对这方面进行阐述。

6.3.9.1　房屋损坏的类型和原因

在进行现场检测检查之前我们必须了解已有房屋在使用过程中会产生哪些方面的损坏，已有房屋在其使用期出现的损坏类型主要如下：

一是纯属由自然环境侵蚀所引起房屋材料机能退化失效的损坏，但其损坏发展（碳化速度）和房屋的使用保养，以及原材料的化学成分有较大关系，因此以单一的时间概念来推测房屋的老化程度往往不准确；二是由突发事件（偶然事件）引起的房屋损坏，诸如：地震，台风、火灾、爆炸等。

然而，最大量的是人为因素所造成的房屋提早损坏，最常见人为因素造成的损坏有以下几个方面的原因：

（1）外部环境影响：相邻建房由于距离不足而引起应力叠加、土体位移导致的房屋损坏；位于施工周边房屋受基坑支护失效、水土流失影响引起的房屋下沉损坏。

（2）设计失误：设计失误导致局部或构件承载能力不足引起的房屋损坏。

设计构造上失误，常说的建筑通病问题，例如：墙梁之间的分离缝，楼板跨角缝，温度收缩缝等，外伸结构较长而引起正弯矩区板面裂缝和下挠墙体裂缝等，这些损坏虽然没有安全问题，但设计上往往没有采取措施克服而任其泛滥。

例如，当柱（或剪力墙）截面尺寸较大时，楼板角钢筋伸出截面外的长度不足，未能抵抗收缩应力而引起开裂。现行规范已做了规定，板角钢筋伸出截面外的长度从柱（墙）截面外开始计算。

整个房间外伸结构问题，这时整个楼面受挠度影响出现受拉，若设计按常规配筋，必然使板面开裂。

平面尺寸变化较大房屋，特别是房屋总长度也较长时，在平面收窄处往往开裂，原因是在此处没有加上通长的面筋来抵抗收缩应力；收缩与构件的尺寸关系较大，薄的收缩大（较快）。

梁在长期荷载作用下产生徐变，使填充墙体受压开裂，尤其是墙体强度不高时。

（3）使用不当引起的损坏：超载使用、人为破损或机械车辆撞击等。

6.3.9.2 钢筋混凝土房屋常见的损坏和裂缝原因

钢筋混凝土构件表面的常见损坏有：蜂窝、麻面、孔洞、露筋、裂缝、变形等；

（1）钢筋混凝土结构裂缝的分类：

按裂缝产生的原因，主要可分为荷载裂缝、沉降裂缝、温度裂缝、收缩裂缝等。

根据裂缝是否与荷载有关、是否影响安全而把裂缝分成两类：

1）结构性裂缝：荷载裂缝；沉降裂缝，该类裂缝与荷载有关、影响结构安全。

2）非结构性裂缝：温度裂缝、收缩裂缝。

该类裂缝的产生不是结构承受荷载造成的，这种裂缝的产生不会影响结构安全。一般非结构性裂缝占房屋裂缝的80%以上。

（2）结构性裂缝（荷载裂缝、沉降裂缝）产生的原因：

1）地基基础产生不均匀沉降。

2）设计方面的原因：计算错误、构造不符合国家规范要求。

3）施工方面的原因：混凝土强度不足、偷工减料或支座负筋踩低、使用不合格材料、截面尺寸不足等；

4）使用方面的原因：改变房屋的使用性质、超载使用、对结构的不合理拆改等。

房屋安全鉴定培训教材

（3）结构性裂缝分布规律：一般符合受弯、受拉、受压构件出现的弯曲裂缝、剪切裂缝、扭曲裂缝的分布特征。

（4）非结构性裂缝主要有：间隔墙体沉降裂缝、温度裂缝、收缩裂缝。产生的原因：

1）墙体沉降裂缝是由地基基础产生不均匀沉降引起。一般分布在建筑物下部，由下往上发展逐渐减少；

2）温度裂缝原因是钢筋混凝土结构受大气及周围环境温度变化影响会产生收缩和膨胀。

3）收缩裂缝混凝土在硬化过程中，会产生收缩变形，由此引的裂缝称为收缩裂缝（又称干缩裂缝）。

收缩裂缝的产生和数量大小与材料性能、设计因素、施工技术。养护、气候温差、房屋体型、伸缩缝的间距等有关。

温度裂缝其裂缝宽度往往是根据气温变化可逆的，而收缩裂缝是不可逆的。

6.3.9.3 砌体构件的常见损坏和砌体裂缝的原因

砌体构件的常见损坏有：裂缝、酥松、风化、变形等。根据裂缝是否与荷载有关、是否影响安全而把裂缝分成两类：

（1）结构性裂缝：包括荷载裂缝、沉降裂缝。该类裂缝与荷载有关，影响结构安全。产生的原因主要有：基础不均匀沉降，设计失误，使用不当，荷载加大，拆改结构和施工质量等问题。裂缝分布及走向特征一般符合按受弯、受拉、受压构件出现的弯曲裂缝、剪切裂缝，扭曲裂缝的分布特征。

（2）非结构性裂缝：温度裂缝和收缩裂缝等。该类裂缝的产生不是结构承受荷载造成的，这种裂缝的产生不会影结构安全。比较典型的有下面几个例子：

1）屋面顶层墙体上的斜裂缝：一般位于顶层两端的 1～2 个开间以内，裂缝由两端向中间逐渐升高，呈对称状，靠近两端有窗口时，则裂缝一般通过窗口的两对角。通常仅顶层有，严重时可能发展至以下几层，有时横墙上也有。

2）檐口下的水平裂缝：一般出现在平顶房屋的檐口下或屋顶圈梁下 2～3 皮砖的灰缝中，沿外墙顶部分布，且两端较多，向墙中部逐渐减少，裂缝缝口有外张现象，还有包角现象，即四角严重，并向中间发展。

（3）温度收缩裂缝产生的原因主要有：

1）室内外温差、材料的变形系数差异。例如砖与混凝土两种建筑材料的线膨胀系数相差一倍左右。

2）材料的自身收缩，施工质量等。

（4）沉降裂缝的主要分布特征：

1）沉降裂缝通常发生在底层较多，往上逐渐减少。

2）裂缝比较宽、比较长，一般为斜裂缝。

3）通常出现的部位：分批建造的房屋交界处、房屋结构或基础类型不同的相连处、建筑物高度差异或荷载差异较大处。

（5）荷载裂缝的主要分布特征

一般发生在砌体受力较大部位，例如梁端支座下部，窗间墙位置等。裂缝比较明显，这类裂缝的出现，说明荷载引起的构件内的应力已接近或达到砌体相应的破坏强度，若不及时采取有效措施处理，则砌体容易发生突然破坏，以致引起房屋倒塌。

6.3.9.4　木结构的常见损坏

木构件的常见损坏有：腐朽、虫蛀、下挠及连接破坏、整体变形等。

木构件腐朽的产生与两个环境因素有关：一是阴暗潮湿的环境；二是多出现在构件入墙部位。

虫蛀主要是指白蚁对木材蛀蚀。检查时，首先看木构件色泽，如白蚁将木构件蛀空，木构件表面呈灰白色，且不光滑而粗糙；其次用小锤敲打，如发出"孔、孔"沙哑声，且无弹性，有蚁巢处发出不清脆的沉闷声。

下挠原因一般是结构承载力不足引起下挠变形，主要出现在楼面或屋面。

连接破坏：木构件连接处损坏，如螺栓松脱、榫槽接合处松脱等。

6.3.10　常见结构重点检查的部位和检查方法

6.3.10.1　砌体结构检查内容及重点检查部位

（1）墙体凹凸变形（鼓闪）及墙、柱倾斜，特别是重点检查部位。高大墙体及承重墙、柱，墙柱整体变形等。

（2）裂缝及其他损伤。裂缝检查内容：裂缝分布、形状、长度、宽度、走向、深度等。其他损伤是指：非正常开窗、开洞等。

（3）砖砌体的风化，一般表现在墙面产生粉化、起皮、酥松和剥落等现象。特别容易发生在外露墙体，尤其是墙、柱脚部位、厨厕周边墙体、有腐蚀性物品堆放处。

腐蚀是指构件表面因发生化学或电化学反应而受到破坏的现象。

砌体重点检查部位：承重墙、柱的受力较大部位、变截面处或集中力作用点下的部位；悬挑构件上部的砌体；地基有不均匀沉降及较大温度变形部位。

6.3.10.2　钢筋混凝土结构检查内容及重点检查部位

（1）裂缝检查的重点部位：

1）梁的支座附近、集中力作用点、跨中部位；

2）柱顶、柱脚、柱梁连结处；

3）板底的跨中、板面支座附近、板角部位；

4）屋架的上弦杆、下弦杆、腹杆、节点；

5）悬挑构件的根部上表面。

（2）腐蚀、剥落检查的重点部位：

1）梁、柱、板经常受潮、受腐蚀性介质侵蚀的部位；

2）板的下水道出水口附近、厨厕底部；

3）外露的飘板、飘线和经常风吹雨打部位；

4）处于温差变化较大的环境中的构件。

6.3.10.3　木结构检查内容及重点检查部位

（1）腐朽重点检查部位：

1）经常或容易受潮湿和通风不良环境下的木构件,尤其是"四头"——柱头、梁头、桁头、屋架头入墙部位；

2）容易受渗漏影响部位的构部件,如檐口檩、屋脊梁等,尤其是"三底"——屋盖底、天沟底、厨厕底的构部件。

（2）虫蛀重点检查部位为容易受白蚁蛀蚀的部位，如天花封闭的楼底、通风不良和潮湿的房间。

（3）连接重点检查部位为木构件榫槽接合位置、屋架的支座接合点等。

6.4　房屋抗震鉴定

对未按所在地区抗震设防要求进行抗震设计或抗震设防等级提高的房屋，依据《建筑抗震鉴定标准》GB 50023—2009及国家有关规范标准对房屋的抗震性能进行排查、鉴定及验算。

为了贯彻执行《中华人民共和国建筑法》《中华人民共和国防震减灾法》，实行预防为主的抗震工作方针，减轻建筑破坏、减少地震损失，需要对现有房屋建筑的抗震能力进行鉴定,出具抗震鉴定报告,为实施抗震加固或采取其他抗震减灾对策提供依据。

现有房屋的抗震鉴定应依据现行《建筑抗震鉴定标准》和其他相关的技术标准进行，符合鉴定标准的现有建筑具有与后续使用年限相对应的抗震设防目标：对于后续使用年限为50年的现有建筑，具有与现行《建筑抗震设计规范》相同的设防目标，对于后续使用年限少于50年的现有建筑，具有略低于现行《建筑抗震设计规范》的设防目标。

按现行《建筑抗震鉴定标准》进行抗震鉴定，仅适用于已交付使用、并且在不考虑地震作用时的结构安全性已经确定无疑的现有建筑，不适用于尚在施工的在建建筑和未交付使用的新建建筑。对于列入文保的古建筑，则应按文保建筑的相关技术标准进行抗震鉴定。一般情况下，有两种情形可以作为认定结构安全性（不考虑地震作用）的依据：一是已经按现行《民用建筑可靠性鉴定标准》进行结构安全性鉴定；二是执行1989版及之后的设计规范、工程质量已经法定程序验收合格、使用过程中没有改建，且建筑物没有明显的损坏或老化现象。对于后一情形，考虑到不同历史时期和不同地区的工程质量水平，必要时仍应对工程质量进行抽检核查。

作为抗震能力方面的专项鉴定，单纯的抗震鉴定只是鉴定现有建筑在考虑地震作用时的抗震能力，而没有鉴定现有建筑在不考虑地震作用时的安全性，不是对建筑安全的全面鉴定。对于安全性（不考虑地震作用）不确定又未进行安全性鉴定的现有建筑，抗震鉴定应兼顾不考虑地震作用时的结构安全性，在进行抗震鉴定的同时应根据现行《民用建筑可靠性鉴定标准》对结构安全性进行鉴定，以保证鉴定意见在建筑安全方面的完整性，为后续的加固设计或决策措施提供全面的技术依据。

6.4.1 基本规定

6.4.1.1 现有建筑的抗震设防烈度

抗震设防烈度是按国家规定权限批准作为一个地区抗震设防依据的地震烈度。而地震烈度是指地面及房屋等建筑物受地震破坏的程度，一般情况下取 50 年内超越概率 10% 的地震烈度。

地震烈度不同于地震震级，地震震级是划分震源放出的能量大小的等级，是对地震大小的相对量度。释放能量越大，地震震级也越大。地震震级分为九级，震级每提高一级，通过地震被释放的能量大约增加 32 倍。

在进行抗震鉴定时，现有建筑的抗震设防烈度一般采用现行《建筑抗震设计规范》规定的抗震设防烈度，或采用中国地震动参数区划图的地震基本烈度。

6.4.1.2 现有建筑的抗震设防类别

现有建筑应按现行《建筑工程抗震设防分类标准》分为甲、乙、丙、丁四类，各类建筑的抗震措施核查和抗震验算的综合鉴定要求如下：

丙类（标准设防类）：应按本地区设防烈度的要求核查抗震措施、进行抗震验算。

乙类（重点设防类）：6 ~ 8 度设防区应按比本地区设防烈度提高一度的要求核查抗震措施，9 度设防区应适当提高要求；应按不低于本地区设防烈度的要求进行抗震验算。

甲类（特殊设防类）：应经专门研究按不低于乙类的要求核查抗震措施；应按高于本地区设防烈度的要求进行抗震验算。

丁类（适度设防类）：6 ~ 9 度设防区可按比本地区设防烈度降低一度的要求核查抗震措施；可按比本地区设防烈度适当降低的要求进行抗震验算。6 度设防区可不做抗震鉴定。

6.4.1.3 现有建筑的后续使用年限

在抗震鉴定中，应首先设定现有建筑的后续使用年限，并按照选定的后续使用年限确定相应的抗震鉴定方法和各项鉴定标准。

应根据建筑物的建造年代及设计所依据的规范、结合建筑物使用需求来选定现有建筑的后续使用年限，可分为 30 年、40 年、50 年三类，分别简称为 A 类、B 类、C 类建筑：

A 类建筑（后续使用年限 30 年）：通常是在执行 1989 版规范前设计建造的房屋，主要包括 20 世纪 80 年代及以前建造的房屋，还有部分 90 年代初期仍按 1974 版规范设计建造的房屋。

B 类建筑（后续使用年限 40 年）：通常指执行 1989 版规范设计建造的房屋，主要包括 20 世纪 90 年代建造的房屋，还有部分 21 世纪初期仍按 1989 版规范设计建造的房屋。20 世纪 90 年代初期和 80 年代按 1974 版规范设计建造的房屋，如果条件具备（需要后续使用 40 年、房屋结构现状良好）时宜纳入 B 类建筑。

C 类建筑（后续使用年限 50 年）：通常指执行 2001 版规范以后设计建造的房屋，主要包括 21 世纪初期建造的房屋。对于 C 类建筑，应完全按照现行设计规范的各项要求进行抗震鉴定。

6.4.1.4　抗震鉴定的适用情形

在下列情况下，应对现有建筑进行抗震鉴定：

（1）接近或超过设计使用年限需要继续使用的建筑；

（2）原设计未考虑抗震设防或抗震设防标准需要提高的建筑；

（3）需要改变建筑功能、改变使用环境、进行结构改造的建筑；

（4）其他需要进行抗震鉴定的建筑。

6.4.1.5　抗震鉴定的主要内容和要求

应按以下内容和要求来完成抗震鉴定工作：

（1）收集鉴定原始资料：工程勘察报告、工程设计图纸、工程质量保证资料及其他相关资料。

（2）现场查勘和检测：对基础现状、房屋垂直度、结构布置、构件尺寸、配筋情况、材料强度进行必要的调查和检测，进而核查建筑现状与原始资料的符合程度和施工质量，检测房屋受损情况和结构缺陷。

（3）抗震能力鉴定：根据建筑结构类型及结构布置、后续使用年限、抗震设防类别、抗震设防烈度，采用相应的逐级鉴定方法和鉴定标准核查抗震措施、验算抗震承载力，分析建筑的综合抗震能力。同时还应对建筑所在场地、地基和基础进行抗震鉴定。

（4）作出鉴定意见：对现有建筑的整体抗震性能作出评价，提出相应的处理意见。

6.4.1.6　抗震鉴定的分级鉴定流程

建筑结构的抗震鉴定分两级进行：

第一级鉴定（抗震措施鉴定），包括结构布置、材料强度、结构整体性、局部构造措施方面的鉴定。

第二级鉴定（综合抗震能力鉴定），引入整体影响系数和局部影响系数以考虑构造影响，进行结构抗震验算，进而评定结构的综合抗震能力。综合抗震能力可以通过计算综合抗震能力指数或验算结构抗震承载力来评定。

现有建筑根据设定的后续使用年限，分别按两级鉴定流程进行抗震鉴定：

（1）对于后续使用年限 30 年的 A 类建筑：先进行第一级鉴定，如果第一级鉴定符合要求，则评定为满足抗震鉴定要求，无须进入第二级鉴定；如果第一级鉴定不符合要求，则需要进入第二级鉴定，进而评定是否满足抗震鉴定要求。

（2）对于后续使用年限 40 年的 B 类建筑：首先进行第一级鉴定，然后进行第二级鉴定，最后根据第二级鉴定结果评定是否满足抗震鉴定要求。

（3）对于后续使用年限 50 年的 C 类建筑：应完全按照现行《建筑抗震设计规范》的各项要求进行抗震鉴定，包括抗震措施鉴定和抗震承载力鉴定。

6.4.1.7　现有建筑的宏观控制要求

对于结构布置明显不规则或材料强度过低的现有建筑，抗震鉴定时需要满足以下宏观控制要求：

（1）当建筑物的平面、立面、质量、刚度分布和墙柱等抗侧力构件的布置明显不对称、不连续，出现扭转不规则、平面布置偏心、凹凸不规则、楼板不连续、上下层墙柱不连续、上下错层、相邻层刚度突变等情况时，应针对这些薄弱环节和薄弱部位按有关设计规范的相关规定进行鉴定，并进行对地震扭转效应不利影响的分析。

（2）检查结构体系，对于其破坏可能导致整个结构体系丧失抗震能力或竖向承载能力的关键性部件或构件，以及上下错层或不同类型结构体系相连的相应部位，应适当提高其抗震鉴定要求。

（3）检查结构材料的实际强度，当实际强度低于规定的最低强度要求时，应提出建议要求采取相应的抗震减灾措施。

（4）建筑物的层数及高度应满足规定的最大限值要求，结构构件的连接构造应满足结构整体性的要求，非结构构件的支承或连接应可靠。

（5）当建筑场地位于不利地段时，应符合地基基础的有关鉴定要求。

（6）根据建筑所在场地、地基和基础的因素，现有建筑的抗震鉴定要求可按现行《建筑抗震鉴定标准》适当调整。在对上部结构进行抗震鉴定的同时，还应对建筑所在场地、地基和基础进行抗震鉴定。

6.4.1.8　关于 6 度设防区建筑的抗震鉴定

6 度设防区的建筑着重于抗震措施的鉴定，只需要进行第一级鉴定（抗震措施鉴定），可不进行第二级鉴定（综合抗震能力鉴定）；如果第一级鉴定不满足要求，则可以进行第二级鉴定，进而评定是否满足抗震鉴定要求。

6.4.2　现场查勘与检测

为了使现有建筑的抗震鉴定工作能够顺利进行并得到客观准确的鉴定结论，必须通过现场的查勘与检测以查明建筑结构现状、提供充分的鉴定基础数据。以多层砌体房屋和多层及高层钢筋混凝土结构房屋为例，现场查勘与检测的主要内容和要求如下所述。其他结构类型的建筑需针对不同的结构体系特点相应调整现场查勘与检测的内容。

6.4.2.1　结构体系检查及分析

对建筑物整体承重结构的结构形式、结构布置、轴线尺寸以及楼层层高进行全面检查与抽样检测，对砌体结构，尚应检查构造柱和圈梁的设置情况。核查建筑结构现状与原始图纸资料的符合程度，并研究建筑物整体结构的受力特点。特别是需要检查清楚可能对结构抗震性能产生不利影响的结构薄弱部位和薄弱环节。

6.4.2.2 基础现状检查

为了查明建筑物的基础情况，选择具有代表性的位置开挖基础（或桩承台）检查基础形式、基础尺寸、基础埋深和基础完损状况，核查建筑物基础现状与原始图纸资料的符合程度。

6.4.2.3 建筑物倾斜度测量

选取建筑物的阳角部位作为观测点测量建筑物的倾斜度，测量每个观测点在两个正交轴线方向的倾斜度（包括施工垂直度误差和外装修影响），进而计算出建筑物的整体倾斜度。同时检查上部结构和墙体是否存在因基础不均匀沉降而造成的裂缝，为分析地基基础的不均匀沉降变形提供依据。

6.4.2.4 构件截面尺寸抽样检查

抽样检测各层代表性受力构件的截面尺寸，检测的构件应包括砖墙、砖柱、混凝土柱、混凝土梁、混凝土板。核查受力构件现状与原始图纸资料的符合程度。

6.4.2.5 钢筋配置检测

对各层混凝土柱、梁、板的钢筋配置进行抽样检测，重点检测框架柱、框架梁的纵向钢筋数量、加密区钢筋数量和加密区范围，以及混凝土柱与砖墙之间的拉结钢筋配置情况，检测内容包括钢筋直径、数量及间距等。

如果原结构竣工图纸（或设计图纸）缺失，应通过实测取得基本完整的结构布置和钢筋配置数据，并绘制各层的结构平面图。

6.4.2.6 材料强度检测

对于多高层钢筋混凝土结构，抽样检测混凝土墙、柱和楼面结构的混凝土强度；对于多层砌体结构，抽样检测承重砌体墙、柱的砌体强度（或砌块与砂浆的强度）和混凝土楼面结构的混凝土强度。

6.4.2.7 钢筋性能检测

对于钢筋性能难以把握的建筑物，尤其是一些老建筑物（例如 20 世纪 50 年代甚至更早年代建造的建筑物），为了了解所用钢筋的种类、屈服强度、抗拉极限强度和延性性能，应在结构构件中截取钢筋试样进行拉伸试验，作为抗震承载力验算的依据。

6.4.2.8　结构构件损伤及缺陷检测

检查结构构件的外观质量和变形、开裂现象，对混凝土墙、柱、梁、板及砖墙存在的裂缝走向、裂缝长度、裂缝宽度及开展情况进行测量，查明结构构件存在的材料风化、钢筋锈蚀等缺陷。

6.4.2.9　现场检测数量

现场检测数量应根据相关规范的规定并结合鉴定项目的具体条件来确定，同时应避免对现有结构的承载力造成明显影响。

6.4.2.10　减少检测工作对结构构件的损伤

现场查勘与检测工作应尽量不损坏或少损坏现有结构，钢筋取样和混凝土取样时应选择受力较小的构件和部位，并尽量避免损伤主要受力钢筋。

6.4.3　鉴定技术要求

对房屋建筑进行抗震鉴定时，应根据现行《建筑抗震鉴定标准》，结合相关的设计规范进行现有房屋的抗震鉴定。在对上部建筑结构进行抗震鉴定的同时，还应对建筑所在场地、地基和基础进行抗震鉴定。按结构类型划分，现有建筑的种类较多，现行《建筑抗震鉴定标准》给出了多层砌体房屋、多层及高层钢筋混凝土结构房屋、内框架和底层框架砖房、单层钢筋混凝土柱厂房、单层砖柱厂房和空旷厂房、木结构和土石墙房屋等多类房屋建筑的鉴定技术要求，限于篇幅，以下内容就两类最常见的建筑：多层砌体房屋和多层及高层钢筋混凝土结构房屋的鉴定技术要求进行阐述和说明，其中也包括建筑所在场地、地基和基础的鉴定技术要求。

6.4.3.1　场地、地基和基础的鉴定技术要求

基础是连接地基和上部结构的承重构件，属于房屋结构的组成部分，其作用是把上部建筑的荷载传递到地基。地基是地下支承基础的土体和岩层，属于建筑物所在场地的一部分。场地、地基、基础和上部建筑相连构成一个关联体。地震时的震害主要发生于上部建筑，较少发生于场地和地基基础。但当场地和地基基础处于某种不利状态时，可能发生砂土液化、软土震陷、滑坡、泥石流、地基失稳、不均匀沉降、基础破坏等对上部建筑抗震不利的震害，并可能导致上部结构的开裂、倾斜甚至倒塌破坏。因此，对建筑所在场地、地基和基础应有针对性进行抗震鉴定。

（1）场地的利害地段划分

根据建筑所在场地的地形、地貌和地质条件，按现行《建筑抗震设计规范》的规定判断场地对上部建筑抗震的利害关系，见表 6.4.3.1。

（2）评估场地对建筑抗震的影响

对于 6 度、7 度设防区及建造于对建筑抗震有利地段的房屋建筑，可不进行建筑所

地段类别	地质、地形、地貌
有利地段	稳定基岩，坚硬土，开阔、平坦、密实、均匀的中硬土等
一般地段	不属于有利、不利、危险的地段
不利地段	软弱土，液化土，条状凸出的山嘴，高耸孤立的山丘，陡坡，陡坎，河岸和边坡的边缘，平面分布上成因、岩性、状态明显不均匀的土层（含古河道、疏松的断层破碎带、暗埋的塘浜沟谷和半填半挖地基），高含水量的可塑黄土，地表存在结构性裂缝等
危险地段	地震时可能发生滑坡、崩塌、地陷、地裂、泥石流等及发震断裂带上可能发生地表错位的部位

有利、一般、不利和危险地段的划分　　　　　　　　　　表 6.4.3.1

在场地的抗震鉴定。

对于建造于危险地段的建筑，应结合规划及时更新（迁移）；暂时不能更新的，应按相关规定鉴定场地对建筑的影响，并进行专门研究、采取应急的安全措施。

对于建造于不利地段的建筑，特别是抗震设防烈度较高时，场地有可能发生震害，应按现行《建筑抗震设计规范》的规定评估场地的地震稳定性、地基滑移，以及地基对建筑抗震的危害。

（3）对于下列建筑，可不进行地基基础的抗震鉴定、直接评定为符合抗震要求：

1）丁类建筑

2）地基主要受力层范围内不存在软弱土、饱和砂土、饱和粉土或严重不均匀土层的乙类、丙类建筑

3）6 度设防区的各类建筑

4）7 度设防区内、地基基础现状无严重静载缺陷的乙类、丙类建筑

其中，评定地基基础现状无严重静载缺陷的条件是：基础无腐蚀、酥碱、松散和剥落，上部结构无不均匀沉降裂缝和倾斜，或虽有裂缝、倾斜，但不严重且无发展趋势。

（4）对于需要对地基基础进行鉴定的建筑，应按以下规定进行鉴定：

对于存在软弱土、饱和砂土和饱和粉土的地基基础，应根据设防烈度、场地类别、建筑现状和基础类型，进行液化、震陷和抗震承载力的两级鉴定。如果第一级鉴定满足要求，应评定地基符合抗震要求，不再进行第二级鉴定，否则应进行第二级鉴定。

静载下已出现严重缺陷的地基基础，应同时评定其静载下的承载力。

地基基础的第一级鉴定和第二级鉴定应按照现行《建筑抗震鉴定标准》的规定进行。

（5）同一结构单元的基础（或桩承台）宜为同一类型，底面标高宜相近，否则应设置基础圈梁。同一单元存在基础类型不同或基础埋深不同的情况时，地震时地基可能出现差异沉降并对基础及上部建筑产生不利影响，宜估算地震导致两部分地基的差异沉降，检查基础抵抗差异沉降的能力，并评估上部结构相应部位的构造抵抗差异沉降和附加地震作用的能力。

6.4.3.2　多层砌体房屋的鉴定技术要求

这里的多层砌体房屋是指烧结普通黏土砖、烧结多孔黏土砖、混凝土中型空心砌块、混凝土小型空心砌块、粉煤灰中型实心砌块砌筑而成砌体承重的多层房屋。对于横墙

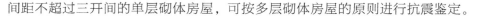

间距不超过三开间的单层砌体房屋，可按多层砌体房屋的原则进行抗震鉴定。

（1）砌体房屋的重点检查内容

进行多层砌体房屋的抗震鉴定时，应重点检查房屋的高度和层数、结构体系合理性（结构布置、墙体布置的规则性、抗震墙的厚度和间距）、墙体的材料强度和砌筑质量、房屋整体性连接构造的可靠性（墙体交接处的连接、楼屋盖与墙体的连接构造、构造柱、圈梁布置）、易倒易损部位及其支承连接的可靠性（女儿墙、楼梯间、出屋面烟囱）。

当砌体房屋的层数超过规定限值时，应评定房屋不满足抗震鉴定要求。

（2）砌体房屋的抗震鉴定内容和流程

对于多层砌体房屋，应区分 A 类建筑和 B 类建筑分别进行分级鉴定：第一级鉴定主要是对结构体系和构造方面的抗震要求，第二级鉴定是考虑构造影响后对结构综合抗震能力的鉴定。A 类与 B 类砌体房屋的抗震鉴定不同之处主要在于三个方面：

第一，A 类砌体房屋在完成第一级鉴定后，只有在第一级鉴定不符合要求的情况下，才需要进行第二级鉴定；B 类砌体房屋在完成第一级鉴定后，无论第一级鉴定是否符合要求，都需要进行第二级鉴定，只是整体影响系数取值不同。

第二，第二级鉴定时，A 类砌体房屋主要通过计算抗震能力指数来评定抗震能力，而 B 类砌体房屋主要通过验算抗震承载力来评定抗震能力。

第三，A 类砌体房屋对构造柱或芯柱不做要求，而 B 类砌体房屋需鉴定构造柱或芯柱。

A 类砌体房屋和 B 类砌体房屋的抗震鉴定内容和流程归纳如图 6.4.3.2-1 和图 6.4.3.2-2 所示。

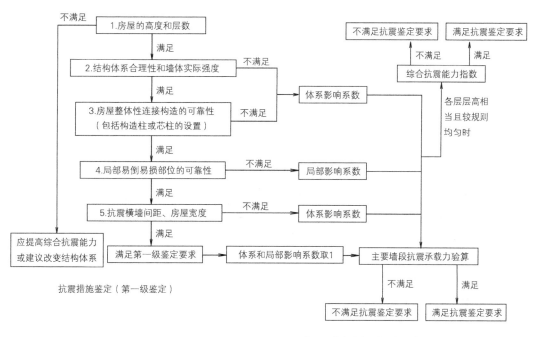

图 6.4.3.2-1　A 类砌体房屋的抗震鉴定内容和流程

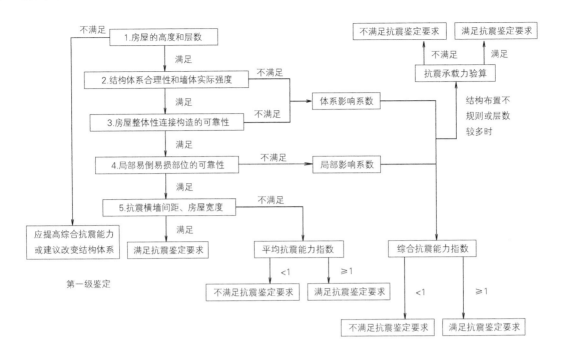

图 6.4.3.2-2　B 类砌体房屋的抗震鉴定内容和流程

（3）A 类砌体房屋的抗震鉴定

为便于叙述，第一级鉴定以 7 度或 8 度抗震设防区、普通砖实心墙、现浇或装配整体式混凝土楼屋盖为例阐述抗震要求，其他设防烈度、墙体、楼屋盖时需查阅现行《建筑抗震鉴定标准》并相应调整抗震要求。限于篇幅，第二级鉴定的综合抗震能力指数计算公式不在本文中赘述。

1）第一级鉴定

A 类砌体房屋应按表 6.4.3.2-1 的内容和要求进行第一级鉴定。

多层砌体房屋满足第一级鉴定的各项抗震要求时，可评定为综合抗震能力满足抗震鉴定要求；多层砌体房屋不能满足第一级鉴定的抗震要求时，应进行第二级鉴定；但遇下列情况之一时，可不再进行第二级鉴定而直接评定为综合抗震能力不满足抗震鉴定要求，且要求对房屋进行加固或采取其他应对措施：

a. 房屋高宽比大于 3，或横墙间距超过刚性体系最大限值 4m。

b. 纵横墙交接处连接不符合要求，或预制构件的支承长度少于规定值的 75%。

c. 第一级鉴定中有多项内容明显不符合抗震要求。

2）第二级鉴定

第二级鉴定采用综合抗震能力指数的方法，视第一级鉴定时不符合抗震要求的具体情况分别采用不同的综合抗震能力指数。

a. 当横墙间距和房屋宽度中有一项或两项不满足限值要求时，可采用楼层平均抗震能力指数进行第二级鉴定，其数值与 1/2 层高处抗震墙净截面总面积与建筑平面面

A 类砌体房屋第一级鉴定　　　　　　表 6.4.3.2-1

鉴定内容	《建筑抗震鉴定标准》GB 50023—2009 的抗震要求			说明
房屋层数和高度		7 度区	8 度区	对于横向抗震墙较少的房屋，层数减少 1 层，高度减少 3m，如果横墙很少，应再减少 1 层
	墙体厚度 ≥ 240mm 时	层数 ≤ 7 层 高度 ≤ 22m	层数 ≤ 6 层 高度 ≤ 19m	
	墙体厚度 = 180mm 时	层数 ≤ 5 层 高度 ≤ 16m	层数 ≤ 4 层 高度 ≤ 13m	
	乙类设防时墙体厚度不应为 180mm			
结构体系	抗震横墙间距		7 度区	8 度区	对于 IV 类场地，最大间距应减少 3m
		墙体厚度 ≥ 240mm 时	间距 ≤ 15m	间距 ≤ 15m	
		墙体厚度 = 180mm 时	间距 ≤ 13m	间距 ≤ 10m	
	房屋的高度与宽度之比：宜 ≤ 2.2，且高度不大于底层平面的最大尺寸			房屋宽度不包括外廊宽度
	质量和刚度沿高度分布比较规则均匀，立面高度变化不超过一层，同一楼层的楼板标高相差不大于 500mm			
	楼层质心和计算刚心基本重合或接近			
	跨度不小于 6m 的大梁，不宜由独立砖柱支承；乙类设防时，不应由独立砖柱支承			
	教学楼、医疗用房等横墙较小、跨度较大的房间，宜为现浇或装配整体式楼、屋盖			
材料实际强度等级	普通砖的强度等级不宜低于 MU7.5，且不低于砂浆强度等级			
	砌筑砂浆强度等级不宜低于 M1			
整体性连接构造	墙体布置在平面内应闭合，纵横墙交接处应可靠连接，烟道、风道等不应削弱墙体			丙类设防时无构造柱设置要求
	乙类设防时的构造柱设置要求： 1. 应在外墙四角、错层部位横墙与外纵墙交接处、较大洞口两侧、大房间内外墙交接处设置构造柱； 2. 应在楼梯间、电梯间四角设置构造柱； 3. 7 度区五、六层房屋和 8 度区四层房屋：应在隔开间横墙与外墙交接处、山墙与内墙交接处设置构造柱； 4. 8 度区五层房屋：应在内、外墙交接处、局部小墙垛处设置构造柱			
	纵横墙交接处应咬槎较好，应为马牙槎砌筑，或设置构造柱时，沿墙高每 10 皮砖或 500mm 应有 2Φ6 拉结钢筋			
	楼盖、屋盖的连接要求： 1. 楼盖、屋盖构件的最小支承长度：预制进深梁：180mm（墙上且需有梁垫）；混凝土预制板：100mm（墙上）、80mm（梁上）； 2. 混凝土预制构件应有坐浆，预制板缝应有混凝土填实			装配式混凝土楼屋盖、木屋盖有圈梁设置要求
易局部倒塌的部件	女儿墙、出屋面烟囱、挑檐、雨罩、楼梯间墙体、阳台等易发生局部倒塌部件应结构完整、稳定性足够，墙体局部尺寸满足相关限值要求、连接支承牢固等			
房屋宽度与横墙间距	满足本表以上各项抗震要求后，尚需根据抗震设防烈度、砌筑砂浆实际强度等级，检查房屋实际的横墙间距与房屋宽度是否满足限值要求（限值详见《建筑抗震鉴定标准》GB 50023—2009 表 5.2.9-1），如果满足限值要求，则认为满足墙体承载力验算要求、房屋建筑满足抗震鉴定要求			这是验算墙体承载力的简化方法

积之比、抗震墙基准面积率及抗震设防烈度影响系数相关。

b. 当现有结构体系、整体性连接构造、易局部倒塌的部件不满足要求时，可采用楼层综合抗震能力指数进行第二级鉴定，其数值与楼层平均抗震能力指数、体系影响系数、局部影响系数相关。体系影响系数根据现有结构体系及整体性连接构造不符合第一级鉴定的程度、砂浆实际强度等级、构造柱或芯柱的设置情况取值，局部影响系数根据易局部倒塌部件的不满足要求程度取值，具体取值详见《建筑抗震鉴定标准》GB 50023—2009 的规定。

c. 对横墙间距超过限值、有明显扭转效应和易局部倒塌的部件不满足要求的房屋，当最弱的楼层综合抗震能力指数小于 1.0 时，可采用墙段综合抗震能力指数进行第二级鉴定，其数值与墙段净截面面积、抗震墙基准面积率、抗震设防烈度影响系数、体系影响系数、局部影响系数相关。

上述综合抗震能力指数应按房屋的纵横两个方向分别计算，如果最弱楼层的综合抗震能力指数 ≥ 1.0，应评定为满足抗震鉴定要求；否则评定为不满足抗震鉴定要求，对房屋应进行加固或采取其他应对措施。

如果房屋的质量和刚度沿高度分布明显不均匀，或 7、8、9 度时房屋层数分别超过六、五、三层，可采用验算抗震承载力的方法进行第二级鉴定（详见 B 类砌体房屋的抗震承载力验算部分）。

（4）B 类砌体房屋的抗震鉴定

为便于叙述，抗震措施鉴定以 7 度或 8 度抗震设防区、普通砖实心墙、现浇或装配整体式混凝土楼屋盖为例阐述抗震要求，其他设防烈度、墙体、楼屋盖时需查阅现行《建筑抗震鉴定标准》并相应调整抗震要求。限于篇幅，抗震承载力验算公式不在文中赘述。

1）抗震措施鉴定

B 类砌体房屋应按表 6.4.3.2-2 的内容和要求进行抗震措施鉴定（第一级鉴定）。

2）抗震承载力验算

除非在抗震措施鉴定阶段已经被鉴定为不满足抗震鉴定要求，否则无论各项抗震措施是否满足要求，B 类砌体房屋均应进行第二级鉴定。

a. 当抗震措施鉴定满足要求时，第二级鉴定可采用底部剪力法进行抗震承载力验算，验算方法按现行《建筑抗震设计规范》的规定进行，并且可以只选择从属面积较大或竖向应力较小的墙段进行抗震承载力验算。

b. 当抗震措施鉴定不满足要求时，第二级鉴定同样可采用底部剪力法进行抗震承载力验算，但应视抗震措施鉴定时不符合抗震要求的具体情况分别采用不同的体系影响系数和局部影响系数，以考虑抗震措施对综合抗震能力的整体影响和局部影响。

体系影响系数和局部影响系数的具体取值详见现行《建筑抗震鉴定标准》的规定。其中，当构造柱的设置不满足要求时，体系影响系数尚应根据不满足程度乘以 0.8 ~ 0.95 的系数。

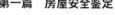

B 类砌体房屋抗震措施鉴定（第一级鉴定） 表 6.4.3.2-2

鉴定内容	《建筑抗震鉴定标准》GB 50023—2009 的抗震要求	说明
房屋层数和高度	要求墙体厚度 ≥ 240mm，普通砖的层高宜 ≤ 4m 层数 ≤ 7 层，高度 ≤ 21m（7 度区）； 层数 ≤ 6 层，高度 ≤ 18m（8 度区）	对于横向抗震墙较少的房屋，层数减少 1 层，高度减少 3m，如果横墙很少，应再减少 1 层
结构体系	抗震横墙间距：间距 ≤ 18m（7 度区）；间距 ≤ 15m（8 度区）	
	房屋的高度与宽度之比：宜 ≤ 2.5（7 度区）；≤ 2.0（8 度区）	房屋宽度不包括外廊宽度
	纵横墙的布置宜均匀对称，沿平面内宜对齐，沿竖向应上下连续，同一轴线上的窗间墙宽度宜均匀	
	8、9 区，房屋立面高差在 6m 以上，或有错层，且楼板高差较大，或各部分结构刚度、质量截然不同时，宜有防震缝，缝两侧均应有墙体，缝宽宜为 50 ~ 100mm	
	房屋的尽断和转角处不宜有楼梯间	
	跨度不小于 6m 的大梁，不宜由独立砖柱支承；乙类设防时，不应由独立砖柱支承	
	教学楼、医疗用房等横墙较少、跨度较大的房间，宜为现浇或装配整体式楼、屋盖	
材料实际强度等级	普通砖的强度等级不应低于 MU7.5，砌筑砂浆强度等级不应低于 M2.5	
	构造柱、圈梁的混凝土强度等级不宜低于 C15	
整体性连接构造	墙体布置要求：墙体布置在平面内应闭合，纵横墙交接处应咬槎砌筑，烟道、风道、垃圾道等不应削弱墙体，当墙体被削弱时，应对墙体采取加强措施	
	砖砌体房屋构造柱设置要求： 1. 应在外墙四角、错层部位横墙与外纵墙交接处、较大洞口两侧、大房间内外墙交接处设置构造柱； 2. 应在楼梯间、电梯间四角设置构造柱； 3. 7 度区五、六层房屋和 8 度区四层房屋：应在隔开间横墙与外墙交接处、山墙与内墙交接处设置构造柱； 4. 7 度区七层房屋和 8 度区五、六层房屋：应在内、外墙交接处、局部小墙垛处设置构造柱； 5. 构造柱截面应 ≥ 240mm×180mm，纵向钢筋宜为 4Φ12，箍筋间距宜 ≤ 250mm，且宜在柱端适当加密。当超过 7 度六层、8 度五层和 9 度时，纵向钢筋宜为 4Φ14，箍筋间距宜为 200mm； 6. 构造柱与墙连接处宜砌成马牙槎，并沿墙高每隔 500mm 有 2Φ6 拉结钢筋，每边伸入墙内不宜小于 1m； 7. 构造柱应伸入室外地下不少于 500mm，或锚入基础梁内	外廊式或单面走廊式的房屋和教学楼、医疗用房等横墙较少的房屋，应按增加一层后的房屋层数检查构造柱设置要求。同时具备上述两种情形时，一般按增加一层后的房屋层数检查，但 7 度区三层、8 度区二层以内的房屋需按增加二层后的房屋层数检查
	楼盖、屋盖的连接要求： 1. 楼盖、屋盖的梁、屋架应与墙、构造柱、圈梁可靠连接。楼板、屋面板应与构造柱钢筋可靠连接； 2. 各层独立砖柱顶部应在两个方向均有可靠连接； 3. 现浇混凝土楼板、屋面板的最小支承长度：120mm（伸进外墙或不小于 240mm 厚的内墙）；90mm（伸进 190 mm 厚的内墙）	现浇和装配整体式混凝土结构房屋可不设圈梁，但坡屋顶屋架房屋应在顶层设置圈梁
易局部倒塌的部件	1. 后砌的非承重墙应与承重墙或柱之间设置拉结钢筋 2Φ6@500mm；8 度和 9 度时，在长度大于 5.1m 的后砌非承重墙墙顶，应与梁板有拉结； 2. 预制挑檐、阳台应有可靠锚固和连接，附墙烟囱及出屋面烟囱应有竖向配筋； 3. 门窗洞口不应为无筋砖过梁，过梁支承长度应 ≥ 240mm； 4. 凸出屋面的楼梯间、电梯间，构造柱应伸到顶部，并与顶部圈梁连接，内外墙交接处应沿墙高每隔 500mm 有 2Φ6 拉结钢筋，每边伸入墙内不宜小于 1m。8 度区顶层楼梯间应沿墙高每隔 500mm 有 2Φ6 通长拉结钢筋； 5. 墙体局部尺寸应满足相关限值要求	

c. 如果 B 类砌体房屋的各层层高相当且较规则均匀时，也可不进行抗震承载力验算，而是按照 A 类砌体房屋的第二级鉴定方法，采用楼层综合抗震能力指数的方法进行综合抗震能力鉴定，只是其中的烈度影响系数的取值需做相应调整。

6.4.3.3　多层及高层钢筋混凝土房屋的鉴定技术要求

现行国家标准《建筑抗震鉴定标准》适用于现浇及装配整体式钢筋混凝土框架（包括填充墙框架）、框架—抗震墙、抗震墙结构。

（1）钢筋混凝土房屋的重点检查内容

进行多层及高层钢筋混凝土房屋抗震鉴定时，应依据其抗震设防烈度重点检查以下部位：

1）应检查局部易掉落伤人的构件、部件及楼梯间非结构构件的连接构造；

2）应检查梁柱节点的连接方式、框架跨数、不同结构体系之间的连接构造（> 6度时）；

3）应检查梁柱配筋、材料强度，各构件间的连接，结构体型的规则性，短柱分布、荷载分布及大小（> 7 度时）。

当钢筋混凝土房屋的梁柱连接构造和框架跨数不符合规定时，应评定房屋不满足抗震鉴定要求。

（2）钢筋混凝土房屋的抗震鉴定内容和流程

对于钢筋混凝土房屋，应区分 A 类建筑和 B 类建筑分别进行分级鉴定：第一级鉴定主要是对结构体系和构造方面的抗震要求，第二级鉴定是考虑构造影响后对结构综合抗震能力的鉴定。A 类与 B 类钢筋混凝土房屋的抗震鉴定不同之处主要在于三个方面：

第一，A 类钢筋混凝土房屋在完成第一级鉴定后，只是在第一级鉴定不符合要求的情况下，才需要进行第二级鉴定；B 类钢筋混凝土房屋在完成第一级鉴定后，无论第一级鉴定是否符合要求，都需要进行第二级鉴定，只是整体影响系数取值不同。

第二，第二级鉴定时，A 类钢筋混凝土房屋可以通过计算楼层综合抗震能力指数来评定抗震能力，也可以通过验算抗震承载力来评定抗震能力；而 B 类钢筋混凝土房屋应通过验算抗震承载力来评定抗震能力。

第三，B 类钢筋混凝土房屋鉴定时，需确定鉴定时所采用的抗震等级，并对轴压比提出限值要求。

A 类钢筋混凝土房屋和 B 类钢筋混凝土房屋的抗震鉴定内容和流程归纳如图 6.4.3.3-1 和图 6.4.3.3-2 所示。

（3）A 类钢筋混凝土房屋的抗震鉴定

为便于叙述，第一级鉴定以 7 度或 8 度抗震设防区、现浇或装配整体式钢筋混凝土框架结构为例阐述抗震要求，其他设防烈度、结构形式时需查阅现行《建筑抗震鉴定标准》并相应调整抗震要求。限于篇幅，第二级鉴定的综合抗震能力指数计算公式不在文中赘述。

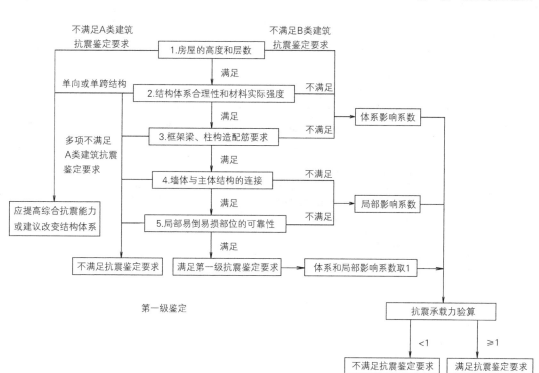

图 6.4.3.3-1 A 类钢筋混凝土房屋的抗震鉴定内容和流程

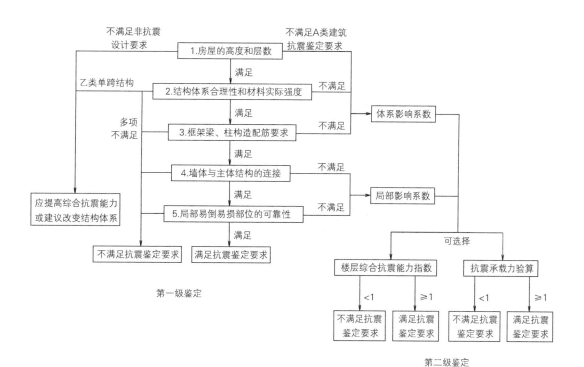

图 6.4.3.3-2 B 类钢筋混凝土房屋的抗震鉴定内容和流程

1）第一级鉴定

A 类钢筋混凝土房屋应按表 6.4.3.3-1 的内容和要求进行第一级鉴定。

A 类钢筋混凝土房屋第一级鉴定 表 6.4.3.3-1

鉴定内容	《建筑抗震鉴定标准》GB 50023—2009 的抗震要求	说明
房屋层数	层数 ≤ 10 层	
房屋外观和内在质量	1. 梁、柱及其节点的混凝土不开裂或仅有微小开裂，基本没有剥落，钢筋基本无露筋、锈蚀 2. 填充墙基本没有开裂、没有与框架脱开 3. 主体结构无明显变形、倾斜或歪扭	
结构体系	框架结构宜为双向框架	
	框架结构不宜为单跨框架（乙类设防时，不应为单跨框架）	
	8 度时，框架柱的弯矩增大系数≥ 1.1	
	8 度时，平面布置、立面布置应比较规则，楼层刚度分布比较均匀，无砌体结构相连，且抗侧力构件及质量分布基本均匀对称	
	框架柱的截面宽度：≥ 300mm；≥ 400mm（8 度Ⅲ 及Ⅳ 类场地时）	
材料强度	梁、柱、墙实际达到的混凝土强度等级不应低于 C13（7 度时），C18（8 度时）	
框架梁、柱构造配筋要求	柱纵向钢筋的最小总配筋率（%）： 中柱和边柱：0.5（6 度乙类，7 度）；0.6（8 度） 角柱和框支柱：0.7（6 度乙类，7 度）；0.8（8 度） 且纵筋直径不宜 < 12mm，间距不宜 > 300mm	
	梁纵向钢筋的最小配筋率：0.2% 和 $45f_t/f_y$ 中的较大值	
	丙类设防时： 柱的箍筋直径：≥ 6mm 和 1/4 纵筋直径； 柱的箍筋间距≤ 400mm、截面 b 和 15 倍纵筋直径； 柱端加密区箍筋直径≥ 6mm、间距≤ 200mm（7 度Ⅲ 及Ⅳ 类场地、8 度时）。 **乙类设防时**，柱端加密区的箍筋宜满足： 直径≥ 6mm、间距≤ 150mm 及 8 倍纵筋直径（6 度时）； 直径≥ 8mm、间距≤ 150mm 及 8 倍纵筋直径（7 度 [0.10g]、7 度 [0.15g] Ⅰ 及Ⅱ 类场地时）； 直径≥ 8mm、间距≤ 100mm 及 8 倍纵筋直径（7 度 [0.15g] Ⅲ 及Ⅳ 类场地、8 度Ⅰ 及Ⅱ 类场地时）； 直径≥ 10mm、间距≤ 100mm 及 6 倍纵筋直径（8 度 [0.30g] Ⅲ 及Ⅳ 类场地时）	
	梁的箍筋直径≥ 6mm 及 1/4 纵筋直径。 梁的箍筋间距≤ 200mm（300mm < h ≤ 500mm 时）；≤ 250mm（500mm < h ≤ 800mm 时）； 梁端加密区间距不应 > 200mm（8 度设防时）	
墙体与主体结构的连接	填充墙与柱之间沿柱高应设拉筋 2Φ6@600mm，伸入墙内足够长度	
易局部倒塌的部件	女儿墙、出屋面烟囱、挑檐、雨罩、楼梯间墙体、阳台等易发生局部倒塌部件应结构完整、稳定性足够	

钢筋混凝土房屋满足第一级鉴定的各项抗震要求时，可评定为综合抗震能力满足抗震鉴定要求；钢筋混凝土不能满足第一级鉴定的抗震要求时，应进行第二级鉴定；但遇下列情况之一时，可不再进行第二级鉴定而直接评定为综合抗震能力不满足抗震鉴定要求，且要求对房屋进行加固或采取其他应对措施：

a. 梁柱节点构造不符合要求的框架及乙类的单跨框架结构。

b. 有承重砌体结构与框架相连且承重砌体结构不符合要求。

c. 第一级鉴定中有多项内容明显不符合抗震要求。

2）第二级鉴定

第二级鉴定可采用楼层综合抗震能力指数或抗震承载力验算的方法，并视第一级鉴定时不符合抗震要求的程度采用不同的体系影响系数，视第一级鉴定时局部连接构造不符合抗震要求的情况采用不同的局部影响系数。

楼层综合抗震能力指数应按房屋的纵横两个方向分别计算；抗震承载力验算时取地震作用分项系数为1.0，承载力抗震调整系数取现行《建筑抗震设计规范》规定值的0.85倍。

如果楼层综合抗震能力指数≥1.0，或抗震承载力满足要求，应评定为满足抗震鉴定要求；否则评定为不满足抗震鉴定要求，应对房屋进行加固或采取其他应对措施。

（4）B类钢筋混凝土房屋的抗震鉴定

为便于叙述，抗震措施鉴定以7度或8度抗震设防区、现浇或装配整体式钢筋混凝土框架结构和框架—抗震墙结构为例阐述抗震要求，其他设防烈度、结构形式时需查阅现行《建筑抗震鉴定标准》并相应调整抗震要求。限于篇幅，抗震承载力验算公式不在文中赘述。

（Ⅰ）抗震措施鉴定

B类钢筋混凝土房屋的抗震措施鉴定应按房屋结构的抗震等级进行，抗震等级根据结构类型和设防烈度按表6.4.3.3-2确定：

钢筋混凝土结构的抗震等级   表6.4.3.3-2

结构类型		抗震设防烈度			
		7度		8度	
框架结构	房屋高度（m）	≤ 35	> 35	≤ 35	> 35
	框架	三	二	二	一

说明：乙类设防时，抗震等级需按提高一度查表确定

B类钢筋混凝土房屋应按表6.4.3.3-3的内容和要求进行抗震措施鉴定（第一级鉴定）。

（Ⅱ）抗震承载力验算

除非在抗震措施鉴定阶段已经被鉴定为不满足抗震鉴定要求，否则无论各项抗震措施是否满足要求，B类钢筋混凝土房屋均应进行抗震承载力验算（第二级鉴定），乙类框架结构尚应进行变形验算。

B 类钢筋混凝土房屋抗震措施鉴定（第一级鉴定）　　　　　　表 6.4.3.3-3

鉴定内容	《建筑抗震鉴定标准》GB 50023—2009 的抗震要求	说明
房屋高度	框架结构：高度 ≤ 55m（7 度区）；45m（8 度区） 对不规则结构，应适当降低高度	房屋高度指室外地面到主要屋面板板顶的高度
房屋外观和内在质量	1. 梁、柱及其节点的混凝土不开裂或仅有微小开裂，基本没有剥落，钢筋基本无露筋、锈蚀 2. 填充墙基本没有开裂、没有与框架脱开 3. 主体结构无明显变形、倾斜或歪扭	
结构体系	框架结构应为双向框架，框架梁与柱的中线宜重合	
	框架结构不宜为单跨框架（乙类设防时，不应为单跨框架）	
	8 度时，框架柱的弯矩增大系数 ≥ 1.1	
	8 度时，平面布置、立面布置应比较规则，楼层刚度分布比较均匀，无砌体结构相连，且抗侧力构件及质量分布基本均匀对称。不规则房屋应按规定要求设置防震缝	
	柱的截面宽度：≥ 300mm 柱的净高与截面高度之比：≥ 4 梁的截面宽度：≥ 200mm 梁的截面高宽比：≤ 4 梁的净跨与截面高度之比：≥ 4	
轴压比限值	框架柱的轴压比不宜超过：0.7、0.8、0.9（对应抗震等级一、二、三级） 柱的净高与截面高度之比小于 4 的柱、Ⅳ 类场地土上较高高层的柱轴压比应适当减小	
材料强度等级	梁、柱实际达到的混凝土强度等级 不应低于 C20；C30（抗震等级一级时）	
框架梁、柱构造配筋要求（乙类设防时应提高一度确定抗震等级）	柱纵向钢筋最小总配筋率（%）： 中柱和边柱：0.8、0.7、0.6（对应抗震等级一、二、三级） 角柱和框支柱：1.0、0.9、0.8（对应抗震等级一、二、三级） 对于 Ⅳ 类场地土上较高高层的柱 以上数值应增加 0.1	
	梁端截面顶面、底面的通长钢筋应不小于：2ø14（抗震等级一、二级）；2ø12（抗震等级三、四级）	
	柱端加密区的箍筋不宜小于： Φ8@150mm 及 8 倍纵筋直径（抗震等级三级）； Φ8@100mm 或 Φ10@100mm 及 8 倍纵筋直径（抗震等级二级）； Φ10@100mm 及 6 倍纵筋直径（抗震等级一级）； 柱端加密区的箍筋肢距不宜大于：200mm（抗震等级一级）；250mm（抗震等级二级）；300mm（抗震等级三、四级），且每隔一根纵向钢筋宜在两个方向有箍筋约束； 三级框架柱截面不大于 400mm 时箍筋直径允许为 6mm； 柱端加密区箍筋宜满足最小体积配箍率要求	
	梁端加密区的箍筋不宜小于： Φ8@150mm、8 倍纵筋直径、$1/4 h_b$（抗震等级三级）； Φ8@100mm、8 倍纵筋直径、$1/4 h_b$（抗震等级二级）； Φ10@100mm、6 倍纵筋直径、$1/4 h_b$（抗震等级一级） 梁端加密区的箍筋肢距不宜大于：200mm（抗震等级一、二级）；250mm（抗震等级三、四级）	（h_b 为梁高）
墙体与主体结构的连接	填充墙在平面和竖向的布置宜均匀对称； 填充墙与柱之间沿柱高应设拉筋 2Φ6@500mm，伸入墙内足够长度	
易局部倒塌的部件	女儿墙、出屋面烟囱、挑檐、雨罩、楼梯间墙体、阳台等易发生局部倒塌部件应结构完整、稳定性足够	

　　进行抗震承载力验算时，应视第一级鉴定时不符合抗震要求的程度采用不同的体系影响系数，视第一级鉴定时局部连接构造不符合抗震要求的情况采用不同的局部影响系数。

　　如果抗震承载力验算满足要求，应评定为满足抗震鉴定要求；否则应评定为不满足抗震鉴定要求，对房屋应进行加固或采取其他应对措施。

6.5　火灾后工程结构鉴定

　　以工程结构构件的安全性鉴定为主，依据《火灾后工程结构鉴定标准》进行火灾影响区域调查与确定、火场温度过程和温度分布推定、结构内部温度推定、结构现状检查与检测、结构残余承载力复核验算、构件评级。

6.5.1　基本规定

　　（1）常用鉴定标准（检测标准、设计规范略）

　　目前，常用于火灾后工程结构鉴定的现行鉴定标准按其级别划分，主要有：

　　国家标准：《民用建筑可靠性鉴定标准》GB 50292—2015、《工业建筑可靠性鉴定标准》GB 50144—2019，以下分别简称为《民用可标》和《工业可标》；

　　行业协会标准：《火灾后工程结构鉴定标准》T/CECS 252—2019，以下简称《火灾鉴定标准》；

　　地方标准：《火灾后混凝土构件评定标准》DBJ 08—219—96，以下简称为《火灾评定标准》。

　　（2）各鉴定标准的差异与选择

　　1）《火灾评定标准》是上海市地方标准，编制发布的时间较早，可以说是我国针对火灾后工程结构鉴定所编制的最早的技术标准之一，其部分内容至今仍有参考的价值。不足之处是该标准仅针对混凝土构件，构件类型较为单一。

　　2）《火灾鉴定标准》第一版由中国工程建设标准化协会于2009年批准施行，全称为《火灾后建筑结构鉴定标准》，并于2019年进行了更新改版，全称改为《火灾后工程结构鉴定标准》，是现行最为常用的火灾后工程鉴定标准，可称之为专项鉴定标准，专门用于火灾后的工程结构鉴定。新版《火灾鉴定标准》，适用于混凝土结构、钢结构、砌体结构、木结构和钢—混组合结构等工程结构构件火灾后的检测鉴定，其范围不限于工业与民用建筑，增加了木结构和钢—混组合结构的鉴定内容，其内容较《火灾评定标准》更丰富，构件类型更全面，分别涵盖了混凝土结构构件、钢结构构件和砌体结构构件。但是与《火灾评定标准》一样，该标准也是构件层次上的鉴定标准。

　　3）《民用可标》和《工业可标》则是鉴定行业里最为通用的两个国家标准，分别适用于民用建筑和工业建筑，主要用于建筑物结构安全、使用功能维护、改变用途或改造前的鉴定，《工业可标》第3.1.1条更明确指出工业建筑遭受灾害或事故后应进行可靠性鉴定。

4）《火灾鉴定标准》1.0.2 条："本标准适用于混凝土结构、钢结构、砌体结构、木结构和钢—混组合结构等工程结构构件火灾后的检测鉴定"；1.0.3 条："本标准以火灾后工程结构构件的安全性鉴定为主。火灾后工程结构整体可靠性鉴定还应按国家现行有关标准进行"。国家现行有关标准有《民用建筑可靠性鉴定标准》GB 50292 和《工业建筑可靠性鉴定标准》GB 50144 等。

因此，对于火灾后的工程结构鉴定而言，《火灾鉴定标准》主要是针对结构构件的安全性鉴定；《民用可标》和《工业可标》则是针对结构的可靠性鉴定（包括安全性鉴定和使用性鉴定），两者互为补充，一个是从局部、微观的角度，另一个是从整体、宏观的角度。我们在火灾后工程结构鉴定过程中应注意对两个标准的结合使用。

6.5.2 《火灾鉴定标准》的鉴定方法

《火灾鉴定标准》3.1.3 条将火灾后工程结构鉴定分为初步鉴定和详细鉴定两个阶段，初步鉴定应以构件的宏观检查评估为主，详细鉴定应以安全性分析为主。当仅需鉴定火灾影响范围及程度时，可仅做初步鉴定；当需要对火灾后工程结构的安全性或可靠性进行评估时，应进行详细鉴定。鉴定流程如图 6.5.2 所示。

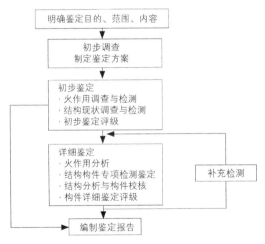

图 6.5.2　火灾后工程结构鉴定流程图

（1）初步鉴定

1）初步鉴定分级

分为Ⅰ、Ⅱa、Ⅱb、Ⅲ、Ⅳ五个损伤级别。Ⅳ级是指构件严重破坏，难以加固修复，需要拆除或更换，可根据外观直接评定。对初步鉴定等级为Ⅳ级的结构构件，详细鉴定应直接评为 d 级。

2）初步调查

① 查阅图纸资料，包括结构设计和竣工资料；调查结构使用及改造历史、实际使用状况。

② 了解火灾过程及火灾影响区域，查阅火灾报告等资料。

③ 现场勘查了解火场残留物状况、荷载变化情况。

④ 观察结构损伤情况，判断主体结构及附属物的整体牢固性、出现垮塌的风险性。

⑤ 制定鉴定方案。

3）初步鉴定

① 火作用调查应初步判断结构所受的温度范围和作用时间，包括调查火灾过程、火场残留物状况及火灾影响区域等。

② 结构现状调查与检查应调查结构构件受火灾的损伤程度，包括烧灼及温度损伤状态和特征等。

③ 初步鉴定评级应根据结构构件损伤特征进行结构构件的初步鉴定评级，对于不需要进行详细鉴定的结构，可根据初步鉴定结果直接编制鉴定报告。

4）初步鉴定方法

针对不同结构类型构件（混凝土结构、钢结构、砌体结构、木结构、钢—混组合结构）相应评级要素（子项）的损伤状态特征分别评定损伤等级，取各要素（子项）的最严重级别作为构件的初步鉴定等级。

① 混凝土结构构件：板、梁、柱、墙

评级要素：油烟和烟灰、混凝土颜色改变、火灾裂缝、锤击反应、混凝土脱落、受力钢筋露筋、变形、柱倾斜、预应力锚具、预应力筋共 10 个要素。

② 钢结构构件：构件、连接。

评级要素：构件（涂装与防火保护层、局部变形、整体变形共 3 个子项）；连接（连接板残余变形与撕裂、焊缝撕裂与螺栓滑移及变形断裂共 2 个子项）。

③ 砌体结构构件

评级要素：外观损伤、变形裂缝、受压裂缝、变形共 4 个要素。

④ 木结构构件

评级要素：外观损伤、防火保护层、连接板残余变形、螺栓滑移、变形共 5 个要素。

⑤ 钢—混组合结构构件

根据钢—混组合结构构件中钢结构和混凝土结构的外露、组合形式按规范进行鉴定评级。

（2）详细鉴定

1）详细鉴定分级：分为 a、b、c、d 共四个损伤等级。

2）详细鉴定对象和内容

鉴定对象：对初步鉴定等级为 Ⅳ 级的结构构件，详细鉴定应直接评为 d 级，可不进行详细鉴定分析；其余构件根据需要进行详细鉴定。

鉴定内容：

① 火作用分析应根据火作用调查与检测结果，进行结构构件过火温度分析。结构构件过火温度分析应包括推定火灾温度过程及温度分布，推断火灾对结构的作用温度及分布范围，判断构件受火温度。

② 结构构件专项检测分析应根据详细鉴定的需要，对受火与未受火结构构件的材质性能、结构变形、节点连接、结构构件承载能力等进行专项检测分析。

③ 结构分析与构件校核应根据受火结构材质特性、几何参数、受力特征和调查与检测结果，进行结构分析计算和构件校核。

④ 详细鉴定评级应根据受火后结构分析计算和构件校核分析结果，按国家现行有关标准规定进行结构整体的安全性鉴定评级或可靠性鉴定评级。

⑤ 编制详细检测鉴定报告。对需要再作补充检测的项目，待补充检测完成后再编制最终鉴定报告。

3）详细鉴定方法

火灾后结构构件详细鉴定应按承载能力、构造连接两个项目分别评定等级，并应计入火灾后材料的实际性能和结构构造以及火灾造成的变形和损伤的不利影响，取其中较低等级作为构件的详细鉴定等级。

① 混凝土结构构件

承载能力主要通过对结构构件进行残余承载力计算，然后根据构件承载能力指标（抗力与作用效应比）来评级。

承载能力评级过程：判定构件截面温度场→混凝土和钢筋力学性能（强度）折减系数→混凝土和钢筋计算强度→结构分析验算。

需要注意的是，混凝土和钢筋力学性能（强度）宜根据取样检验确定。

表 6.5.2-1 中各指标值分别选取自《民用可标》和《工业可标》中的混凝土结构构件安全性鉴定中的承载能力评级指标。

构造连接应按《民用可标》或《工业可标》的规定分别评定构件构造、连接或节点构造、受力预埋件等项目的等级，并应取其中最低等级作为该构件的安全性等级。

火灾后混凝土构件承载能力评定等级标准　　　　　　　　表 6.5.2-1

构件类别		$R_f / (\gamma_0 \cdot S)$		
		b 级	c 级	d 级
主要构件	工业建筑	≥ 0.90	≥ 0.83	< 0.83
	民用建筑	≥ 0.95	≥ 0.90	< 0.90
一般构件	工业建筑	≥ 0.87	≥ 0.80	< 0.80
	民用建筑	≥ 0.90	≥ 0.85	< 0.85

注：1. 表中 $R_f / (\gamma_0 \cdot S)$ 为结构构件火灾后的抗力与作用效应比值。

2. 评定为 b 级的主要构件宜采取加固处理措施。

② 钢结构构件

火灾后钢结构构件详细鉴定按承载能力评定等级，应计入火灾后材料的实际性能和结构构造以及火灾造成的变形和损伤的不利影响。

表 6.5.2-2 中各指标值分别选取自《民用可标》和《工业可标》中的钢结构构件安

全性鉴定中的承载能力评级指标。

构造连接应按《民用可标》或《工业可标》的规定分别评定构件构造、节点、连接构造等项目的等级，并应取其中最低等级作为该构件的安全性等级。

火灾后钢结构构件按承载能力评定等级标准 表6.5.2-2

构件类别		$R_r/(\gamma_0 \cdot S)$		
		b 级	c 级	d 级
主要构件、连接	工业建筑	≥ 0.95	≥ 0.88	< 0.88
	民用建筑	≥ 0.95	≥ 0.90	< 0.90
一般构件	工业建筑	≥ 0.92	≥ 0.85	< 0.85
	民用建筑	≥ 0.90	≥ 0.85	< 0.85

注：1. 表中 $R_r/(\gamma_0 \cdot S)$ 为结构构件火灾后的抗力与作用效应比值。

2. 评定为 b 级的主要构件宜采取加固处理措施。

③ 砌体结构构件

确定砌块强度和砂浆强度的三种方法：

a. 按照《砌体工程现场检测技术标准》GB/T 50315—2011 进行现场检测；

b. 现场取样进行材料试验检测；

c. 根据构件截面温度场按照《火灾鉴定标准》附录 J 推定，且宜用抽样试验修正。

具体的承载能力评级指标与混凝土构件评级指标（表6.5.2-1）相同。

6.5.3 火灾鉴定程序及操作要点（以钢筋混凝土框架结构为例）

火灾鉴定的整个程序概括来说，主要分为五大步骤，分别为现场调查、火灾温度判定、材料及结构性能检测、结构剩余承载力计算，以及构件及结构评级。

（1）现场调查

1）初步勘查

工作内容：了解建筑物概况，火灾发生及灭火过程；收集消防部门的火灾灾情鉴定报告；对火灾后现场进行目测观察和摄影记录。

目的：通过初步勘查，对建筑物火灾前的使用状况及火灾后的损失情况进行大概了解；按火灾损伤程度对现场进行分区，初步确定火灾严重区域及结构受损中心区，对处于危险状态的构件采取安全措施；拟定详细调查和结构性能检测的工作计划、内容及确定所使用的仪器设备等。

2）详细调查

详细调查包括火灾前情况调查和火灾后现场调查。

① 火灾前情况调查的主要内容：

建筑物建造时间、使用功能及使用情况，使用过程中是否更改过使用功能，建筑物是否受到其他灾害作用或曾经受损而进行过维修等；收集建筑物的全套设计图纸，施工资料，隐蔽工程验收及竣工验收资料；调查火灾前建筑物内物品堆放及布置情况等。

②　火灾后现场调查的主要内容：火灾事故的现场调查、受损部位的外观检查、受损构件试验。

③　火灾事故的现场调查：包括调查起火时间、原因和起火点，火灾持续时间及火灾蔓延的途径、程度（如火灾所涉及的楼层、火灾时的通风排烟情况）、灭火方式及过程。

④　受损部位的外观检查：调查现场物品的烧损情况（如家具、电器设备、门窗、建筑配件及装潢材料），收集现场残留物；记录火灾后梁、板、柱等构件混凝土的爆裂、剥落、露筋，以及混凝土颜色和构件裂缝等情况，绘制构件受损及裂缝情况图；测量构件变形及混凝土烧伤深度，并记录非承重墙的烧损情况。

⑤　受损构件试验：对于建筑物中比较重要部位的结构构件，或构件受损程度较难判断时，可对结构构件进行实物试验或取样试验，如：荷载试验、强度试验、碳化试验及动力性能试验等。

（2）火灾温度判定

火灾温度的高低和持续时间的长短以及火灾作用位置都直接影响到高温作用下混凝土构件的强度以及建筑结构的承载能力。因此，在火灾后建筑结构的受损鉴定中，准确地判定火灾温度是十分重要的。只有通过科学地诊断，确定混凝土构件的受火温度来推定混凝土强度和构件的剩余承载力，进而对受火建筑物的损伤程度进行评估，才能做到合理地确定受损建筑物的修复加固方案。

钢筋混凝土是一种不可燃材料，遭遇火灾后本身不会燃烧发热。火灾对混凝土结构的影响是其周围高温空气的作用使混凝土逐渐地吸入热量而升高温度，内部形成不均匀的温度场。所以，火灾温度系指火灾作用于构件表面的最高温度。判定火灾温度的方法主要有：

1）根据火灾持续时间推算火灾温度

多年来，许多科研工作者对建筑火灾的温度变化规律进行了大量的研究工作，包括火灾现场的实际调查和统计，模拟房间的燃烧试验，以及各种燃烧理论分析，至今已有不少经验的和理论的研究成果。一般来说，我们根据火灾燃烧的时间就可以大致推断出火灾的温度。而火灾升温曲线就是火灾温度与时间之间的关系曲线。我国目前采用的是国际标准化组织（ISO—834）规定的标准温度—时间关系曲线（图6.5.3）：

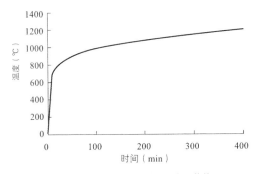

图6.5.3　ISO—834标准升温曲线

函数表达式：$T=345\lg(8t+1)+T_0$

式中：t——火灾升温时间，单位以分钟计；

T——火灾温度，即所用时间为 t 时，构件所承受的温度值，单位以"℃"表示；

T_0——初始温度，发生火灾时的环境温度，在 5～40℃ 范围内，单位以"℃"表示。

使用标准升温曲线由观察到的火灾持续时间可以初步确定火灾温度；其主要问题是火灾持续时间较难准确给出。一般来说，现场观察者所提供的持续时间有较大的不确定性，以致会对温度值的确定带来明显影响，因此采用标准升温曲线推算的火灾温度只能作为参考。

2）根据火灾现场残留物的烧损特征判定火灾温度

各种材料都有各自的特征温度，如燃点、闪点、熔点等。火灾后现场的残留物真实地记录了火灾时的情况。因此，通过检查火场残留物的燃烧、融化、变形状态和烧损程度即可估计火灾现场的受火温度，这就是说，要根据现场的各种材料的熔点、燃点等判定火灾的最低温度及最高温度。同一房间内由已燃损物件残留物所提供的是火灾的最低温度（即火灾温度的下限），而未燃烧或未烧损变形的残留物所取确定的是火灾的最高温度（即火灾温度的上限），显然火灾温度应取其上限。依据火灾后现场残留物的变态温度判定火灾温度时，可参照《火灾鉴定标准》附录 B 进行。

3）根据火灾后混凝土结构的外观特征判定火灾温度

通过对火灾现场混凝土结构构件的表观进行检查，可对火场温度有一个较为近似的推断。主要根据混凝土构件表面颜色、表面酥松、龟裂、爆裂的变化情况以及残余物的性状等对火场温度加以判断。混凝土受到火灾高温作用后，其表面颜色和外观特征均发生变化，根据表 6.5.3-1（摘自《火灾鉴定标准》附录 A）可大致推断出混凝土构件的受火温度。

混凝土表面颜色、裂损剥落、锤击反应与温度的关系 表 6.5.3-1

温度（℃）	颜色	爆裂、剥落	开裂	锤击反应
< 300	灰青，近观正常	无	无	声音响亮，表面不留下痕迹
300～500	浅灰，略显粉红	局部粉刷层剥落	微细裂缝	较响亮，表面留下较明显痕迹
500～700	浅灰白，显浅红	角部混凝土剥落	角部出现裂缝	声音较闷，混凝土粉碎和塌落，留下痕迹
700～800	灰白，显浅黄	大面积剥落	较多裂缝	声音发闷，混凝土粉碎和塌落
> 800	浅黄色	酥松、大面积爆裂剥落	贯穿裂缝	声音发哑，混凝土严重脱落

需要注意的是，外观检查法的特点是直接、迅速，但是主要是依据鉴定人员的现场经验，准确性不足。

4）其他判定火灾温度的方法

① 根据火灾后混凝土结构烧损厚度判定火灾温度

火灾中火焰作用以及火灾的高温作用均会使钢筋混凝土结构损伤，当其作用达一定程度后可将混凝土表面烧疏。因此，根据结构烧疏层厚度可判定构件的受火温度。经过大量的工程实践，总结出构件受火温度与混凝土烧疏层厚度的关系，参见表 6.5.3-2。

构件受火温度与混凝土烧疏层厚度的关系   表 6.5.3-2

火灾后混凝土烧疏层厚度 /mm	1 ~ 2	2 ~ 3	3 ~ 4	4 ~ 5	5 ~ 6	> 6
火灾温度 /℃	< 500	500 ~ 700	700 ~ 800	800 ~ 850	850 ~ 900	> 900

② 利用超声波法判定火灾温度

混凝土在高温作用下，其内部结构会产生裂缝或失水产生孔隙等缺陷，超声波在混凝土中传播时遇到这些缺陷发生反射、折射等现象，从而影响声波的传播速度。因此，根据超声波对混凝土构件测定脉冲速度，就可以推断出混凝土受火温度。

③ 利用电镜分析法判定火灾温度

混凝土在高温作用下，不仅会由于脱水反应产生一些氧化物，还会在水化、碳化和矿物分解后又产生许多新的物相。不同的火灾温度所产生的相变和内部结构的变化程度也不同，根据这种相变和内部结构变化的规律，就可以用电子显微镜观察混凝土的显微结构特征，通过对显微结构特征的分析确定火灾温度。实际工程诊断时，为了使判定结果更可靠，在抽取构件表面被烧损的混凝土小块时，应同时抽取构件内部未烧损的混凝土块进行电镜分析，以便进行对比分析，提高判断结果的精度。

除上述方法外，还有碳化深度检测法、热分析方法、化学分析法等一系列取样检测判定方法可得到结构的火灾温度。这几种方法的优点是检测结果可以很快得出，并且可靠性高，试件制作容易，但是这类方法需要专用设备和技术。

总之，建筑物火灾温度的判定是一件复杂的工作，不能依靠某种单一的方法判定，应综合考虑各种因素，采用多种方法检测并根据现场调查的情况进行综合分析，通过分析比较，推断出较为合理的火灾温度。

（3）材料及结构性能检测

1）混凝土强度检测

由于火灾作用的不均匀性，火灾后结构构件各部位混凝土的强度变化是不相同的，即使是同一截面，也是截面外部混凝土强度损失大，截面核心损失小甚至不损失。因此，混凝土强度的现场检测一般是指构件受损层的平均强度。由于火灾后受损结构需要进一步修复和加固，因此，一般用于混凝土质量的检验方法大多是非破损检验方法，如：敲击法、回弹法、超声波法、拔出法等。为了提高现场检测结果的可靠性，应根据外观检测和取样检测等多种方法，综合分析得出混凝土强度的评定值。

① 敲击法

火灾后混凝土表面被烧伤，受损层的混凝土强度也会降低。采用小锤敲击或用铁杆凿击混凝土的方法是检测火灾后混凝土抗压强度最简易的方法。这种方法可用于混凝土构件的全面检查，定性地确定火灾后混凝土受损层的平均抗压强度，从而可将火灾后混凝土构件进行强度分区。

敲击法实际上是依靠构件声音的频谱分析方法，主要是根据小锤敲击混凝土所发出的声音和在混凝土表面留下的印痕以及边缘塌落的程度与凿子打入混凝土的深度等进行混凝土强度的评定，其评定标准参见表6.5.3-3。

混凝土强度的敲击法检测及评定标准 表6.5.3-3

混凝土抗压强度（MPa）	用小锤敲击	用凿子垂直敲击
< 7	敲击混凝土的声音发闷，敲击后留下印痕，印痕边缘没有塌落	比较容易打入混凝土，深达10~15mm
7~10	敲击混凝土的声音发闷，敲击时混凝土粉碎塌落并留下印痕	陷入混凝土内5mm左右
10~20	敲击后在混凝土表面留下明显的印痕，并有薄薄的碎片	从混凝土表面凿下薄薄的碎片
> 20	敲击时混凝土发出清晰的声响，在混凝土表面留下不太明显的印痕	留下印痕不深，表面无损坏，印痕旁留下不太明显的条纹

② 回弹法

回弹法是一种通过测试混凝土构件表面硬度来判定混凝土强度的非破损检测方法。其原理是根据混凝土表面的硬度与抗压强度之间的相关关系，利用量测构件混凝土表面的回弹值和碳化深度值来推算混凝土的强度，所用的仪器是回弹仪。

因为遭受火灾的混凝土其内外材性不一样，因此由回弹法直接检测受损混凝土的强度显然是不合适的。但这并不表明由回弹法测来的强度值没有价值，通过大量工程实践和系统的试验研究，只要对回弹结果做适当的修正，利用从回弹法所测定的表面硬度与强度的相关关系，同样能较为准确地判定混凝土构件的强度。《火灾评定标准》附录G"回弹法检测火灾后混凝土强度"根据构件受火温度、冷却方式、有无粉刷层及构件各测区的碳化深度值来计算各测区的回弹修正系数，进而推定构件的混凝土强度。

火灾后钢筋混凝土构件的不同部分受损程度各不相同，用回弹法进行受损程度评定和强度估计时，如果回弹值离散性较大，可用回弹法测定火灾后受损范围。但是回弹法不适合于遭受火灾后出现剥落的混凝土构件，因为即使对于火灾后混凝土结构平整表面也可能由于硬度的差异导致测试结果产生较大的变异性。

③ 超声波法

超声波法是通过超声波（纵波）在混凝土中的传播速度的不同来反映混凝土质量的方法。通过众多试验研究建立了不少超声波速度与混凝土强度关系的经验公式，并且具有很好的相关性。但是，该方法要求混凝土表面有较好的平整性，且要求超声波发送和接受探头最好分别布置于构件相对两侧（减小传播路径长度变化带来的误差），在实际操作中是难以保证的。此外，超声波法检测时温差效应、含水量、测距等均会影响其精度。但是，目前这些因素的影响规律已基本确定，可以通过适当的修正消除这些影响。

另外，由于超声波对混凝土不同温度作用后的受力性能十分敏感，使得超声波检测法仍是火灾后混凝土结构损伤鉴定的重要检测手段。

利用超声波检测受火混凝土强度的精度比回弹法高。但影响混凝土强度的因素比较多，超声法和回弹法的精度受各种因素影响的程度也不同，并且这些因素对两种方法的不利影响恰恰相反。用单一方法测定往往有较大的误差，若将超声波法和回弹法两种方法综合运用，则可以取长补短，消除一些不利影响，从而提高检测的精度。

④ 拔出法

拔出法是一种比较可靠的混凝土强度的现场检测方法。拔出试验的步骤是：先用高强建筑胶将钢板粘在混凝土的表面。然后等胶达到强度后，记录用千斤顶将钢板拔出所用的力。便可折算出该处 2.5cm 厚度范围内混凝土的强度，这个强度值正是截面受损层的强度。这种方法只对混凝土表面有轻微的损伤，而对整个结构的受力性能影响很小，所以可用来对火灾后的钢筋混凝土构件进行全面检测。

⑤ 钻芯法

《火灾鉴定标准》第 6.2.2 条第 1 款："火灾后混凝土和钢筋力学性能宜通过钻取混凝土芯样、取钢筋试样检验……"。因此，钻芯法是该标准推荐在确定火灾后混凝土强度时采用的方法。

钻芯法是现场检测混凝土强度较为精确的方法。它用专门的钻芯机在钢筋混凝土构件上钻取圆柱形芯样，经过适当加工后在压力试验机上直接测定其抗压强度，是一种局部破损检测方法。由于它的研究对象就是构件本身的混凝土，因而具有较高的可信度，其检测结果是混凝土强度综合评定的主要依据。但是由于钻芯法工作量大，对构件稍有损伤，在钻芯的数量和部位方面受到一定的限制，所以钻芯法一般用作混凝土强度的校正检测。

钻芯法一般在具有代表性的构件上取样。由于火灾后混凝土强度检测主要是针对受损层混凝土的平均强度（受损层厚度一般为 25~60mm），因此，受损层厚度决定了钻芯长度不一定是标准的 100mm。由于芯样未取标准尺寸（芯样直径 100mm 或 150mm，高径比 H/D 为 1.0），因此，应当根据样品的 H/D 值考虑尺寸效应，然后加以修正。《火灾评定标准》附录 H "小芯样法检测火灾后混凝土强度"对此有相关的计算方法。

2）钢筋强度检测

火灾后钢筋混凝土构件内钢筋的剩余强度可根据火灾时钢筋的受火温度查有关曲线求得。也可以通过现场从构件上取样，送试验室做材料性能试验来测定。取样部位一般为：现场混凝土构件烧伤外露的钢筋或构件受损严重处截取标准试件。由于从构件中截取钢筋将影响到结构的承载能力，所以要求取样前对构件进行支撑，待结构加固完成后再拆除支撑。

3）混凝土构件变形测量

混凝土构件的变形测量不仅要测挠度，而且应注意构件是否产生出平面的变形。

（4）结构剩余承载力计算

火灾后的结构构件材料性能，应根据火灾后结构构件残余状态的材料力学性能实测值或根据构件截面温度场按《火灾鉴定标准》的规定取值。火灾后结构或构件的几何参数应取实测值，并应计入火灾后结构实际的变形、偏差以及裂缝、损伤等影响。火灾后构件的校核，应计入火灾作用对结构材料性能、结构受力性能的不利影响，按国家现行有关标准的规定进行计算分析。对于烧灼严重、变形明显等损伤严重的结构构件，当需要判断火灾过程中温度应力对结构造成的潜在损伤时，火灾后结构构件的校核应采用更精确的计算模型进行分析。对于特殊的重要结构构件，火灾后结构构件的抗力宜通过试验检验分析确定。

实际工作中，通常的做法是在确定了火灾温度后，考虑相应构件截面损失，以及混凝土强度、钢筋强度折减系数后再按现行规范和标准进行结构剩余承载能力分析计算。具体的混凝土强度和钢筋强度折减系数取值可参见《火灾鉴定标准》附录 G 和附录 H。

（5）构件评级、结构评级

根据承载力计算结果，按《火灾鉴定标准》对构件进行详细鉴定评级，若需要对建筑结构进行整体性评估，可再按《民用可标》或《工业可标》进行结构整体的安全性鉴定评级或可靠性鉴定评级。

6.6　房屋专项鉴定

（1）房屋应急鉴定：一般为受灾房屋鉴定，分水灾、风灾、震灾、雷击、雪灾等自然灾害和白蚁侵蚀、化学物品腐蚀及汽车撞击等人为灾害的应急鉴定，主要排查房屋结构的安全状况。

（2）司法鉴定：涉及房屋受损（开裂、渗漏、倾斜、破损等）、房屋质量（主体工程、基础工程、装饰装修工程等）等纠纷案件的仲裁或审判而进行的司法鉴定。

（3）施工周边房屋安全鉴定：包括地铁、隧道、房产、土建、基坑、人防、桥梁、河涌以及爆破等施工周边的房屋安全鉴定，施工前对周边房屋的现状进行证据保全及安全性进行等级评定；施工后对房屋的受损程度及受损原因进行评定，并对损坏提出合理的加固修缮建议。

（4）可行性分析：对房屋增层增荷，加固维修改造等进行的技术分析报告。

6.6.1　房屋安全性应急鉴定

（1）房屋安全性应急鉴定的定义

房屋安全性应急鉴定是指房屋遭遇外界突发事故引起的房屋损坏的鉴定。房屋安全性应急鉴定要根据房屋损坏现状，依据相应的房屋鉴定标准，在最短的时间内为决策方或委托方提供技术服务并提供紧急处理方案或建议。

（2）应急处理、鉴定的依据

1）法律法规

《中华人民共和国突发事件应对法》国家主席令 2007 年第 69 号

《国家突发公共事件总体应急预案》国务院第 79 次常务会议通过，2006 年 1 月 8 日发布并实施

《自然灾害救助条例》国务院令 2010 年第 577 号，2010 年 7 月 8 日公布，2019 年 3 月 2 日修正

《国家自然灾害救助应急预案》，2016 年 3 月 24 日修订

《突发环境事件应急预案管理暂行办法》环发〔2010〕113 号

《地质灾害防治条例》国务院令 2004 年第 394 号

各省市、地区、社区、部门对灾害管理规定及应急预案

2）常用鉴定技术依据

① 常用鉴定依据有：

《危险房屋鉴定标准》JGJ 125—2016、《房屋完损等级评定标准》（城住字〔84〕第 678 号）、《灾损建（构）筑物处理技术规范》CECS 269：2010。

② 对于地震后房屋应急排查鉴定应依据《建（构）筑地震破坏等级划分》GB/T 24335—2009 等相关标准；

③ 对于火灾后房屋鉴定依据《火灾后工程结构鉴定标准》T/CECS 252—2019 等相关标准；

④ 对灾后房屋需进行承载力复算及为加固修缮提供技术数据时应依据《民用可标》或《工业可标》进行鉴定。

（3）房屋安全性应急鉴定目的及程序

1）目的

房屋安全性应急鉴定介入的时间，往往是突发事故或灾害已发生，且已经导致房屋损坏，鉴定目的是避免已发生灾害导致的次生灾害，将灾害对社会公共利益或者人民生命财产造成的影响和损失降到最低，并配合各级人民政府、地方机构或者现场指挥机构进行应急抢险救灾处置工作及房屋损坏调查和评估工作，为灾后安置和恢复重建提供依据。

2）应急鉴定程序及内容

应急响应→应急处置（应急处理措施）→调查评估→出具应急鉴定意见。

① 应急响应

当有突发事件发生，鉴定机构及抢险单位接报后，必须在最短的时间内赶到现场（一般要求 1 小时之内赶到事发地点）。鉴定人员到达现场，马上向现场指挥机构负责人报到，听候指挥，并配合各级人民政府及地方机构或者现场指挥机构进行抢险救灾等应急处置工作。

② 应急处置

鉴定人员到达现场后，马上了解灾害点具体情况，收集相关资料，迅速展开调查及现场查勘，初步评估灾害类型和受灾范围和危害程度，了解人员受灾情况，判断房

屋破坏情况，现场应急处理一般有以下几方面内容：

a. 立即组织受影响群众撤离，疏散人员到指定安全区，划定临时危险区，对事发危险地段设置警戒线，疏导交通等；

b. 根据灾情情况以及实施抢险营救的场地、条件，由地区鉴定机构和抢险队尽快拿出一个排危抢险的方案；抢险队调运抢险物资和装备器材；

c. 根据抢险方案对发生事故的房屋进行装顶、加固，防止房屋倒塌或二次坍塌，排除房屋即时危险；

d. 即时危险险情排除后，尽快配合现场搜救遇难的人员；

e. 配合事故的调查工作，应做好现场的证据保全工作。

（4）常用排危抢险的措施

根据发生灾害类型、受灾范围和危害程度，初步评估需抢险场地条件和房屋的受损形式和情况，并了解现场指挥、调动能力及交通情况，了解配合抢险单位的情况，投入抢险人员数量及机械、设备到场时间、抢险能力，安排用时最短、有效排危抢险方案实施。

1）受灾房屋排危抢险措施：

① 对倾斜、局部倒塌、屋面坍塌、构件变形开裂、火灾损伤等房屋，宜选用装顶、加固排危处理；

② 对倾斜严重或火灾烧伤严重，有倒塌危险，临时加固措施无效，且危及毗邻的房屋，应拆除排危处理。在拆除方案确定时应尽快通知现场指挥机构，尽可能与业主协商避免财产损失纠纷。

2）基坑事故排危抢险措施：

① 加强排水、降水措施；

② 加强支护和支持加桩板等，对边坡薄弱环节进行加固处理；

③ 迅速运走坡边弃土、材料、机械设备等重物；

④ 消去部分坡体，减缓边坡坡度。

3）高边坡或山体滑坡排危抢险措施：

① 修坡、卸荷、挖沟排水；

② 彩条布＋木桩护表；

③ 混凝土挂网护表。

4）地面塌陷、地裂缝排危抢险措施：

① 混凝土回填塌陷孔洞；

② 高压灌注水泥浆加固土体。

5）对草原、森林火灾

宜将房屋周遭草木砍倒，设置防火带，尽可能避免火灾蔓延。

（5）房屋安全性应急鉴定技术要点

1）房屋安全性应急鉴定特点

① 应急事件处理及应急鉴定整个过程中均体现"急"和"快"

房屋安全事故发生后，事故单位和事故现场人员应当迅速上报，并尽快采取有效措施防止事故扩大，减少人员伤亡和财产损失，注意保护好事故现场；

房屋安全事故发生地政府和有关部门要按照相关规定迅速组织抢救，立即救助伤员，引导受灾人员疏散，迅速组织相关人员展开调查、排险；事故现场有关单位和个人应当服从指挥、调度，积极配合救助；

鉴定机构、抢险单位应迅速响应，必须第一时间到达事故发生地，快速调运救援抢险设备，迅速展开调查、判断评估，快速拿出排危抢险方案或应急处置建议，排除即时危险，配合政府部门或委托方做出正确的决策，将事故损失降到最低限度。

② 应急事件具有因果性、偶然性、潜伏性

每一次应急事件都为突发事故，事出必有因，有自然灾害引起的事故也有人为原因引起的事故。故应急鉴定调查及现场查勘时，必须根据事故原因、灾害类型结合现场的条件，并依据现行条例、规范、标准进行鉴定，重点排查判断可能发生的因事故引起次生灾害及影响范围。

③ 应急事件具有特殊性、专门性

根据突发事件的影响程度、严重性分有等级，每一次应急事件按事发地点及等级，由各级（国家、省市、地区、街道）政府部门组织应急处置。故应急鉴定在确定抢险方案时，应考虑现场的条件及现场指挥、调动能力，配合抢险单位的情况，投入抢险人员数量及机械、设备到场时间、抢险能力等因素。

2）房屋安全性应急鉴定现场调查查勘要点

① 收集相关资料：事故发生地点、区域，该区域是否发生类似灾害，房屋设计图纸（尤其是火灾、撞击、震动导致的损伤的房屋），地质资料、监测资料（尤其是工程事故影响的房屋）；

② 调查灾情：了解灾害类型（如，地震、火灾、爆炸、基坑塌陷、房屋倒塌等）和受灾范围及危害程度，灾害引发原因；判断发生次生灾害隐患的可能，影响范围等；

③ 人员受灾情况：了解遇难、受伤人员情况及正在拯救措施，拟定安全撤离区域以及需安排撤离的人员人数和安置范围；

④ 了解现场条件：调查灾害发生现场可实施抢险营救的场地、条件，交通、通信情况，了解现场指挥、调动能力，了解配合抢险单位的情况及抢险能力，投入抢险人员数量及机械、设备能到达现场的时间等；

⑤ 房屋受灾情况：迅速展开调查、查勘，尽快确定现场房屋受灾的情况，需暂时停止使用的房屋数量，需马上排危抢险房屋的数量等；

⑥ 恢复与重建建议：现场应急鉴定实施，除配合各级政府部门应急处置、排危抢险，对受损房屋下一步的处置应提出合理的建议和指引（对适修房屋，宜进一步检测鉴定或加固处理，对无修缮价值的房屋，宜拆除处理）；

⑦ 安全措施：进入现场鉴定、抢险人员应有可靠的安全防护措施；在未确定事故原因或责任时，既要做好现场的证据保全工作，也要注意保护好事故现场。

3）房屋安全性应急鉴定方案、报告要点

房屋安全性应急鉴定需出具应急处置方案或建议、排危抢险方案或措施，还是房屋安全鉴定报告，应根据应急预案要求和现场实际要求制定。

应急方案、措施或建议应快速有效、安全可靠、具有可操作性；对需安排临时迁出的人员数量，需划分危险区域范围，应根据现场查勘结果及根据政府部门安置能力进行确定，可分区域、分批、分阶段进行处置；

房屋安全性应急鉴定报告，可根据房屋结构工作状态直接给出鉴定报告，也可依据《危险房屋鉴定标准》JGJ 125、《房屋完损等级评定标准》（城住字〔84〕第 678 号）进行评定。对于地震灾害影响的房屋，应依据相关标准进行鉴定；

对灾后房屋需进行承载力复算及为加固修缮提供技术数据时应依据《民用可标》或《工业可标》进行鉴定。

6.6.2 司法鉴定

司法鉴定是房屋安全性鉴定的一种特例。受法院、仲裁机构或纠纷双方当事人的委托而进行的专门性鉴定。这一类鉴定操作应根据委托方的要求和双方矛盾的焦点采取有针对性的鉴定程序和鉴定方法。

（1）鉴定依据、步骤与程序

1）视委托鉴定的内容、目的和房屋结构的实际情况确定鉴定方法。鉴定标准可依据《房屋完损等级评定标准》（城住字〔84〕第 678 号）、《危险房屋鉴定标准》JGJ 125、《民用可标》《工业可标》等相关规范。

2）接受房屋司法鉴定委托前，应认真了解委托方委托鉴定的内容及目的，并向委托方了解房屋损坏情况，当目前的技术手段满足不了委托要求的，应向委托方说明。

3）在进行司法现场鉴定前，应结合双方的纠纷内容及矛盾焦点，制定针对性的鉴定方案。

4）检查过程应公开、公正，要认真听取纠纷双方的陈述，了解房屋的使用历史及装修、改造等情况，并应在现场对纠纷双方提供的资料给予质证。

（2）鉴定要点（分析、结论）

现场查勘的内容应详尽，涉及部位均应检查、对双方矛盾焦点部位应予以重点检查。

1）对因房屋建筑质量引起的纠纷，应进行结构构件材料性能的检测及承载力验算；

2）对因房屋渗漏引起的纠纷，应设法找出渗漏的部位、水源及产生的原因；

3）当检测条件允许情况下，可采用灌水试验，必要时应凿开或开挖检查。

（3）等级评定

鉴定报告中除对房屋的损坏程度、安全状况进行评定外，还应根据委托书的要求，对房屋损坏的原因进行详尽分析，但不应涉及赔付金额及赔付责任问题的内容。

应注意司法质疑（询）的有关规定，司法质疑（询）时应只回答鉴定报告中的相关内容，并注意司法质疑（询）的地点和环境，作为技术性的证人证言实事求是地回答各方质疑（询）。

6.6.3 施工周边房屋安全鉴定

（1）施工周边房屋鉴定的意义和目的

1）施工前对工地周边房屋进行安全鉴定，是通过鉴定人员对周边房的原有损坏进行公正地计量、记录或对不稳定裂缝等损伤进行监测，评定房屋损坏程度，保存目前房屋损坏情况记录，目的为减少日后因房屋损坏而产生纠纷。

2）施工前对工地周边房屋进行安全鉴定，也是通过鉴定查勘，既可以保证周围房屋在施工中正常、安全地使用，亦对房屋目前存在的危险状况提出有效措施，使施工方能掌握情况，减少塌房伤人事故，维护社会稳定。

3）施工前对工地周边房屋进行安全鉴定，有效避免因相邻工地施工产生的影响和干扰造成周边居民投诉。因为施工前没有向房屋鉴定机构申请对周边房屋进行安全鉴定，居民的投诉就有可能造成建设方及施工方被责令停工，影响施工进度；房屋损坏纠纷不断，责任难分，施工单位对房屋损坏影响赔偿费用增加。

4）施工过程中或施工结束后，再次对工地周边房屋进行安全鉴定，可通过施工前后两次鉴定结果对比，分析房屋损坏原因，确定上述工程施工是否影响房屋安全及影响程度，若发生房屋损坏纠纷时，施工前鉴定记录可作为区分房屋损坏责任的依据。

5）鉴定目的

在施工前对房屋进行安全查勘鉴定目的是了解房屋的安全程度及证据保全，对存在安全隐患的地方提出处理意见，确保房屋的正常安全使用，为相邻工程项目顺利施工提供可行性处理方法。在工程施工中或施工后对周边房屋安全鉴定，主要目的是为了明确房屋损坏的原因及界定房屋损坏的责任，减少因施工导致的纠纷。

（2）施工周边房屋鉴定的范围

1）交付使用后需要重新进行装修或改造的房屋，凡涉及拆改主体结构和明显加大荷载的，以及装修施工可能影响或已经影响到相邻单元安全的房屋；

2）因毗邻或邻近新建、扩建、加层改造的房屋，因邻房基础、桩基工程施工等而可能影响或已经影响到安全的房屋；

3）深基坑工程施工，距离 2 倍开挖深度范围内的房屋；

4）基坑开挖和基础工程施工、抽取地下水或者地下工程施工可能危及的房屋；

5）距离地铁、人防工程等地下工程施工边缘 2 倍埋深范围内的房屋；

6）爆破施工中，处于《爆破安全规程》要求的爆破地震安全距离内的房屋；

7）相邻工地所在地段地质构造存在缺陷（如流沙层或溶洞等）可能危及同地段的房屋。

（3）施工周边的房屋鉴定程序和依据

1）鉴定程序

受理委托→收集资料（制订方案）→现场查勘、检测→综合分析→等级评定→鉴定报告。

① 受理委托：根据委托人要求，确定房屋安全性鉴定内容和范围；

② 初始调查：收集调查和分析房屋原始资料，明确房屋的产权人或使用人；收集相邻工地的施工资料、场地地质资料等；

③ 检测验算：对房屋现状进行现场查勘，记录各种损坏数据和状况，必要时采用仪器检测和结构验算；

④ 鉴定评级：对调查、查勘、检测、验算的数据资料进行全面分析和综合评定，确定该房屋的危险性等级，提出原则性或适修性的处理建议；

⑤ 出具报告。

2）鉴定依据

施工周边房屋安全鉴定,主要依据的鉴定标准为《危险房屋鉴定标准》JGJ 125、《房屋完损等级评定标准》（城住字〔84〕第678号），当涉及房屋原设计质量和原使用功能或因施工需要对房屋进行托换加固等鉴定时，也可依据《民用可标》或《工业可标》。

（4）现场查勘与检测

1）资料调查内容

① 房屋资料调查：重点了解房屋结构形式、基础形式、使用历史、加固维修情况及房屋损坏的时间和过程等。

② 相邻施工项目内容资料调查：

a. 施工前鉴定：应要求委托单位提供拟施工项目的基本情况，如施工场地平面图、场地地质资料、施工内容、施工方法、开工时间及施工方案等；

b. 施工中或施工后鉴定：应要求施工单位提供施工进度情况、近期工程沉降、位移及场地水位观测等资料（第三方监测报告）、被鉴定房屋的沉降观测资料等；重点调查造成房屋损坏影响的施工因素。

③ 施工方法资料调查：重点了解可能对房屋造成损坏施工方法；

a. 对工程桩基础施工,应了解桩型及施工方法（压桩、锤击桩、钻孔桩）、桩径、桩长、锤重、桩机台班等；

b. 对浅基础施工,应了解基础形式（筏形基础、独立基础、条形基础等），开挖深度、基坑护坡形式；重点调查施工期间基坑是否有塌方现象及基坑开挖深度与场地地下水位关系。

④ 对基坑开挖、隧道施工，应了解基坑施工开挖的方法、开挖深度、宽度，基坑支护形式、基坑开挖降水方式、止水方案以及采用过什么措施等。

⑤ 对爆破施工，应了解爆破方法、部位、频率及炸药用量等，了解爆破震动影响的范围。

⑥ 环境资料调查

调查施工工地与需鉴定房屋周边场地环境、距离等，房屋的分布情况，场地周边是否有大量堆土，施工重型机械使用，场地的地质情况，重点调查大面积的抛填或吹填土层、淤泥土、砂土层、湿陷土层场地，特别是房屋下部地质构造存在缺陷场地（如流沙层或溶洞）；房屋的周边是否存在其他有可能对房屋产生扰动影响的行为。

2）地基基础查勘内容

① 场地环境检查，重点检查与相邻工程施工影响有关的范围和因素；例如：场地周边坑、槽、沟渠等环境改变及对房屋地基稳定性和地基变形的影响。

② 房屋地基基础工作状态的检查、检测，主要根据地上结构的不均匀沉降、裂缝，分析判断基础的工作状态，必要时宜开挖检查基础的裂缝、腐蚀和损坏情况等。

③ 检查室内、外地台是否有沉降裂缝、周边地面变形状况，室外散水、勒脚裂缝及墙脚是否与地台有分离裂缝等状况。

3）房屋变形观测内容

① 垂直变形观测，房屋垂直变形应从两个方向进行测量，必要时应进行水平变形测量，鉴定报告中应写清楚测量的位置、方向及变形值。没有发现变形的也要记录并在鉴定报告中予以注明。

② 房屋已有裂缝的观测，要选取有代表性或对结构有影响的裂缝，做好裂缝观测标记，以观察裂缝的发展状况及周边工程施工对房屋的影响。

③ 对可能出现或已出现沉降变形的房屋宜进行沉降变形观测，以确定房屋基础沉降变形的稳定性及相邻施工影响程度。

④ 检查基坑监测及周边房屋监测资料数据与场地地质资料情况或与房屋实际损坏程度的分布情况是否有出入，找出与施工影响有关的因素。

4）上部损坏检查内容

① 检查房屋上部结构所采用的结构形式（包括承重结构、围护结构和连系结构）及其连接工作情况，检查构件变形和裂缝分布情况及其所用材料的老化程度。

a. 混凝土构件外观完损状态检查记录内容：保护层脱落、裂缝、露筋、移位、蜂窝、麻面、空洞、掉角、水渍、变色等；

b. 墙体外观完损状态检查记录内容：破损、裂缝、倾斜、弓凸、风化、腐蚀、高低不平、灰缝疏松等。

② 检查房屋楼、屋面的饰面及隔热层损坏、渗漏情况。

③ 检查房屋门窗的损坏情况：窗框与墙体固定、木质腐朽、开启、钢门窗锈蚀、变形、玻璃、五金、油漆等。

④ 检查房屋水电设备的使用功能：给排水管道堵塞、锈蚀、漏水；电照设备的新旧、完损、电线老化、绝缘。

（5）施工周边房屋安全鉴定技术要点

1）现场操作要点

① 现场检查必须认真、详尽，对房屋存在的损坏情况应详细记录，应有针对性地对可能产生影响的部位及构件损坏进行特别检查，用照相机拍摄记录异常现象；施工前须做好房屋变形（垂直度等）观测记录及裂缝观测标记记录，施工后须做损坏记录比对，以观察变形或裂缝的发展状况及周边工程施工对房屋的影响程度。

② 裂缝记录时要按位置、走向、裂缝形式、宽度、长度的顺序进行记录，必要时可用平面图示法记录。

③ 现场查勘记录宜有委托鉴定的相关人或业主签字。

④ 当房屋业主和施工方对房屋损坏原因有争议时，不可武断下结论或提前把结论告诉某一方，应收集更多的相关资料做比对分析或补充查勘，需查找出房屋损坏特征与施工影响有相关联的直接或间接原因。

⑤ 现场查勘时应注意观测新旧裂缝的扩展情况，了解裂缝出现的时间；通过损坏部位、特征、程度等情况进行原因分析，对房屋的损坏原因能明确的应在鉴定报告中予以明确；未能明确的也要在鉴定报告中予以说明。

⑥ 现场查勘时要注意对容易引起损坏纠纷的房屋附属构筑物进行检查，如：围墙、围院、挡土墙、烟囱等损坏情况。

2）相邻工程施工影响因素

现场查勘需查找施工影响与房屋损坏特征相互关联的客观原因，以下为常见的施工造成房屋损坏的因素：

① 施工灌水、基坑施工降水或基坑漏水的影响

相邻工程的基坑开挖及施工降水，主要引起场地水土流失或下卧软土层压缩沉降出现地表沉陷；造成房屋损坏表征：室外场地与路面开裂、离空、沉陷、地下管道断裂及室内地台开裂、沉陷；造成房屋地基基础不均匀沉降，柱构件出现水平裂缝，墙体出现斜向及接合处竖向沉降裂缝，甚至导致房屋出现倾斜、倒塌等损坏。

② 基坑塌方或溶洞、采空区塌陷的影响

造成场地或地台塌陷、开裂；房屋基桩断裂、构件开裂、基础局部或整体沉降、倾斜；房屋倒塌等损坏。

③ 施工振动的影响

施工振动主要有以下几种类型：打桩和打夯、冲孔桩等施工振动；挖掘机等施工机械产生的振动；拆旧房倒塌的振动，用大锤砸拆房屋构件的振动；重型车辆行驶、碾压产生的振动；爆破、爆炸冲击波产生的震动等。房屋受到振动或震动的影响程度有大有小，其损坏表征为房屋的墙面或顶棚批荡剥落、地板裂缝、墙面龟裂、墙体门窗洞角处出现裂缝、墙体原有收缩裂缝有所发展；基础出现倾斜或下沉损坏，重者甚至造成房屋倒塌。

实际上房屋受振后损坏的情况及程度与房屋结构类型、原有损坏程度、连接方式和震源位置、距离、振动方式等多种因素有关，判断影响程度时，需综合分析，必要时可做震源和房屋震动模拟检测。

④ 土层挤压的影响

相邻工程基础采用压桩施工，当压桩的施工次序不合理或场地土层等因素均会造成局部场地土被挤压而隆起，从而导致相邻房屋开裂、倾斜等损坏。

3）非相邻工程施工影响因素

现场查勘需同时排查非施工影响及房屋自身损坏的因素，其他造成房屋损坏影响的因素：

① 房屋不同材料构件接合部位的收缩开裂，材料收缩变形、自然老化损坏等；

② 房屋原有设计或施工缺陷等；

③ 房屋在使用过程中，有被改变使用性质、擅自拆改结构及随意加层改建等不安全的使用行为；

④ 房屋室内外地台、散水的回填土层压实不充分或采用细砂回填，导致地台离空、开裂、下沉等损坏；

⑤ 浅埋基础的土层冻胀、膨胀作用影响；

⑥ 管线断裂渗漏水（非施工工地影响）；

⑦ 房屋周边植物浇水、植物根系的影响。

4）报告分析评定要点

① 根据近期基坑变形监测及场地水位监测等资料（第三方监测报告）、被鉴定房屋的沉降观测资料，结合房屋损坏状况，综合分析判断房屋地基基础的沉降是否已趋于稳定。

② 当基坑或地下工程有明显地下水渗漏或采用降水措施，已经造成地表沉陷和房屋基础不均匀沉降，应对周边房屋损坏进行安全性鉴定及变形监测。当基坑或地下工程采用降水措施后应对周边房屋进行降水影响半径计算。

③ 相邻工程施工前已对周边房屋进行安全鉴定，施工后应进行二次鉴定。通过两次鉴定结果对比，分析房屋损坏原因，确定工程施工是否影响房屋安全及影响程度。

④ 房屋损坏原因分析必须详细准确，应明确相邻工程施工产生损坏，还是影响了损坏（原有损坏有所发展），未能明确的也要在鉴定报告中予以说明。

⑤ 现场检查时根据房屋的开裂部位及性质判断裂缝的类型是属于受力还是非受力裂缝，分析房屋构件是否属于危险构件或存在危险隐患，若判定为危险房时应按《危险房屋鉴定标准》JGJ 125进行评定，对有即时危险的房屋，应通知房屋所有人或施工单位马上采取排危措施。

⑥ 鉴定报告中应对房屋的损坏情况及安全程度进行评定，如不能评定等级的应说明其原因。

（6）施工周边房屋安全鉴定报告内容及要求

1）房屋安全鉴定报告内容包括：房屋概况、鉴定时间（施工前、施工中或施工后）、鉴定目的、鉴定依据、资料调查（房屋使用资料、施工资料）、现场检查结果（检测结果、绘制相关图纸、结构复核验算结果，根据委托要求进行）、房屋损坏原因分析、鉴定评级、鉴定结论、处理建议，附件（影像资料、图示资料、检测数据等）。

2）鉴定报告要求

① 鉴定报告中现场检测的内容必须详尽、细致、完善，须将所有检查到的房屋损坏情况和结构检测数据详细写明，并附损坏示意图和照片。

② 房屋损坏鉴定等级评定，当鉴定结果为危险房时，应依据《危险房屋鉴定标准》JGJ 125进行评定；当鉴定结果为非危险房时，一般依据《房屋完损等级评定标准》（城住字〔84〕第678号）进行评定。

③ 鉴定结论必须具有充分可靠的依据，结论要明确，不能含糊不清，模棱两可，

更不能没有依据就下结论。

④ 处理建议，对房屋存在的损坏，特别是有施工影响的房屋宜提出修缮方法建议；对鉴定为危房的房屋，应按《城市危险房屋管理规定》的处理类别处理，对有即时危险的房屋，应明确排危处理方法。

6.6.4　可行性分析

可行性分析主要是指针对房屋进行加层、加载、改变用途等改建情况下进行的房屋检测鉴定，通过现场勘查、检测、结构复核计算最后判断其可行性，进行适用性分析，一般情况下不评定房屋等级的鉴定。

如加层的鉴定，应先对原房屋进行可靠性鉴定，评定目前房屋的可靠性等级，再按加层后的荷载进行验算复核，判断能否满足要求，或计算并给出可以承受多少荷载的结论。

第二篇

▼

建筑结构检测

第7章　房屋检测内容与抽样方法

7.1　房屋检测概念

房屋检测是指依据国家有关规范、标准、规定，为获取反映既有房屋现状的信息和资料，进行现场调查、测试和取样，进行室内试验以及后期数据整理和编写检测报告的工作过程。

7.2　房屋检测的目的

房屋检测的目的是运用一定的技术手段和方法，检验、测试房屋技术性能指标，深入验证房屋查勘过程中发现的问题，为鉴定分析提供充实的依据。

7.3　既有房屋性能检测

既有房屋需要进行下列评定或鉴定时，应进行既有房屋性能的检测：

（1）建筑结构可靠性评定；

（2）建筑结构抗震鉴定；

（3）建筑大修前的评定；

（4）建筑改变用途、改造、加层或扩建前的评定；

（5）建筑结构达到设计使用年限要继续使用的评定；

（6）受到自然灾害、环境侵蚀等影响建筑的评定；

（7）发现紧急情况或有特殊问题的评定。

既有房屋性能的检测应为结构的评定提供真实、可靠、有效的数据和检测结论。

7.4　房屋检测的程序与内容

房屋结构检测程序为接受委托、现场调查、制定方案、现场检测、数据处理、编写报告、签发报告。接到房屋结构检测的委托之后，首先开展对建筑结构的调查，包括对该结构的所有资料的调查，收集该结构的所有资料，以及现场的实地调查，然后制定检测方案，根据检测方案对该结构进行各项检测，必要时做补充检测，并出具检测报告。

7.4.1　初步调查和资料调查

　　检测工作初步调查包括收集资料和现场初步调查及补充调查。收集资料包括建筑物的基本资料和主要的设计和施工资料，以及建筑物的使用情况及维修、加固改造情况。现场初步调查及补充调查包括资料调查、现场实地调查等，填写初步调查表。初步调查和资料调查应包括下列内容：

　　（1）收集被检测建筑结构的工程地质勘查报告、竣工图或设计施工图、施工质量验收记录等资料；

　　（2）收集建筑结构使用期间的维修、检测、评定、加固和改造等资料；

　　（3）调查被检测建筑结构现状缺陷、损伤、维修和加固等实际状况；

　　（4）调查被检测建筑结构环境、用途或荷载等变更情况；

　　（5）向有关人员调查委托检测的原因以及资料调查和现场调查未能显现的问题。

　　应在初步调查和资料调查的基础上编制建筑结构检测方案，建筑结构检测方案应征求委托方的意见。

7.4.2　检测方案的编制与修订

　　检测方案是整个检测计划的总体安排，包括人员、设备及工作的统一调度，检测方案的制定应根据房屋结构的特点、初步调查结果和委托方要求，依据相关标准制定，结合实际，力求详尽。检测方案是指导工程检测工作的一个关键环节，是检测质量的指导性文件，是检测质量保证体系的一个重要组成部分，起主导作用。检测方案的优劣将直接影响检测工作的质量，检测方案所安排的检测内容及其结果将直接影响到对房屋实体的质量评定。

　　（1）检测方案主要内容

　　1）工程概况：包括工程位置、建筑面积、结构类型、层数、装修情况、竣工日期、房屋用途、使用状况、地震设防等级、环境状况，以及设计、施工、监理单位等；

　　2）检测目的或委托方的检测要求；

　　3）检测依据：包括依据的检测方法、质量标准、检测规程和有关技术资料；

　　4）检测项目、选定的检测方法及抽样数量：包括各种构件的统计数量，确定批量，确定抽样方式及数量；

　　5）检测人员构成和仪器配备；

　　6）检测工作流程和进度计划；

　　7）所需要的配合工作，特别是需要委托方配合的工作；

　　8）检测中的安全及环保措施；

　　9）检测成果提交方式。

　　（2）检测方案编制要求

　　检测方案应根据委托方要求、房屋现状和现场条件及相关标准进行编制。检测方案应征求委托方的意见，并应经过审定后实施。

1）编写检测方案一定要符合实际情况，根据具体工程安排人力、设备和工作进程，切实防止闭门造车。

2）编写前要充分查看已有的资料，掌握结构类型、结构体系、施工情况及已发现的问题，做到心中有数。

3）对现场调查结果有清晰的概念，结合资料所提供的信息，对检测的主要目的、重点有切中要害的分析，并体现在方案中。

4）对于检测数量和方法，应坚持普检与重点检相结合的原则，做到由点及面、点面结合。

5）进度计划要留有余地，实事求是。

6）绘出检测平面图，标明各种检测项目的抽样位置。

7）重要大型工程和新型结构体系的安全性监测，应根据结构的受力特点制订检测方案并对其进行论证。

（3）检测方案编制依据

检测标准是编制检测方案，开展检测工作的重要依据。检测标准对不同的检测项目和检测方法有着严格的规定和实效要求，依据错误会导致检测结果的失效。

我国标准分为国家标准、行业标准、团体标准、地方标准和企业标准，并将标准分为强制性标准和推荐性标准两类。在标准选用时应注意标准的有效性，并时刻关注标准的更新，避免使用过期作废的标准。当某项检测只有一个现行有效标准时，只要选用该有效标准即可。

地方标准是根据当地的特殊条件而制订的，在本地区更具有可靠性。团体标准、行业标准与国家标准相比，更具有专业性。任何标准不应违背国家标准，也就是说，地方标准、团体标准、行业标准的要求高于国家标准。在现行有效期内，如果不考虑其他因素时，如果某项检测具有多个标准时，选用时正常选用的顺序是：地方标准、团体标准、行业标准、国家标准。

（4）检测抽样方案的确定

检测抽样方案应根据选用的鉴定标准要求和规定进行抽样确定。结合检测项目的特点按下列原则选择：

1）外部缺陷的检测，宜选用全数检测。

2）几何尺寸偏差的检测，宜选用传力体系明显的区域和构件进行抽样。

3）结构连接构造的检测，应选择对结构安全影响大的区域和部位进行抽样。

4）结构构件材料强度的检测应考虑受检现场实际条件，当具备检测批量评定条件时，应进行随机抽样，且最小样本容量应符合建筑结构检测技术标准和各类现场检测技术标准的相关规定。

当不具备检测批量评定条件时，应以缺陷明显的区域、部位构件或相邻位置进行抽样检测。

5）应急或危险性鉴定时，应以危险构件进行抽样检测。

6）构件结构性能的实荷检验，应选择问题构件或同类构件中荷载效应相对较大、施工质量相对较差，受到灾害影响、环境侵蚀影响的构件中有代表性的构件。

7）检测范围需要扩大时，应沿同层同类构件扩展，不得随意选取。

8）检测对象可以是单个构件或部分构件；但检测结论不得扩大到未检测的构件或范围。

9）检测抽样样本数量应代表检测对象实际情况。一般而言误差较大的取样多，误差较小的取样相对较少，且最小样本容量宜符合相关标准要求。

（5）现场检测

现场检测是检测程序中重要的一环，现场检测要求准确、可靠，并具有一定代表性，因此，现场检测需要有较好的组织，以保证圆满完成检测任务。

现场检测必须按照检测方案，检查和检测房屋的场地、地基基础、上部结构、维护系统出现的损伤、变形情况，必要时复核和测绘房屋建筑结构图。当现场检查和检测结果与设计图纸不符的，应以实际检查和检测结果为准。当检测数据不足或检测数据出现异常等情况的，应进行补充检测。

1）准备工作

准备工作是搞好现场检测的基础，检测前要做好充分的准备，包括人员、仪器、机具资料准备等。其中项目负责人的指定、技术和安全交底、相关上岗证件、仪器出库完好查验、仪器计量检验检查、记录资料等是准备工作的重点内容。

2）安全要求

检测人员应服从负责人或安全人员的指挥，不得随便离开检测场地或自到其他与检测无关的场地，也不得乱动与检测无关的设备；检测人员应穿戴好必需的防护衣帽方可进入现场；高空作业前需检查梯子等登高机具，检测人员应佩戴安全带；临时用电应由持证电工接线，并设有地线或漏电保护器，以确保安全；检测人员在整个工作期间严禁饮酒对于没有任何保护措施的架空部位，必须由架子工搭好脚手架，并经检查合格，不得在无任何保护措施的情况下进行操作。

3）注意事项

进入现场后，应按检测方案合理地安排工作，使整个检测过程有序地进行。

① 检测前应预先检查现场准备工作是否落实，包括现场电源、水源接通、脚手架搭设障碍物的清移。

② 现场检测操作时，应尽量避免对结构或构件造成损伤。

③ 当对古建筑和有纪念性的既有建筑结构进行检测时，应避免对建筑立面造成损坏。

④ 现场抽检的试样必须做好标识并妥为保存，在整个运输过程中，应有专人负责保管，防止丢失、混淆或被调包。

⑤ 每项检测至少有2人参加，做好检测记录，检测的原始记录，应记录在专用记录纸上，数据准确、字迹清晰，信息完整，不得追记、涂改，如有笔误，应进行杠改。当采用自动记录时，应符合有关要求。原始记录必须由检测及记录人员签字。

⑥ 当发现检测数据数量不足或检测数据出现异常情况时，应补充检测或重新检测。

⑦ 建筑结构现场检测工作结束后，应及时修补因检测造成的结构或构件局部的损伤。

（6）数据分析及整理

现场检测后的数据整理、分析是评定结构等级的重要技术指标，数据整理、数据处理、数据分析过程的真实性、代表性直接影响着房屋鉴定结论的准确度。所以为确保工作质量，检测数据处理应按如下程序进行：

1）当现场检查和检测结果与设计图纸不符时，应以实际检查和检测结果为准。

2）当检测数据不足或检测数据出现异常等情况时，应以补充检测数据为准。

3）现场数据整理时，现场记录文件应与原始记录保持一致，并留存原始记录，严防缺失或丢失状况的发生。

4）对整理后输入计算表格、计算程序或将电子文档数据导入电脑计算程序过程中，应确保准确无误。

5）数据整理应按选用标准，选取合适的计算公式或曲线。

6）当数据需要进行计算求取平均值或代表值时，要根据检测条件，判断是否需要修正。

7）当数据需要进行分析时，要判断数据是否异常并寻找原因。检测批中的异常数据可予以舍弃；异常数据的舍弃应符合国家标准《数据的统计处理和解释 正态样本离群值的判断和处理》GB/T 4883—2008 的规定。

8）当数据需要修正时，如果实际情况与某一检测方法适用条件有较大差别时，数据要进行修正。比如对龄期过长的混凝土在采用回弹法推定其强度时，应采用钻芯法或其他方法进行修正。

（7）检测报告的编制

建筑结构的检测数据计算分析工作完成后，应及时提出完整的检测报告。检测报告主要内容包括：

1）委托单位名称；

2）设计单位、施工单位及监理单位名称；

3）房屋概况：包括房屋名称、结构类型、规模、施工及竣工日期和使用现状等；

4）检测原因、检测目的，以往检测情况概述；

5）检测项目、检测方法、检测仪器设备及依据的标准；

6）检测项目的主要分类、抽样方案及数量、检测数据和汇总；

7）检测结果、检测结论；

8）检测日期，报告完成日期；

9）主检、报告、审核和批准人员的签名、检测单位盖章。

检测报告应结论准确、用词规范、文字简练。检测报告应对所检项目做出是否符合设计要求或相应验收规范的评定，给出检测结论，为房屋鉴定提供可靠的依据。

7.5　房屋检测方法与选定原则

房屋检测方法按照检测过程中对被检测对象的损伤程度可分为微损检测法、破损检测法、无损检测法。检测方法的选定一般应符合以下原则。

（1）一般情况下，结构构件宜选用无损伤或微损伤的检测方法。

（2）当选用局部破损取样或原位检测时，结构构件宜选择受力较小的部位，且不应损坏结构的安全性。

（3）对古建筑和有纪念性的已有房屋结构进行检测时，应避免对房屋结构造成损伤。

（4）当房屋需要安全性监测时，应根据结构的受力特点制定监测方案。

（5）当现有的无损检测方法难以保证检测结果的精度，需局部凿开或破损进行验证时，应具备一定的安全措施。

7.6　房屋结构检测项目

房屋结构检测项目按材质分为钢筋混凝土结构构件、砌体结构构件、钢结构构件和木结构构件四种。每种构件按需求又可分为若干检测项目和不同检测方法。

（1）钢筋混凝土结构

钢筋混凝土结构构件检测主要包括：原材料性能、混凝土强度、混凝土构件外观质量与缺陷、尺寸与偏差、变形与损伤以及钢筋配置与锈蚀等检测项目。

（2）砌体结构

砌体结构构件检测主要包括：砌筑块材、砌筑砂浆、砌体强度、砌筑质量与构造、变形与损伤等项目进行检测。

（3）钢结构

钢结构构件检测主要包括：材料性能、连接、尺寸偏差、损伤与变形、构造及涂装等项目检测。

（4）木结构

木结构构件的检测主要包括：木材性能、木材缺陷、尺寸与偏差、连接与构造、变形与损伤和防护措施等项目检测。

7.7　房屋检测抽样方法

7.7.1　通用检测技术标准的抽样要求

7.7.1.1　抽样方法的分类

根据《建筑结构检测技术标准》GB/T 50344—2019 的规定，建筑结构检测宜根据委托方的要求、检测项目的特点综合下列方式确定检测对象和检测的数量：

（1）全数检测方案；

（2）对检测批随机抽样的方案；

（3）确定重要检测批的方案；

（4）确定检测批重要检测项目和对象的方案；

（5）针对委托方的要求采取结构专项检测技术的方案。

下列项目的核查检查宜采取全数检测方案：

（1）结构体系的构件布置和重要构造核查；

（2）支座节点和连接形式的核查；

（3）结构构件、支座节点和连接等可见缺陷和可见损伤现场检查；

（4）结构构件明显位移、变形和偏差的检查。

7.7.1.2 检测批计数抽样

检测批的计数检测项目宜按表 7.7.1.2 规定的数量进行次或二次随机抽样。

建筑结构抽样检测的最小样本容量　　　　　　　表 7.7.1.2

检测批的容量	检测类别和样本最小容量		
	A	B	C
2 ~ 8	2	2	3
9 ~ 15	2	3	5
16 ~ 25	3	5	8
26 ~ 50	5	8	13
51 ~ 90	5	13	20
91 ~ 150	8	20	32
151 ~ 280	13	32	50
281 ~ 500	20	50	80
501 ~ 1200	32	80	125
1201 ~ 3200	50	125	200
3201 ~ 10000	80	200	315

注：1. 检测类别 A 适用于一般项目施工质量的检测；可用于既有结构的一项检测；

2. 检测类别 B 适用于主控项目施工质量的检测；可用于既有结构的重要项目检测；

3. 检测类别 C 适用于结构工程施工的质量检测或复检；可用于存在问题较多既有结构的检测。

7.7.1.3 检测批计数抽样要求

（1）检测批构件材料强度的计量检测应符合下列规定：

1）抽样检测数量应符合下列规定：

① 应符合国家现行有关标准的规定；

② 检测批材料强度的标准值和平均值的抽样数量应满足本标准关于推定区间的限

制要求。

2）当不能满足推定区间的限制要求时，可进行单个构件材料强度的推定。

3）构件材料强度的测区或取样位置应随机布置在检测批的构件上。

（2）检测批材料性能的检测应符合下列规定：

1）材料性能检测的取样检测应符合下列规定：

① 试样取样的组数应根据检测的需要与委托方协商确定；

② 每组试样的数量应符合国家现行有关标准的规定；

③ 试样的取样位置应随机布置在检测批的结构构件上。

2）材料性能的无损检测测区应随机布置在检测批的构件上，检测数量宜符合国家现行有关标准的规定，也可与委托方协商确定。

（3）既有结构性能的检测应将存在下列问题的构件确定为重要的检测批或重点检测的对象：

1）存在变形、损伤、裂缝、渗漏的构件；

2）受到较大反复荷载或动力荷载作用的构件和连接；

3）受到侵蚀性环境影响的构件、连接和节点等；

4）容易受到磨损、冲撞损伤的构件；

5）委托方怀疑有隐患的构件等。

（4）当为下列情况时，检测对象可以是单个构件或部分构件，但检测结论不得扩大到未检测的构件或范围：

1）委托方指定检测对象或范围；

2）因环境侵蚀或火灾、爆炸、高温以及人为因素等造成部分构件损伤时。

（5）建筑结构的全数检查或核查发现委托项目以外的问题时，应通过协商调整检测项目和检测批的检测对象。

7.7.2 专项检测技术标准的抽样要求

专项检测技术标准规定了每项检测项目采用的检测方法、仪器设备、检测数据处理要求，同时对抽样量也做出了相应规定。建筑材料力学性能检测中常用的混凝土、钢筋、砌体检测抽样要求如下：

（1）混凝土力学性能抽样

1）回弹法检测混凝土强度抽样

《回弹法检测混凝土抗压强度技术规程》JCJ/T 23—2011 规定，同批构件按批量进行检测时，抽检数量不宜少于同批构件总数的 30% 且不宜少于 10 件。当检验批构件数量大于 30 个时，抽样构件数量可按照《建筑结构检测技术标准》GB/T 50344—2019 适当调整，但不得少于标准规定的最少抽样数量。

2）超声回弹综合法检测混凝土强度抽样

《超声回弹综合法检测混凝土强度技术规程》CECS 02：2005 规定，同批构件按批抽样检测时，构件抽样数不应少于同批构件的 30%，且不应少于 10 件；对一般施工质量的检测和结构性能的检测，可按照现行国家标准《建筑结构检测技术标准》GB/T 50344—2019 的规定抽样。

3）结芯法检测混凝土强度抽样

《钻芯法检测混凝土强度技术规程》CECS 03：2007 规定，芯样试件的数量应根据检验批的容量确定。标准芯样试件的最小样本量不宜少于 15 个，小直径芯样试件的最小样本量应适当增加。

当用修正量的方法时，标准芯样的数量不应少于 6 个，小直径芯样的试件数量宜适当增加。

4）拔出法检测混凝土强度抽样

《拔出法检测混凝土强度技术规程》CECS 69：2011 规定，同批构件按批抽样检测时抽检数量应不少于同批构件总数的 30%，且不少于 10 件。

（2）钢筋力学性能抽样

《混凝土结构现场检测技术标准》GB/T 50784—2013 规定，结构性能检测时，应将配置有同一规格钢筋的构件作为一个检验批，并按《建筑结构检测技术标准》GB/T 50344—2019 确定受检构件的数量。应随机抽取构件，每个构件截取 1 根钢筋，截取钢筋总数不应少于 6 根；当检测结果仅用于验证时，可随机截取 2 根钢筋进行力学性能检验。

（3）砌体力学性能抽样

1）测区选定

《砌体工程现场检测技术标准》GB/T 50315—2011 规定，当检测对象为整幢房屋或房屋的一部分时，应将其划分为一个或若干个可以独立进行分析的结构单元，每一结构单元应划分为若干个检测单元。每一检测单元内，不宜少于 6 个测区，应将单个构件（单片墙体、柱）作为一个测区。当一个检测单元不足 6 个构件时，应将每个构件作为一个测区。

采用原位轴压法、扁顶法、切制抗压试件法检测，当选择 6 个测区确有困难时，可选择不少于 3 个测区测试，但宜结合其他非破损检测方法综合进行强度推定。对既有房屋或委托方要求仅对房屋的部分或个别部位检测时，测区数可减少，但一个检测单元的测区数不宜少于 3 个。

2）贯入法检测砌筑砂浆强度

《贯入法检测砌筑砂浆抗压强度技术规程》JGJ/T 136—2017 规定，按批抽样检测时，应取龄期相近的同楼层、同品种、同强度等级砌筑砂浆且不大于 250m³ 砌体为一批，抽检数量不应少于砌体总构件数的 30%，且不应少于 6 个构件。

第8章 常用检测技术

8.1 房屋安全鉴定常见检测类型

在房屋安全鉴定过程中，往往需要了解房屋当前状态（如整体倾斜、局部变形、裂缝的长度与宽度等）；所用建筑材料（如混凝土、钢筋、砂浆、砌块等）的性能；房屋结构构件（如柱、墙、梁、板等）的尺寸；以及构件构造（如钢筋的配置等），作为判断房屋整体安全状态及结构验算的依据。以上参数，往往需要通过各种检测技术手段获得。根据不同的分类方法，房屋安全鉴定的检测可分为不同的类别：根据检测对房屋结构和使用功能的影响，可分为无损检测和有损检测，在房屋安全鉴定实践中，在能达到检测目的的前提下，一般优先使用无损检测方法。根据检测对象是单个构件还是性能、工艺相近的一批构件，可分为单构件检测和批量检测。根据具体检测参数划分，可分为混凝土强度检测、砌体强度检测、构件钢筋配置检测、结构实体位置与尺寸偏差检测、钢筋锈蚀检测等。以下对常见的现场检测项目及检测方法进行介绍。

8.2 混凝土结构现场检测

8.2.1 混凝土抗压强度检测

8.2.1.1 钻芯法检测混凝土抗压强度

（1）检测原理与特点：从混凝土构件上钻取芯样，通过对芯样试件进行抗压试验，从而得到相应龄期混凝土强度。该检测方法对构件有一定损伤，同一构件不宜钻取过多芯样，可用于单构件检测或批量检测。

（2）依据标准：现行行业标准《钻芯法检测混凝土强度技术规程》JGJ/T 384—2016。

（3）所需仪器和设备：钢筋扫描仪、电动钻芯机、电动锯切机、芯样补平装置或芯样磨平机、电液伺服全自动压力试验机、量规等。

（4）现场取样步骤：

1）在选定构件上用钢筋探测仪进行探测，找出钢筋位置，选取没有钢筋的区域作为钻芯位置。由于钻芯法对构件有一定损伤，芯样宜在结构或构件的下列部位钻取：

① 结构或构件受力较小的部位；

② 混凝土强度具有代表性的部位；

③ 便于钻芯机安放与操作的部位；

④ 避开主筋、预埋件和线管的位置。

2）固定钻芯机，打开钻芯机水源和电源开关，操作手柄使钻头保持匀速钻进，待进钻至预定深度后，提升钻头后停水停电，卸下钻芯机并取出芯样。

（5）现场取样后，应将混凝土芯样加工成符合要求的芯样试件，方可进行试验。芯样加工要求如下：

1）抗压芯样试件的高度与直径之比（H/d）宜为 1.00；

2）芯样试件内不宜含有钢筋；也可有一根直径不大于 10mm，且与芯样试件的轴线基本垂直并且离开端面 10mm 以上的钢筋。

3）锯切后的芯样应进行端面处理，可采取在磨平机上磨平端面，也可用硫磺胶泥或环氧树脂补平，补平厚度不宜大于 2mm。抗压强度低于 30MPa 的芯样试件，不宜使用磨平端面的处理方法；抗压强度高于 60MPa 的芯样试件，不宜采用硫磺胶泥或环氧树脂补平。加工完成的芯样应进行养护。

（6）芯样试件应在自然干燥状态下进行抗压试验。当结构工作条件比较潮湿，需要确定潮湿状态下混凝土的强度时，芯样试件宜在 20±5℃的清水中浸泡 40~48h，从水中取出后应立即进行抗压试验。

芯样试件的混凝土抗压强度值可按式 8.2.1.1-1 计算：

$$f_{cu,cor} = F_c/A \qquad (8.2.1.1-1)$$

式中：$f_{cu,cor}$——芯样试件的混凝土抗压强度值（MPa）；

F_c——芯样试件的抗压试验测得的最大压力（N）；

A——芯样试件的抗压截面面积（mm²）。

（7）混凝土抗压强度计算：

钻芯法可用于确定检测批或单个构件的混凝土强度推定值；也可用于修正用间接强度检测方法得到的混凝土抗压强度换算值。当使用钻芯法确定检测批的混凝土强度推定值时，芯样试件的数量应根据检测批的样本容量确定。标准芯样试件（直径 100mm）的最小样本容量不宜少于 15 个，小直径芯样试件（直径小于 100mm）的最小样本量不宜少于 20 个。芯样应从检测批的构件中随机抽取，每个芯样应取自一个构件或结构的局部部位。

1）检测批混凝土强度的推定值应按下列方法确定：

① 检测批的混凝土强度推定值应计算推定区间，推定区间的上限值和下限值按公式 8.2.1.1-2~式 8.2.1.1-5 确定：

$$上限值 \; f_{cu,e1} = f_{cu,cor,m} - k_1 S_{cu} \qquad (8.2.1.1-2)$$

$$下限值 \; f_{cu,e2} = f_{cu,cor,m} - k_2 S_{cu} \qquad (8.2.1.1-3)$$

$$平均值 \; f_{cu,cor,m} = \frac{\sum_{i=1}^{n} f_{cu,cor,i}}{n} \qquad (8.2.1.1-4)$$

$$标准差\ S_{cu}=\sqrt{\frac{\sum\limits_{i=1}^{n}(f_{cu,cor,i}-f_{cu,cor,m})^2}{n-1}} \qquad (8.2.1.1-5)$$

式中：$f_{cu,cor,i}$——芯样试件的混凝土抗压强度平均值（MPa），精确至 0.1MPa；

　　　$f_{cu,cor,m}$——单个芯样试件的混凝土抗压强度值（MPa），精确至 0.1MPa；

　　　$f_{cu,e1}$——混凝土抗压强度推定上限值（MPa），精确至 0.1MPa；

　　　$f_{cu,e2}$——混凝土抗压强度推定下限值（MPa），精确至 0.1MPa；

　　　k_1,k_2——推定区间上限值系数和下限值系数，按现行《钻芯法检测混凝土强度技术规程》JGJ/T 384—2016 附录 A 查得；

　　　S_{cu}——芯样试件抗压强度样本的标准差（MPa），精确至 0.01MPa。

② $f_{cu,e1}$ 和 $f_{cu,e2}$ 所构成推定区间的置信度宜为 0.90，当采用小直径芯样试件时，推定区间的置信度可为 0.85，$f_{cu,e1}$ 与 $f_{cu,e2}$ 之间的差值不宜大于 5.0MPa 和 $0.10f_{cu,cor,m}$ 两者的较大值。

③ 宜以 $f_{cu,e1}$ 作为检验批混凝土强度的推定值。

④ 钻芯确定检验批混凝土强度推定值时，可剔除芯样试件抗压强度样本的异常值。剔除规则应按现行国家标准《数据的统计处理和解释　正态样本异常值的判断和处理》GB 4883—2008 的规定执行。

2）钻芯确定单个构件的混凝土强度推定值时，有效芯样试件的数量不应少于 3 个；对于较小构件，有效芯样试件的数量不得少于 2 个，单个构件的混凝土强度推定值不再进行数据的舍弃，按有效芯样试件混凝土抗压强度值中的最小值确定。

3）钻芯法确定构件混凝土抗压强度代表值时，芯样试件的数量宜为 3 个，应取芯样试件抗压强度值的算数平均值作为构件混凝土抗压强度代表值。

8.2.1.2　回弹法检测混凝土抗压强度

（1）检测原理与特点：使用击锤以固定能量弹击混凝土表面，通过击锤回弹的高度，结合混凝土表面碳化的程度，推定混凝土的抗压强度。回弹法具有操作简便、检测速度快、对结构无损伤等特点，适用于对混凝土构件强度的快速、大批量检测。回弹法可用于单构件检测或批量检测。

（2）依据标准：现行行业标准《回弹法检测混凝土抗压强度技术规程》JGJ/T 23—2011。

（3）适用范围：适用于普通混凝土抗压强度的检测，不适用于表层与内部质量有明显差异或内部存在缺陷的混凝土强度检测。当采用 JGJ/T 23—2011 的统一测强曲线进行测区强度换算时，应符合以下条件：

1）混凝土采用的水泥、砂石、外加剂、掺合料、拌合用水符合国家现行有关标准；

2）采用普通成型工艺；

3）采用符合国家标准规定的模板；

4）蒸汽养护出池经自然养护 7d 以上，且混凝土表层为干燥状态；

5）自然养护且龄期为（14~1000）d；

6）抗压强度为（10.0~60.0）MPa。

当有下列情况之一时，测区混凝土强度不得按 JGJ/T 23—2011 附录 A 或附录 B 进行强度换算：

1）非泵送混凝土粗骨料最大公称粒径大于 60mm，泵送混凝土粗骨料最大公称粒径大于 31.5mm；

2）特种成型工艺制作的混凝土；

3）检测部位曲率半径小于 250mm；

4）潮湿或浸水混凝土。

（4）所需仪器和设备：率定钢砧、弹击能量为 2.207J 的指针直读式回弹仪或数字回弹仪、碳化深度测量仪、1%~2% 的酚酞酒精溶液。

（5）检测步骤：

1）检测前应对回弹仪进行率定。率定试验应在室温为 5~35℃的条件下进行，钢砧表面应干燥、清洁并稳固地平放在刚度大的物体上。测定回弹值时，应取连续向下弹击三次的稳定回弹值的平均值。率定应分四个方向进行，弹击杆每次应旋转 90°，弹击杆每旋转一次的率定平均值均应为 80±2。

2）在被检测构件表面布置测区。测区尺寸为 200mm×200mm，宜布置在构件混凝土浇筑方向的侧面（如果不满足检测条件的话可以选在表面或者底面，但是计算时必须对其回弹值进行浇筑面修正，泵送混凝土测区则必须布置在浇筑方向侧面）。测区宜均匀分布在构件的两个对称可测面上，相邻两测区的间距不宜大于 2m。当不能布置在对称的可测面上时，也可布置在一个可测面上，且应均匀分布。测区离构件端部或施工缝边缘的距离不宜大于 0.5m，也不宜少于 0.2m。在构件的重要部位及薄弱部位应布置测区，避开钢筋密集区和预埋件；测试面应为混凝土原浆面且应清洁、平整，不应有疏松层、浮浆、油垢、涂层以及蜂窝、麻面。应对每个测区进行编号。

3）检测时，回弹仪的轴线应始终垂直于结构或构件的混凝土检测面，缓慢施压，准确读数，快速复位；测点应在测区内均匀分布，相邻两测点的净距不宜小于 20mm；测点距外露钢筋、预埋件的距离不宜小于 30mm；测点不应在气孔或外露石子上，同一测点只应弹击一次，每一测区应记取 16 个回弹值，每一测点的回弹值读数估读至 1。

4）回弹值测量完毕后，选择有代表性的 3 个测区，每个测区选一个测点测量碳化深度。先用凿子在测区表面形成直径约 15mm 的孔洞，其深度应大于混凝土的碳化深度。将孔洞中的粉末和碎屑用吹球除净，不得用水冲洗。用浓度为 1%~2% 的酚酞酒精溶液滴在孔洞内壁的边缘。当已碳化与未碳化界限清晰时，再用碳化深度测量仪测量已碳化与未碳化混凝土交界面到混凝土表面的垂直距离，测量 3 次，每次读数精确至 0.25mm，取其平均值并记录，精确到 0.5mm。

（6）检测种类和数量：回弹法混凝土强度可按单个构件或按批量进行检测。区别如下：

1）对于单个构件，测区数不宜少于 10 个。当受检构件数量大于 30 个且不需提供单个构件推定强度或受检构件某一方向的尺寸不大于 4.5m 且另一方向尺寸不大于 0.3m 时，每个构件的测区量可适当减少，但不应少于 5 个。

2）对于混凝土生产工艺、强度等级相同，原材料、配合比、养护条件基本一致且龄期相近的一批同类构件，可采用批量检测，批量检测时应随机抽取构件；构件抽样数量不应少于同批构件总数的 30%，且不少于 10 件，当检验批构件数量大于 30 个时，抽样数量可适当调整，但不得少于有关标准规定的最小抽样数量。

（7）混凝土强度的计算：

1）测区混凝土强度换算值：从测区的 16 个回弹值中剔除 3 个最大值和 3 个最小值，其余的 10 个回弹值计算算术平均值得出该测区的平均回弹值（R_m）。构件的第 i 个测区的混凝土强度值，可根据平均回弹值（R_m）、平均碳化深度值（d_m）以及测强曲线求得。对于非泵送混凝土，使用 JGJ/T 23—2011 中表 A 进行测区混凝土强度换算；对于泵送混凝土，使用表 B 进行测区混凝土强度换算。

2）角度修正和浇筑面修正：水平方向检测混凝土浇筑表面或浇筑底面时，测区的平均回弹值应按式 8.2.1.2-1、式 8.2.1.2-2 修正：

$$R_m = R_m^t + R_a^t \qquad (8.2.1.2\text{-}1)$$
$$R_m = R_m^b + R_a^b \qquad (8.2.1.2\text{-}2)$$

式中：R_m^t、R_m^b——水平方向检测混凝土浇筑表面、底面时，测区的平均回弹值，精确至 0.1；

R_a^t、R_a^b——混凝土浇筑表面、底面回弹值的修正值，应按 JGJ/T 23—2011 附录 D 取值。

当回弹仪为非水平方向且测试面为混凝土的非浇筑侧面时，应先对回弹值进行角度修正，并应对修正后的回弹值进行浇筑面修正。

3）构件的测区混凝土强度平均值应根据各测区的混凝土强度换算值计算。当测区数为 10 个及以上时，还应计算强度标准差。平均值及标准差应按式 8.2.1.2-3、式 8.2.1.2-4 计算：

$$m_{f_{cu}^c} = \frac{\sum_{i=1}^{n} f_{cu,i}^c}{n} \qquad (8.2.1.2\text{-}3)$$

$$S_{f_{cu}^c} = \sqrt{\frac{\sum_{i=1}^{n} (f_{cu,i}^c)^2 - n(m_{f_{cu}^c})^2}{n-1}} \qquad (8.2.1.2\text{-}4)$$

式中：$m_{f_{cu}^c}$——构件测区混凝土强度换算值的平均值（MPa），精确至 0.1MPa；

n——对于单个检测的构件，取该构件的测区数；对批量检测的构件，取所有被抽检构件测区数之和；

$S_{f_{cu}^c}$——结构或构件测区混凝土强度换算值的标准差（MPa），精确至 0.01MPa。

4）构件的现龄期混凝土强度推定值（$f_{cu,e}$）应符合下列规定：

① 当构件测区数少于 10 个时，应按式 8.2.1.2-5 计算：

$$f_{cu,e} = f_{cu,min}^c \quad\quad\quad (8.2.1.2\text{-}5)$$

式中：$f_{cu,min}^c$——构件中最小的测区混凝土强度换算值。

② 当构件的测区混凝土强度值出现小于 10.0MPa 时，应按式 8.2.1.2-6 计算：

$$f_{cu,e} < 10.0\text{MPa} \quad\quad\quad (8.2.1.2\text{-}6)$$

③ 当构件测区数不少于 10 个时，应按式 8.2.1.2-7 计算：

$$f_{cu,e} = m_{f_{cu}^c} - 1.645 S_{f_{cu}^c} \quad\quad\quad (8.2.1.2\text{-}7)$$

④ 当批量检测时，应按式 8.2.1.2-8 计算：

$$f_{cu,e} = m_{f_{cu}^c} - k S_{f_{cu}^c} \quad\quad\quad (8.2.1.2\text{-}8)$$

式中：k——推定系数，宜取 1.645。当需要进行推定区间时，可按有关标准取值。

5）对按批量检测的构件，当该批构件混凝土强度标准差出现下列情况之一时，该批构件应全部按单个构件检测：

① 当该批构件混凝土强度平均值小于 25MPa 且 $S_{f_{cu}^c} > 4.5$MPa 时；

② 当该批构件混凝土强度平均值不小于 25MPa 且不大于 60MPa，并 $S_{f_{cu}^c} > 5.5$MPa 时。

6）当检测条件与规程的适用条件有较大差异时，可采用在构件上钻取的混凝土芯样或同条件试块对测区混凝土强度换算值进行修正。对同一强度等级混凝土修正时，芯样数量不应少于 6 个，公称直径宜为 100mm，高径比应为 1。芯样应在测区内钻取，每个芯样应只加工一个试件。同条件试块修正时，试块数量不应少于 6 个，试块边长应为 150mm。计算时，测区混凝土强度修正量及测区混凝土强度换算值的修正应符合下列规定：

① 修正量应按式 8.2.1.2-9 ~式 8.2.1.2-13 计算：

$$\Delta_{tot} = f_{cor,m} - f_{cor,m0}^c \quad\quad\quad (8.2.1.2\text{-}9)$$

$$\Delta_{tot} = f_{cu,m} - f_{cu,m0}^c \quad\quad\quad (8.2.1.2\text{-}10)$$

$$f_{cor,m} = \frac{1}{n}\sum_{i=1}^{n} f_{cor,i} \quad\quad\quad (8.2.1.2\text{-}11)$$

$$f_{cu,m} = \frac{1}{n}\sum_{i=1}^{n} f_{cu,i} \quad\quad\quad (8.2.1.2\text{-}12)$$

$$f_{cu,m0}^c = \frac{1}{n}\sum_{i=1}^{n} f_{cu,i}^c \quad\quad\quad (8.2.1.2\text{-}13)$$

式中：Δ_{tot}——测区混凝土强度修正量（MPa）精确到 0.1MPa；

$\quad\quad f_{cor,m}$——芯样试件混凝土强度平均值（MPa），精确到 0.1MPa；

$\quad\quad f_{cu,m}$——150mm 同条件立方体试块混凝土强度平均值（MPa），精确到 0.1MPa；

$\quad\quad f_{cu,m0}^c$——对应于钻芯部位或同条件立方体试块回弹测区混凝土强度换算值的平均值（MPa），精确到 0.1MPa；

$\quad\quad f_{cor,i}$——第 i 个混凝土芯样试件的抗压强度；

$\quad\quad f_{cu,i}$——第 i 个混凝土立方体试块的抗压强度；

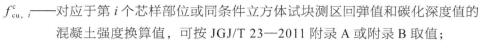

$f_{cu,i}^c$——对应于第 i 个芯样部位或同条件立方体试块测区回弹值和碳化深度值的

混凝土强度换算值，可按 JGJ/T 23—2011 附录 A 或附录 B 取值；

n——芯样或试块数量。

② 测区混凝土强度换算值的修正应按下列公式计算：

$$f_{cu,i1}^c = f_{cu,i0}^c + \Delta_{tot}$$ （8.2.1.2-14）

式中：$f_{cu,i0}^c$——第 i 个测区修正前的混凝土强度换算值（MPa），精确到 0.1MPa。

$f_{cu,i1}^c$——第 i 个测区修正后的混凝土强度换算值（MPa），精确到 0.1MPa。

8.2.1.3　回弹法检测高强混凝土强度

（1）检测原理与特点：检测原理与回弹法检测混凝土抗压强度基本相同，区别在于高强回弹仪的弹击能量较大，适用于检测高强混凝土（一般指强度等级为 C60~C90 的混凝土）的抗压强度。

（2）依据标准：主要依据现行广东省标准《高强混凝土强度回弹法检测技术规程》DBJ/T 15—186—2020。

（3）适用范围：适用于广东地区工程结构中强度等级为 C60~C90 混凝土抗压强度的检测，不适用于下列情况的混凝土强度检测：

1）遭受严重冻伤、化学侵蚀、火灾等导致表里不一致的混凝土和表面不平整的混凝土；

2）潮湿混凝土；

3）特种成型工艺制作的混凝土；

4）检测部位厚度小于 150mm 的混凝土构件；

5）所处环境温度低于 0℃或高于 40℃的混凝土。

（4）所需仪器和设备：率定钢砧、标称能量为 4.5J 的回弹仪，回弹仪应带有指针直读示值系统。

（5）检测步骤：

1）检测前率定，基本操作与回弹法基本相同，在洛氏硬度 HRC 为 60±2 的钢砧上，回弹仪的率定值应为 88±2。

2）在被检测构件表面布置测区，测区尺寸为 200mm×200mm。对于一般构件，测区数不宜少于 10 个，受检构件某一方向的尺寸不大于 4.5m 且另一方向尺寸不大于 0.3m 时，每个构件的测区量可适当减少，但不应少于 5 个。测区应布置在能使回弹仪处于水平方向弹击的混凝土浇筑侧面。在构件的重要部位及薄弱部位应布置测区，并应避开预埋件。测区应均匀分布，相邻两测区的间距不宜大于 2m，测区离构件端部或施工缝边缘的距离不宜大于 0.5m，且不宜小于 0.2m，测区离构件边缘的距离不宜小于 0.1m。测区表面应为混凝土原浆面，并应清洁、平整、干燥，不应有接缝、疏松层、浮浆、油垢、涂层及蜂窝、麻面；表面不平处可用砂轮适度打磨，并擦净残留粉尘。测区应标有清晰的编号，并宜在记录纸上绘制测区布置示意图和描述外观质量情况。

3）检测时，回弹仪的轴线处于水平方向，并应始终垂直于混凝土检测面。测量回弹值时应缓慢施压、准确读数、快速复位；同一测点应只弹击一次，每一测点的回弹值读数应准确至1。对于弹击时产生颤动的薄壁、小型构件，应进行固定。每一测区应回弹16个测点，测点在测区范围内宜均匀分布，不得分布在气孔或外露石子上。相邻两测点的间距不宜小于30mm，测点距外露钢筋、预埋件、铁件等的距离不宜小于100mm。

（6）混凝土强度的计算：

1）计算测区回弹值时，在同一个测区的16个回弹值中，剔除3个最大值和3个最小值，其余的10个回弹值计算算术平均值作为该测区回弹值的代表值R。

2）按单个构件或按批抽样检测混凝土强度，第i个测区混凝土强度换算值，可根据该测区回弹值代表值R，由DBJ/T 15—186—2020附录B查得或由式8.2.1.3-1计算获得：

$$f_{cu,i}^c = -49.52 + 2.376R - 0.00622R^2 \tag{8.2.1.3-1}$$

式中：$f_{cu,i}^c$——第i测区混凝土强度换算值（MPa），精确到0.1MPa；

R——测区回弹代表值，精确至0.1。

构件的测区混凝土强度平均值应根据各测区的混凝土强度换算值计算。当测区数为10个及以上时，还应计算强度标准差。平均值及标准差应按式8.2.1.3-2、式8.2.1.3-3计算：

$$m_{f_{cu}^c} = \frac{\sum_{i=1}^n f_{cu,i}^c}{n} \tag{8.2.1.3-2}$$

$$S_{f_{cu}^c} = \sqrt{\frac{\sum_{i=1}^n (f_{cu,i}^c)^2 - n(m_{f_{cu}^c})^2}{n-1}} \tag{8.2.1.3-3}$$

式中：$m_{f_{cu}^c}$——结构或构件测区混凝土强度换算值的平均值（MPa），精确至0.1MPa；

n——测区数，对于单个检测的构件，取该构件的测区数；对批量检测的构件，取所有被抽检构件测区数总和；

$S_{f_{cu}^c}$——结构或构件测区混凝土强度换算值的标准差（MPa），精确至0.01MPa。

现龄期混凝土强度推定值（$f_{cu,e}$）应符合下列规定：

1）当构件测区数少于10个时，或者测区混凝土强度换算值中出现大于90.0MPa时，应按式8.2.1.3-4计算：

$$f_{cu,e} = f_{cu,min}^c \tag{8.2.1.3-4}$$

式中：$f_{cu,min}^c$——构件的测区混凝土强度换算值的最小值（MPa），精确至0.1MPa。

2）测区混凝土强度换算值全部大于90.0MPa时，应按式8.2.1.3-5确定：

$$f_{cu,e} > 90.0MPa \tag{8.2.1.3-5}$$

3）测区混凝土强度换算值中出现小于60.0MPa时，应按式8.2.1.3-6确定：

$$f_{cu,e} < 60.0MPa \tag{8.2.1.3-6}$$

4）当构件测区数不少于10个或按批量检测时，应按式8.2.1.3-7计算：

$$f_{cu,e}=m_{f_{cu}^c}-1.645S_{f_{cu}^c} \quad\quad\quad （8.2.1.3-7）$$

按批量检测的构件，当该批构件混凝土强度标准差出现下列情况之一时，该批构件应全部按单个构件检测：

1）当该批构件混凝土强度换算值的标准差（$S_{f_{cu}^c}$）大于6.50MPa时；

2）由于测区混凝土强度换算值中出现大于90.0MPa或者小于60.0MPa，测区混凝土强度换算值不能计算标准差时。

当检测条件与测强曲线的使用条件有较大差异或曲线没有经过验证时，应采用同条件标准试件或者直接从结构构件测区内钻取混凝土芯样进行强度修正，直径100mm芯样数量不应少于6个，直径不小于70mm的小直径芯样试件的数量不应少于9个，计算时，测区混凝土强度修正量及测区混凝土强度换算值的修正应符合下列规定：

1）修正量应按式8.2.1.3-8、式8.2.1.3-9计算：

$$\varDelta_{tot}=\frac{1}{n}\sum_{i=1}^{n} \quad\quad f_{cor,i}=\frac{1}{n}\sum_{i=1}^{n}f_{cu,\ i}^c \quad\quad\quad （8.2.1.3-8）$$

$$\varDelta_{tot}=\frac{1}{n}\sum_{i=1}^{n} \quad\quad f_{cu,i}=\frac{1}{n}\sum_{i=1}^{n}f_{cu,\ i}^c \quad\quad\quad （8.2.1.3-9）$$

式中：$\varDelta_{tot}$——测区混凝土强度修正量（MPa）精确到0.1MPa；

$\quad\quad f_{cor,\ i}$——第i个混凝土芯样试件的抗压强度；

$\quad\quad f_{cu,\ i}$——第i个混凝土立方体试块的抗压强度；

$\quad\quad f_{cu,\ i}^c$——对应于第i个芯样部位或同条件立方体试块测区回弹值和碳化深度值的混凝土强度换算值，可按JGJ/T 23—2011附录A或附录B取值；

$\quad\quad n$——芯样或试块数量。

2）测区混凝土强度换算值的修正应按式8.2.1.3-10计算：

$$f_{cu,\ i1}^c=f_{cu,\ i0}^c+\varDelta_{tot} \quad\quad\quad （8.2.1.3-10）$$

式中：$f_{cu,\ i0}^c$——第i个测区修正前的混凝土强度换算值（MPa），精确到0.1MPa；

$\quad\quad f_{cu,\ i1}^c$——第i个测区修正后的混凝土强度换算值（MPa），精确到0.1MPa。

8.2.2 混凝土构件钢筋配置及锈蚀性状检测

构件钢筋配置及锈蚀形状检测是房屋安全鉴定现场检测中常见的检测项目，一般检测内容包括混凝土构件中钢筋的保护层厚度、间距、公称直径、钢筋锈蚀程度等。混凝土构件钢筋配置检测方法一般分为无损检测方法和直接法。无损检测方法（如电磁感应法、雷达法等）可在不损伤混凝土构件保护层或原有钢筋的情况下进行检测，直接法则需要对构件钢筋保护层进行剔凿或截取部分构件原有钢筋。不同检测方法适用的检测项目见表8.2.2。

表 8.2.2

检测方法	检测项目
电磁感应法	混凝土中钢筋的保护层厚度、间距
雷达法	混凝土中钢筋的保护层厚度、间距
直接法	钢筋的保护层厚度、间距、直径、力学性能、锈蚀性状
半电池电位法	混凝土中钢筋锈蚀性状

无损检测方法对结构的损伤较少，现场操作便捷高效，是检测的首选方法。但无损检测方法受测试原理局限，检测结果较直接法具有一定不确定性。直接法会削弱构件截面受力性能，不宜大面积使用，并且应在检测前对可能造成的风险进行评估，在可能影响安全时应采取适当的加固措施，在检测完成后及时对破损部位进行修复。此外，为减少检测风险，提高检测结果的准确性，特别是对检测结构有怀疑时，应在无损检测方法进行检测的基础上，结合直接法对检测结果进行验证。

构件钢筋配置检测依据标准为现行行业标准《混凝土中钢筋检测技术标准》JGJ/T 152—2019。电磁感应法和雷达法是常见的混凝土保护层厚度和钢筋间距检测的检测方法。

8.2.2.1 电磁感应法检测混凝土保护层厚度和钢筋间距检测

（1）检测原理和方法：电磁感应法钢筋探测仪的信号发射系统在主机的控制下，产生一定频率的激励信号激励探头，探头感应被测钢筋，输出的信号经信号采集系统转换为数字信号，进入主机进行处理，判断钢筋的位置和保护层厚度。电磁感应法属于无损检测方法，具有检测速度快、对浅层钢筋（距混凝土表面50mm以内）检测精度高的特点，但检测过程易受其他铁磁性金属干扰，构件钢筋的种类和间距、钢筋的排数也会影响检测精度。电磁感应法适用于对单个混凝土构件保护层厚度和钢筋间距的检测。

（2）适用范围：不适用于含有铁磁性物质的混凝土，当被检测混凝土含有铁磁性物质时，可采用直接法检测。

（3）检测部位：避开钢筋接头、绑丝、金属预埋件，适当选择清洁、平整的检测面；对于具有饰面层的结构及构件，应清除饰面层后在混凝土面上进行检测；钢筋间距应满足钢筋探测仪的检测要求。

（4）所需仪器和设备：电磁感应法钢筋探测仪。当混凝土保护层厚度为 10～50mm 时，检测的允许偏差为 ±1mm；当混凝土保护层厚度大于 50mm 时，保护层厚度检测允许偏差应为 ±2mm；钢筋间距检测的允许偏差应为 ±2mm。

（5）检测步骤：

1）根据所检钢筋的分布情况，确定垂直于所检钢筋轴线方向为探测方向。

2）对仪器进行预热和调零，调零时探测仪探头应远离金属物体。

3）在检测前先进行预扫，使探测仪探头在检测面上沿检测方向移动，直到仪器保护层厚度示值最小。此时探头中心线与钢筋轴线应重合。在相应位置做好标记，重复以上步骤将相邻的其他钢筋位置逐一标出，初步了解钢筋埋设深度。

4）正式检测时，应根据预扫描结果设定仪器量程范围，根据原位实测结果或设计资料设定仪器的钢筋直径参数。沿被测钢筋轴线选择相邻钢筋影响较小的位置，在预扫描的基础上进行扫描探测，确定钢筋的准确位置，将探头放在与钢筋轴线重合的检测面上读取保护层厚度检测值。

5）应对同一根钢筋同一处检测2次，读取的2个保护层厚度值相差不大于1mm时，取二次检测数据的平均值为保护层厚度值，精确至1mm；2个保护层厚度值相差大于1mm时，该次检测数据无效，应查明原因，在该处重新进行2次检测。仍不符合规定时，应该更换电磁感应法钢筋探测仪重新检测或采用直接法进行检测。

6）当实际保护层厚度值小于仪器最小示值时，应采用在探头下附加垫块的方法进行检测。垫块对仪器检测结果不应产生干扰，表面应光滑平整，其各方向厚度值偏差不应大于0.1mm。垫块应与探头紧密接触，不得有间隙。所加垫块厚度在计算保护层厚度时应予扣除。

7）钢筋间距的检测应首先根据预扫描的结果，设定仪器量程范围，在预扫描的基础上进行扫描，确定钢筋的准确位置；应将检测范围内的设计间距相同的连续相邻钢筋逐一标出，并应逐个量测钢筋的间距。当同一构件检测的钢筋数量较多时，应对钢筋间距进行连续量测，且不宜少于6个。

8）遇到下列情况之一时，应采用直接法进行验证：

① 认为相邻钢筋对检测结果有影响；

② 钢筋公称直径未知或有异议；

③ 钢筋实际根数、位置与设计有较大偏差；

④ 钢筋以及混凝土材质与校准试件有显著差异。

当采用直接法验证时，应选取不少于30%的已测钢筋，且不应少于7根，当实际检测数量小于7根时应全部抽取。

8.2.2.2　雷达法检测构件钢筋位置和间距

（1）检测原理和方法：雷达仪通过雷达天线向混凝土发射毫秒级电磁波，利用不同介质电磁波阻抗和几何形态的差异，根据反射回波的振幅及频率随时间变化构成图像并分析混凝土中钢筋的位置和间距。雷达法属于无损检测方法，与电磁感应法相比，检测深度大，但精确度相对稍差。

（2）适用范围：适用于对结构或构件中钢筋间距和位置的大面积扫描检测以及多层钢筋的扫描检测，不适用于含有铁磁性物质的混凝土。当检测精度达到电磁感应法检测的精度要求时，也可用于混凝土保护层厚度检测。

（3）所需仪器和设备：雷达探测仪。

（4）检测步骤：

1）根据检测构件的钢筋位置选定合适的天线中心频率，天线中心频率的选定应在满足探测深度的前提下，使用较高分辨率天线的雷达仪。

2）根据检测构件中钢筋的排列方向，雷达仪探头或天线沿垂直于选定的被测钢筋轴线方向扫描采集数据，场地允许的情况下，宜使用天线阵雷达进行网格状扫描。

3）根据钢筋的反射回波在波幅及波形上的变化形成图像，来确定钢筋间距、位置和混凝土保护层厚度检测值，并可对被检测区域的钢筋进行三维立体显示。

4）遇到下列情况之一时，宜采用直接法验证：

① 认为相邻钢筋对检测结果有影响；

② 无设计图纸时，需要确定钢筋根数和位置；

③ 当有设计图纸时，钢筋检测数量与设计不符或钢筋间距检测值超过相关标准允许的偏差；

④ 混凝土未达到表面风干状态；

⑤ 饰面层电磁性能与混凝土有较大差异。

当采用直接法验证时，应选取不少于 30% 的已测钢筋且不应少于 7 根，当实际检测数量不到 7 根时应全部抽取。

8.2.2.3 直接法检测构件混凝土保护层厚度和钢筋间距

（1）检测原理和方法：通过剔除混凝土保护层，露出钢筋表面，使用直尺量测混凝土保护层厚度和钢筋间距，使用游标卡尺量测混凝土保护层厚度。

（2）所需仪器和设备：钢直尺和游标卡尺，应定期送计量鉴定机构进行检定。

（3）检测步骤：

1）检测混凝土保护层厚度时，应先采用无损检测方法确定被测钢筋位置，然后用空心钻头钻孔或剔凿去除钢筋外层混凝土，直至被测钢筋直径方向完全暴露且沿钢筋长度方向不宜小于 2 倍钢筋直径；用游标卡尺测量钢筋外轮廓至混凝土表面最小距离。

2）检测钢筋间距时，应在垂直于被检测钢筋长度方向上对混凝土进行连续剔凿，直至钢筋直径方向完全暴露，暴露的连续分布且设计间距相同的钢筋不宜少于 6 根，当钢筋数量少于 6 根时，应全部剔凿，然后用钢卷尺逐个量测钢筋的间距。

（4）检测数据处理：

1）当采用直接法验证混凝土保护层厚度时，应先按式 8.2.2.3-1 计算混凝土保护层厚度的修正量：

$$c_c = \frac{\sum\limits_{i=1}^{n} c_i^z - c_i^t}{n} \tag{8.2.2.3-1}$$

式中：c_c——混凝土保护层厚度修正量（mm），精确至 0.1mm；

c_i^z——第 i 个测点的混凝土保护层厚度直接法实测值（mm），精确至 0.1mm；

c_i^t——第 i 个测点的混凝土保护层厚度电磁感应法钢筋探测仪器示值（mm），精确至 0.1mm；

n——钻孔、剔凿验证实测点数。

2）混凝土保护层厚度测点检测值应按式 8.2.2.3-2 计算：

$$c_{m,i}^t = (c_1^t + c_2^t + 2c_c - 2c_0) /2 \qquad (8.2.2.3\text{-}2)$$

式中：$c_{m,i}^t$——第 i 测点混凝土保护层厚度平均检测值，精确到 1mm；

c_1^t、c_2^t——第 1、2 次检测的混凝土保护层厚度检测值，精确到 1mm；

c_c——混凝土保护层厚度修正值（mm），当没有进行钻孔剔凿验证时，取 0；

c_0——探头垫块厚度（mm），精确至 0.1mm；无垫块时取 0。

3）检测钢筋间距时，可根据实际需要采用绘图方式给出相邻钢筋间距，当同一构件检测钢筋为连续 6 个间距时，也可给出被测钢筋的最大间距、最小间距和平均间距，钢筋平均间距按式 8.2.2.3-3 计算：

$$s_m = \frac{\sum_{i=1}^{n} s_i}{n} \qquad (8.2.2.3\text{-}3)$$

式中：s_m——钢筋平均间距，精确到 1mm；

s_i——第 i 个钢筋间距，精确到 1mm。

4）工程质量检测时，混凝土保护层厚度的评定应符合设计及现行国家标准《混凝土结构工程施工质量验收规范》GB 50204—2015 的有关规定。对混凝土结构进行结构性能检测时，混凝土保护层厚度、钢筋间距的结果评定应符合现行国家标准《建筑结构检测技术标准》GB/T 50344—2019 或《混凝土结构现场检测技术标准》GB/T 50784—2013 的规定。

8.2.2.4　半电池电位法检测混凝土中钢筋锈蚀性状检测

（1）检测原理和方法：通过检测钢筋表面某一点的电位，与铜—硫酸铜参考电极的电位做比较，以此来确定钢筋锈蚀性状的方法。半电池电位检测钢筋锈蚀性状属于无损检测方法，可对某一区域内的网状钢筋进行检测，但检测时需要剔凿局部混凝土保护层并露出一根钢筋，连接导线以形成电通路。

（2）适用范围：适用于采用半电池电位法来定性评估混凝土结构及构件中钢筋的锈蚀性状，不适用于带涂层的钢筋以及混凝土已饱水和接近饱水的构件检测。钢筋的实际锈蚀状况宜通过剔凿实测进行验证。

（3）所需仪器设备：钢筋锈蚀测量仪（测量电位：+999mV；测量精度：±1mV）、钢筋探测仪、万用表、温度计、钢尺等。

（4）检测步骤：

1）在混凝土结构及构件上可布置若干测区，测区面积不宜大于 5m×5m，按确定的位置对测区编号。每个测区应采用矩阵式（行、列）布置测点，依据被测构件及构件的尺寸，以 100mm×100mm～500mm×500mm 划分网格，网格的节点为电位测点。

2）当测区混凝土表面有绝缘涂层介质时，先将涂层清除。测点处混凝土表面应平整、清洁。必要时应使用砂轮或钢丝刷打磨，并应将粉尘等杂质清除。

3）采用钢筋探测仪检测钢筋分布情况，并在适当位置剔凿出钢筋，将导线一端接于混凝土中钢筋上，另一端接在钢筋锈蚀测量仪的负输入端；清除连接处钢筋表面的锈迹和污物，保证导线与钢筋有效连接，测区内的钢筋（钢筋网）与连接点的钢筋形成电通路。

4）用导线将钢筋锈蚀测量仪的正输入端和铜—硫酸铜半电池连接。

5）测区混凝土应预先充分浸湿。可在饮用水中加入适量（约2%）家用液态洗涤剂配制成导电溶液，在测区混凝土表面喷洒，半电池的电连接垫与混凝土表面测点应有良好的耦合。

6）按测区编号，将电池依次放在各电位测点上，保证半电池刚性管中的饱和硫酸铜溶液同时与多孔塞和铜棒保持完全接触，记录各测点的电位值及环境温度。检测时应避免外界各种因素对电流产生的影响。

7）当检测环境温度在（22±5）℃以外时，应按式8.2.2.4-1、式8.2.2.4-2对测点的电位值进行修正：

当 $T \geqslant 27℃$： $V = k \times (T-27.0) + V_R$ （8.2.2.4-1）

当 $T \leqslant 17℃$： $V = k \times (T-17.0) + V_R$ （8.2.2.4-2）

式中：V——温度修正后的电位值（mV），精确至1mV；

V_R——温度修正前的电位值（mV），精确至1mV；

k——系数（mV/℃）。

（5）检测结果判定：

1）半电池电位检测结果可采用电位等值线图表示被测结构及构件中钢筋的锈蚀性状。宜按合适比例在结构构件图上标出各测点的半电池电位值，可通过数值相等的各点或内插等值的各点绘出电位等值线。电位等值线的最大间隔宜为100mV。

2）当采用半电池电位值评价钢筋锈蚀性状时，应根据表8.2.2.4进行判断。

半电池电位值评价钢筋锈蚀性状的判据   表8.2.2.4

电位水平（mV）	钢筋锈蚀性状
> -200	不发生锈蚀的概率 > 90%
-350 ~ -200	锈蚀性状不确定
< -350	发生锈蚀的概率 >90%

8.2.3 结构实体位置与尺寸偏差检测

在房屋安全鉴定中，往往需要对房屋层高以及柱、墙、梁、板结构构件的尺寸进行检测，对竖向构件垂直度进行量测，作为结构验算或施工质量评价的依据。

（1）所需仪器和设备：钢尺、激光测距仪、钢卷尺、楼板测厚仪、建筑工程检测器等。

（2）依据标准：现行国家标准《混凝土结构工程施工质量验收规范》GB 50204—2015。

（3）检测项目与检测方法：

结构实体位置与尺寸偏差主要检验项目及对应检测方法详见表8.2.3。

结构实体位置与尺寸偏差检验项目及检验方法　　　　　　　　　　表 8.2.3

项目	检验方法
柱截面尺寸	选取柱的一边量测柱中部、下部及其他部位，取 3 点平均值作为柱构件的截面尺寸
柱垂直度	沿两个方向分别量测，取较大值作为柱构件的垂直度
墙厚	墙身中部量测 3 个点，取平均值，测点间间距不小于 1m
梁高	量测一侧边跨中及两个距离支座 0.1m 处，取 3 点平均值，量测值可取腹板高度加上此处楼板的实测厚度
板厚	悬挑板取距离支座 0.1m 处，沿宽度方向取包括中心位置在内的随机 3 点取平均值作为悬挑板板厚；其他楼板应在同一对角线上量测中心及距离两端各 0.1m 处，取 3 点平均值作为一般板构件板厚
层高	与板厚测点相同，量测板顶至上层楼板板底净高，测高量测值为净高与板厚之和，取 3 点平均值作为建筑物层高

8.3　砌体结构现场检测

砌体结构是房屋安全鉴定中常见的结构类型。砌体结构的强度检测包括砌筑砂浆抗压强度检测、砌体块材强度检测和砌体抗压强度检测。

8.3.1　贯入法检测砌筑砂浆抗压强度

（1）检测原理与方法：在一定贯入力作用下，通过量测测钉进入砂浆的深度，检测现龄期的砂浆抗压强度。贯入法属于无损检测方法，不会对砌体造成损害，操作直观，检测速度较快，运用广泛，可用于单构件检测或批量检测。

（2）依据标准：现行行业标准《贯入法检测砌筑砂浆抗压强度技术规程》JGJ/T 136—2017。

（3）适用范围：适用于工业与民用建筑砌体工程中砌筑砂浆抗压强度的现场检测。不适用于遭受高温、冻寒、化学侵蚀、火灾等表面损伤的砂浆检测，以及冻结法施工的砂浆在强度回升阶段的检测。所检测的砂浆应为自然养护、龄期为 28d 或 28d 以上、处于自然风干状态、强度为 0.4 ~ 16.0MPa 的水泥混合砂浆及水泥砂浆。

（4）所需仪器和设备：贯入式砂浆强度检测仪、贯入深度测量仪。贯入深度测量仪应定期送计量鉴定机构进行检定和校准。

（5）检测步骤：

1）检测砌筑砂浆抗压强度时，应以面积不大于 25m² 的砌体构件或构筑物为一个构件，每一个构件内的测区数为一个，测区面积不小于 1000mm×1000mm，并避开门窗洞和预埋铁件等障碍物。当按批抽样检测时，应取龄期相近的同楼层、同品种、同强度等级砌筑砂浆且不大于 250m³ 砌体为一批，抽检数量不应少于砌体总构件数的 30%，且不应少于 6 个构件。基础按一个楼层计。被测灰缝应饱满，其厚度不应小于 7mm，宜选择在承重构件的可测面上，并应避免竖缝，门窗洞口后砌洞口和预埋件的边缘。多孔砖砌体和砌体的水平灰缝深度应大于 30mm。

2）检测范围内的饰面层、粉刷层、勾缝砂浆以及表面损伤层等，应清除干净，应使待测灰缝砂浆暴露并经打磨平整后再检测，每一构件应测试 16 点，测点应均匀地分布在构件的水平灰缝上，测点间的水平距离不宜小于 240mm，每条灰缝不宜多于 2 个测点。

3）每次试验前，应清除测钉附着的水泥灰渣等杂物，同时用测钉量规检验测钉的长度；当测钉能够通过测钉量规槽时，应重新选用新的测钉。

4）将测钉插入贯入杆的测钉座中，用摇柄旋紧螺母直至挂钩挂上为止，将贯入仪扁头对准灰缝钉座中间，并垂直贴在被测砌体灰缝砂浆的表面，握住贯入仪把手，扳动扳机，将测钉贯入被测砂浆中。

5）使用贯入深度测量仪读取测钉贯入深度。

（6）砂浆抗压强度计算：

1）检测数值中，应将 16 个贯入深度值中 3 个较大值和 3 个较小值剔除，余下 10 个贯入深度值按式 8.3.1-1 取平均值：

$$m_{d_j} = \frac{1}{10} \sum_{i=1}^{10} d_i \qquad (8.3.1\text{-}1)$$

式中：m_{d_j}——第 j 个构件的砂浆贯入深度平均值，精确至 0.01mm；

d_i——第 i 个测点的贯入深度值，精确至 0.01mm。

2）根据计算所得的构件贯入深度平均值 m_{d_j}，按不同砂浆品种由《贯入法检测砌筑砂浆抗压强度技术规程》JGJ/T 136—2017 附表 D 查得其砂浆抗压强度换算值 $f_{2,j}^c$。

3）按批抽检时，同批构件砂浆应按式 8.3.1-2 ~ 式 8.3.1-4 计算其平均值、标准差和变异系数：

$$m_{f_2^c} = \frac{1}{n} \sum_{j=1}^{n} f_{2,j}^c \qquad (8.3.1\text{-}2)$$

$$s_{2T_2^c} = \sqrt{\frac{\sum_{j=1}^{n}(m_{f_2^c} - f_{2,j}^c)^2}{n-1}} \qquad (8.3.1\text{-}3)$$

$$\eta_{f_2^c} = s_{f_2^c} / m_{f_2^c} \qquad (8.3.1\text{-}4)$$

式中：$m_{f_2^c}$——同批构件砂浆抗压强度换算值的平均值（MPa），精确至 0.1MPa；

$f_{2,j}^c$——第 j 个构件的砂浆抗压强度换算值（MPa），精确至 0.1MPa；

$s_{f_2^c}$——同批构件砂浆抗压强度换算值的标准差（MPa），精确至 0.01MPa；

$\eta_{f_2^c}$——同批构件砂浆抗压强度换算值的变异系数，精确至 0.01。

4）砌体砌筑砂浆抗压强度推定值 $f_{2,e}^c$ 应按下列规定确定

① 当按单个构件检测时按式 8.3.1-5 计算：

$$f_{2,e}^c = 0.91 f_{2,j}^c \qquad (8.3.1\text{-}5)$$

式中：$f_{2,e}^c$——砂浆抗压强度推定值（MPa），精确至 0.1MPa；

$f_{2,j}^c$——第 j 个构件的砂浆抗压强度换算值（MPa），精确至 0.1MPa。

② 当按批抽检时，按式 8.3.1-6、式 8.3.1-7 计算，并取 $f_{2,e1}^c$ 和 $f_{2,e2}^c$ 中的较小值

作为该批构件的砌筑砂浆抗压强度推定值 $f_{2,e}^c$：

$$f_{2,e1}^c = 0.91 m_{f_2^c} \tag{8.3.1-6}$$

$$f_{2,e2}^c = 1.18 f_{2,min}^c \tag{8.3.1-7}$$

式中：$f_{2,e1}^c$——砂浆抗压强度推定值之一（MPa），精确至 0.1MPa；

　　　$f_{2,e2}^c$——砂浆抗压强度推定值之二（MPa），精确至 0.1MPa；

　　　$m_{f_2^c}$——同批构件砂浆抗压强度换算值的平均值（MPa），精确至 0.1MPa；

　　　$f_{2,min}^c$——同批构件中砂浆抗压强度换算值的最小值（MPa），精确至 0.1MPa。

对于按批抽检的砌体，当该批构件砌筑砂浆抗压强度换算值变异系数不小于 0.3 时，则该批构件全部按单个构件检测。

8.3.2　回弹法检测烧结普通砖抗压强度

（1）检测原理与特点：通过测量回弹仪弹击烧结砖表面后，击锤回弹的高度确定烧结砖的抗压强度。与回弹法检测混凝土抗压强度类似，回弹法检测烧结普通砖抗压强度属于无损检测方法，不会对砌体造成损害，操作简便，检测速度较快，可用于单构件检测或批量检测。

（2）依据标准：现行国家标准《建筑结构检测技术标准》GB/T 50344—2019。

（3）适用范围：适用于检测烧结普通砖抗压强度，不适用于过烧砖、欠烧砖。

（4）所需仪器和设备：HT75 型回弹仪。

（5）检测步骤：

1）同一批次烧结普通砖的砌体上可布置 5~10 个回弹测区，每个测区可抽取 5~10 块砖进行检测。

2）每块砖的条面应布置 5 个回弹测点，测点应避开气孔、裂纹等，测点之间应留有一定的间距。

（6）单块砖的抗压强度换算值：

以每块砖的回弹测试平均值为计算参数，按相应的公式计算单块砖的抗压强度换算值：

黏土砖（式 8.3.2-1）　　$f_{l,i} = 1.08 R_{m,i} - 32.5$ 　　　　　　　（8.3.2-1）

页岩砖（式 8.3.2-2）　　$f_{l,i} = 1.06 R_{m,i} - 31.4$ 　　　　　　　（8.3.2-2）

煤矸石砖（式 8.3.2-3）　$f_{l,i} = 1.05 R_{m,i} - 27.0$ 　　　　　　　（8.3.2-3）

式中：$R_{m,i}$——第 i 块砖回弹测试平均值，精确至 0.1；

　　　$f_{l,i}$——第 i 块砖抗压强度换算值。

（7）检测批烧结普通砖抗压强度推定：

检测批烧结普通砖的抗压强度平均值，应按《建筑结构检测技术标准》GB/T 50344—2019 第 3 章的规定确定推定区间。

8.3.3　原位轴压法检测砌体抗压强度

（1）检测原理与特点：原位轴压法是使用原位压力机，在墙体上进行抗压试验，检测砌体抗压强度的检测方法，也简称为轴压法。原位轴压法属于原位检测，直接在检测的墙体上进行试验，测试结果是砌体材料质量和施工质量的综合反映。原位轴压法有设备使用时间长、变形适应能力强、操作简便、检测结果直观、可比性强的优点，对砂浆强度低、砌体压缩变形较大或砌体强度较高的墙体均可应用。其缺点是检测设备较重造成搬运不便，会对所检测的砌体造成局部破损。

（2）依据标准：现行国家标准《砌体工程现场检测技术标准》GB/T 50315—2011。

（3）适用范围：适用于检测普通砖和多孔砖砌体的抗压强度；火灾、环境侵蚀后的砌体剩余抗压强度。

（4）所需仪器和设备：原位压力机，根据其额定压力和极限压力指标的不同，分为450型、600型和800型三种型号，具体技术指标如表8.3.3-1所示。

原位压力机主要技术指标 表8.3.3-1

项目	指标		
	450型	600型	800型
额定压力（kN）	400	550	750
极限压力（kN）	450	600	800
额定行程（mm）	15	15	15
极限行程（mm）	20	20	20
示值相对误差（%）	±3	±3	±3

（5）检测步骤

1）检测单元、测区和测点规定：

① 当检测对象为整栋建筑物或建筑物的一部分时，应将其划分为一个或若干个可以独立进行分析的结构单元，每一结构单元划分为若干个检测单元。

② 每一检测单元内，不宜少于6个测区，应将单个构件（单片墙体、柱）作为一个测区。当一个检测单元不足6个构件时，应将每个构件作为一个测区。当选择6个测区确有困难时，可选取不少于3个测区测试，但宜结合其他非破损检测方法综合进行强度推定。

③ 每一测区应随机布置若干测点，对于原位轴压法测点数不应少于1个。

2）测试部位应具有代表性，并应符合下列规定：

① 测试部位宜选在墙体中部距楼、地面1m左右的高度处，槽间砌体每侧的墙体宽度不应小于1.5m。

② 同一墙体上，测点不宜多于1个，且宜选在沿墙体长度的中间部位，当测点多于1个时，其水平净距不得小于2.0m。

③ 测试部位不得选在挑梁下、应力集中部位以及墙梁的墙体计算高度范围内。

3）检测时，在墙体上开凿两条水平槽孔，安放原位压力机。在测点上开凿水平槽孔时，应遵守下列规定：

① 上、下水平槽的尺寸应符合表 8.3.3-2 要求。

上、下水平槽的尺寸要求

表 8.3.3-2

名称	长度（mm）	厚度（mm）	高度（mm）
上水平槽	250	240	70
下水平槽	250	240	≥ 110

② 上下水平槽孔应对齐，对于普通砖砌体，槽间砌体高度应为 7 皮砖；多孔砖砌体，槽间砌体高度应为 5 皮砖。

③ 开槽时，应避免扰动四周的砌体，槽间砌体的承压面应修平整。

4）在槽孔间安放原位压力机时，应符合下列规定：

① 在上槽内的下表面和扁式千斤顶的顶面，应分别均匀铺设湿细砂或石膏等材料的垫层，垫层厚度可取 10mm。

② 应将反力板置于上槽孔，扁式千斤顶置于下槽孔，安放四根钢拉杆，使两个承压板上下对齐后，拧紧螺母并调整其平行度：四根钢拉杆的上下螺母间的净距误差不应大于 2mm。

③ 正式测试前，应进行试加荷载试验，试加荷载值可取预估破坏荷载的 10%。应检查测试系统的灵活性和可靠性，以及上下压板和砌体受压面接触是否均匀密实。经试加荷载，测试系统正常后卸荷，开始正式测试。

5）正式测试时，应分级加荷。每级荷载可取预估破坏荷载的 10%，并应在 1 ~ 1.5min 内均匀加完，然后恒载 2min。加荷至预估破坏荷载的 80% 后，应按原定加荷速度连续加荷，直至槽间砌体破坏。当槽间砌体裂缝急剧扩展和增多，油压表的指针明显回退时，槽间砌体达到极限状态。

6）试验过程中，如发现上下压板与砌体承压面因接触不良，致使槽间砌体呈局部受压或偏心受压状态时，应停止试验。此时应调整试验装置，重新试验，无法调整时应更换测点。

7）试验过程中，应仔细观察槽间砌体初裂裂缝与裂缝开展情况，记录逐级荷载下的油压表读数、测点位置、裂缝随荷载变化情况简图等。

（6）试验结果判定方法

1）根据槽间砌体初裂和破坏时的油压表读数，分别减去油压表的初始读数，按原位压力机的校验结果，计算槽间砌体的初裂荷载值和破坏荷载值。

2）槽间砌体的抗压强度，应按式 8.3.3-1 计算：

$$f_{uij}=\frac{N_{uij}}{A_{ij}}$$

（8.3.3-1）

式中：f_{uij}——第 i 个测区第 j 个测点槽间砌体的抗压强度（MPa）；

N_{uij}——第 i 个测区第 j 个测点槽间砌体的受压破坏荷载值（N）；

A_{ij}——第 i 个测区第 j 个测点槽间砌体的受压面积（mm²）。

3）槽间砌体的抗压强度换算为标准砌体的抗压强度，应按式 8.3.3-2、式 8.3.3-3 计算；

$$f_{mij} = \frac{f_{uij}}{\varepsilon_{1ij}} \qquad (8.3.3-2)$$

$$\varepsilon_{1ij} = 1.25 + 0.60\sigma_{0ij} \qquad (8.3.3-3)$$

式中：f_{mij}——第 i 个测区第 j 个测点的标准砌体抗压强度换算值（MPa）；

ε_{1ij}——原位轴压法的无量纲的强度换算系数；

σ_{0ij}——该测点上部墙体的压应力（MPa），其值可按墙体实际所承受的荷载标准值计算。

4）测区的砌体抗压强度平均值，应按式 8.3.3-4 计算；

$$f_{mi} = \frac{1}{n_1}\sum_{j=1}^{n_1} f_{mij} \qquad (8.3.3-4)$$

式中：f_{mi}——第 i 个测区的砌体抗压强度平均值（MPa）；

n_1——第 i 个测区的测点数。

8.4 钢结构现场检测

钢结构是房屋建筑中重要的结构形式，具有施工简便快捷、建筑内部空间宽敞的特点，常用于厂房等大面积单层建筑和临时性建筑。钢结构现场检测根据检测对象的不同进行分类，可分为在建钢结构的检测和既有钢结构的检测。根据具体检测参数进行分类，可分为材料力学性能、连接、节点、尺寸与偏差、变形与损伤、构造与稳定、涂装防护等检测项目。钢结构焊缝常用的无损检测包括超声波检测、磁粉检测、射线检测和渗透检测。钢结构无损检测可根据各种检测方法的适用范围和建筑结构状况和现场条件，按表 8.4 进行选择。

无损检测方法的选用　　　　　　　　　　　　表 8.4

检测方法	适用范围
磁粉检测	铁磁性材料表面和近表面缺陷的检测
渗透检测	表面开口性缺陷的检测
超声波检测	内部缺陷的检测，主要用于平面型缺陷的检测
射线检测	内部缺陷的检测，主要用于体积型缺陷的检测

当钢结构中焊缝采用磁粉检测、渗透检测、超声波检测和射线检测时，应经目视检测合格且焊缝冷却到环境温度后方可进行。对于低合金结构钢有延迟裂纹倾向的焊

缝应在 24h 后进行检测。

当采用射线检测钢结构内部缺陷时，在检测现场周边区域应采取相应防护措施。射线检测可按现行国家标准《焊缝无损检测 射线检测 第 1 部分：X 和伽玛射线的胶片技术》GB/T 3323.1—2019 的有关规定执行。

钢结构检测所用的仪器、设备和量具应具有产品合格证、计量检定机构出具的有效期内的检定（校准）证书，仪器设备的精度应满足检测项目的要求。检测所用检测试剂应标明生产日期和有效期，并应具有产品合格证和使用说明书。

检测人员应经过培训取得上岗资格，从事钢结构无损检测的人员应按现行国家标准《无损检测人员资格鉴定与认证》GB/T 9445—2015 进行相应级别的培训、考核，并持有相应考核机构颁发的资格证书。

取得不同无损检测方法的各技术等级人员不得从事与该方法和技术等级以外的无损检测工作。

从事射线检测的人员上岗前应进行辐射安全知识的培训，并应取得放射工作人员证。

从事钢结构无损检测的人员，视力应满足下列要求：

1）每年应检查一次视力，无论是否经过矫正，在不小于 300mm 距离处，一只眼睛或两只眼睛的近视力应能读出 Times New Roman 4.5；

2）从事磁粉、渗透检测的人员，不得有色盲。

现场检测工作应由两名或两名以上检测人员承担。

由于钢结构检测对检测人员技术和经验要求较高，以下仅对常见钢结构检测项目做简要介绍。

8.4.1　超声检测

（1）检测原理与特点：超声检测是通过超声探头发射超声波，经过耦合剂入射到工件中传播，当超声波在介质中遇到界面产生发射，反射回波被探头接收。根据反射回波在探伤仪屏幕上的位置和波幅高低判断缺陷的大小和位置。

（2）适用范围：超声检测主要用于金属材料内部缺陷的检测，对如未熔合、裂纹、分层等面积型缺陷有较高检出率，但难以对缺陷进行定性分析，对被检测表面的光洁度要求较高。

（3）所需仪器和设备：超声波探伤仪、耦合剂等。

8.4.2　磁粉检测

（1）检测原理与特点：磁粉检测是通过铁磁材料在磁场中被磁化后，缺陷处产生漏磁场吸附磁粉而形成的磁痕来显示材料表面缺陷的无损检测方法，检测工艺相对简单，检测速度快，灵敏度较高，结果直观，检测成本较低，是产品在役检测的常用方法。

（2）适用范围：用于检测铁磁材料及其制品表面近表面的裂纹及其他缺陷，不能用于非铁磁性金属的检验。

187

（3）所需仪器和设备：磁轭式探伤仪或旋转磁场探伤仪，反差剂和磁悬液等。

8.4.3 射线检测

（1）检测原理与特点：射线检测是利用射线透过物体时产生的吸收和散射现象，通过检测材料中因缺陷存在而引起射线强度改变的程度来探测缺陷的无损检测方法。射线检测能有效检出气孔、夹渣、疏松等缺陷，能在底片上直观显示缺陷的性质、形状、大小和位置，能通过底片的形式长久保存检测结果。射线检测的实施方法有照相法、荧光屏法、工业电视法等，常用的射线有 X 射线和 γ 射线，常用的检测技术为穿透法。

（2）适用范围：射线检测主要检测体积型缺陷，对面状缺陷检测能力较差。若射线方向与缺陷走向的相对角度选取不当，会显著影响缺陷的检出率。

（3）所需仪器和设备：射线机、胶片、增感屏、黑度计、像质计等。

8.4.4 渗透检测

（1）检测原理与特点：渗透检测是通过彩色（红色）或荧光渗透剂在毛细管作用下渗入表面开口缺陷，然后被白色显像剂吸附而显示红色（或在紫外灯照射下显示黄绿色）缺陷痕迹，从而判断工件表面缺陷的检测方法。渗透检测不受材料组织结构和化学成分的限制，显示直观，容易判断，操作方法具有快速、简便的特点。

（2）适用范围：适用于金属或非金属材料构件表面开口性缺陷的检测，对被污染物堵塞或机械处理（如抛光和研磨等）后开口被封闭的缺陷难以有效检出，也不适用于多孔性疏松材料制成的或表面粗糙的工件。

（3）所需材料：渗透液、显像剂、清洗剂等。

8.4.5 涡流检测

（1）检测原理与特点：涡流检测是通过电磁感应在金属材料表面附近产生涡电流，如果金属材料中存在裂纹将改变涡流的大小和分布。通过分析这些变化可以检出铁磁性和非铁磁性导电材料中的缺陷。

（2）适用范围：涡流检测适用于导电材料，只能检测近表面缺陷。

（3）所需仪器和设备：涡流探伤仪。

8.4.6 钢结构外观检测

（1）检测原理与特点：钢结构外观测是用肉眼或借助低倍放大镜，对钢结构表面进行直接观察的检测方法。

（2）适用范围：适用于钢结构焊缝、涂层和高强螺栓外观检测和钢构件尺寸测量。

（3）所需仪器和设备：2～6倍放大镜、焊缝检验尺。

（4）外观检测的一般要求：

1）直接目视检测时，眼睛与被检工件表面的距离不得大于600mm，视线与被检

工件表面所成的夹角不得小于30°，宜从多个角度对工件进行观察。

2）工件表面的照明亮度不宜低于160lx，局部目视检测最低光照度应达到500lx。

3）无法使用直接目视检测时，可使用间接目视检测。间接目视检测使用视觉辅助设备，如内窥镜和光导纤维，连接到照相机或其他合适的仪器。

4）间接目视检测系统是否适合完成指定的任务应经过验证。

5）检测人员应满足以下要求：

①熟悉相关标准、法规、规范、设备和规程说明书；

②熟悉被检工件的相关制造工艺过程和工作条件；

③视力良好，符合GB/T 9445要求。此外，进行目视检测前，应检查远距离视力，至少应达到GB 11533的视力等级1.0。

（5）钢结构焊缝外观检测内容：

1）钢材表面不应有裂纹、折叠、夹层，钢材端面或断口处不应有分层、夹渣等缺陷。

2）当钢材的表面有锈蚀、麻点或划伤等缺陷时，其深度不得大于该钢材厚度负偏差值的1/2。

3）焊缝表面缺陷的目视检测应在焊缝清理完毕后进行，焊缝及焊缝附近区域不得有焊渣及飞溅物。焊缝焊后目视检测的内容应包括焊缝表面缺陷、焊缝尺寸，其表面缺陷及尺寸允许偏差应符合现行国家标准《钢结构工程施工质量验收标准》GB 50205—2020的有关规定。见表8.4.6-1～表8.4.6-3。

二级、三级焊缝表面缺陷标准　（单位：mm）　　　　表8.4.6-1

项目	允许偏差	
缺陷类型	二级	三级
未焊满（不足设计要求）	≤ 0.2+0.02t，且≤ 1.0	≤ 0.2+0.04t，且≤ 2.0
	每100.0焊缝内缺陷总长≤ 25.0	
根部收缩	≤ 0.2+0.02t，且≤ 1.0	≤ 0.2+0.04t，且≤ 2.0
	长度不限	
咬边	≤ 0.05t，且≤ 0.5；连续长度≤ 100.0，且焊缝两侧咬边总长≤ 10% 焊缝全长	≤ 0.1且≤ 1.0，长度不限
弧坑裂纹	—	允许存在个别长度≤ 5.0的弧坑裂纹
电弧擦伤	—	允许存在个别电弧擦伤
接头不良	缺口深度0.05t，且≤ 0.5	缺口深度0.1t，且≤ 1.0
	每1000.0焊缝不应超过1处	
表面夹渣	—	深≤ 0.2t，长≤ 0.5t，且≤ 20.0
表面气孔	—	每50.0焊缝长度内允许直径≤ 0.4t，且≤ 3.0的气孔2个，孔距≥ 6倍孔径

注：表内 t 为连接处较薄的板厚。

对接焊缝及完全熔透组合焊缝尺寸允许偏差　（单位：mm）　　　表 8.4.6-2

序号	项目	图例	允许偏差	
			一、二级	三级
1	对接焊缝余高 C		$B < 20：0~3.0$ $B \geqslant 20：0~4.0$	$B < 20：0~4.0$ $B \geqslant 20：0~5.0$
2	对接焊缝错边 d		$d < 0.15t$， 且 $\leqslant 2.0$	$d < 0.15t$， 且 $\leqslant 3.0$

部分熔透组合焊缝和角焊缝外形尺寸允许偏差　（单位：mm）　　　表 8.4.6-3

序号	项目	图例	允许偏差
1	焊脚尺寸 h_f		$h_f \leqslant 6：0 \sim 1.5$ $h_f > 6：0 \sim 3.0$
2	角焊缝余高 C		$h_f \leqslant 6：0 \sim 1.5$ $h_f > 6：0 \sim 3.0$

注：1. $h_f > 8.0$mm 的角焊缝其局部焊脚尺寸允许低于设计要求值 1.0mm，但总长度不得超过焊缝长度 10%；

2. 焊接 H 形梁腹板与翼缘板的焊缝两端在其两倍翼缘板宽度范围内，焊缝的焊脚尺寸不得低于设计值。

（6）高强螺栓外观检测内容：

高强螺栓连接副终拧后，螺栓丝扣外露应为 2~3 扣，其中允许有 10% 的螺栓丝扣外露 1 扣或 4 扣；扭剪型高强螺栓连接副终拧后，未拧掉梅花头的螺栓数不宜多于该节点总螺栓数的 5%。

（7）涂层外观检测内容：

涂层不应有漏涂，表面不应存在脱皮、泛锈、龟裂和起泡等缺陷，不应出现裂缝，涂层应均匀、无明显皱皮、流坠、乳突、针眼和气泡等，涂层与钢基材之间和各涂层之间应粘结牢固，无空鼓、脱层、明显凹陷、粉化松散和浮浆等缺陷。

8.5　建筑物主体倾斜观测

建筑物主体倾斜观测，是判断房屋地基基础及上部结构安全状态的重要手段。在房屋安全鉴定中，建筑物主体倾斜观测是最主要的检测内容之一。

（1）检测原理与内容：通过利用光学观测手段，测定建筑物顶部相对于底部或各层间上层相对于下层的水平位移与高差，分别计算整体或分层的倾斜度、倾斜方向以及倾斜速度。

（2）依据标准：现行国家标准《工程测量规范》GB 50026—2020、《建筑地基基础设计规范》GB 50007—2011 及行业标准《建筑变形测量规范》JGJ 8—2016 等。

（3）所需仪器和设备：精密（电子）经纬仪、激光垂准仪等。

（4）主体倾斜观测点的布设要求：

1）观测点应沿对应测站点的某主体竖直线，对整体倾斜按顶部、底部，对分层倾斜按分层部位、底部上下对应布设。

2）当从建筑物外部观测时，测站点或工作基点的点位应选在与照准目标中心连线呈接近正交或等分角的方向线上距照准目标 1.5 ~ 2.0 倍目标高度的固定位置处；当利用建筑物内竖向通道时，可将通道底部中心点作为测站点。

3）按纵横线或前方交会布设的测站点，每点应选设 1 ~ 2 个定向点。基线端点的选设应顾及其测距或丈量的要求。

（5）主体倾斜观测点位的标志设置：

1）建筑物顶部和墙体上的观测点标志，可采用埋入式照准标志形式。有特殊要求时，应专门设计。

2）不便埋设标志的塔形、圆形建筑物以及竖直构件，可以照准视线所切同高边缘认定的位置或用高度角控制的位置作为观测点位。

3）位于地面的测站点和定向点，可根据不同的观测要求，采用带有强制对中设备的观测墩或混凝土标石。

4）对于一次性倾斜观测项目，观测点标志可采用标记形式或直接利用符合位置与照准要求的建筑物特征部位；测站点可采用小标石或临时性标志。

（6）主体倾斜观测的方法：

1）从建筑物或构件的外部观测时，宜选用下列经纬仪观测法：

① 投点法。观测时，应在底部观测点位置安置量测设施（如水平读数尺等）。在每测站安置经纬仪投影时，应按正倒镜法以所测每对上下观测点标志间的水平位移分量，按矢量相加法求得水平位移值（倾斜量）和位移方向（倾斜方向）；

② 测水平角法。对塔形、圆形建筑物或构件，每测站的观测，应以定向点作为零方向，以所测各观测点的方向值和至底部中心的距离，计算顶部中心相对底部中心的相对位移分量。对矩形建筑物，可在每测站直接观测顶部观测点与底部观测点之间的夹角或上层观测点和下层观测点之间的夹角，以所测角值与距离值计算整体的或分层的水平位移分量和位移方向。

③ 前方交会法。所选基线应与观测点组成最佳构形，交会角宜在60°到120°之间。水平位移计算，可采用直接由两周期观测方向值之差计算坐标变化量的方向差交会法，亦可采用按周期计算观测点坐标值，再以坐标差计算水平位移的方法。

2）当利用建筑物或构筑物的顶部与底部之间一定竖向通视条件进行观测时，宜选用下列铅垂观测方法：

① 吊垂球法。应在顶部或需要的高度处观测点位置上，直接或支出一点悬挂适当重量的垂球，在垂线下的底部固定读数设备（如毫米格网读数板），直接读取或量出上部观测点相对下部观测点的水平位移量和位移方向。

② 激光垂直仪观测法。应在顶部适当位置安置接受靶，在其垂线下的地面或地板上安置激光垂准仪或激光经纬仪，按一定周期观测，在接收靶上直接读取或量出顶部的水平位移量和位移方向。作业中仪器应严格置平、对中。

③ 激光位移计自动测记法。位移计宜安置在建筑物底层或地下室地板，接收装置可设置在顶层或需要观测的楼层，激光通道可用楼梯间梯井，测试室宜选在靠近顶部的楼层内。当位移计发射激光时，从测试室的光线示波器上可直接获取位移图像及有关参数，并自动记录成果。

④ 正垂线法。锤线宜选用直径 0.6~1.2mm 的不锈钢丝，上端可锚固在通道顶部或需要高度处所设的支点上。稳定重锤的油箱中应装有黏性小、不冰冻的液体。观测时，由底部观测墩上安置的量测设备（如坐标仪、光学垂线仪、电感式垂线仪）按一定周期测出各测点的水平位移量。

3）按相对沉降间接确定建筑物倾斜时，可选用下列方法：

① 倾斜仪侧记法。采用的倾斜仪（如水管式倾斜仪、水平摆倾斜仪、气泡倾斜仪或电子倾斜仪）应具有连续读数、自动记录和数字传输的功能。监测建筑物上部层面倾斜时，仪器可安置在建筑物顶层或需要观测的楼层的楼板上；监测基础倾斜时，仪器可安置在基础面上，以所测楼层或基础面的水平角变化值反映和分析建筑物倾斜的变化程度。

② 测定基础沉降差法。可按规程 JGJ/T 8 第 7.1 节有关规定，在基础上选设观测点，采用水准测量方法，以所测各周期的基础沉降差换算求得建筑物整体倾斜度及倾斜方向。

4）当建筑物立面上观测点数量较多或倾斜变形比较明显时，也可采用近景摄影测量方法。

8.6　检测新技术在房屋安全鉴定中的应用

随着建筑结构和材料基础理论的不断完善，越来越多的检测新方法和手段被应用于房屋结构检测、鉴定活动中，并在实践中得到进一步发展。下面仅选取部分有代表性的检测新技术，与各位同行和读者分享。

8.6.1　地面三维激光扫描

地面三维激光扫描测量技术主要利用光的反射原理，可在复杂的环境场地下进行工作，对不规则、结构面较多以及具有多个不规则面的三维实体，以及空间内点、线、面、体进行高精度测量，进而快速且较高精度地构建空间实体。同时，利用三维激光扫描系统的数据控制和处理平台，可对三维实体数据进行分析处理，根据用户需求提取对应的空间三维数据，对实体进行三维建模和绘图。

地面三维激光扫描系统主要由三维激光扫描仪、数码相机、扫描仪旋转台、数据处理平台、数据控制平台等构成，具体工作步骤为：

（1）三维激光扫描仪中的激光脉冲二极管发射出激光脉冲信号，经过旋转棱镜照射在被测的目标物体上；

（2）通过探测器接收由目标物体发射回来的脉冲激光信号；

（3）通过记录器记录发射回来的脉冲激光信号，转化为可直接识别处理的目标数据信息；

（4）通过软件对目标三维数据信息进行分析建模，模拟出实体的三维模型。

三维激光扫描技术与使用全站仪进行单点测量的传统作业方式相比，具有以下优点：

（1）数据处理量大：三维激光扫描数据采集具有自动、连续、密集、海量的特点，适合大型及复杂的工程体测量及细致物体局部细节测量。

（2）非接触性：无需接触物体，现场光线条件不影响外业测量，大大减小了外部环境对测量的约束。

（3）交互性强：扫描测量结果是数字化信息，可以方便地将3D模型转换到CAD等工程设计软件中，供工程直接使用。

（4）高精度：目前三维激光扫描仪的测量精度可以达到毫米级，若点云数据后处理得当，还可以进一步提高测量精度。

由于具备以上优点，地面三维激光扫描技术目前在房屋结构勘察、建筑物变形监测和房屋安全鉴定现场数据采集等方面得到了越来越广泛的应用。

8.6.2　冲击回波法检测

冲击回波法是利用在物体表面施加一次短暂的力学冲击（通常为小钢球敲击，接触时间约为 $15 \sim 80\mu s$）产生的低频应力波传播到内部结构，在缺陷处和外部边界处来回反射而引起瞬态共振响应，通过拾振器采集瞬态共振响应和振幅频谱图，通过信号处理测定实体结构的弹性波波速或结构的厚度的检测方法。经过数十年的不断发展完善，该方法目前在评价混凝土强度、构件尺寸、混凝土损伤和缺陷等方面得到了广泛研究与应用。

（1）评价混凝土强度

冲击回波法评价混凝土强度，是利用冲击弹性波传播速度与混凝土强度的相互关系，通过量测弹性波在混凝土中的传播速度，评价混凝土的强度。由于该方法现场适用性强，操作方便尤其适用于大体积混凝土结构快速、全面的质量评价，目前正日益受到重视。

（2）测量混凝土构件尺寸

冲击回波法量测构件尺寸一般适用于厚度为 $100 \sim 1000mm$ 的混凝土构件，特别适用于厚度为 $100 \sim 600mm$ 的薄混凝土板以及类似于板的薄壁结构。若构件厚度太大，会因冲击能量衰减过大影响测量精度。冲击回波法检测构件尺寸在封闭式梁板结构、混凝土砌筑工程以及隧道衬砌等结构中已有大量应用。该方法具有测试简单、检测值稳定的优点，尤其适用于混凝土构件仅有一个检测工作面，不能用尺子直接量取构件厚度的情况。

（3）评价混凝土缺陷

采用冲击回波法评价混凝土缺陷，其原理为弹性波在混凝土内传播过程中，遇到缺陷与混凝土的界面区域时，会在该界面处发生反射并改变传播路径，使缺陷区域的弹性波反射主频率有别于其他完好区域的弹性波反射主频率，从而造成两个位置的弹性波传播速度差异。此波速差可作为评价混凝土的缺陷的依据。该检测方法简便、快捷，可用于对混凝土的快速普查。但该方法目前只能反映混凝土缺陷的大致情况，对于具体的缺陷位置、形状大小还需进一步研究。

8.6.3　超声相控阵检测

相控阵的概念起源于雷达天线电磁波技术，超声相控阵最早应用于医疗领域。近年来，随着微电子、计算机等新技术的快速发展，超声相控阵逐渐被应用于工业无损检测领域。超声相控阵通过各阵元发出声束的有序叠加，可以灵活地生成、偏转及聚焦声束，不需更换探头即可完成对指定区域的高分辨率检测。其特有的线性扫查、扇形扫查、动态聚焦等工作方式可在不移动或少移动探头的情况下对工件进行高效率检测。相比传统的单晶片超声检测，超声相控阵的声束更灵活、检测速度更快、分辨率更高、更适用于形状复杂的零部件检测。超声相控阵因其灵活的声束形成和快速成像性能得到了越来越多的关注。目前，对超声相控阵的研究已非常广泛，其应用也已涉及工业的众多领域，成为无损检测领域的焦点之一。

第 9 章　结构性能荷载试验

9.1　结构性能荷载试验的目的和分类

9.1.1　结构性能荷载试验的目的

结构性能荷载试验的目的就是在结构物或试验对象（实物或模型）上，以仪器设备为工具，以各种实验技术为手段，在荷载（重力、机械扰动力、风力）或其他因素（温度、变形沉降）及地震作用下，通过测试与结构工作性能有关的各种参数（变形、挠度、位移、应变、振幅、频率……），从承载力、稳定、刚度、抗裂性以及结构的破坏形态等各个方面来判断结构的实际工作性能，估计结构及构件的承载能力，确定结构对使用要求的符合程度，并用以检验和发展结构的设计计算理论。

考虑进行荷载检验的情况有：

（1）采用新结构体系、新材料、新工艺建造的混凝土结构，需验证或评估结构的设计质量的可靠程度；

（2）外观质量较差的结构，需鉴定外观缺陷对其结构性能的实际影响程度；

（3）既有混凝土结构出现损伤后，需鉴定损伤对其结构性能的实际影响程度；

（4）缺少设计图纸、施工资料或结构体系复杂受力不明确，难以通过计算确定结构性能；

（5）现行设计规范和施工验收规范要求的验证检测。

9.1.2　结构性能荷载试验的分类

结构性能荷载试验可有许多分类方法，比如按荷载的性质、模型的尺寸，等等，从我们对结构安全和性能评价来看，可分为工程现场检验和试验室模型试验两大类。在工程现场检验中又可分为板或梁类构件的实荷检验和工程动力特性（周期、振型、阻尼比）试验。在试验室模型试验中可分为静力荷载（静力单调加载、伪静力加载、拟动力加载）和动力（动力特性、动力反应）荷载以及结构疲劳试验等。

9.1.2.1　按试验目的进行分类

根据试验的目的，荷载试验可以分为生产性试验和科研性试验两大类。

（1）生产性试验

生产性试验直接服务于生产，常以实际结构构件作为试验对象，根据试验结果对结构或构件性能做出技术评价。混凝土结构现场检测大部分情况下都是属于这类试验，通过荷载检验解决下列问题：

1）混凝土结构工程的验收

对于一些重要的结构，除在设计阶段进行必要的模型试验和在施工阶段进行严格的质量控制外，在结构竣工时，尚要求通过荷载检验，综合判定其可靠程度。例如，桥梁结构竣工后往往需要根据成桥试验结果进行验收。对于一些加固工程，必要时也可以通过荷载试验检验加固的实际效果，作为工程验收的手段之一。

2）处理工程事故和质量缺陷

对于遭受火灾、地震等原因出现损伤的结构或施工和使用过程中发现存在严重缺陷的构件，当通过调查、检测和验算分析尚不足以评定结构性能时，可以通过荷载试验检验其实际结构性能指标，为进一步处理提供依据。例如，对存在裂缝的现浇楼板承载能力进行鉴定时，一般可通过检测楼板厚度、配筋、混凝土强度和裂缝分布特征，根据检测数据和经验进行分析判断。由于无法定量考虑裂缝对楼板承载能力和刚度的影响，当裂缝数量较多时，可考虑进行荷载试验，准确评价楼板的结构性能。

3）既有结构的可靠度鉴定

混凝土结构在使用过程中，必然存在性能退化和功能改变的情况，可以通过荷载试验确定结构的潜在能力，为加固处理和限制使用提供依据。

4）预制构件的质量验收

对于批量生产的钢筋混凝土预制构件，在出厂或现场安装前，按照相关产品质量检验评定标准，进行抽样检验。

（2）科研性试验

为验证结构设计的各种假定的合理性，发展新的设计理论、改进设计计算方法、开发新技术、优化设计施工方案等目的进行的试验，可分为探索性试验和验证性试验。

9.1.2.2 根据检验荷载性质进行分类

根据检验荷载性质可以分为静载试验和动力测试两大类

（1）静载试验

静载试验是检测结构构件在静载作用下的反应，是分析、判定结构构件的工作状态与受力情况的重要手段。

（2）动力测试

动力测试是检测结构构件动力特性及其在动载作用下的反应，结构的动力特性包括结构的自振频率、阻尼比、振型等参数。这些参数决定于结构的形式、刚度、质量分布、材料特性及构造连接等因素，是结构的固有参数而与荷载无关。

9.1.2.3 根据荷载试验地点进行分类

根据荷载试验地点可以分为实验室试验和原位加载试验两大类。

（1）实验室试验

在实验室条件下模拟结构或构件受力状态而进行的探索性试验或验证性试验。

（2）原位加载试验

对既有工程结构现场进行加载和量测的试验。原位加载试验分为下列类型。

1）使用状态试验，根据正常使用极限状态的检验项目验证或评估结构的使用功能。

2）承载力试验，根据承载能力极限状态的检验项目验证或评估结构的承载能力。

3）其他试验，对复杂结构或有特殊使用要求的结构进行的针对性试验。

本章主要讲解原位加载试验。

9.2　结构性能荷载试验的程序

结构性能荷载试验一般包括以下程序：

（1）试验准备；

（2）加载方案及实施；

（3）观测方案及实施；

（4）数据整理、分析；

（5）结构性能评定。

9.2.1　试验准备

（1）调查研究、收集资料

静载试验是一项费时、费力并有一定风险的技术工作，要保证试验的有效性、避免出现安全事故，做到心中有数、处置得当，试验前需要进行详细的调查研究，收集相关资料。调查收集的资料包括：

1）设计方面资料：包括设计图纸、计算书和设计所依据的原始资料（如地基土壤资料、气象资料和生产工艺资料等）。

2）施工方面资料：包括施工日志、材料性能试验报告、施工记录和隐蔽工程验收记录等。

3）使用方面资料：主要是使用过程、环境、超载情况或事故经过等。

4）相关现场检测资料：包括受检构件的连接构造、混凝土强度、钢筋配置状况、截面尺寸、缺陷与损伤状况等。

5）与试验相关的其他资料：电源、脚手架、加载物等。

（2）受检构件的选取

批量生产的预制构件其生产条件、控制标准和性能指标基本稳定、因此可采用随机抽样进行检验。当相应标准有具体规定时。抽样方案应按标准规定执行。

结构实体中的构件形状规格、实际性能存在较大差别，形成不了真正意义上的检验批，一般情况下不易实现随机抽样，宜按约定抽样原则从结构实体中选取，并对抽样过程进行必要的记录。

从保证结构安全角度出发，应使最不利构件得到充分检验，同时还要考虑方便实施，约定抽样时应综合考虑以下因素：

1）该构件计算受力最不利

计算受力最不利包含以下三个方面的含义：

① 该构件计算的作用效应与设计抗力比最大；

② 该构件计算的作用效应最大；

③ 该构件在结构体系中起到重要的作用。

2）该构件施工质量较差、缺陷较多或病害及损伤较严重

构件表现出的缺陷如裂缝、疏松、局部脱落、钢筋锈蚀等，有些是由于施工质量较差引起的，有些是由于环境损伤和偶然作用（火灾、撞击等）引起的，尽管尚不能根据这些缺陷准确定量地评价构件性能的下降幅度，但这些缺陷一定程度上能定性地反映构件的性能。

3）便于设置测点或实施加载

静力荷载检验的中心内容就是加载以及观测在荷载作用下的反应（应变、变形等），便于设置测点或实施加载，是保证整个试验顺利进行的关键。

9.2.2 加载方案

加载方案的确定除与检验目的直接相关外，还与试验对象的结构形式、构件在结构中的空间位置、现场试验条件等因素有关。

（1）加载图式

检验荷载在受检构件上的布置形式称为加载图式，一般要求加载图式与结构分析所用图式一致，即均布荷载的加载图式为均布荷载，集中荷载的加载图式为集中荷载。如果因条件限制无法实现加载图式一致，应采用与计算简图等效的加载图式——等效加载图式。

等效加载图式应满足下列条件：

1）等效荷载产生的控制截面上的主要内力应与计算内力值相等；

2）等效荷载产生的主要内力图形与计算内力图形相似；

3）控制截面上的内力等效时，其次要截面上的内力应与设计值接近；

4）由于等效荷载引起的变形差别，应适当修正；

5）对于具有特殊荷载作用的构件，应采用设计图纸上规定的加载图式。例如，吊车梁，承受的主要荷载是往复运动的吊车轮压，则试验的加载点应根据最大弯矩或最大剪力的最不利位置布置来确定。

（2）检验荷载计算

《工程结构可靠性设计统一标准》GB 50153—2008和《混凝土结构设计规范》GB 50010—2010（2015年版）均将结构功能的极限状态分为两大类，即承载能力极限状态和正常使用极限状态，同时还规定结构构件应按不同的荷载效应组合设计值进行承载力计算及变形、抗裂和裂缝宽度验算。因此，在进行结构试验前，首先应确定对应

于各种检验目标的检验荷载。

现场检测时，还存在委托方指定检验荷载的情况，例如，用生产中实际运行的吊车，按照指定的工作制度对吊车梁进行荷载检验，此时，应按约定抽样原则进行检验。

1）永久荷载和可变荷载的确定

检验荷载通常是永久荷载标准值 G_k 和可变荷载标准值 Q_k 的线性组合，首先应确定 G_k 和 Q_k。

对于既有结构中的受检构件而言，由结构自重产生的永久荷载是一个确定量，宜根据材表观密度和构件尺寸的实测数据计算取值；由装修做法产生的永久荷载宜按设计参数取值。

可变荷载宜按设计参数取值，当目标使用期小于设计使用年限，对可变荷载当考虑后续使用年限的影响时，其可变荷载调整系数宜根据现行国家标准《工程结构可靠性设计统一标准》GB 50153—2008、《建筑结构荷载规范》GB 50009—2012 的相关规定，并结合受检构件的具体情况确定。设计使用年限为 5 年、50 年、100 年时，考虑后续使用年限偏于安全的可变荷载调整系数分别为 0.9、1.0、1.1。

2）确定检验荷载的原则

确定检验荷载是进行原位加载试验的关键一环，不同的检验荷载可能就会产生不同的试验结果，故试验前应根据试验目的和相关标准要求准确确定检验荷载。

根据《混凝土结构试验方法标准》GB/T 50152 的规定，原位加载试验的最大加载限值应按下列原则确定：

① 仅检验构件在正常使用极限状态下的挠度、裂缝宽度时，试验的最大加载限值宜取使用状态试验荷载值，对钢筋混凝土结构构件取荷载的准永久组合，对预应力混凝土结构构件取荷载的标准组合；

② 当检验构件承载力时，试验的最大加载限值宜取承载力状态荷载设计值与结构重要性系数 γ_0 乘积的 1.60 倍；

③ 当试验有特殊目的或要求时，试验的最大加载限值可取各临界试验荷载值中的最大值。

应当说，《混凝土结构试验方法标准》GB/T 50152—2012 规定的检验荷载第①种类型与《混凝土结构设计规范》GB 50010—2012 的规定相一致，也与其给出的挠度和裂缝限值相对应，可以作为检验荷载确定的依据。但对于钢筋混凝土结构构件，检验荷载取荷载的准永久组合，是在荷载标准值的基础上进行打折（准永久值系数一般处于 0.3～0.8，均小于 1.0），这样缩小的检验荷载可能难以让相关各方都能接受，同时也可能导致结果失真，应慎重取用。

根据《混凝土结构现场检测技术标准》GB/T 50784—2013 的规定，静载检验可分为结构构件的适用性检验、安全性检验和承载力检验。

① 结构构件适用性检验荷载应根据结构构件正常使用极限状态荷载短期效应组合的设计值和加载图式经换算确定。荷载短期效应组合的设计值应按《建筑结构荷载规范》GB 50009—2012 计算确定，或由设计文件提供。

② 结构构件安全性检验荷载应根据结构构件承载能力极限状态荷载效应组合的设计值和加载图式经换算确定。荷载效应组合的设计值应按《建筑结构荷载规范》GB 50009—2012 计算确定，或由设计文件提供。

③ 结构构件承载力检验荷载应根据结构构件承载能力极限状态荷载效应组合的设计值、加载图式和承载力检验标志经换算确定。

④ 当设计有专门要求时，应优先采用设计要求的检验荷载值。

荷载试验应尽量采用与标准荷载相同的荷载，但由于客观条件的限制，检验荷载与标准荷载会有所不同，此时，应根据效应等效的原则计算检验荷载。由于各种专业设计规范在极限承载能力和荷载组合方面有各自的特点，检验荷载的具体计算，应按各专业相关标准、规范的要求进行。

（3）适用性检验荷载

适用性检验对应于正常使用极限状态。构件适用性检验荷载的效应不应小于可变作用标准值的效应与永久作用标准值的效应之和（式 9.2.2-1），即：

$$Q_s = G_k + Q_k \tag{9.2.2-1}$$

式中：Q_s——构件适用性短期荷载检验值；

G_k——永久荷载标准值，按荷载规范取值或取实测值；

Q_k——可变荷载标准值，按荷载规范取值或取调整值。

（4）安全性检验荷载

为了避免检验造成受检构件出现损伤，结构实体中的构件一般不进行承载能力极限状态的检验，仅针对单个构件进行适用性检验，确有需要时，可对单个构件的安全性进行检验。对于受检构件而言，虽然结构性能是一个客观存在的确定值，不存在变异性，但其承受的荷载仍是一个变化量，需要通过荷载分项系数体现作用的变异性。因此，结构构件安全性检验荷载的效应不应小于可变作用设计值的效应与永久作用设计值的效应之和（式 9.2.2-2），即：

$$Q_d = \gamma_G G_k + \gamma_Q Q_k \tag{9.2.2-2}$$

式中：Q_d——构件安全性荷载检验值；

γ_G——永久荷载分项系数，一般取 1.3；

γ_Q——可变荷载分项系数，一般取 1.5。

（5）极限承载能力检验荷载

对于一批混凝土构件而言，其可靠指标是由其承受的作用效应和构件性能决定的，作用效应和构件性能都是随机变量，严格意义上的可靠度设计需要进行随机变量的概率运算。《混凝土结构设计规范》GB 50010—2012 采取了简化处理，通过分项系数的设计表达式进行设计，即采用荷载分项系数体现作用的变异性、采用材料分项系数体现结构性能的变异性、采用承载力计算公式中的系数调整不同受力状况的可靠指标。

《混凝土结构试验方法标准》GB/T 50152—2012 和《预制混凝土构件质量检验评定标准》GBJ 321—90 针对不同的极限状态标志确定的承载力检验荷载，本质上属于极限承载能力和安全裕度的检验，隐含着批验收的概念，承载力检验系数是根据结构性能的变异性和目标可靠指标确定的。因此，结构构件承载能力检验荷载的效应不应小于可变和永久作用设计值的效应之和与承载力检验系数允许值之乘积（式9.2.2-3），即：

$$Q_u=[\gamma_u]（\gamma_G G_k+\gamma_Q Q_k）\tag{9.2.2-3}$$

式中：Q_u——对应不同检验指标的荷载检验值；

　　$[\gamma_u]$——对应不同检验指标的承载力检验系数，可按表9.2.2取值。

承载力标志及加载系数 $\gamma_{u,i}$　　　　　　　　　　　表9.2.2

受力类型	标志类型（i）	承载力标志	加载系数 $\gamma_{u,i}$
受拉、受压、受弯	1	弯曲挠度达到跨度的1/50或悬臂长度的1/25	1.20（1.35）
	2	受拉主筋处裂缝宽度达到1.50mm或钢筋应变达到0.01	1.20（1.35）
	3	构件的受拉主筋断裂	1.60
	4	弯曲受压区混凝土受压开裂、破碎	1.30（1.50）
	5	受压构件的混凝土受压破碎、压溃	1.60
受剪	6	构件腹部斜裂缝宽度达到1.50mm	1.40
	7	斜裂缝端部出现混凝土剪压破坏	1.40
	8	沿构件斜截面斜拉裂缝，混凝土撕裂	1.45
	9	沿构件斜截面斜压裂缝，混凝土破碎	1.45
	10	沿构件叠合面、接槎面出现剪切裂缝	1.45
受扭	11	构件腹部斜裂缝宽度达到1.50mm	1.25
受冲切	12	沿冲切锥面顶、底的环状裂缝	1.45
局部受压	13	混凝土压陷、劈裂	1.40
	14	边角混凝土剥裂	1.50
钢筋的锚固、连接	15	受拉主筋锚固失效，主筋端部滑移达到0.2mm	1.50
	16	受拉主筋在搭接连接头处滑移，传力性能失效	1.50
	17	受拉主筋搭接脱离或在焊接、机械连接处断裂，传力中断	1.60

根据《混凝土结构试验方法标准》GB/T 50152—2012的规定，试验的最大加载限值宜取承载力状态荷载设计值与结构重要性系数乘积的1.60倍（1.6是最大值，当不需要检验表9.2.2的全部项目时，可直接取对应的最大值）。

9.2.3　加载程序

结构的承载力及其变形性能，不仅与加载量有关，还与加载速度及持荷时间等因素有关，进行结构试验时必须给予足够时间，使结构变形得到充分发展。

（1）加载方式

结构实体中进行荷载检验的构件一般是梁、板等水平构件，检测时应根据实际条件因地制宜地选择下列加载方式。

1）当采用重物进行均布加载时，应满足下列要求：

① 加载物应重量均匀一致，便于计数控制、形状规则便于堆积码放；

② 不宜采用有吸水性的加载物；

③ 铁块、混凝土块、砖块等加载物重量应满足分级加载要求，单块重量不宜大于 250N；

④ 试验前应对加载物称重，求其平均重量，称量仪器误差应不超过 ±1.0%；

⑤ 加载物应分堆码放，沿单向或双向受力试件跨度方向的堆积长度宜采用 1m 左右，且不应大于试件跨度的 1/6 ~ 1/4；

⑥ 堆与堆之间宜留不小于 50mm 的间隙，避免形成拱作用。

2）当采用散体材料进行均布加载时，应满足下列要求：

① 散体材料可装袋称量后计数加载；也可在构件上表面加载区域周围设置侧向支挡，逐级称量加载并均匀推平；

② 加载时应避免加载散体外漏。

3）当采用流体（水）进行均布加载时，应有水囊、围堰、隔水膜等防止渗漏。加载可以用水的深度换算成荷载加以控制，也可通过流量计进行控制。

4）当采用液压加载时，应设置反力的支承系统。

5）当采用特殊荷载加载时，应满足相关要求。

（2）预加载

在正式试验前应对受检构件进行预加载，其目的是：

1）使受检构件的各支点进入正常工作状态。在构件制造、安装等过程中节点和结合部位难免有缝隙，预加载可使其密合。对装配式钢筋混凝土结构需经过若干次预加载，才能使荷载变形关系趋于稳定。

2）检验支座是否平稳，检查加载设备工作是否正常，加载装置是否安全可靠。

3）检查测试仪表是否都已进入正常工作状态。应严格检查仪表的安装质量、读数和量程是否满足试验要求；自动记录系统运转是否正常等。

4）使试验工作人员熟悉自己担任的任务，掌握调表、读数等操作技术，保证采集的数据正确无误。

对于开裂较早的普通钢筋混凝土结构，预加载的荷载量，不宜超过开裂荷载值的 70%（含自重），以保证在正式试验时能得到首次开裂的开裂荷载值。

（3）荷载分级

荷载分级的目的，一方面是为控制加载速度，另一方面是为便于观察结构变形情况，为读取各种试验数据提供所必需的时间。

分级方法应考虑到能得到比较准确的承载力检验荷载值、开裂荷载值和正常使用状态的检验荷载值及其相应的变形。因此荷载分级时应分别在这些控制值附近，将原荷载等级减小。例如在达到正常使用极限状态以前，以正常使用短期检验荷载值为准，每级加载量一般不宜超过 20%（含自重）；接近正常使用极限状态时，每级加载量减小至 10%；对于钢筋混凝土或预应力混凝土构件，达到 90% 开裂检验荷载以后，每级加载量不宜大于 5% 的使用状态短期检验荷载值。检验荷载一般按 20% 左右为级，即按五级左右进行加载。

1）级间间歇时间 t_1

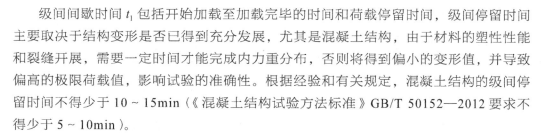

级间间歇时间 t_1 包括开始加载至加载完毕的时间和荷载停留时间，级间停留时间主要取决于结构变形是否已得到充分发展，尤其是混凝土结构，由于材料的塑性性能和裂缝开展，需要一定时间才能完成内力重分布，否则将得到偏小的变形值，并导致偏高的极限荷载值，影响试验的准确性。根据经验和有关规定，混凝土结构的级间停留时间不得少于 10 ~ 15min（《混凝土结构试验方法标准》GB/T 50152—2012 要求不得少于 5 ~ 10min）。

2）满载时间 t_2

结构的变形和裂缝是结构刚度的重要指标。在进行钢筋混凝土结构的变形和裂缝宽度试验时，在正常使用极限状态短期检验荷载作用下的持续时间不应少 30min（《混凝土结构试验方法标准》GB/T 50152—2012 要求不得少于 15min）。对于采用新材料、新工艺、新结构形式的结构构件，或跨度较大（大于 12m）的屋架、桁架等结构构件，为了确保使用期间的安全，要求在正常使用极限状态短期检验荷载作用下的持续时间不宜少于 12h，在这段时间内变形继续增长而无稳定趋势时，还应延长持续时间直至变形发展稳定为止。如果检验荷载达到开裂荷载计算值时，受检结构已经出现裂缝，则开裂检验荷载不必持续作用。

3）空载时间 t_3

受载结构卸载后到下一次重新开始受载之间的间歇时间称空载时间。空载对于研究性试验是完全必要的。因为观测结构经受荷载作用后的残余变形和变形的恢复情况均可说明结构的工作性能。要使残余变形得到充分发展需要有足够的空载时间，有关的试验标准规定：对于一般的钢筋混凝土结构空载时间取 45min；对于重要的结构构件和跨度大于 12m 的结构取 18h（即为满载时间的 1.5 倍）。空载时间也必须定时观察和记录变形值。

（4）终止试验条件

完成试验目标后应及时卸载。

加载过程中，如果结构提前出现下列标志，应立即停止加载，分析原因后如认为需要继续加载，应采取相应的安全措施：

1）控制测点的应力或应变值已达到或超过理论控制值；

2）受检结构的裂缝、挠度随着加载急剧发展；

3）出现相应检验标志。

9.2.4　观测方案设计及实施

观测方案是根据受力结构的变形特征和控制截面上的变形参数来制定的，因此要预先估算出结构在检验荷载作用下的受力性能和可能发生的破坏形状。观测方案的内容主要包括：确定观察和测量的项目、选定观测区域、布置测点及按照量测精度要求选择仪表和设备等。

（1）观察和测量项目的确定

构件在外荷载作用下的变形可分为两类：一类反映的是构件整体工作状况，如梁的最大挠度及其整体变形；另一类反映的是结构局部工作状况，如局部的应变、裂缝等。

构件任何部位的异常变形或局部破坏都会在整体变形中得到反映，整体变形不仅可以反映构件的刚度变化，而且还可以反映构件弹性和非弹性性质，构件整体变形是观察的重要项目之一。钢筋混凝土构件何时出现裂缝，可直接说明其抗裂性能；控制截面上的应变大小和方向反映了结构的应力状态，是结构极限承载力计算的主要依据。当结构处于弹塑性阶段时，其应变、曲率、转角或位移的量测结果，都是判定结构延性的主要依据。

另外，观测项目和测点数量还必须满足结构分析和评价结构工作状态的需要。

混凝土结构试验时，量测内容宜根据试验目的在下列项目中选择：

1）荷载：包括均布荷载、集中荷载或其他形式的荷载；

2）位移：试件的变形、挠度、转角或其他形式的位移；

3）裂缝：试件的开裂荷载、裂缝形态及裂缝宽度；

4）应变：混凝土及钢筋的应变；

5）根据试验需要确定的其他项目。

混凝土结构试验用的量测仪表，应符合有关精度等级的要求，并应定期检验校准，有处于有效期内的合格证书。人工读数的仪表应进行估读，读数应比所用量测仪表的最小分度值多一位。仪表的预估试验量程宜控制在量测仪表满量程的 30% ~ 80% 范围之内。

为及时记录试验数据并对量测结果进行初步整理，宜选用具有自动数据采集和初步整理功能的配套仪器、仪表系统。

结构静力试验采用人工测读时，应符合下列规定：

1）应按一定的时间间隔进行测读，全部测点读数时间应基本相同；

2）分级加载时，宜在持荷开始时预读，持荷结束时正式测读；

3）环境温度、湿度对量测结果有明显影响时，宜同时记录环境的温度和湿度。

（2）位移及变形的量测

位移量测的仪器、仪表可根据精度及数据集的要求选用电子位移计、百分表、千分表、水准仪、经纬仪、倾角仪、全站仪、激光测距仪、直尺等。

试验中应根据试件变形量测的需要布置位移量测仪表，并由量测的位移值计算试件的挠度、转角等变形参数。试件位移量测应符合下列规定：

1）应在试件最大位移处及支座处布置测点；对宽度较大的试件，尚应在试件的两侧布置测点，并取量测结果的平均值作为该处的实测值；

2）对具有边肋的单向板，除应量测边肋挠度外，还宜量测板宽中央的最大挠度；

3）位移量测应采用仪表测读。对于试验后期变形较大的情况，可拆除仪表改用水准仪—标尺量测或采用拉线—直尺等方法进行量测；

4）对屋架、桁架挠度测点应布置在下弦杆跨中或最大挠度的节点位置上，需要时也可在上弦杆节点处布置测点；

5）对屋架、桁架和具有侧向推力的结构构件，还应在跨度方向的支座两端布置水平测点，量测结构在荷载作用下沿跨度方向的水平位移。

量测试件挠度曲线时，测点布置应符合下列要求：

1）受弯及偏心受压构件量测挠度曲线的测点应沿构件跨度方向布置，包括量测支座沉降和变形的测点在内，测点不应少于五点；对于跨度大于 6m 的构件，测点数量还宜适当增多；

2）对双向板、空间薄壳结构量测挠度曲线的测点应沿 2 个跨度或主曲率方向布置，且任一方向的测点数包括量测支座沉降和变形的测点在内不应少于 5 个点；

3）屋架、桁架量测挠度曲线的测点应沿跨度方向各下弦节点处布置。

（3）应变的测量

1）截面应变测定

对受弯构件应在弯矩最大的截面上沿截面高度布置测点，同一截面上的应变测点数目一般不得少于 2 个点，也不得少于欲测应力的种类数目；当需要量测沿截面高度的应变分布规律时，布置测点数不宜少于 5 个。应变计的标距方向应与构件法向应力方向一致。

2）平面应变的测定

处于平面应力状态的结构，不仅需要知道应力的大小，还要知道应力的方向，需采用平面应变的测定方法。

平面应变的测点布置，根据构件受力的具体情况而定。对于受弯构件中正应力和剪应力共同作用的区域，截面形状不规则或有突变的部位，这些部位的正应力和剪应力的大小与方向均为未知，测定其平面应变时，可按一定的坐标系均匀布置测点，每个测点按三个方向的应变进行测量。

进行平面应变测量，应充分利用结构的对称性来布点，不仅可以节省应变片，还减少了大量测试工作和分析工作。对于开孔的薄腹梁或薄壁容器等，其孔边上的边界主应力方向为已知，故测定时可沿孔边切线方向布点。若荷载和结构均为对称，则在对称轴上的应力方向为已知，且其剪应力为零，则其中一个主应力沿对称轴作用，另一主应力与对称轴垂直。

（4）裂缝的量测

裂缝出现以后应在试件上描绘裂缝的位置、分布、形态；记录裂缝宽度和对应的荷载值或荷载等级；并全过程观察记录裂缝形态和宽度的变化；绘制构件裂缝形态图；并判断裂缝的性质及类型。

裂缝宽度量测位置应按下列原则确定：

1）对梁、柱、墙等构件的受弯裂缝应在构件侧面受拉主筋处量测最大裂缝宽度；对上述构件的受剪裂缝应在构件侧面斜裂最宽处量测最大裂缝宽度；

2）板类构件可在板面或板底量测最大裂缝宽度；

3）其余试件应根据试验目的，量测预定区域的裂缝宽度。

试件裂缝的宽度可选用刻度放大镜、电子裂缝观测仪、振弦式测缝计、裂缝宽度检验卡等仪表进行测量。

对试验加载前已存在的裂缝，应进行量测和标志，初步分析裂缝的原因和性质，并跨裂缝做石膏标记。试验加载后，应对已存在裂缝的发展进行观测和记录，并通过对石膏标记上裂缝的量测，确定裂缝宽度的变化。

除以上观测内容外，还应包括试件承载力标志的观测，另外还应包括卸载过程中和卸载后，试件挠度及裂缝的恢复情况及残余值。

9.2.5 量测数据整理

试验记录应在试验现场完成，关键性数据宜实时进行分析判断。现场试验记录的数据、文字、图表应真实、清晰整，不得任意涂改。结构试验的原始记录应由记录人签名，并宜包括下列内容：

① 钢筋和混凝土材料力学性能的检测结果；

② 试验试件形状、尺寸的量测与外观质量的观察检查记录；

③ 试验加载过程的现象观察描述；

④ 试验过程中仪表测读数据记录及裂缝草图；

⑤ 试件变形、开裂、裂缝宽度、屈服、承载力极限等临界状态的描述；

⑥ 试件破坏过程及破坏形态的描述；

⑦ 试验影像记录。

量测数据包括在准备阶段和正式试验阶段采集到的全部数据，其中一部分是对试验起控制作用的数据，如最大挠度控制点、最大侧向位移控制点、控制截面上的钢筋应变屈服点及混凝土极限拉、压应变等。这类起控制作用的参数应在试验过程中随时整理，以便指导整个试验过程的进行。其他大量测试数据的整理分析工作，将在试验后进行。

对实测数据进行整理，一般均应算出各级荷载作用下仪表读数的递增值和累计值，必要时还应进行换算和修正，然后用曲线或图表表达。

在原始记录数据整理过程中，应特别注意读数及读数差值的反常情况，如仪表指示值与理论计算值相差很大，甚至有正负号颠倒的情况，这时应对出现这些现象的规律性进行分析，并判断其原因所在。一般可能的原因有两方面：一方面由于受检结构本身发生裂缝、节点松动、支座沉降或局部应力达到屈服而引起数据突变；另一方面也可能是由于测试仪表工作不正常所造成。凡不属于差错或主观造成的仪表读数突变都不能轻易舍弃，待以后分析时再作判断处理。

将在各级荷载作用下取得的读数，按一定坐标系绘制成曲线。这样，看起来一目了然，既能充分表达其内在规律，也有助于进一步用统计方法找出数学表达式。

适当选择坐标系将有助于确切地表达试验结果。直角坐标系只能表示两个变量间的关系。有时会遇到因变量不止两个的情况，这时可采用"无量纲变量"作为坐标来表达。例如为了验证钢筋混凝土矩形单筋受弯构件正截面的极限弯矩。

选择试验曲线时，尽可能用比较简单的曲线形式，并应使曲线通过较多的试验点，或曲线两边的点数相差不多。一般靠近坐标系中间的数据点可靠性更好些，两端的数据可靠性稍差些。常用试验曲线有：

（1）荷载—变形曲线

荷载变形曲线有结构构件的整体变形曲线，控制节点或截面上的荷载转角曲线，铰支座和滑动支座的荷载侧移曲线，以及荷载—时间曲线、荷载—挠度曲线等。荷载—变形曲线能够充分反映出结构实际工作的全过程及基本性质，在整体结构的挠度曲线以及支座侧移图中都会有相应显示。变形时间曲线，则表明结构在某一恒定荷载作用下变形随时间增长规律。变形稳定的快慢程度与结构材料及结构形式等有关，如果变形不能稳定，说明结构有问题，具体情况应做进一步分析。

（2）荷载—应变曲线

钢筋混凝土受弯构件试验，要求测定控制截面上的内力变化及其与荷载的关系、主筋的荷载—应变及箍筋应力（应变）和剪力的关系等。

（3）构件裂缝及破坏特征图

试验过程中，应在构件上按裂缝开展面画出裂缝开展过程，并标注出现裂缝时的荷载等级及裂缝的走向和宽度。待试验结束后，用方格纸按比例描绘裂缝和破坏特征，必要时应照相记录。

根据检验的结构类型、荷载性质及变形特点等，还可绘出一些其他的特征曲线，如超静定结构的荷载反力曲线、某些特定结点上的局部挤压和滑移曲线等。

9.2.6　结构性能评定

根据检验的任务和目的的不同，试验结果的分析和评定方式也有所不同。

（1）构件的适用性检验

实体结构中构件的适用性检验主要是受弯构件的挠度检测，一般情况下不进行抗裂检验和裂缝宽度检验，当确有需要时，可参照相关标准进行检测。

1）按《混凝土结构设计规范》GB 50010—2012规定的挠度允许值进行检验

当按《混凝土结构设计规范》GB 50010—2012规定的挠度允许值进行检验时，应满足式9.2.6-1、式9.2.6-2要求：

$$a_s^0 \leq [a_s] \tag{9.2.6-1}$$

$$[a_s] = \frac{M_s}{M_l(\theta-1)+M_s}[a_f] \tag{9.2.6-2}$$

式中：a_s^0——在荷载标准组合下的构件挠度实测值，应考虑支座沉降、自重等修正；

　　　$[a_s]$——挠度检验允许值；

　　　$[a_f]$——受弯构件挠度限值；

　　　M_l——按荷载长期效应组合（准永久组合）计算的弯矩值；

　　　M_s——按荷载短期效应组合（标准组合）计算的弯矩值；

　　　θ——考虑荷载长期效应组合对挠度增大的影响系数，按《混凝土结构设计规范》GB 50010取值。

应当指出，以上检验条件基于《混凝土结构设计规范》GB 50010—2002版规范表述，当按《混凝土结构设计规范》GB 50010—2010版规范和《混凝土结构试验方法标准》GB/T 50152—2012表述时，应满足式9.2.6-3要求：

$$a_s^0 \leqslant [a_s]/\theta \qquad (9.2.6-3)$$

式中：a_s^0——在荷载准永久组合下的构件挠度实测值，应考虑支座沉降、自重等修正；

$[a_s]$——挠度检验允许值；

θ——考虑荷载长期效应组合对挠度增大的影响系数，按《混凝土结构设计规范》GB 50010—2010 取值。

构件裂缝宽度检验应符合式 9.2.6-4 要求：

$$\omega_{s,\ max}^0 \leqslant [\omega_{max}] \qquad (9.2.6-4)$$

式中：$[\omega_{max}]$——构件的最大裂缝宽度检验允许值，按表 9.2.6 取用。

构件的最大裂缝宽度检验允许值（mm）   表 9.2.6

设计规范的限值 ω_{lim}	检验允许值 ω_{max}
0.10	0.07
0.20	0.15
0.30	0.20
0.40	0.25

2）按实配钢筋确定的构件挠度值进行检验

当按实配钢筋确定的构件挠度值进行检验应满足式 9.2.6-5 要求：

$$a_s^0 \leqslant 1.2 a_s^c \ 且\ a_s^0 \leqslant [a_s] \qquad (9.2.6-5)$$

式中：a_s^c——在正常使用的短期检验荷载作用下，按实配钢筋确定的构件短期挠度计算值，具体计算参照《混凝土结构设计规范》GB 50010—2010 的相关规定。

（2）构件的安全性检验

在对构件的安全性进行检验时，检验荷载是根据承载能力极限状态的荷载效应组合设计值计算的，已考虑了荷载的变异性。另外，钢筋混凝土受弯构件出现裂缝时所承受的作用一般只有构件承载力的 0.1～0.3。因此，在构件安全性检验荷载作用下，当受检构件无明显破坏迹象，实测挠度值满足下列条件之一时，可评定受检构件安全性满足要求，反之，评定受检构件安全性不满足要求，建议进行加固处理或限制使用。

1）实测挠度值小于相应的理论计算值；

2）实测挠度与荷载基本保持线性关系；

3）构件残余挠度不大于最大挠度的 20%。

（3）构件的极限承载力检验

为了检验某一批结构构件是否满足承载力极限状态要求或确定该批构件的使用条件时，应进行极限承载力检验。

1）按《混凝土结构设计规范》GB 50010—2010 规定进行检验

当按《混凝土结构设计规范》GB 50010—2010 规定进行检验时，应满足式 9.2.6-6 要求：

$$\gamma_u^0 \geq \gamma_0 [\gamma_u] \tag{9.2.6-6}$$

式中：γ_u^0——构件的承载力检验系数实测值，即承载力检验荷载实测值与承载力检验荷载设计值（均含自重）的比值，或表示为承载力荷载效应实测值 S_u^0 与承载力检验荷载效应设计值 S（均含自重）之比值；

　　γ_0——结构构件的重要性系数，一级取 1.1，二级取 1.0，三级取 0.9；

　　$[\gamma_u]$——承载力检验指标允许值。

2）按构件实配钢筋的承载力进行检验

当按构件实配钢筋的承载力进行检验时，应满足式 9.2.6-7、式 9.2.6-8 要求：

$$S_u^0 \geq \gamma_0 \eta [\gamma_u] S \tag{9.2.6-7}$$

$$\eta = \frac{R\,(f_c,\ f_s,\ A_s^0 \cdots)}{\gamma_0 S} \tag{9.2.6-8}$$

式中：η——构件承载力检验修正系数；

　　$R\,(.)$——根据实配钢筋面积确定的构件承载力计算值，即抗力。

（4）承载力极限标志

结构承载力的检验荷载实测值是根据各类结构达到各自承载力检验标志时求出的。结构构件达到承载力极限状态的标志，主要取决于结构受力状况和结构构件本身的特性。

1）轴心受拉、偏心受拉、受弯、大偏心受压构件

当采用有明显屈服台阶的热轧钢筋时，处于正常配筋的上述构件，其极限标志通常是受拉主筋首先达到屈服，进而受拉主筋处的裂缝宽度达到 1.5mm，或挠度达到 1/50 跨度。对超筋受弯构件，受压区混凝土破坏早于受拉钢筋屈服，此时最大裂缝宽度小于 1.5mm，挠度也小于 1/50 跨度，因此受压区混凝土压坏便是构件破坏的标志。在少筋的受弯构件中，则可能出现混凝土一旦开裂，钢筋即被拉断的情况，此时受拉主筋被拉断是构件破坏的标志。当采用无屈服台阶的钢筋、钢丝及钢绞线配筋的构件，受拉主筋拉断或构件挠度达到跨度的 1/50 是主要的极限标志。

2）轴心受压或小偏心受压构件

这类构件，主要是指柱类构件，当外加载达到最大值时，混凝土将被压坏或被劈裂，因此，混凝土受压破坏是承载能力的极限标志。

3）受弯构件的剪切破坏

受弯构件的受剪和偏心受压及偏心受拉构件的受剪，其极限标志是腹筋达到屈服，或斜向裂缝宽度达到 1.5mm 或 1.5mm 以上，沿斜截面混凝土斜压或斜拉破坏。

4）粘结锚固破坏

对于采用热处理钢筋、直径为 5mm 及 5mm 以上没有附加锚固措施的碳素钢丝、钢绞线及冷拔低碳钢丝配筋的先张法预应力混凝土结构，在构件的端部钢筋与混凝土可能产生滑移，当滑移量超过 0.2mm 时，即认为已超过了承载力极限状态，亦即钢筋和混凝土的粘结发生了破坏。

9.3 试验报告

结构性能荷载试验报告包括以下内容：

（1）试验概况：试验背景、试验目的、构件名称、试验日期、试验单位、试验人员和记录编号等；

（2）试验方案：试件设计（选取）、加载设备及加载方式、量测方案；

（3）试验记录：记录加载程序、仪表读数、试验现象的数据、文字、图像及视频资料（图9.3）；

（4）结果分析：试验数据的整理，试验现象及受力机理的初步分析；

（5）试验结论：根据试验及分析结果得出的判断及结论。

试验报告应准确全面，应满足试验目的和试验方案的要求，对于试验数据的数字修约应满足运算规则，计算精度应数符合相应的要求，试验报告中的图表应准确、清晰，必要时还应进行试验参数与试验结果的误差分析。

试验记录及试验报告应分类整理，妥善存档保管。

（a）采用水桶加载网架实例

（b）采用水桶加载钢架实例

（c）采用沙包加载梁板实例

（d）采用水池加载梁板实例

（e）采用百分表测量梁板挠度实例

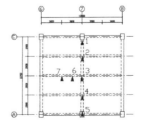
（f）主梁荷载试验挠度测点布置实例

图9.3 试验记录图片

第 10 章　检测仪器的使用和维护

10.1　概述

　　房屋安全鉴定主要通过无损方法对房屋结构进行检测，从而采集结构性能的参数。混凝土的无损检测技术，是指在不影响结构受力性能或其他使用性能的前提下，直接在结构上通过测定某些物理量，推定混凝土的强度、均匀性、连续性、耐久性等一系列性能的检测方法。该方法具有以下特点：

　　（1）不破坏被检测构件，不影响其使用性能；

　　（2）可在构件上直接进行表层或内部检测；

　　（3）能获得破坏试验不能获得的信息；

　　（4）可在同一构件上连续测试和重复测试，检测结果有可比性；

　　（5）检测快速方便，费用低廉；

　　（6）间接检测，检测精度相对低一些。

　　常用的无损检测仪器有：钢筋扫描仪、混凝土回弹仪、贯入式砂浆强度检测仪、裂缝综合测试仪、超声波检测仪、经纬仪及全站仪等。以下将各种常用仪器的性能及使用方法进行介绍。

10.2　钢筋扫描仪

10.2.1　简介

　　钢筋扫描仪，主要用于工程建筑混凝土结构中钢筋分布、直径、走向，混凝土保护层厚度的检测。钢筋扫描仪能够在混凝土的表面测定钢筋的位置、布筋情况、测量混凝土保护层厚度、钢筋直径等。除此之外，钢筋扫描仪还可以对混凝土结构中的磁性体及导电体的位置进行检测，如墙体内的电缆、水暖管道等，钢筋扫描仪是房屋鉴定中对混凝土构件质量检验的有效无损检测设备。

　　本文以 LR-G200 型钢筋扫描仪为例，简要介绍该款钢筋扫描仪的使用和维护。

10.2.2　依据规范

　　（1）《混凝土结构设计规范》GB 50010—2010（2015 年版）；

　　（2）《混凝土结构工程施工质量验收规范》GB 50204—2015；

（3）《混凝土中钢筋检测技术标准》JGJ/T 152—2019；

（4）《建筑结构检测技术标准》GB/T 50344—2019。

10.2.3 功能及特点

（1）主机传感器一体式设计，体积小，使用方便快捷；

（2）采用大功率发射线圈和多组小线圈组合检测方式，精度高，分辨率强；

（3）采用高精度光栅传感器精确扫描位移及钢筋间距；

（4）提供多种扫描模式适应不同的检测环境，其中规程扫描模式可以实现定点复测满足检测规程需求；

（5）支持大小量程检测，扫描距离最远可达65m，数据检测灵活；

（6）支持多档箍筋修正，检测结果准确；

（7）使用3.2寸65K色彩色液晶显示屏，分辨率高，显示效果好，同时配有电容触摸屏，人机交互便捷。

10.2.4 仪器组成

仪器由主机、主机充电器及附件组成。

10.2.4.1 主机

LR-G200一体式钢筋扫描仪外观如图10.2.4.1所示。

图10.2.4.1 一体式钢筋扫描仪外观

10.2.4.2 对外接口

USB接口：数据传输接口，用于和电脑连接上传仪器上储存的数据。

充电接口：当仪器提示电量不足时，可通过该口用仪器配备的专用充电器进行充电。

10.2.5 检测原理

仪器通过大电流激励发射线圈产生脉冲磁场，当该磁场下方有钢筋存在时钢筋会在脉冲磁场的激励下产生涡流从而产生感生磁场，接收线圈将此感生磁场转换成电信号，主机实时分析该电信号并以此为依据判断出钢筋的位置、保护层厚度及直径信息。接收线圈为多组线圈组合式排布，比传统的单一线圈检测方式检测精度更高。

10.2.6　钢筋检测

钢筋检测功能主要用来实现钢筋保护层厚度、钢筋位置、钢筋直径及钢筋分布情况的检测，同时可将检测到的数据进行储存，方便检测完毕后的数据查看或者上传操作。

10.2.6.1　常规扫描

在常规扫描界面向右缓慢匀速移动小车开始测量，当小车靠近钢筋时出现绿色瞄准框，此时需要缓慢移动小车，瞄准框缓慢移动接近中心线，当瞄准框与中心线重合时瞄准框变成红色同时红色指示灯变亮，有蜂鸣音提示，仪器前方的激光灯会打出一条红色的竖线表示仪器此时检测到钢筋，位于红色线正下方。若设置为自动储存模式则自动保存判定保护层厚度值，若为手动储存模式需要按下（FN）键保存厚度值，厚度值会显示到屏幕下方。当小车远离钢筋时瞄准框也远离中心线，直到移动到有效检测范围以外时瞄准框又回到中心线位置且以灰色显示。

继续向右移动小车检测到下一根钢筋时，仪器还会有相同的提示，此时会同时显示保护层厚度和距离上一根钢筋的距离。如图 10.2.6.1 所示，当前保护层厚度为 11mm，上一根钢筋保护层厚度为 13mm，两根钢筋间距为 21mm。

当扫描距离超过屏幕显示的范围时，屏幕会翻页。在检测过程中如果发现检测到的钢筋的保护层厚度有异常，可以回撤小车重新进行检测，回撤到测点左侧时系统会自动消除已测的测点数据。

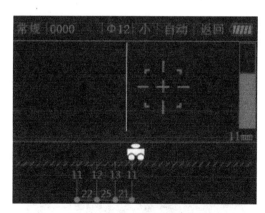

图 10.2.6.1　常规扫描界面

10.2.6.2　规程扫描

规程扫描是针对规程要求所设立的一种独特的扫描方式。严格按照规程要求提供检测方法，可实现一根钢筋三个位置的测量并自动计算平均值。规程扫描是一种常用的扫描方式，能较为精确地测量钢筋保护层厚度、位置、钢筋直径、合格率等信息。

规程扫描界面如图 10.2.6.2 所示，能够实时显示判定厚度、已存储测点数、合格率以及当前存储测点的数据信息，同时采用大瞄准框显示方式实时显示仪器与被测钢筋的位置对应关系。

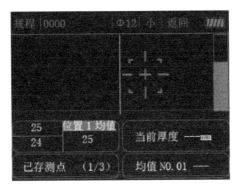

图 10.2.6.2　规程扫描界面

检测时缓慢移动小车，当移动到钢筋上方时瞄准框变红，蜂鸣器响，红色指示灯和激光灯亮起，并实时显示判定厚度值。此时按下（FN）键保存该测点。然后对钢筋该部位进行第二次扫描，两次测点值存储后仪器自动计算该部位的平均值。重复以上步骤，当三个位置都测量完成后，仪器自动计算当前钢筋的平均保护层厚度。

10.2.6.3　剖面扫描

剖面扫描是以纵切面分布图的方式显示被测钢筋的位置、保护层厚度、相邻钢筋间距、测量直径等信息的扫描模式。该扫描方式与常规扫描方式相近，剖面扫描方式如图 10.2.6.3 所示。

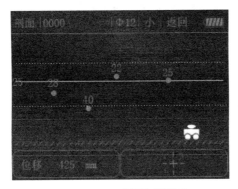

图 10.2.6.3　剖面扫描界面

在剖面扫描方式下缓慢向右移动小车，当移动到钢筋上方时右下方的瞄准框会变成红色，显示方式与常规扫描一样，屏幕左下方会实时显示当前位移值。当扫描到钢筋时屏幕会以剖面点的方式显示出来，并标注保护层厚度值，计算相邻钢筋的间距。

10.2.6.4 精细扫描

精细扫描模式以波形图的方式实时显示被测钢筋的波形、钢筋位置、保护层厚度、相邻钢筋中心距、估测直径等信息，还可以波形的分布规律手动增删钢筋测点。

常规扫描方式因为要实时判定钢筋位置，因此不适用于密集钢筋的扫描。精细扫描是专门针对密集钢筋而设置的，精细扫描界面如图10.2.6.4所示。

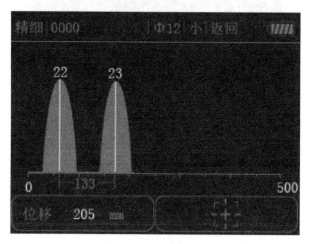

图10.2.6.4 精细扫描界面

在精细扫描界面，将仪器放置待测物体表面向右缓慢移动开始测量，屏幕会显示信号波形，并在屏幕左下方显示实时的位移值。当仪器接近钢筋信号值开始增大，波形曲线开始慢慢升高，当仪器远离钢筋时波形曲线开始慢慢降低。此时会出现一个波峰，波峰位置即为钢筋位置。此时会在波峰处显示一条白线表示此处有一根钢筋，波峰上方会显示该钢筋的保护层厚度。当检测到多根钢筋时仪器会自动计算钢筋间距并在波形下方显示。

在检测过程中若出现钢筋间距较密的分布，波形信号会变得比较平缓且比单根钢筋的波形图要宽，此时仪器需要结合前后波形的变化来进行钢筋位置的判断，因此可能出现判读钢筋位置延后的现象。

当扫描距离超出每屏显示的范围时，仪器会自动翻屏显示，最大支持10m的扫描范围。

10.2.6.5 网格扫描

网格扫描是以网格示意图的方式显示被测钢筋的位置、保护层厚度以及钢筋间距的测量模式。通过网格扫描所显示的网格示意图可以清晰地看到钢筋排布情况。网格扫描界面如图10.2.6.5所示。

进入网格检测时，首先进行"网格水平"扫描，缓慢运行移动小车，屏幕左下方开始记录位移，当检测到钢筋后会在对应位置以网格线的方式绘制钢筋测点以及保护层厚度，计算并显示相邻钢筋的间距。当水平方向的钢筋扫描完毕后按下（FN）键切换到"网格垂直"扫描模式，继续进行检测。全部检测完毕后按下（C）键保存数据并推出网格检测。

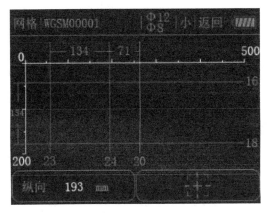

图 10.2.6.5　网格扫描界面

10.2.6.6　图形扫描

图形扫描模式是在结合精细扫描和网格扫描的基础上在特定面积的区域内通过水平和垂直方向进行多次扫描来进行综合分析，适用于不规则分布的钢筋测量环境。

在图形扫描中最多可以 5×5 分格的分格方式进行扫描（也可以 2×2、3×3、4×4 的分格），即横向扫描 5 次纵向扫描 5 次，扫描先后位置可以任意选择，图形扫描界面如图 10.2.6.6 所示。

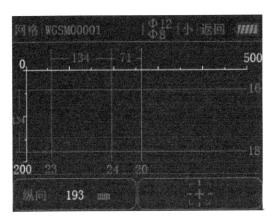

图 10.2.6.6　图形扫描界面

10.2.6.7　直径估测

每个扫描模式下都可以显示估测到的直径值，当需要估测钢筋直径时，需要将小车从钢筋左侧移动到钢筋右侧完成一次扫描过程方可估测直径。当检测到钢筋后，将小车移动到钢筋右侧按（…）键显示估测到的钢筋直径并以该估测的直径计算保护层厚度值。

在钢筋正上方仪器无法估测直径，在定位到钢筋后，需要将仪器从钢筋左侧移动到钢筋右侧完成单根钢筋的扫描过程后方可估测直径，直径测试结果只进行显示不进行保存。

10.2.6.8 箍筋间距

箍筋间距菜单下包括箍筋间距、主筋间距和量程选择。

钢筋间距：现场检测时，需要预扫描钢筋间距，若钢筋间距小于120mm，则根据实际情况将参数设置为（100）、（80）、（60）、（40），此时仪器会继续相应的补偿修正。若钢筋间距大于120mm，则需要将参数设置为（> 120）。

主筋间距：表示主侧钢筋之间的距离，主筋间距若比较近，会影响厚度测量结果，程序会根据间距值大小，继续相应补偿。现场测量时若主筋比较密集，则需要设置该参数进行测量值补偿。

量程选择：当测量的钢筋保护层厚度较小时采用小量程，否则需要切换到大量程模式，可以根据需要选择。

10.2.7 维护及保养

10.2.7.1 使用前检查

仪器对空开机，然后进入任何一种扫描模式，在标定装置上进行扫描观察信号是否正常。

10.2.7.2 清洁

该款仪器不具备防水功能，切勿用湿布擦洗！切勿用有机溶剂擦洗仪器及配件！应用干净柔软的无尘布擦拭仪器及配件。

10.2.7.3 电池

仪器采用可充电锂电池进行供电，完全充满电可连续工作24小时。当仪器电量不足时，开机时会提示电量不足并自动关机，这时候需要对仪器进行充电。为保证完全充满，连续充电应保持6~8h。

不要在高温环境下进行充电，仪器长时间不用，电池会有轻微电量耗损现象，导致电量减少，用之前要进行再充电。充电过程中充电器会发热属于正常现象，应保持充电环境通风良好，便于散热。应使用配套的充电器进行充电，使用其他型号的充电器可能会对仪器造成损坏。

10.2.8 现场检测时的注意事项

（1）由于检测面粗糙或波浪起伏时会影响检测精度，因此应保持扫描面平整，无较高的凸起物。如果表面过于粗糙而无法清理时，可以在扫描面上放置一块薄板，在测量结果中将薄板的厚度减掉；

（2）扫描过程中尽量使用传感器保持缓慢匀速移动；

（3）仪器扫描方向应垂直于钢筋走向，否则可能会造成误判或判定厚度出现偏差；

（4）对于网状钢筋，一般应首先定位上层钢筋，然后在两条上层钢筋中间测量来定位下层钢筋；

（5）当更换检测环境或者测量结果出现较大误差时，应重启仪器进行信号复位校准，仪器每次开机会自动进行信号复位校准，因此开机时不要将仪器放在钢筋或者导磁的金属上方，以免影响信号复位校准；

（6）仪器支持大小量程切换，小量程测量精度较高，在满足测量范围的条件下尽量使用小量程进行测试；

（7）测量参数设置中的设计直径必须输入准确，否则判定厚度会出现相应的偏差。

10.3 混凝土回弹仪

10.3.1 简介

混凝土回弹仪是用一弹簧驱动弹击锤并通过弹击杆击弹混凝土表面所产生的瞬时弹性变形的恢复力，使弹击锤带动指针弹回并指示出弹回的距离。以回弹值（弹回的距离与冲击前弹击锤至弹击杆的距离之比，按百分比计算）作为混凝土抗压强度相关的指标之一，来推定混凝土的抗压强度，是用于无损检测结构或构件混凝土抗压强度的一种仪器。

回弹法作为非破损检测方法，在我国普及推广之所以具有现实意义，主要是回弹法有以下一系列特点：

（1）仪器构造简单，容易校正，维修，保养，并适合于大批量稳定生产；

（2）方法简便，测试技术容易掌握，易于消除系统误差；

（3）影响回弹法测定精度的因素少，易建立具有一定测试误差的测强相关曲线；

（4）不需要或很少需要现场测试的事先作业，完全不破坏构件；

（5）检测工程迅速，效率高，所需人力少费用低，适宜于现场大量随机测试；

（6）仪器轻巧，便于携带，适合于野外和施工现场使用。

因此，同其他无损检测仪器比较，回弹仪是比较经济实用的非破损测试仪器。回弹仪的推广应用在我国已进入一个新的阶段。

10.3.2 回弹仪的结构

图 10.3.2 所示为 HT225-A 型回弹仪在弹击后的纵向剖面结构示意图与主要零件名称。

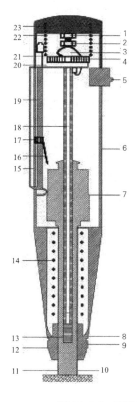

1—紧固螺母
2—调零螺钉
3—挂钩
4—挂钩销子
5—按钮
6—机壳
7—弹击锤
8—拉簧座
9—卡环
10—防尘密封圈
11—弹击杆
12—盖帽
13—缓冲压簧
14—弹击拉簧
15—刻度尺
16—指针片
17—指针块
18—中心导杆
19—指针轴
20—导向法兰
21—挂钩压簧
22—压簧
23—尾盖

图 10.3.2 回弹仪构造及主要零件名称

10.3.3 回弹仪的操作、保养及校验

10.3.3.1 操作

（1）将弹击杆顶住混凝土的表面，轻压仪器，使按钮松开，放松压力时弹击杆伸出，挂钩勾上弹击锤；

（2）使仪器的轴线始终垂直于混凝土的表面并缓慢均匀施压，待弹击锤脱钩冲击弹击杆后，弹击锤回弹带动指针向后移动至某一位置时，指针块上的示值刻线在刻度尺上示出一定数值即为回弹值；

（3）使仪器机芯继续顶住混凝土表面进行读数并记录回弹值。如条件不利于读数，可按下按钮，锁住机芯，将仪器移至它处读数；

（4）逐渐对仪器减压，使弹击杆自仪器内伸出，待下一次使用；

（5）回弹仪使用完毕，应使弹击杆伸出机壳，并应清除弹击杆、杆前端球面以及刻度尺表面和外壳上的污垢、尘土。回弹仪不用时，应将弹击杆压入机壳内，经弹击后应按下按钮，锁住机芯，然后装入仪器箱。仪器箱应平放在干燥阴凉处。

10.3.3.2 保养

回弹仪有下列情况之一时应进行常规保养：

（1）弹击超过 2000 次；

（2）对检测值有怀疑时；

（3）钢砧率定值不合格。

常规保养方法应符合下列要求：

（1）使弹击锤脱钩后取出机芯，然后卸下弹击杆（取出里面的缓冲压簧）和三联件（弹击锤、弹击拉簧和拉簧座）；

（2）用煤油清洗机芯各零部件，特别是中心导杆弹击锤和弹击杆的内孔与冲击面。清洗后在中心导杆上薄薄地涂上一层钟表油、缝纫机油或变压器油，其他零部件均不得涂油；

（3）清理机壳内壁，卸下刻度尺，检查指针摩擦力，应为 0.5 ~ 0.8N；

（4）不得旋转尾盖上已定位紧固的调零螺丝；

（5）不得自制或更换零部件；

（6）保养后应按要求进行率定实验，率定制应为 80 ± 2。

10.3.3.3 检定

回弹仪有下列情况之一时应送法定部门检定，检定合格的回弹仪应有检定合格证书。

（1）新回弹仪启用前；

（2）超过检定有效期限（有效期限为半年）；

（3）经常规保养后钢砧率定值不合格；

（4）遭受严重撞击或其他损害；

（5）回弹仪率定实验营造室温为（5 ~ 35）℃的条件下进行；

（6）钢砧表面应干燥、清洁，砧体稳固地平放在刚度大的物体上；

（7）回弹值应取连续向下弹击三次的稳定回弹值的平均值。率定应分四个方向进行，弹击杆每次应旋转 90 度，弹击杆每旋转一次所测得的三次率定平均值均应为 80 ± 2；

（8）率定回弹仪的钢砧应每 2 年送授权计量检定机构鉴定或校准。

10.3.4 检测及数据整理

10.3.4.1 一般规定

采用回弹法检测混凝土强度时，宜具有下列资料：

（1）工程名称、设计单位、施工单位；

（2）构件名称、数量及混凝土类型、强度等级；

（3）水泥安定性、外加剂、掺合料品种、混凝土配合比等；

（4）施工模板、混凝土浇筑、养护情况及浇筑日期等；

（5）必要的设计图纸和施工记录；

（6）检测原因；

（7）回弹仪在检测前后，均应在钢砧上做率定试验。

10.3.4.2　检测

混凝土强度可按单个构件检测或按批量进行检测并应符合下列规定：

单个构件的检测应符合以下的规定：

（1）对于一般构件，测区数不宜少于 10 个，当受检构件数量大于 30 个且不需提供单个构件推定强度或受检构件某一方向尺寸不大于 4.5m 且另一方向尺寸不大于 0.3m 时，每个构件的测区数量可适当减少，但不应少于 5 个；

（2）相邻两侧区的间距不应大于 2m，测区离构件端部或施工缝边缘不宜大于 0.5m，且不应小于 0.2m；

（3）测区宜选在使回弹仪处于水平方向检测，检测面宜为混凝土的浇筑侧面；当不能满足这一要求时，也可选在使回弹仪处于非水平方向检测混凝土的浇筑表面或底面；

（4）测区宜布置在构件的两个对称的可侧面上，当不能布置在对称的可侧面上时，也可布置在一个可侧面上，且应均匀分布；在构件的重要部位及薄弱部位应布置测区，并应避开预埋件；

（5）测区的面积不宜大于 0.04m²；

（6）测区表面应为混凝土原浆面，并应清洁、平整，不应有疏松层、浮浆、油垢、涂层以及蜂窝、麻面；

（7）对弹击时产生颤动的薄壁、小型构件应进行固定；

按批量进行检测应符合以下规定：

对于混凝土生产工艺、强度等级相同、原材料、配合比、养护条件基本一致且龄期相近的一批同类构件的检测应采用批量检测。按批量进行检测时，应随机抽取构件，抽检数量不宜少于同批构件总数的 30% 且不宜少于 10 件。当检验批构件数量大于 30 个时，抽样数量可适当调整，但不得少于有关标准规定的最小抽样数量。

测区应标有清晰的编号，并宜在记录纸上绘制测区布置示意图和描述外观质量情况。

10.3.4.3　回弹值的测定方法

回弹法测定混凝土的强度应遵循我国《回弹法检测混凝土抗压强度技术规程》JGJ/T 23—2011 有关规定。测试时，打开按钮，弹击杆伸出筒身外，然后把弹击杆垂直顶住混凝土测试面使之徐徐压入筒身，这时筒内弹簧和重锤逐渐趋向紧张状态，当重锤碰到挂钩后即自动发射，推动弹击杆冲击混凝土表面后回弹一个高度，回弹高度在标尺上示出，按下按钮取下仪器，在标尺上读出回弹值。

测试应在事先划定的测区内进行，每一构件测区数不宜少 10 个，每个测区面积 200 mm×200mm，每一测区设 16 个回弹点，每一测点的回弹值读数应精确至 1。相邻两点的间距一般不宜小于 20mm，一个测点只允许回弹一次，然后从测区的 16 个回弹值中分别剔除 3 个最大值和 3 个最小值，取余下 10 个有效回弹值的平均值作为该地区的回弹值，按式（10.3.4.3-1）计算。

$$R_{m\alpha}= \sum_{i=1}^{10} \frac{R_i}{10} \qquad (10.3.4.3\text{-}1)$$

式中：$R_{m\alpha}$——测试角度为 α 时的测区平均回弹值，精确至 0.1；

　　　R_i——第 i 个测点的回弹值。

当回弹仪测试位置非水平方向时，考虑到不同测试角度，回弹值应按式（10.3.4.3-2）修正：

$$R_m=R_{m\alpha}+\Delta R_{\alpha} \qquad (10.3.4.3\text{-}2)$$

式中：ΔR_{α}——测试角度为 α 时的回弹修正值，按表 10.3.4.3-1 采用。

当测试面为浇筑方向的表面或底面时，测得的回弹值按式（10.3.4.3-3）修正：

$$R_m=R_{ms}+\Delta R_s \qquad (10.3.4.3\text{-}3)$$

式中：ΔR_s——混凝土浇筑表面或底面测试时的回弹修正值，按表 10.3.4.3-2 采用；

　　　R_{ms}——在混凝土浇筑表面或底面测试时的平均回弹值，精确至 0.1。

不同测试角度 α 的回弹修正值 ΔR_{α} 　　　　　　表 10.3.4.3-1

$R_{m\alpha}$	α 向上				α 向下			
	90°	60°	45°	30°	−30°	−45°	−60°	−90°
20	−6.0	−5.0	−4.0	−3.0	+2.5	+3.0	+3.5	+4.0
30	−5.0	−4.0	−3.5	−2.5	+2.0	+2.5	+3.0	+3.5
40	−4.0	−3.5	−3.0	−2.0	+1.5	+2.0	+2.5	+3.0
50	−3.5	−3.0	−2.5	−1.5	+1.0	+1.5	+2.0	+2.5

注：1. $R_{m\alpha}$ 小于 20 或大于 50 时，分别按 20 或 50 查表；

　　2. 表中未列入的相应于 $R_{m\alpha}$ 的修正值 $R_{m\alpha}$，可用内插法求得，精确值 0.1。

不同浇筑面的回弹修正值 ΔR_s 　　　　　　表 10.3.4.3-2

R_{ms}	ΔR_s		R_{ms}	ΔR_s	
	表面	底面		表面	底面
20	+2.5	−3.0	40	+0.5	−1.0
25	+2.0	−2.5	45	0	−0.5
30	+1.5	−2.0	50	0	0
35	+1.0	−1.5			

注：1. R_{ms} 小于 20 或大于 50 时，分别按 20 或 50 查表；

　　2. 表中有关混凝土浇筑表面的修正系数，是指一般原浆抹面的修正值；

　　3. 表中有关混凝土浇筑底面的修正系数，是指构件底面与侧面采用同一类模板在正常浇筑情况下的修正值；

　　4. 表中未列入的相应于 R_{ms} 的修正值 ΔR_s，可用内插法求得，精确值 0.1。

测试时，如果回弹仪既处于非水平状态，同时又在浇筑表面或底面，则应先进行角度修正，再进行表面或底面修正。

10.3.4.4　碳化深度的测量

对于旧的混凝土，由于受到大气中 CO_2 的作用，使混凝土中一部分未碳化的 $Ca(OH)_2$ 逐渐形成碳酸钙 $CaCO_3$ 而变硬，因而在老混凝土上测试的回弹值偏高，应给予修正。

修正方法与碳化深度有关。鉴别与测定碳化深度的方法是：采用电锤或其他合适的工具，在测区表面形成直径为 15mm 的孔洞，深度略大于碳化深度。吹去洞中粉末（不能用液体冲洗），立即用浓度 1%～2% 的酚酞酒精溶液滴在孔洞内壁边缘处，未碳化混凝土变成紫红色，已碳化的则不变色。然后用钢尺测量混凝土表面至变色与不变色交界处的垂直距离，即为测试部位的碳化深度，测量 3 次，每次读数应精确至 0.25mm，3 次的测量结果取平均值，精确到 0.5mm。

碳化深度应在有代表性的测区上测量，测点数不应少于构件测区数的 30%，应取其平均值作为该构件每个测区的碳化深度值。当碳化深度极差大于 2.0mm 时，应在每一测区分别测量碳化深度值。每一测区的平均碳化深度按式（10.3.4.4）计算：

$$d_m = \frac{\sum\limits_{i=1}^{10} d_i}{n} \qquad (10.3.4.4)$$

式中：n——碳化深度测量次数；

　　　d_i——第 i 次量测的碳化深度，mm；

　　　d_m——测区平均碳化深度，$d_m \leq 0.4mm$，取 $d_m=0$；$d_m>6mm$，取 $d_m=6mm$。

有了各测区的回弹值及平均碳化深度，即可按规定的方法评定构件的混凝土强度等级。

10.3.4.5　混凝土强度的评定

结构或构件第 i 个测区混凝土强度换算值，可按本章所求得的平均回弹值 R_m 及求得的平均碳化深度值 d_m 由《回弹法检测混凝土抗压强度技术规程》JGJ/T 23—2011 附录 A 查表得出。

（1）结构或构件的测区混凝土强度平均值可根据各测区的混凝土强度换算值计算。当测区数为 10 个及以上时，应计算强度标准差。平均值及标准差应按式（10.3.4.5-1）和式（10.3.4.5-2）计算：

$$m_{f_{cu}^c} = \frac{\sum\limits_{i=1}^{n} f_{cu,i}^c}{n} \qquad (10.3.4.5-1)$$

$$S_{f_{cu}^c} = \sqrt{\frac{\sum\limits_{i=1}^{n} (f_{cu}^c)^2 - n(m_{f_{cu}^c})^2}{n-1}} \qquad (10.3.4.5-2)$$

式中：$m_{f_{cu}^c}$——结构或构件测区混凝土强度换算值的平均值，精确至 0.1MPa；

　　　n——对于单个检测的构件，取一个构件的测区数；对于批量检测的构件，取被抽检构件测区数之和；

　　　$S_{f_{cu}^c}$——结构或构件测区混凝土强度换算值的标准差，精确至 0.01MPa。

（2）结构或构件的混凝土强度推定值是指相应于强度换算值总体分布中保证率不低于 95% 的结构或构件中的混凝土抗压强度值。结构或构件的混凝土强度推定值 $f_{cu,e}$ 应按下列方法确定：

1）当该结构或构件测区数少于 10 个时，则按式（10.3.4.5-3）确定结构或构件的混凝土强度推定值 $f_{cu,e}$。

$$f_{cu,e}=f^c_{cu,min} \qquad (10.3.4.5-3)$$

式中：$f^c_{cu,min}$——构件中最小的测区混凝土强度换算值。

2）若该结构或构件的测区强度值中出现小于 10.0MPa，则按 $f_{cu,e}<10.0MPa$ 评定。

3）当该结构或构件测区数不小于 10 个或按批量检测时，应按式（10.3.4.5-4）计算结构或构件的混凝土强度推定值 $f_{cu,e}$。

$$f_{cu,e}=m_{f^c_{cu}}-1.645S_{f^c_{cu}} \qquad (10.3.4.5-4)$$

4）对按批量检测的构件，当该批构件混凝土强度平均值小于 25MPa，$S_{f^c_{cu}}>4.5MPa$ 时，或当该批构件混凝土强度平均值不小于 25MPa，且不大于 60MPa，$S_{f^c_{cu}}>5.5MPa$ 时，则该批构件应全部按单个构件评定。

10.3.4.6 回弹法检测注意的几个问题

（1）采用回弹仪测试混凝土的强度时，必须注意其限制条件。龄期 1000d 以上的混凝土，其表面混凝土的碳化可能达到相当深度，回弹值已不能准确反映混凝土的强度，因此，不宜采用回弹法测定龄期超过 1000d 的老混凝土；回弹仪的弹击锤回弹距离受到回弹仪本身的限制，其有效回弹最大距离决定了回弹法能够测试的最大混凝土强度，当混凝土强度超过 C60 级时，不能采用回弹法检测混凝土的强度。对混凝土的成型工艺、潮湿状态等也有限制。

（2）对于龄期超过 1000d 且由于结构构造等原因无法采用取芯法对回弹检测结果进行修正的混凝土结构构件，需用混凝土抗压强度换算值乘以表 10.3.4.6 中的修正系数 α_n 予以修正，但必须符合如下条件：

1）龄期已超过 1000d，但处于干燥状态的普通混凝土；

2）混凝土外观质量正常，未受环境介质作用的侵蚀；

3）经超声波或其他探测法检测结果表明，混凝土内部无明显的不密实和蜂窝状局部缺陷；

4）混凝土抗压强度等级在 C20 ~ C50，且实测的碳化深度已大于 6mm。

混凝土抗压强度换算值龄期修正系数　　　　表 10.3.4.6

龄期（d）	1000	2000	4000	6000	8000	10000	15000	20000	30000
修正系数 α_n	1.00	0.98	0.96	0.94	0.93	0.92	0.89	0.86	0.82

（3）回弹法实际上是利用混凝土的表面信息推定混凝土的强度，很多因素影响测试结果，如原材料构成、外加剂品种、混凝土成型方法、养护方法及湿度、碳化及龄期、模板种类、混凝土制作工艺等，这些因素使测试结果在一定范围内表现出离散性。

（4）对于建筑工程和公路工程中的混凝土构件，都有相应的技术规程，如建筑工程的《回弹法检测混凝土抗压强度技术规程》JGJ/T 23—2011和《公路路基路面现场测试规程》JTJ 059—1995中《回弹仪检测水泥混凝土强度试验方法》T 0954—1995。在这些技术规程中，对回弹仪的操作与维护，回弹值的修正，测强曲线以及混凝土强度推定的方法等方面，做出了具体的规定。采用回弹法检测混凝土的强度时，必须遵守有关技术规程的规定。

10.4　贯入式砂浆强度检测仪

10.4.1　简介

贯入法检测是根据测钉贯入砂浆的深度和砂浆抗压强度间的相关关系，采用压缩工作弹簧加荷，把一测钉贯入砂浆中，由测钉的贯入深度通过测强曲线来换算砂浆抗压强度的一种新型现场检测方法。

贯入法检测砂浆抗压强度技术在砂浆强度检测技术领域中因其操作简单、检测结果准确、试验费用低廉等优点，深受用户好评，也是目前现场砂浆强度检测中使用最为广泛的一种检测技术。配合此项技术推广使用的中华人民共和国行业标准《贯入法检测砌筑砂浆抗压强度技术规程》（JGJ/T 136—2017）已于2017年9月1日正式颁布施行了。本文介绍SJY800B型贯入式砂浆强度检测仪，它采用杠杆式加力方法，具有重量轻、操作简单、检测精度高等特点，既减轻了检测人员的劳动强度，又提高了检测效率，是回弹法、原位推出法等方法的替代产品，其产品性能达到了国际领先水平。

10.4.2　仪器组成

SJY800B型贯入式砂浆强度检测仪全套包括：贯入仪主机1台、贯入深度测量尺1只、特制测钉1盒（40根）、测钉量规1块、测钉座螺母旋紧扳手1个、加力器1个、吹风器1个、砂轮1块、包装箱1只。

（1）贯入仪主机（图10.4.2-1）：它采用机械贯入方式，依靠特种装置的弹簧提供检测所需的能量，由于弹簧的每次压缩量相同，因而使每次释放的能量相同，这样就保证了检测的准确性、可靠性。

（2）贯入深度测量尺（图10.4.2-2）：它是用来测量贯入仪主机测试产生的测孔深度，所测数据为实际深度，不需要计算，任意点调零。

（3）特制测钉：它是由特种钢材经过磨制而成的，是贯入仪主机检测时必备的专用工具，测钉在插入贯入仪主机的测钉座后，从贯入仪主机中受压缩弹簧释放时产生的能量中获取动量，贯入砂浆中，特制测钉具有极强的硬度，可以保证重复使用数次而不影响检测的精度。

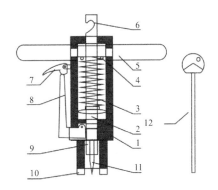

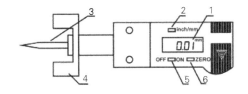

图 10.4.2-1　SJY800B 型贯入式砂浆强度检测仪结构图

1- 主体；2- 贯入杆；3- 工作弹簧；4- 调整螺母；5- 把手；

6- 加力槽；7- 扳机；8- 挂钩；9- 测钉座；10- 扁头；

11- 测钉；12- 加力器

图 10.4.2-2　贯入深度测量尺

1- 液晶屏；2- 转换开关；3- 测头；4- 扁头；

5- 电源开关；6- 归零按钮

（4）测钉量规：它是当一根测钉经多次使用后还能否继续使用的衡量工具。 在衡量一根测钉的寿命时，将测钉量规放置于一水平面上，然后将待衡量的测钉根部抵住量规槽的一端，顺着量规槽的方向将测钉放下，看测钉能否通过量规槽，若通过了，则此根测钉则不能使用。

（5）测钉座螺母旋紧扳手：用于旋紧测钉座螺母以固定测钉。

（6）加力器：它是主机工作时的辅助工具。依据杠杆原理设计，采取偏心轮形式设计制作，能轻便快速地给贯入仪主机加荷。

（7）吹风器：它是用于吹吸测孔中可能存有的灰尘及砂粒，防止由此而带来的检测误差。

（8）砂轮片：用于打磨砂浆表面，使其平整以消除测量测孔深度时可能产生的误差。

10.4.3　技术参数

（1）贯入仪贯入力：$800 \pm 8N$；

（2）工作冲程：$20 \pm 0.1mm$；

（3）数字测量尺量程：$20 \pm 0.01mm$；

（4）测钉长度：40mm；

（5）测钉直径：3.5mm；

（6）量规槽：39.5mm。

10.4.4　贯入检测步骤

（1）用砂轮片将砌缝表面打磨平整；

（2）从箱中取出测钉插入贯入杆测钉座的孔中，测钉尖端朝外。然后用旋紧扳手将测钉座螺母旋紧，使测钉固定。

（3）一手握住贯入仪主体，另一手将加力器的长槽面套入贯入仪后部的加力槽杆上，使加力器的加力横销与加力槽相互吻合，然后用手握住加力器末端，两手向内侧徐徐用力，当发现扳机跳动一下，表明贯入仪挂钩已挂上（加力时周围360°任何方向均可加力，以延长使用寿命），取下加力器，这时贯入仪便可进入下面的检测了。

（4）检测时，一手水平托住贯入仪，让贯入仪的扁头用力抵住打磨平整的砌缝表面，要牢牢握住仪器把手以防反冲，然后扣动扳机，贯入仪自由释放能量，这样就完成了一次检测，移开贯入仪，用吹风器吹干净测孔。

（5）最后用深度测量尺测量测孔的深度，从显示屏上直接读取测量深度值。这样就完成了一次完整的检测工作，查砂浆抗压强度换算表便知砂浆抗压强度。

10.4.5　测点布置

（1）检测砌筑砂浆抗压强度时，应以面积不大于25m²的砌体构件或构筑物为一个构件。

（2）按批抽样检测时，应取龄期相近的同楼层、同品种、同强度等级砌筑砂浆且不大于250m³砌体为一批，抽样数量不应少于砌体总构件的30%，且不应少于6个构件，基础砌体可按一个楼层计算。

（3）被检测灰缝应饱满，其厚度不应小于7mm，并应避开竖缝位置、门窗洞口后砌洞口和预埋件的边缘。

（4）多孔砖砌体和空斗墙砌体的水平灰缝深度应不大于30mm。

（5）检测范围内的饰面层、粉刷层、勾缝砂浆、浮浆以及表面损伤层等，应消除干净，应使待测灰缝砂浆暴露并经打磨平整后再进行检测。

（6）每一构件应测试16点，测点应均匀分布在构件的水平灰缝上，相邻测点水平间距不宜小于240mm，每条灰缝测点不宜多于2点。

10.4.6　注意事项

（1）在加力状态下，贯入端方向严禁对着自己或他人，以防发生事故。

（2）在未装贯入钉前应避免加力弹射，以防损坏测钉座。

10.5　经纬仪

10.5.1　简介

经纬仪是用于角度测量的仪器，按照经纬仪的测量精度，我国把经纬仪分为DJ_{07}、DJ_1、DJ_2、DJ_6等不同等级。"D""J"分别代表"大地测量"和"经纬仪"。紧跟其后的下标阿拉伯数字代表仪器的精度。经纬仪的精度使用测量水平方向一个测回中的误差来表征的。例如：DJ_6表示用此仪器测一个测回的方向中误差为6″的经纬仪型号。下标数字越大，级别越低。

经纬仪按其读数设备和工作原理的不同，可分为光学经纬仪和电子经纬仪两种。

10.5.2　光学经纬仪

各种类型的光学经纬仪，其外形及仪器零部件的形状、位置不尽相同，但基本构造却是相同的，一般都包括照准部、水平度盘和基座三大部分，图 10.5.2 为 DJ$_6$ 光学经纬仪外形。

图 10.5.2　DJ$_6$ 光学经纬仪

10.5.2.1　照准部

照准部是指经纬仪水平度盘之上，能绕其旋转轴旋转部分的总称。照准部主要由竖轴、望远镜、竖直度盘、读数设备、照准部水准管和光学对中器等组成。

（1）竖轴：照准部的旋转轴称为仪器的竖轴。通过调节照准部制动螺旋和微动螺旋，可以控制照准部在水平方向上的转动。

（2）望远镜：望远镜用于瞄准目标。另外为了便于精确瞄准目标，经纬仪的十字丝分划板与水准仪的稍有不同，如图 10.5.2.1 所示。

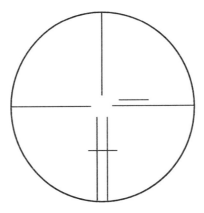

图 10.5.2.1　经纬仪的十字丝分划板

　　望远镜的旋转轴称为横轴。通过调节望远镜制动螺旋和微动螺旋，可以控制望远镜的上下转动。望远镜的视准轴垂直于横轴，横轴垂直于仪器竖轴。因此，在仪器竖轴铅直时，望远镜绕横轴转动扫出一个铅垂面。

　　（3）竖直度盘：竖直度盘用于测量垂直角，竖直度盘固定在横轴的一端，随望远镜一起转动。

　　（4）读数设备：读数设备用于读取水平度盘和竖直度盘的读数。

　　（5）照准部水准管：照准部水准管用于精确整平仪器。水准管轴垂直于仪器竖轴，当照准部水准管气泡居中时，经纬仪的竖轴铅直，水平度盘处于水平位置。

　　（6）光学对中器：光学对中器用于使水平度盘中心位于测站点的铅垂线上。

10.5.2.2　水平度盘

　　水平度盘是用于测量水平角的。它是由光学玻璃制成的圆环，环上刻有 0°～360° 的分划线，在整度分划线上标有注记，并按顺时针方向注记，其度盘分划值，为 1° 或 30′。

　　水平度盘与照准部是分离的，当照准部转动时，水平度盘并不随之转动。如果需要改变水平度盘的位置，可通过照准部上的水平度盘变换手轮，将度盘变换到所需要的位置。

10.5.2.3　基座

　　基座用于支承整个仪器，并通过中心连接螺旋将经纬仪固定在三脚架上。基座上有三个脚螺旋，用于整平仪器。在基座上还有一个轴座固定螺旋，用于控制照准部和基座之间的衔接。照准部、水平度盘、基座如图 10.5.2.3 所示。

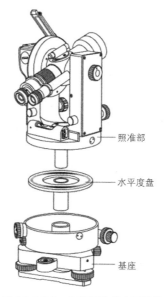

图 10.5.2.3　光学经纬仪主要构造

10.5.2.4　读数方法

度盘上小于度盘分划值的读数要利用测微器读出，DJ$_6$型光学经纬仪一般采用分微尺测微器。如图10.5.2.4所示，在读数显微镜内可以看到两个读数窗：注有"水平"或"H"的是水平度盘读数窗；注有"竖直"或"V"的是竖直数窗。每个读数窗上有一分微尺。

分微尺的长度等于度盘上1°影像的宽度，即分微尺全长代表1°。将分微尺分成60小格，每1小格代表1′，可估读到0.1′，即6″。每10小格注有数字，表示10′的倍数。

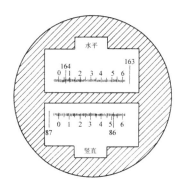

图10.5.2.4　分微尺测微器读数

读数时，先调节读数显微镜目镜对光螺旋，使读数窗内度盘影像清晰，然后，读出位于分微尺中的度盘分划线上的注记度数，最后，以度盘分划线为指标，在分微尺上读取不足1°的分数，并估读秒数。如图10.5.2.4所示，其水平度盘读数为164° 06′ 36″，竖直度盘读数为86° 51′ 36″。

10.5.3　电子经纬仪

电子经纬仪与光学经纬仪的根本区别在于它用微机控制的电子测角系统代替光学读数系统。其主要特点是：

（1）使用电子测角系统，能将测量结果自动显示出来，实现了读数的自动化和数字化。

（2）采用积木式结构，可与光电测距仪组合成全站型电子速测仪，配合适当的接口，可将电子手簿记录的数据输入计算机，实现数据处理和绘图自动化。

10.5.3.1　电子测角原理

电子测角仍然是采用度盘来进行。与光学测角不同的是，电子测角是从特殊格式的度盘上取得电信号，根据电信号再转换成角度，并且自动地以数字形式输出，显示在电子显示屏上，并记录在储存器中。电子测角度盘根据取得电信号的方式不同，可分为光栅度盘测角、编码度盘测角和电栅度盘测角等。

10.5.3.2　电子经纬仪的性能

电子经纬仪采用光栅度盘测角，水平、垂直角度显示读数分辨率为 1″，测角精度达 2″。

DJD$_2$ 装有倾斜传感器，当仪器竖轴倾斜时，仪器会自动测出并显示其数值，同时显示对水平角和垂直角的自动校正。仪器的自动补偿范围为 ±3′。

10.5.3.3　电子经纬仪的使用（以 DZJ$_5$ 为例）

DZJ$_5$ 电子经纬仪使用时，首先要在测站点上安置仪器，在目标点上安置反射棱镜，然后瞄准目标，最后在操作键盘上按测角键，显示屏上即显示角度值。DZJ$_5$ 构造如图 10.5.3.3-1 所示。

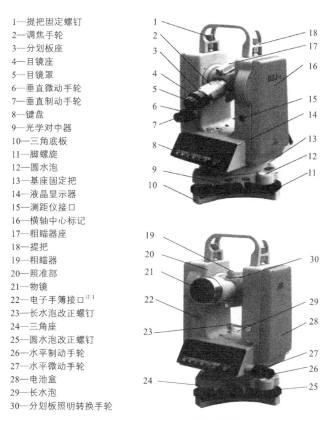

1—提把固定螺钉
2—调焦手轮
3—分划板座
4—目镜座
5—目镜罩
6—垂直微动手轮
7—垂直制动手轮
8—键盘
9—光学对中器
10—三角底板
11—脚螺旋
12—圆水泡
13—基座固定把
14—液晶显示器
15—测距仪接口
16—横轴中心标记
17—粗瞄器座
18—提把
19—粗瞄器
20—照准部
21—物镜
22—电子手簿接口注1
23—长水泡改正螺钉
24—三角座
25—圆水泡改正螺钉
26—水平制动手轮
27—水平微动手轮
28—电池盒
29—长水泡
30—分划板照明转换手轮

图 10.5.3.3-1　DZJ$_5$ 经纬仪构造

（1）安放仪器

摆好三脚架，仪器放在三脚架上，拧紧中心螺旋，应使用专用的中心连接螺旋的三脚架。

（2）圆水泡整平

旋转三个脚螺旋，使气泡居中，如图 10.5.3.3-2 所示。

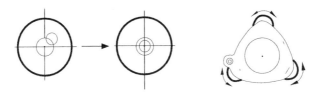

图10.5.3.3-2　圆水泡整平

（3）长水泡整平

使长水泡与任意 2 个脚螺旋连线平行，如图 10.5.3.3-3 所示，旋转这 2 个脚螺旋使气泡居中。把长水泡转 90°，与上述 2 个脚螺旋连线垂直，旋转第三个脚螺旋，使气泡居中。

重复上述步骤，使仪器全周转动时，长气泡居中，允许偏离中心 1/4 格。

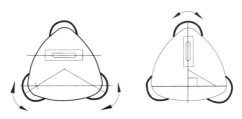

图10.5.3.3-3　长水泡整平

（4）光学对中

轻轻松开中心螺旋，平移仪器，使地面目标与光学对中器分划板中心重合，如图 10.5.3.3-4 所示。然后拧紧中心螺旋。

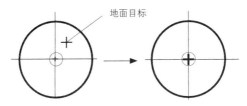

图10.5.3.3-4　光学对中

（5）检查长水泡居中

按上述方法检查长水泡，如发现气泡偏离中心，依上述步骤精确整平长水泡居中，即准备工作完成。

（6）视距丝测距

利用望远镜中分划板上的视距丝读取标尺上的读数 l，用 l 乘以仪器的乘常数 100，即为仪器和标尺实际距离 L，如图 10.5.3.3-5 所示。

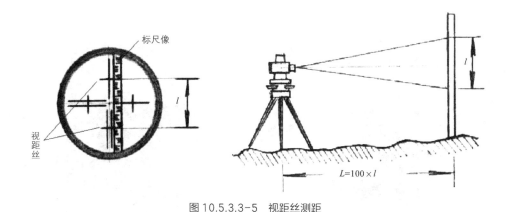

图 10.5.3.3-5　视距丝测距

10.5.4　注意事项

（1）经纬仪是精密仪器，使用时要十分谨慎小心，各个螺旋要慢慢转动。不能大幅度地、快速地转动照准部及望远镜。微动螺旋的有效范围不大，不可一味单向旋进或旋出。使用时应有"轻重感"，如稍有阻滞感，就要反方向适当旋转微动螺旋，然后放松制动螺旋重新瞄准目标。

（2）瞄准塔尺目标时，尽可能瞄准其底部（即十字丝交点的水准尺读数为 2.1m 附近）。

（3）测量过程中，要严格按测回法的要求进行测量，不能随意涂改测量数据。

（4）观测过程中水准管气泡偏离中心应小于 2 格，在一测回观测时，不得用脚螺旋调整气泡位置。

（5）当一个人操作时，其他人员只作语言帮助，不能多人同时操作一台仪器。

（6）经纬仪长期不用或测量前须进行检测校正。

10.6　全站仪

全站仪是一种集光、机、电为一体的高技术测量仪器，是集水平角、垂直角、距离（斜距、平距）、高差测量功能于一体的测绘仪器系统。因其一次安置仪器就可完成该测站上全部测量工作，所以称之为全站仪。广泛用于地上大型建筑和地下隧道施工等精密工程测量或变形监测领域。

全站仪几乎可以用在所有的测量领域。同电子经纬仪、光学经纬仪相比，全站仪增加了许多特殊部件，因此而使得全站仪具有比其他测角、测距仪器更多的功能，使用也更方便。这些特殊部件构成了全站仪在结构方面独树一帜的特点。

10.6.1　全站仪的组成部件

以型号 ZTS-121 系列为例，全站仪各部件名称如图 10.6.1 所示。

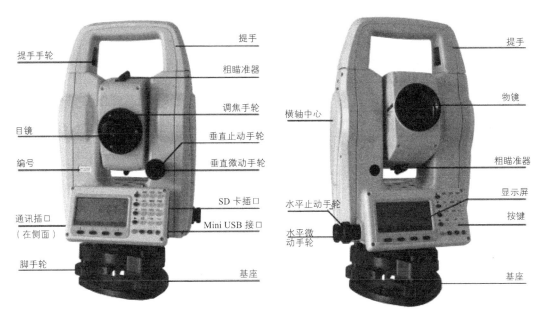

提手

提手手轮

粗瞄准器

调焦手轮

横轴中心

物镜

目镜

垂直止动手轮

编号

垂直微动手轮

粗瞄准器

SD 卡插口

水平止动手轮

显示屏

通讯插口
（在侧面）

Mini USB 接口

水平微动手轮

按键

脚手轮

基座

基座

图 10.6.1　全站仪组成部件

10.6.2　全站仪在工程测量中的应用

10.6.2.1　水平角测量

（1）按角度测量键，使全站仪处于角度测量模式，找准第一个目标 A；

（2）设置 A 方向的水平读盘度数为 0° 0′ 0″；

（3）找准第二个目标 B，此时显示的水平度盘度数即为两方向间的水平夹角。

10.6.2.2　距离测量

（1）当使用棱镜作为反射体时，需在测量前设置好棱镜常数，测距前须将棱镜常数输入仪器中，仪器会自动对所测距离进行改正；

（2）设置大气改正值或气温、气压值，光在大气中的传播速度会随大气的温度和气压而变化，15℃和 760mmHg 是仪器设置的一个标准值，此时的大气改正值为 0ppm。实测时，可输入温度和气压值，全站仪会自动计算大气改正值（也可直接输入大气改正值），并对测距结果进行改正；

（3）测量仪器高、棱镜高（目标高）并输入全站仪；

（4）距离测量，找准目标棱镜中心，按测距键，距离测量开始，测距完成时显示斜距、平距、高差。

全站仪的测距模式有精测模式、跟踪模式、粗测模式三种。精测模式是最常用的测距模式，测量时间约 2.5s，最小显示单位 1mm；跟踪模式，常用于跟踪移动目标或放样时连续测距，最小显示一般为 1cm，每次测距时间约 0.3s；粗测模式，测量时间约

0.7s，最小显示单位 1cm 或 1mm。在距离测量或坐标测量时，可按测距模式（MODE）键选择不同模式。

全站仪仪器的盘左和盘右，实际上沿用老式光学经纬仪的称谓。是根据竖盘相对观测人员所处的位置而言的，观测时当竖盘在观测人员的左侧时称为盘左，反之称为盘右。相对盘左和盘右而言也有称为正镜和倒镜，以及 F1（FACE1）面和 F2（FACE2）面的。

对于测量来讲，若正、反（盘左、盘右）测量后，通过测量方法有可消除某些人为误差以及固定误差的作用。对于可定义盘左和盘右称谓的仪器而言，增加了应用仪器的可选操作界面，对测量作业和测量结果没有影响。

另外，对于靠角度确认盘左和盘右可能存在某些错觉，例如某些连接陀螺仪的全站仪或者经纬仪，在确定盘左和盘右时显示的不一定是对应的。就是说相对 180° 角度数值而已往小向转不一定是盘左。反正，记住两者的差值即可。仪器也是自动求算的，对工程测量结果没有影响。

10.6.2.3　坐标测量

（1）设定测站点的三维坐标；

（2）设定后视点的坐标或设定后视方向的水平度盘读数为其方位角。当设定后视点的坐标时，全站仪会自动计算后视方向的方位角，并设定后视方向的水平度盘读数为其方位角。

（3）设置棱镜常数。

（4）设置大气改正值或气温、气压值。

（5）测量仪器高、棱镜高并输入全站仪。

（6）照准目标棱镜，按坐标测量键，全站仪开始测距并计算显示测点的三维坐标。坐标测量如图 10.6.2.3 所示。

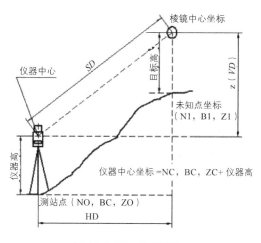

图 10.6.2.3　坐标测量

10.6.2.4 悬高测量

要测量某些不能设置反射棱镜的目标（如高压电线、桥梁桁架）的高度时，只需将棱镜架设于目标点所在铅垂线上的任一点，然后进行悬高测量即可实现。悬高测量应用如图 10.6.2.4 所示，输入棱镜高，瞄准棱镜并观测后，再瞄准目标，仪器即可显示目标的高度。

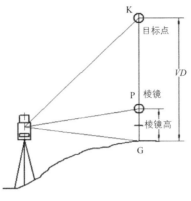

图 10.6.2.4　悬高测量

10.6.2.5 对边测量

测量两个目标棱镜之间的水平距离（d_{HD}）、斜距（d_{SD}）、高差（d_{VD}）和方位角（HR）。也可直接输入坐标值或调用坐标数据文件进行计算。对边测量如图 10.6.2.5 所示。

对边测量有两种模式：

（1）对边测量（A-B，A-C）：测量 A-B，A-C，A-D……，即起点是所有点的参考点。

（2）对边测量（A-B，B-C）：测量 A-B，B-C，C-D……，即本次计算的前一点是参考点。

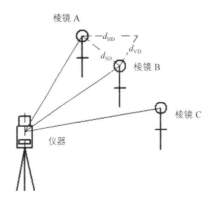

图 10.6.2.5　对边测量

10.6.2.6　全站仪使用注意事项

（1）在使用前应当进行校核。按规范要求，应隔一周校核一次，标杆是否垂直，棱镜常数是否正确，这些都是产生不精确的原因。

（2）严格控制安置仪器的地方。路上的非原生石板、石块、在草丛生的地方、雨后的耕作土等。实践中，只要仪器安置在这些地方，人员走动、风吹等都会造成竖角 10″ 左右的抖动。即使无这些外界因素，操作人员的心跳也会造成仪器度数 2″ 的跳动。使用中一旦发现竖角有 2″ 以上跳动，三脚架一定没安实。这是使用光学经纬仪无法体验到的现象。同时要求读数时，其余人员远离仪器，不得随意走动。

（3）在雨后天晴，不易观测。在冬日里，尤其是会出现大雾天气，全站仪望远镜是无法看见目标或墙上的红三角的，即使是看到了也是模糊不清，只有大概轮廓，我们不能自以为正确，测量应是很严格且不能马虎的。

（4）光学对中器使用全站仪和棱镜连接器都有光学对中器，很好使用。但使用中一定要按：调平—对中—再调平—再对中的顺序使用。因为光学对中期在基座不平时，视线是斜的，这时对中，调平后又不对中了，有时要动脚架，影响测量工作进度。

（5）仪器高、棱镜高的测量不易精确。按规范上要求，棱镜中心到基座用游标卡尺量下后，作固定值记录，测量过程中用钢卷尺量基座以下部分，两者加起来作镜高。

（6）视线倾角不大于 15°，《国家三角测量规范》GB/T 17942—2000 中规定，视线倾角不大于 15°，在实际中不易达到这个标准。但我们可以尽可能地使视线保证在以水平距离为线，正负 45° 范围之内，这样测量人员的眼睛和身体不至于很累。

不同厂家生产的全站仪其键盘设计并不完全相同，实现相同测量功能的按键程序和步骤也不完全一样，具体使用应参考厂家的使用说明书。

10.7　裂缝综合测试仪

10.7.1　简介

裂缝综合测试仪是集裂缝深度及宽度测量于一体，可广泛用于桥梁、隧道、墙体、混凝土路面、金属表面等裂缝宽度及深度的定量检测。本文以 ZBL-F800 为例，对该款测试仪做简单的介绍。

该测试仪主要由主机（4.3 寸 TFT 彩屏）、摄像头及发射、接收换能器构成。裂缝宽度测量时，主机实时显示裂缝图像，可通过自动和手动得到裂缝宽度数据；裂缝深度测量时，主机实时显示超声信号，可通过自动和手动得到裂缝深度数据。同时该测试仪具有数据管理功能，可将采集的图像数据以及裂缝深度数据保存起来，通过随机提供的 U 盘，将数据转存到计算机中，利用配套的分析软件进行更详细的分析处理。仪器具有裂缝宽度校准功能，可用标准刻度板对仪器进行校准。

10.7.2　主要功能及特点

10.7.2.1　主要功能

（1）测量混凝土、瓷器、金属等物体表面裂缝的宽度；

（2）测量混凝土表面浅裂缝（深度小于 500mm）的深度。

10.7.2.2　主要特点

（1）可实现裂缝宽度的自动实时判读和手动判读功能；

（2）可实现裂缝深度的自动和手动测量；

（3）摄像头"即插即用"；

（4）裂缝测宽时可标定，裂缝测深时可回零；

（5）按构件存储裂缝图片；

（6）可通过 U 盘对仪器内部软件进行升级；

（7）可将仪器内部的检测数据通过 U 盘转存到计算机，使用 Windows 软件进行数据分析，可对图片进行打印。

10.7.3　仪器组成

仪器主要由三部分组成：主机、摄像头和换能器。

10.7.4　测试原理或方法

10.7.4.1　裂缝深度检测

（1）测试条件：对结构混凝土裂缝深度检测时，要求被测的裂缝内无耦合介质（如水、泥浆等），以免造成超声波信号经过这些耦合介质"短路"。

（2）自动检测裂缝深度时，必须先测试一组不跨缝数据，再测试一组跨缝数据，然后才能进行深度计算。

1）不跨缝测试，得到构件的平测声速在构件的完好处（平整平面内，无裂缝）测量一组特定测距的数据，并记录每个测距下的声时，通过该组测距及对应的声时，回归计算出超声波在该构件中的传播速度。

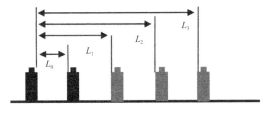

图 10.7.4.1-1　不跨缝测试

如图 10.7.4.1-1 所示，在构件的完好处布置好测线，并在测线上每隔一定距离（一般为 50mm）布置一个测点，然后将发射换能器用黄油耦合在第一个测点，分别将接收换能器耦合在第二个测点、第三个测点……，分别测量测距为 L_0、L_1、L_2 以及 L_3……时的声时，计算出被测构件混凝土的声速。

必须进行不跨缝数据测试，以获得准确的声速和修正值。当不具备不跨缝测试条件时，可以直接输入声速。需要指出的是，声速是对应于构件而非裂缝，无需在测量每条裂缝时都测量声速，在同一个构件上，一般只需测量一次声速即可。

2）跨缝测试，得到一组测距下的声时 如图 10.7.4.1-2 所示，垂直于待测裂缝画一条测线，并在裂缝两侧对称布置测点，测点间距一般为 25mm。将发射、接收换能器分别耦合在裂缝两侧的对称测点上，测量测距分别为 L_0、L_1、L_2……时超声波在混凝土中的传播声时，为第三步的计算准备数据。该组测距在测量前设定，ZBL-F800 是用初始测距 L_0 累加测距调整量 ΔL 来得到的。

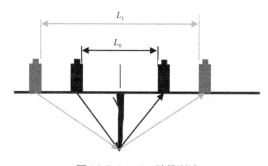

图 10.7.4.1-2 跨缝测试

3）计算裂缝深度，自动检测时的测距是指发射、接收换能器内侧的净间距。跨缝与不跨缝测试的测点数至少为 3，测点数越多，测量精度有可能会越高。

（3）手动检测方式主要是根据波形相位发生变化时测距和裂缝深度之间的关系来得到缝深值。手动检测的首要目的就是寻找波形相位变化点，如图 10.7.4.1-3 所示。将发射、接收换能器分别耦合在待测裂缝的两侧对称位置上，然后在采样过程中缓慢移动换能器，在屏幕上将会看到从 a 到 b 再到 c 的波形相位变化的现象。移动过程中只要发现波形相位发生跳变（图 10.7.4.1-3c），立即停止移动，记录当前两换能器与裂缝的间距并输入到仪器，即可得到缝深。手动检测时的间距是指发射、接收换能器中心的距离。移动换能器时应尽量保持对称，缓慢、匀速移动。

10.7.4.2 裂缝宽度检测

测量裂缝宽度时，将摄像头放在待测裂缝上，如图 10.7.4.2 所示，摄像头将裂缝图片实时传输到仪器并显示在液晶屏上，待图像清晰后，可自动识别裂缝轮廓，进行自动实时判读，从而得到裂缝自动判读的宽度，停止捕获后仪器获得当前帧图片，然后可对当前图片进行手动判读处理，从而得到裂缝手动判读的宽度。

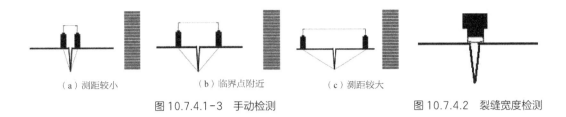

（a）测距较小 （b）临界点附近 （c）测距较大

图 10.7.4.1-3 手动检测　　　　　　图 10.7.4.2 裂缝宽度检测

10.7.5 测试前的准备工作

（1）在进行裂缝深度测试前，应进行以下准备工作：

1）选择好构件的测试部位；

2）清除构件测试部位表面的尘土和杂物；

3）在待测构件上布置测线、测点，测线应与待测裂缝垂直，尽量避免与钢筋平行；

4）清除换能器底部的杂物和残杂的耦合剂。

（2）若进行裂缝宽度的测试，则无需准备，仅需选择好待测构件上的裂缝位置就行了。

10.8 非金属超声波检测仪

10.8.1 简介

非金属超声检测仪是用于对混凝土、岩石、陶瓷、塑料等非金属材料进行检测的仪器。非金属超声仪采用超声脉冲技术，用于混凝土强度检测、缺陷检测（包括结构内部空洞和不密实区检测、裂缝深度检测、混凝土结合面质量检测、钢管混凝土缺陷检测、表面损伤层检测等）、混凝土基桩完整性检测、材料的物理及力学性能检测等。本文以 ZBL-U5 为例，对非金属超声波检测仪作简单介绍。

10.8.2 主要功能

（1）超声透射法检测基桩完整性（简称"测桩"）；

（2）超声回弹综合法检测混凝土抗压强度（简称"测强"）；

（3）超声透射法检测构件不密实区及空洞，如不密实区域、蜂窝空洞、结合面质量、表面损伤层厚度等（简称"测缺"）；

（4）超声平测法检测混凝土表面浅裂缝的深度（简称"测缝"）；

（5）地质勘查、岩体、混凝土等非金属材料力学性能检测。

10.8.3 依据规范

（1）《建筑基桩检测技术规范》JGJ 106—2014；

（2）《超声法检测混凝土缺陷技术规程》CECS 21—2000；

（3）《超声回弹综合法检测混凝土抗压强度技术规程》T/CECS 02—2005。

10.8.4 主要特点

（1）快速、准确的声参量自动判读。实时动态波形显示，保证了检测的效率。

（2）人性化的软件设计。仪器测试界面直接面向用户和工程测试现场，并且有帮助信息，可以方便的使用。

（3）图形化显示测试结果。测试以后分析结果可以图形化显示，可以直观地观察分析结果。

（4）可测试回弹值。可直接外接回弹仪进行超声回弹综合法测试，并分析结算得到混凝土的推定强度。

（5）信号接收能力强。在无缺陷混凝土中对测穿透距离可达 10m。

（6）主机直接为径向换能器供电。无需外接电源，性能可靠稳定。

（7）标准 USB 存储设备。大容量移动存储器。

（8）内置电池供电。内置锂电池，供电时间达 6h，如选配外置电池，供电时间可长达 12h，完全可满足客户野外长时间测试需求。

（9）仪器便携。体积小、重量轻，携带方便。

（10）具备扩展功能，可扩展冲击回波法测厚功能（可用于单面测量混凝土厚度）。

（11）功能强大的专业 Windows 数据分析处理软件，机外数据分析软件界面友好，性能可靠，可以分析处理直接生成报告，亦可把分析结果导入 Word、Excel 中，方便用户进行后期的数据处理。

10.8.5 测试原理

（1）超声波透射法检测桩身结构完整性：由超声脉冲发射源激发高频弹性脉冲波，并用高精度的接收系统记录该脉冲波在混凝土内传播过程中表现的波动特征；当混凝土内存在不连续或破损界面时，缺陷面形成波阻抗界面，波到达该界面时，产生波的透射和反射，使接收到的透射能量明显降低；当混凝土内存在松散、蜂窝、孔洞等严重缺陷时，将产生波的散射和绕射；根据波的初至时间和波的能量衰减特征、频率变化及波形畸变程度等特性，可以获得测区范围内混凝土的密实度参数。测试记录不同剖面、不同高度上的超声波动特征，经过处理分析就能判别测区内混凝土的内部存在缺陷的性质、大小及空间位置。在基桩施工前，根据桩直径的大小预理一定数量的声测管，作为换能器的通道。测试时每两根声测管为一组，通过水的耦合，超声脉冲信号从一根声测管中的换能器发射出去，在另一根声测管中的换能器接收信号，如图 10.8.5 所示，仪器记录声时、幅度等声参量，从而可以判断出该位置两个声测管间混凝土是否正常。收发换能器由桩底同时往上移动并逐点依次检测可了解整个剖面的混凝土完整性。测试所有剖面即可获知各个剖面乃至整个桩的完整性状况。

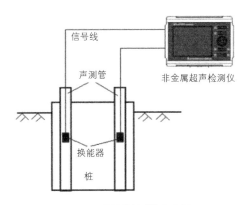

图 10.8.5 透射法测桩原理图

（2）超声回弹综合法测强：综合法采用两种或两种以上的测试方法检测混凝土的多个物理量，并将其与混凝土强度建立关系。"超声波脉冲速度—回弹值"综合法是在国内外研究最多、应用最广的一种方法。超声—回弹综合法采用低频超声波检测仪和标准动能为 2.207J 的回弹仪，在结构或构件混凝土同一测区分别测量声时及回弹值，利用已建立的测强公式，推算测区混凝土强度值的一种方法。混凝土波速、混凝土回弹值与强度之间有较好的相关性，强度越高，波速越快，回弹值越高，当率定出关系曲线后，在同一测区分别测声时和回弹值，然后用已建立的测强曲线（式 10.8.5）推算测区强度：

$$f_{\mathrm{cu,e}}=a \times V^{\mathrm{b}} \times R^{\mathrm{c}} \tag{10.8.5}$$

式中：a——常数项系数；

  b、c——回归常数；

  $f_{\mathrm{cu,e}}$——抗压强度换算值；

  V——测区修正后的超声声速值；

  R——测区修正后的回弹值平均值。

（3）超声法不密实区和空洞检测：由于超声波传播速度的快慢与混凝土的密实程度有直接关系，声速高则混凝土密实，相反则混凝土不密实。超声法检测混凝土缺陷是利用脉冲波在技术条件相同的混凝土中传播的时间（或速度）、接收波的振幅和频率等声学参数的相对变化，来判断混凝土的缺陷。当有空洞或裂缝存在时，便破坏了混凝土的整体性，声波只能绕过空洞或裂缝传播到接收换能器，因此传播的路程增长，测得的声时偏长，其相应的声速降低。超声波在缺陷界面产生反射、散射，能量衰减，导致波幅降低；声波中各种频率在遇到缺陷时衰减程度不同，高频衰减大，使主频下降（频移）。此外，声波在缺陷处发生波形转换及迭加，使波形发生畸变。

10.8.6 仪器的维护及保养

（1）仪器采用内置专用可充电锂电池进行供电，使用时请注意电量指示，如果电量不足时，则应尽快采用外部电源（交流电源或外部充电电池）对本仪器供电，否则可能会造成突然断电导致测试数据丢失甚至损毁系统；如用交流电源供电，则应确保外接电源为 AC220±10%V，否则会造成 AC-DC 电源模块甚至仪器的损坏。禁止使用其他电池、电源为仪器供电。

（2）每次使用完仪器后，应该对主机、传感器等进行适当清洁，以防止水、泥等进入接插件或仪器，从而导致仪器的性能下降或损坏。

第三篇

建筑结构基本知识

第11章　房屋建筑学

建筑物为满足人们的各种社会活动需要（包括生产、生活、文化等）提供活动空间，这个空间是人为创造的有组织的内部空间，建筑物一旦产生，同时也带来了一个不同于原来的外部空间。因此，一个建筑物它总是既包含各种不同的内部空间，同时又被包含于周围的外部空间之中，建筑正是这样以它所形成的各种内部的、外部的空间，为人们的生活创造了工作、学习、休息等多种多样的环境。

建筑是人工创造的空间环境，包含建筑物和构筑物。

建筑物——供人们在其内进行生产、生活或其他活动的房屋（或场所）。

构筑物——只为满足某一特定的功能建造的，人们一般不直接在其内进行活动的场所。

11.1　建筑高度、房间的净高和层高

11.1.1　建筑高度

建筑高度是指屋面面层到室外地坪的高度，屋顶上的水箱间、电梯机房、排烟机房和楼梯出口小间等不计入建筑高度。

建筑为坡度大于30%的坡屋顶建筑时，按坡顶高度一半处到室外地平面计算建筑高度。文物保护建设控制地带内的建筑高度，按建筑物和构筑物的最高点（包括电梯间、楼梯间、水箱间、烟囱等构筑物）、中国传统大屋顶形式按檐口至地面高度计算建筑高度。

（1）坡屋面建筑，建筑高度应为建筑室外设计地面至其檐口与屋脊的平均高度。

（2）平屋面建筑（包括有女儿墙的平屋面），建筑高度应为建筑室外设计地面至其屋面面层的高度（注：女儿墙不计入建筑高度）。

（3）对于住宅建筑，设置在底部且室内高度不大于2.2m的自行车库、储藏室、敞开空间，室内外高差或建筑的地下或半地下室的顶板面高出室外设计地面的高度不大于1.5m的部分，可不计入建筑高度。

（4）既有平屋面又有坡屋面的同一座建筑，建筑高度应分别计算后，取其中最大值。

（5）含有台阶式地坪的建筑，当位于不同高程地坪上的同一建筑之间有防火墙分隔，各自有符合规范的安全出口，且可沿建筑的两个长边设置贯通式或尽头式消防车道时，可分别计算各自的建筑高度。否则，应按其中建筑高度最大者确定该建筑的建筑高度。

（6）局部突出屋顶的瞭望塔、冷却塔、水箱间、微波天线间或设施、电梯机房、

排风和排烟机房以及楼梯出口小间等辅助用房占屋面面积不大于1/4者，可不计入建筑高度。

11.1.2　房间的净高和层高

房间的净高是指楼地面到结构层（梁、板）底面或顶棚下表面之间的距离。层高是指该层楼地面到上一层楼地面之间的距离。

11.2　楼地层、屋盖及阳台、雨篷的基本构造

11.2.1　楼板层

11.2.1.1　楼板层的作用及其设计要求

楼板层是多层建筑中沿水平方向分隔上下空间的结构构件。它除了承受并传递垂直荷载和水平荷载外，还应具有一定程度的隔声、防火、防水等的能力。同时，建筑物中的各种水平设备管线，也将在楼板层内安装。因此，作为楼板层，必须具备如下要求：

（1）具有足够的强度和刚度，保证安全正常使用。

（2）为避免楼层上下空间的相互干扰，楼板层应具备一定的隔空气传声和撞击传声的能力。

（3）楼板应满足规范规定的防火要求，保证生命财产安全。

（4）对有水侵袭的楼板层，须具有防潮防水能力，避免渗透，影响建筑物正常使用。

11.2.1.2　楼板层的组成

为满足楼板层的使用要求，建筑物的楼板层通常由以下几部分构成（图11.2.1.2）。

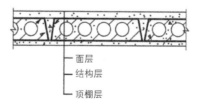

面层
结构层
顶棚层

图11.2.1.2　楼板层的组成

（1）楼板面层

楼板面层又称面层或地面，是楼板层中与人和家具设备直接接触的部分，它起着保护楼板、分布荷载和各种绝缘、隔声等功能方面的作用。同时也对室内装饰有重要影响。

（2）楼板结构层

它是楼板层的承重部分，包括板和梁，主要功能在于承受楼板层的荷载，并将荷载传给墙或柱，同时还对墙身起水平支撑作用，抵抗部分水平荷载，增加建筑物的整体刚度。

（3）楼板顶层

它是楼板层下表面的构造层，也是室内空间上部的装修层，又称天花、天棚、顶棚或平顶，其主要功能是保护楼板、装饰室内，以及保证室内使用条件。

11.2.1.3 板的类型

根据楼板结构层所采用材料的不同，可分为木楼板、砖拱楼板、钢筋混凝土楼板，以及压型钢板与钢梁组合的楼板等多种形式。

木楼板具有自重轻、表面温暖、构造简单等优点，但不耐火、隔声，且耐久性亦较差，为节约木材，现已极少采用。

砖拱楼板可以节约钢材、水泥和木材，曾在缺乏钢材、水泥的地区采用过。由于它自重大、承载能力差，且不宜用于有振动和地震烈度较高地区，加上施工较繁，现也趋于不用。

钢筋混凝土楼板具有强度高、刚度好，既耐久又防火，还具有良好的可塑性，且便于机械化施工等特点，是目前我国工业与民用建筑中楼板的基本形式。近年来，由于压型钢板在建筑上的应用，于是出现了以压型钢板为底模的钢衬板楼板。

钢筋混凝土被用于建造房屋已有一百多年的历史，由于它强度高、不燃烧、耐久性好，而且可塑性强，所以钢筋混凝土在建筑上的运用极为广泛。钢筋混凝土楼板按施工方式的不同可分为现浇整体式、预制装配式和装配整体式楼板。

现浇钢筋混凝土楼板按其受力和传力情况可分为板式楼板、梁板式楼板、无梁楼板，此外还有压型钢板组合式楼板。

（1）板式楼板

将楼板现浇成一块平板，并直接支承在墙上，这种楼板称为板式楼板。板式楼板底面平整，便于支模施工，是最简单的一种形式，适用于平面尺寸较小的房间（多用于混合结构住宅中的厨房和卫生间等）以及公共建筑的走廊。

（2）梁式楼板

当房间的平面尺寸较大，为使楼板结构的受力与传力较为合理，常在楼板下设梁以增加板的支点，从而减小了板的跨度。这样楼板上的荷载是先由板传给梁，再由梁传给墙或柱。这种楼板结构称为梁板式结构。梁有主梁与次梁之分（图 11.2.1.3-1）。

楼板依其受力特点和支承情况，又有单向板与双向板之分。在板的受力和传力过程中，板的长边尺 l_2 与短边尺 l_1 的比例，对板的受力方式关系极大。当 $l_2:l_1>2$ 时，在荷载作用下，板基本上只在 l_1 方向挠曲，而在 l_2 方向挠曲很小，这表明荷载主要沿 l_1 方向传递，故称单向板。

当 $l_2:l_1 \leqslant 2$ 时，则两个方向都有挠曲，这说明板在两个方向都传递荷载，故称双向板。

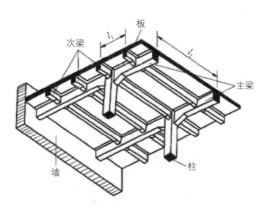

图 11.2.1.3-1　梁式楼板

（3）无梁楼板

对于平面尺寸较大的房间或门厅，也可以不设梁，直接将板支承于柱上，这种楼板称为无梁楼板（图 11.2.1.3-2）。无梁楼板分无柱帽和有柱帽两种类型。当荷载较大时，为避免楼板太厚，应采用有柱帽无梁楼板，以增加板在柱上的支承面积。无梁楼板的柱网一般布置成方形或矩形，以方形柱网较为经济，跨度一般不超过 6m，板厚通常不小于 120mm。

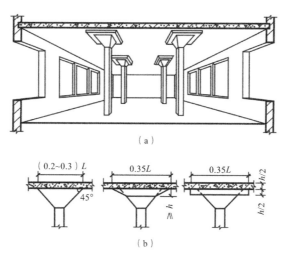

图 11.2.1.3-2　无梁楼板（有柱帽）

（a）无梁楼板透视；（b）柱帽形式

无梁楼板的底面平整，增加了室内的净空高度，有利于采光和通风，但楼板厚度较大。这种楼板比较适用于荷载较大，管线较多的商店和仓库等。

（4）压型钢板混凝土组合板

压型钢板混凝土组合楼板是在型钢梁上铺设压型钢板，以压型钢板作衬板来现浇混凝土，使压型钢板和混凝土浇筑在一起共同作用。压型钢板用来承受楼板下部的拉应力（负弯矩处另加铺钢筋），同时也是浇筑混凝土的永久性模板，此外，还可以利用压型钢板的空隙敷设管线（图 11.2.1.3-3）。

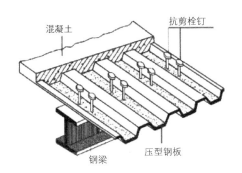

图 11.2.1.3-3　压型钢板混凝土组合楼板

（5）预装式预制钢筋混凝土楼板

预制钢筋混凝土楼板是将楼板在预制厂或施工现场预制，然后装配而成。此做法可节省模板，改善劳动条件，提高效率，缩短工期，促进工业化水平。但预制楼板的整体性不好，灵活性也不如现浇板，更不宜在楼板上穿洞。

11.2.2　地坪层

地坪是指建筑物底层与土壤相接触的水平结构部分，它承受着地坪上的荷载并均匀地传给地基。

地坪主要由面层、垫层和基层三个基本构造层组成，当它们不能满足使用或构造要求时，可考虑增设结合层、隔离层、找平层、防水层、隔声层等附加层（图 11.2.2）。

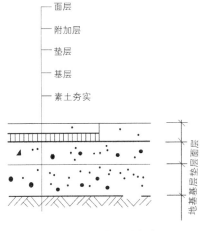

图 11.2.2　地层的组成

11.2.2.1　面层

面层是地坪上表面的铺筑层，也是室内空间下部的装修层。面层又称地面，它起着保证室内使用条件和装饰地面的作用。

11.2.2.2　垫层

垫层是位于面层之下用来承受并传递荷载的部分，通常采用 C10 混凝土来作垫层，其厚度一般为 60～100mm。混凝土垫层属刚性垫层。

11.2.2.3　基层

基层位于垫层之下，用以承受垫层传下来的荷载。通常是将土层压实来作基层（素土夯实），基层也称地基。当建筑物标准较高或地面荷载较大以及室内有特殊使用要求时，应在素土夯实的基础上，再加铺灰土、三合土、碎石、矿渣等材料，以加强地基处理，其厚度不宜小于 60mm。

11.2.3　屋盖基本构造

11.2.3.1　屋顶的功能和设计要求

屋顶是房屋最上层覆盖的外围护结构，其主要功能是用以抵御自然界的风霜雨雪、太阳辐射、气温变化和其他外界的不利因素，以使屋顶覆盖下的空间有一个良好的使用环境。因此，要求屋顶在构造设计上应解决防水、保温、隔热等问题。

在结构上，屋顶又是房屋顶部的承重结构，它承受自身重量和屋顶的各种荷载，也有水平支撑的作用。因此，在结构设计时，应保证屋顶构件的强度、刚度和整体空间的稳定性。

另外，屋顶在艺术造型上的作用也是不可低估的，如何处理好屋顶的形式和细部也是建筑设计的重要内容。

11.2.3.2　屋顶的组成与形式

屋顶主要由屋面、支撑结构、各种形式的顶棚以及保温、隔热、隔声和防火等功能所需的各种层次和设施所组成。

11.2.4　阳台、雨篷的基本构造

11.2.4.1　阳台

（1）阳台是与楼房各房间相连并设有栏杆的室外小平台，是居住建筑中用以联系室内外空间和改善居住条件的重要组成部分。阳台主要由阳台板和栏杆扶手组成。阳台板是承重结构，栏杆扶手是围护、安全的构件。阳台按其与外墙的相对位置分为挑

阳台、凹阳台、复合型阳台（图 11.2.4.1）。

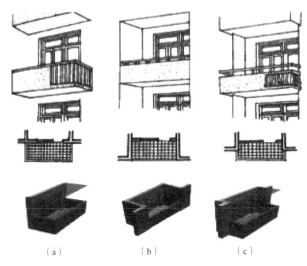

图 11.2.4.1　阳台的类型

（a）挑阳台；（b）凹阳台；（c）复合型阳台

（2）阳台栏杆与扶手

栏杆扶手作为阳台的围护构件，应具有足够的强度和适当的高度，做到坚固安全。栏杆扶手的高度不应低于 1.05m，高层建筑不应低于 1.1m。另外，栏杆扶手还兼起装饰作用，应考虑美观。

栏杆形式有三种，即空花栏杆、实心栏板以及由空花栏杆和实心栏板组合而成的组合式栏杆。

11.2.4.2　雨篷

雨篷是设置在建筑物外墙出入口的上方用以挡雨并有一定装饰作用的水平构件。雨篷的支承方式多为悬挑式，其悬挑长度一般为 0.9 ~ 1.5m。按结构形式不同，雨篷有板式和梁板式两种。板式雨篷多做成变截面形式，一般板根部厚度不小于 70mm，板端部厚度不小于 50mm。梁板式雨篷为使其底面平整，常采用翻梁形式。当雨篷外伸尺寸较大时，其支承方式可采用立柱式，即在入口两侧设柱支承雨篷，形成门廊，立柱式雨篷的结构形式多为梁板式。

雨篷顶面应做好防水和排水处理。通常采用防水砂浆抹面，厚度一般为 20mm，并应上至墙面形成泛水，其高度不小于 250mm，同时，还应沿排水方向做出排水坡。为了集中排水和立面需要，可沿雨篷外缘做上翻的挡水边坎，并在一端或两端设泄水管将雨水集中排出（图 11.2.4.2）。

除了钢筋混凝土雨篷外，目前在一些建筑物入口处会采用钢结构；钢化玻璃制成的雨篷，这样的雨篷会有更多的造型；更有现代感。

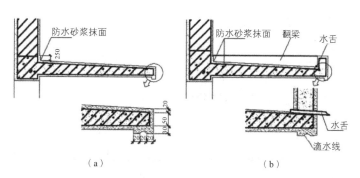

图 11.2.4.2 雨篷构造

（a）板式雨篷；（b）梁板式雨篷

11.3 墙体的基本构造

11.3.1 墙体类型

11.3.1.1 按墙体所处位置不同分类

根据墙体在平面上所处位置的不同，有内墙和外墙之分。外墙又称外围护墙，内墙主要是分隔房间之用。凡沿建筑物短轴方向布置的墙称为横墙，横向外墙称为山墙；沿建筑物长轴方向布置的墙称为纵墙。在一片墙上，窗与窗或窗与门之间的墙称为窗间墙，窗洞下部的墙称为窗下墙又称窗肚墙，外墙突出屋顶的部分称为女儿墙，墙体各部分名称如图 11.3.1.1 所示。

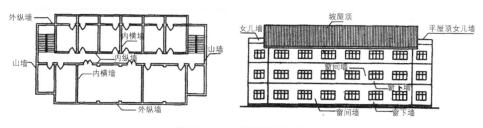

图 11.3.1.1 墙的位置和名称

11.3.1.2 按墙体受力性质来分类

墙体结构按受力情况不同，分为承重墙和非承重墙。凡直接承受上部屋顶、楼板所传来荷载的墙称承重墙；凡不承受外来荷载的墙称非承重墙，其中作为分隔空间不承受外力的墙称隔墙；框架结构中柱子之间的墙称为填充墙，悬挂于结构外部的轻质墙称为幕墙，例如金属或玻璃幕墙等。

11.3.1.3 按墙体材料来分类

墙体按所用材料的不同，可分为砖墙、石墙、土墙、混凝土墙以及利用多种工业废料制作的砌块墙等。砖墙是我国传统的墙体材料,应用最广,在产石地区利用石块砌墙具有很好的经济价值。土墙是就地取材、造价低廉的地方性墙体,利用工业废料发展各种墙体材料是墙体改革的重要课题,应予以重视。

11.3.1.4 墙体按构造和施工方法分类

墙体按构造与施工方式不同,有叠砌式墙、板筑墙和装配式板材墙等几种。叠砌式墙包括实砌砖墙、空斗砖墙和各种砌块墙;板筑墙则是直接在墙体部位竖立楔板,然后在模板内夯注或浇注材料捣实而成的墙体,如夯土墙、大模板混凝土墙体;装配式板材墙是以工业化方式生产的大型板材构件,在现场进行机械化安装的墙体。它速度快、工期短、质量有保证。

11.3.2 墙体构造

砖墙的优点主要是取材容易,制作简单,既能承重又有较好的保温、隔热、抗裂、隔声和防火性能,而且施工中不需要大型吊装设备。但砖墙也同时存在着强度较低、施工速度慢、自重大、取材时破坏良田等缺点,有待进行改革。从我国的实际情况来看,砖墙在一定范围内和一定时间内仍将被采用,故本书仍将以砖为例讲解墙体构造。

11.3.2.1 砖墙的材料

砖墙是用砂浆将一块块砖按一定规律砌筑而成的砌体,其主要材料是砖与砂浆。砖有经过焙烧的实心砖、多孔砖、空心砖以及不经焙烧的黏土砖、炉渣砖和灰砂砖等。

普通黏土砖是我国传统的墙体材料,它以黏土为主要原料,经成型、干燥、焙烧而成,根据生产方式的不同有红砖和青砖之分。

砂浆是墙体的胶结材料。它将砖块胶结成为整体,并将砖块之间的空隙填平、密实,因此上层砖块所承受的荷载能逐层均匀地传至下层砖块,以确保砌体的强度和稳定。

常用的砌筑砂浆有:水泥砂浆、石灰砂浆、混合砂浆 3 种。水泥砂浆属水硬性材料,强度高,多用于承重墙体和防潮要求高的砌体,石灰砂浆属气硬性材料,强度虽低但和易性好,多用于强度要求不高的墙体。混合砂浆因同时有水泥和石灰两种胶结材料,不但强度高,和易性也比较好,故使用较为广泛。

11.3.2.2 墙体的细部构造

（1）门窗过梁

过梁是用来支承门窗洞口上部墙体的重量以及楼板等传来荷载的承重构件,并把这些荷载传给两端的窗间墙。一般来讲,由于墙体砖块相互咬接的结果,过梁上墙体的重量并不全部压在过梁上,而是有一部分重量沿搭接砖块斜向传给了门、窗两侧的墙体,所以过梁只承受上部墙体的部分重量。过梁的形式很多,常采用的有以下 3 种。

1）砖砌平拱

砖砌平拱是用竖砖砌筑而成的,它利用灰缝上大下小,使砖向两边倾斜,相互挤压形成拱的作用来承担荷载（图 11.3.2.2-1）。砖砌平拱的高度多为一砖，灰缝上部宽度不大于 15mm，下部宽度不应小于 5mm，两端下部伸入墙内 20~30mm，中部起拱高度为洞口跨度的 1/50。

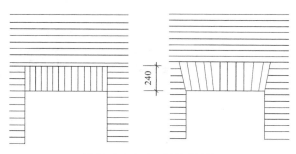

图 11.3.2.2-1 平拱式过梁

2）钢筋砖过梁

钢筋砖过梁是配置钢筋的平砌砖过梁，通常将 $\phi6$ 钢筋埋在梁底部厚度为 30mm 的水泥砂浆内。钢筋间距不大于 120mm，伸入洞口两侧墙内长度不小于 240mm，并设 90°直弯钩，埋在墙体的竖缝内。在洞口上部不小于 1/4 洞口跨度的高度且不小于 5 皮砖范围内，用不低于 M5 的砂浆砌筑（图 11.3.2.2-2）。

钢筋砖过梁适用于跨度不大于 1.5m，上部无集中荷载的洞口上。这种过梁施工方便，整体性好。

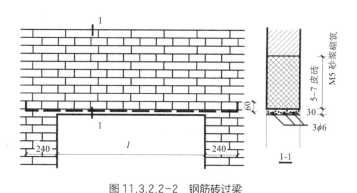

图 11.3.2.2-2 钢筋砖过梁

3）钢筋混凝土过梁

当门窗洞口宽度较大或洞口上出现集中荷载时，多采用钢筋混凝土过梁（图 11.3.2.2-3）。常用断面形式为矩形，梁高及其配筋由计算确定，但为了施工方便，梁高尺寸应与砖的模数相适应，以方便墙体连续砌筑；常用尺寸为 60、120、180、240mm，梁宽一般与墙同厚。梁端支承在墙上的长度每边不少于 240mm，以保证在墙上有足够的承压面积。

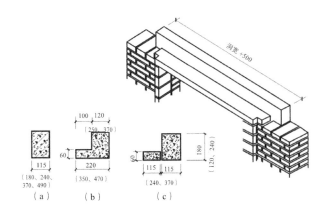

图 11.3.2.2-3　预制钢筋混凝土过梁

（2）窗台

窗台是窗洞口下部靠室外一侧设置的泄水构件。其目的是防止雨水积聚在窗下，侵入墙身和向室内渗透。窗台须向外形成一定的坡度（10%左右），以利排水。

窗台有悬挑和不悬挑两种。悬挑的窗台可用砖（平砌、侧砌）或用混凝土板等构成（图 11.3.2.2-4）。

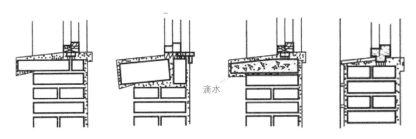

图 11.3.2.2-4　窗台做法

（3）墙脚

墙脚一般指基础以上、室内地面以下的这段墙体。墙脚所处的位置，常受到地表水和土壤中水的侵蚀，致使墙身受潮，饰面层发霉脱落，影响室内卫生环境和人体健康。因此，在构造上必须采取必要的保护措施。

1）墙身防潮

墙身防潮是指在墙身一定部位铺设防潮层，以防止地表或土壤中的水通过毛细作用对墙身产生的不利影响。

防潮层的位置当地面垫层采用混凝土等不透水材料时，防潮层的位置应设在地面垫层范围以内，通常在 −0.060m 标高处设置。同时，至少要高于室外地坪 150mm，以防止雨水溅湿墙身。当地面垫层为碎石等透水材料时，防潮层的位置应平齐或高于室内地面 60mm。当地面出现高差时，应在墙身内设置高低两道水平防潮层，并在靠土壤一侧设垂直防潮层（图 11.3.2.2-5）。

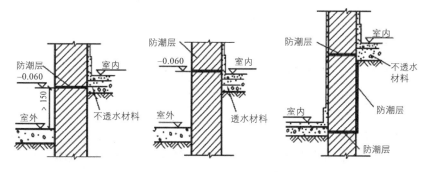

图 11.3.2.2-5　墙身防层的位置

2）勒脚

勒脚是墙身接近室外地面的部分。其高度一般指室内地坪与室外地面之间的高差部分，也有将底层窗台至室外地面的高度视为勒脚的。它起着保护墙身、防潮及增加美观的作用（图 11.3.2.2-6）。

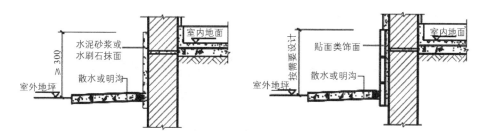

图 11.3.2.2-6　勒脚构造做法

11.4　地基与基础

11.4.1　地基

地基有天然地基和人工地基之分。因天然土层具有足够的承载能力，不需经人工改善或加固便可作为建筑物地基者称为天然地基。岩石、碎石、砂石、黏土等，一般均可作为天然地基。当天然地基土层的承载力不能满足荷载要求，则不能在这样的土层上直接建造基础，必须对其进行人工加固以提高它的承载力。人工加固的方法主要有压实法、换土法和打桩法。经过人工加固的地基叫作人工地基。人工地基较天然地基费工费料，造价自然就高一些，只有在天然土层承载力较差、建筑总荷载较大的情况下方可采用。

11.4.2　基础的类型

基础的类型较多，按所用材料及受力特点分，有刚性基础和非刚性基础；依构造形式分，有条形基础、独立基础、筏形基础和箱形基础等。

11.4.2.1 按基础所用材料及受力特点分类

（1）刚性基础

由刚性材料制作的基础为刚性基础。刚性材料一般是指抗压强度高，抗拉、抗剪强度校低的材料，例如，砖、石、混凝土等均属刚性材料。所以，砖基础、石基础、混凝土基础称为刚性基础。

（2）非刚性基础

当建筑物的荷载较大而地基承载力较小时，基础底面 b_0 必须加宽，如果仍采用混凝土材料做基础，势必加大基础的深度，这样既增加了挖土的工作量，又使材料的用量增加，对工期和造价都十分不利（图11.4.2.1a），如果在混凝土底部配以钢筋，利用钢筋来承受拉应力（图11.4.2.1b），使基础底部能够承受较大的弯矩，这时，基础宽度的加大不受刚性角的限制。故称钢筋混凝土基础为非刚性基础或柔性基础。

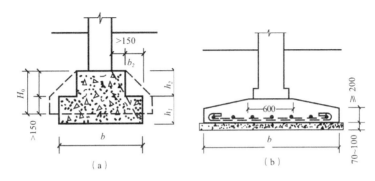

图11.4.2.1　钢筋混凝土基础

（a）混凝土基础；（b）钢筋混凝土基础

11.4.2.2 按基础的构造形式分类

基础构造的形式随着建筑物上部结构形式、荷载大小及地基土壤性质的变化而不同。在一般情况下，上部结构形式直接影响基础的形式，但当上部荷载增大，且地基承载力有变时，基础形式也随之变化。

（1）墙下条形基础

当建筑物上部结构采用墙承重时，基础沿墙身设置，多做成长条形，这种基础称条形基础或带形基础（图11.4.2.2-1），是墙基础的基本形式。

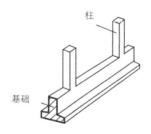

图11.4.2.2-1　条形基础

（2）独立基础

当建筑物上部结构采用框架结构或单层排架结构承重时，基础常采用方形或矩形的单独基础，这种基础称独立基础或柱式基础（图11.4.2.2-2）。

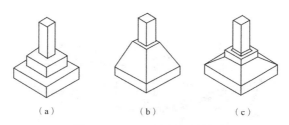

（a）　　　　　　（b）　　　　　　（c）

图11.4.2.2-2　独立柱式基础

（a）阶梯型；（b）锥形；（c）杯形

（3）柱下条形基础和井格式基础

当地基条件较差，为了提高建筑物的整体性，防止柱子之间产生不均匀沉降，常将柱下基础沿纵横两个方向（或单方向）扩展连接起来，做成十字交叉的井格基础或柱下条形基础（图11.4.2.2-3）。

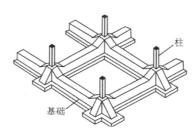

图11.4.2.2-3　井格基础

（4）筏形基础

由于建筑物上部荷载大，而地基又较弱，这时采用简单的条形基础或井格基础已不能适应地基变形的需要，通常将墙或柱下基础连成一片，使建筑物的荷载承受在一块整板上，称为筏形基础。筏形基础有平板式和梁板式之分（图11.4.2.2-4）。

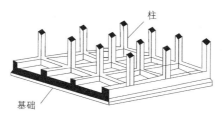

图11.4.2.2-4　梁板式筏形基础

（5）箱形基础

当板式基础做到很深时，常将基础改做箱形基础（图11.4.2.2-5）。箱形基础是由钢筋混凝土底板、顶板和若干纵、横隔墙组成的整体结构，基础的中空部分可作地下室。它的主要特点是刚度大，能调整其底部的压力，常用于高层建筑中。

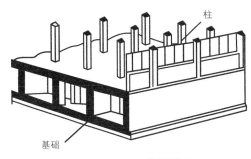

图11.4.2.2-5 箱形基础

11.5 楼梯和电梯

11.5.1 概述

建筑物各个不同楼层之间的联系，需要有上、下交通设施，此项设施有楼梯、电梯、自动扶梯、爬梯以及坡道等。电梯用于层数较多或有特殊需要的建筑物中，而且即使设有电梯或自动扶梯的建筑物，也必须同时设置楼梯，以便紧急时使用。楼梯设计要求：坚固、耐久、安全、防火；做到上下通行方便，能搬运必要的家具物品，有足够的通行宽度和疏散能力；另外，楼梯尚应有一定的美观要求。

在建筑物入口处，因室内外地面的高差而设置的踏步段，称为台阶。为方便车辆、轮椅通行，也可增设坡道。

11.5.2 楼梯

楼梯主要由楼梯梯段、楼梯平台及栏杆扶手三部分组成。

（1）楼梯梯段

设有踏步供建筑物楼层之间上下行走的通道段落称为梯段。踏步又分为踏面（供行走时踏脚的水平部分）和踢面（形成踏步高差的垂直部分）。楼梯的坡度大小就是由踏步尺寸决定的。

（2）楼梯平台

楼梯平台是指连接两梯段之间水平部分。平台用来帮助楼梯中间平台转折、连通某个楼层或供使用者在攀登了一定的距离后稍作休息。平台的标高有时与某个楼层相一致，有时介于两个楼层之间。与楼层标高相一致的平台称之为正平台（楼层平台），介于两个楼层之间的平台称之为半平台（中间平台或休息平台）。

（3）栏杆扶手

栏杆是布置在楼梯梯段和平台边缘处有一定安全保障度的围护构件。扶手一般附设于栏杆顶部，供作依扶用。扶手也可附设于墙上，称为靠墙扶手。

11.6　建筑变形缝

11.6.1　概述

建筑物由于受气温变化、地基不均匀沉降以及地震等因素的影响，使结构内部产生附加应力和变形，如处理不当，将会造成建筑物的破坏，产生裂缝甚至倒塌，影响使用与安全。其解决办法有二：一是加强建筑物的整体性，使之具有足够的强度与刚度来克服这些破坏应力，不产生破裂；二是预先在这些变形敏感部位将结构断开，留出一定的缝隙，以保证各部分建筑物在这些缝隙中有足够的变形宽度而不造成建筑物的破损。这种将建筑物垂直分割开来的预留缝隙称为变形缝。

变形缝有三种，即伸缩缝、沉降缝和防震缝。

变形缝的材料及构造应根据其部位和需要分别采取防水、防火、保温、防虫害等安全防护措施，并使其在产生位移或变形时不受阻、不被破坏（包括面层）。高层建筑及防火要求较高的建筑物，室内变形缝四周的基层，应采用不燃材料，表面装饰层也应采用不燃或难燃材料。在变形缝内不应敷设电缆、可燃气体管道和易燃、可燃液体管道，如必须穿过变形缝时，应在穿过处加设不燃材料套管，并应采用不燃材料将套管两端空隙紧密填塞。

11.6.2　伸缩缝

11.6.2.1　伸缩缝的设置

建筑物因受温度变化的影响而产生热胀冷缩，在结构内部产生温度应力，当建筑物长度超过一定限度、建筑平面变化较多或结构类型变化较大时，建筑物会因热胀冷缩变形较大而产生开裂。为预防这种情况发生，常常沿建筑物长度方向每隔一定距离或结构变化较大处预留缝隙，将建筑物断开。这种因温度变化而设置的缝隙就称为伸缩缝或温度缝。

伸缩缝要求把建筑物的墙体、楼板层、屋顶等地面以上部分全部断开，基础部分因受温度变化影响较小，不需断开。

另外，也有采用附加应力钢筋，加强建筑物的整体性，来抵抗可能产生的温度应力，使之少设缝或不设缝。但须经过计算确定。

11.6.2.2　伸缩缝构造

伸缩缝是将基础以上的建筑构件全部分开，并在两个部分之间留出适当的缝隙，以保证伸缩缝两侧的建筑构件能在水平方向自由伸缩。缝宽一般在 20～40mm。

11.6.3 沉降缝

11.6.3.1 沉降缝的设置

沉降缝是为了预防建筑物各部分由于不均匀沉降引起的破坏而设置的变形缝。凡属下列情况时均应考虑设置沉降缝：

（1）同一建筑物相邻部分的高度相差较大或荷载大小相差悬殊、结构形式变化较大，易导致地基沉降不均时；

（2）当建筑物各部分相邻基础的形式、宽度及埋置深度相差较大，造成基础底部压力有很大差异，易形成不均匀沉降时；

（3）当建筑物建造在不同地基上，且难于保证均匀沉降时；

（4）建筑物体型比较复杂，连接部位又比较薄弱时；

（5）新建建筑物与原有建筑物紧相毗连时。

11.6.3.2 沉降的构造

沉降缝与伸缩缝最大的区别在于伸缩缝只需保证建筑物在水平方向的自由伸缩变形，而沉降缝主要应满足建筑物各部分在垂直方向的自由沉降变形，故应将建筑物从基础到屋顶全部断开。同时沉降缝也应兼顾伸缩缝的作用，故在构造设计时应满足伸缩沉降双重要求。

11.6.4 防震缝

11.6.4.1 防震缝构造做法

防震缝是为了防止建筑物各部分在地震时相互撞击引起破坏而设置的缝隙。对于层数和结构形式不同的建筑物，其设缝的条件与构造均有差别。

11.6.4.2 多层砌体结构房屋

应重点考虑采用整体刚度较好的横墙承重或纵横墙混合承重的结构体系，在设防烈度为 8 度和 9 度地区，有下列情况之一时宜设防震缝：

（1）建筑立面高差在 6m 以上；

（2）建筑物有错层且错层楼板高差较大；

（3）建筑物相邻部分结构刚度、质量差别较大。

此时防震缝宽度可采用 50～70mm，缝两侧均需设置墙体，以加强防震缝两侧房屋的刚度。

11.6.4.3 多层钢筋混凝土结构房屋

应根据建筑物高度和抗震设防烈度来确定。其最小宽度应符合下列要求：

（1）当高度不超过 15m 时，缝宽可采用 70mm。

（2）当高度超过 15m 时，按不同设防烈度增加缝宽：

1）6 度地区，建筑每增高 5m，缝宽增加 20mm；

2）7 度地区，建筑每增高 4m，缝宽增加 20mm；

3）8 度地区，建筑每增高 3m，缝宽增加 20mm；

4）9 度地区，建筑每增高 2m，建宽增加 20mm。

11.6.4.4　高层钢筋混凝土结构房屋

对高层建筑，由于建筑物高度大，震害也更加严重。总的来说应尽量避免设缝。当必须设缝时，则须考虑相邻结构在地震作用下的结构变形，平移所引起的最大侧向位移。

防震缝应与伸缩缝、沉降缝统一考虑布置，满足抗震的设计要求。一般情况下，防震缝的基础可不分开，但在平面复杂的建筑中，或建筑相邻部分刚度差别很大时，基础将被分开。另外，按沉降缝要求的防震缝也应将基础分开。

防震缝不应做成企口或错口缝，同时因缝隙较宽，构造上更应注意盖缝的牢固性，适应变形的能力，以及防风、防水、保温等措施。

第 12 章　常见结构形式

12.1　混合结构

混合结构房屋一般是指楼盖和屋盖采用钢筋混凝土或钢、木结构，而墙、柱和基础采用砌体结构建造的房屋。也可认为是指同一房屋结构体系中采用两种或两种以上不同材料组成的承重结构。

墙承重结构体系依据所用材料不同主要有普通砖墙承重（图 12.1）、多孔砖承重和混凝土砌块承重。混合结构取材方便、造价低廉、施工方便，有较好的经济指标，但因砌体的抗压强度高而抗拉强度很低，一般用于在 6 层以下的房屋，不宜建造大空间的房屋。

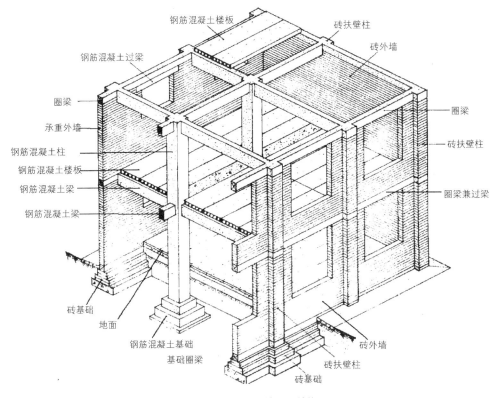

图 12.1　普通砖墙承重结构

12.1.1 结构布置方案

12.1.1.1 横墙承重方案

（1）受力特点：主要为横向墙体支撑楼板，横墙是主要承重墙（图12.1.1.1）；

（2）优点：整体刚度好，对抗风荷载、地震作用和调整地基不均匀沉降有利，外纵墙立面处理比较方便，可以开设较大的门窗洞口；

（3）缺点：横墙间距密，房间布置灵活性较差。

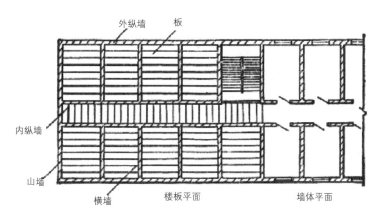

图12.1.1.1 横墙承重

12.1.1.2 纵墙承载方案

（1）受力特点：板荷载传给梁，由梁传给纵墙，纵墙是主要承重墙，横墙满足房屋刚度和整体性（图12.1.1.2）；

（2）优点：房间空间可以较大，平面布置比较灵活；

（3）缺点：房屋的刚度较差，纵墙较厚或要加壁柱、构造柱。

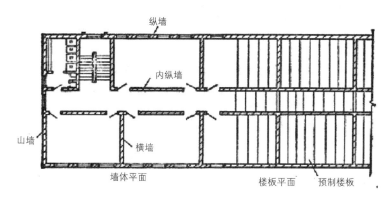

图12.1.1.2 纵墙承重

12.1.1.3　纵横墙承重方案

当建筑物的功能要求房间的大小变化较多时，为了结构布置的合理性，通常采用纵横墙混合承重方案。横墙布置随房间的开间需要而定，性能介于横墙承重方案和纵墙承重方案之间（图12.1.1.3）。

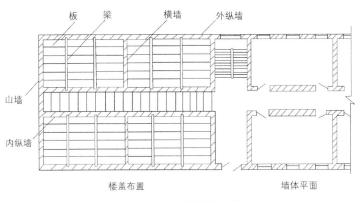

图12.1.1.3　纵横墙承重

12.1.1.4　内框架与外墙混合承重方案

房屋有时由于使用要求，往往采用钢筋混凝土柱代替内承重墙，以取得较大的空间。

特点：由于横墙较少，房屋的空间刚度较差；以柱代替内承重墙在使用上可以取得较大的空间（图12.1.1.4）。

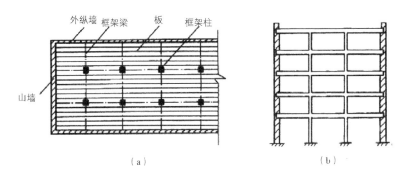

（a）　　　　　　　　　　（b）

图12.1.1.4　内框架与外墙混合承重

12.1.1.5　底部框架承重方案

当沿街住宅底部为公共房时，在底部也可以用钢筋混凝土框架结构同时取代内外承重墙体，成为底部框架承重方案（图12.1.1.5）。

特点：以柱代替内外墙体，在使用上可获得较大的使用空间。

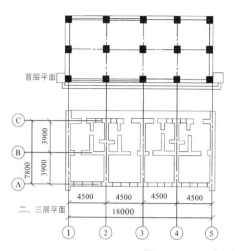
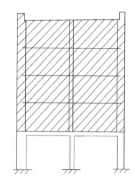

图 12.1.1.5　底部框架承重

12.1.2　多层砌体房屋结构体系一般要求

（1）应优先采用横墙承重或纵横墙共同承重的结构体系。不应采用砌体墙和混凝土墙混合承重的结构体系。

（2）结构平面、立面力求规整，尽量减少收进与突出及错层，局部大房间放在顶层中部。

（3）纵横向砌体抗震墙的布置宜均匀对称，沿平面内宜对齐，沿竖向应上下连续；且纵横向墙体的数量不宜相差过大。

（4）多层砌体承重房屋的层高，不应超过 3.6m；底部框架—抗震墙砌体房屋的底部，层高不应超过 4.5m。

（5）房屋设置防震缝时，缝两侧均应设置墙体，缝宽应根据烈度和房屋高度确定，可采用 70～100mm。

（6）楼梯间不宜设置在房屋的尽端或转角处。

（7）不应在房屋转角处设置转角窗。

（8）横墙较少、跨度较大的房屋，宜采用现浇钢筋混凝土楼、屋盖。

12.2　框架结构

钢筋混凝土框架结构是由钢筋混凝土横梁和立柱组成的杆件体系，节点全部或大部分为刚性连接。框架结构的房屋墙体不承重，仅起到围护和分隔作用，一般用预制的加气混凝土、空心砖或多孔砖等。钢筋混凝土框架结构具有以下优点：

（1）结构轻巧，便于布置；

（2）整体性比砖混结构和内框架承重结构好；

（3）可形成大的使用空间；

（4）施工方便，较为经济。

　　框架结构特别适合于在办公楼、教学楼、公共性与商业性建筑、图书馆、轻工业厂房、公寓以及住宅类建筑中采用（图 12.2）。但是，由于框架结构构件的截面尺寸一般都比较小，它们的抗侧移刚度较弱，随着建筑物高度的增加，结构在风荷载和地震作用下，侧向位移将迅速加大。

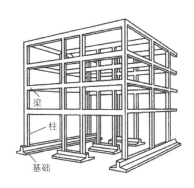

图 12.2　框架结构

12.2.1　框架结构的受力变形特点

　　（1）竖向荷载作用下的受力特点

　　竖向荷载作用下，框架结构以梁受弯为主要受力特点，梁端弯矩和跨中弯矩成为梁结构控制内力。一般情况下，梁端抗弯承载力首先达到其极限承载力，出现塑性铰区域，相应地两端截面转角位移显著加大，内力向跨中发生转移，导致跨中弯矩进一步提高，跨中挠曲变形大，因此在竖向荷载作用下，框架结构基于承载能力极限状态的设计主要是框架梁控制截面（梁端和跨中截面）的抗弯承载力的设计，基于正常使用极限状态的设计主要是梁跨中挠曲变形的验算。框架柱主要是以受压为主的承载构件，其水平侧移可以忽略不计。

　　（2）水平荷载作用下的受力变形特点

　　水平荷载作用下，框架柱承担水平剪力和柱端弯矩，并由此产生水平侧移，在梁柱节点处，由于协调变形使梁端产生弯矩和剪力，故此时柱控制内力是产生于柱上下端截面的轴力、弯矩和剪力，基于承载能力极限状态的设计内容是柱上下端截面的偏心受力构件承载力的计算，基于正常使用极限状态设计的主要内容是框架结构水平侧移的计算。

12.2.2　结构布置的一般规则

　　（1）应满足建筑物使用要求、满足各专业工种布置、方便施工。

　　（2）应使房屋平面规则整齐，均匀对称，体型力求简单。

　　（3）应控制房屋的高宽比，使之具有必要的抗侧移刚度。

　　（4）同一幢房屋的基础力求类型、埋深一致，且基础刚度宜大。当房屋各部分层数、荷载相差悬殊或地基土质差异很大时，宜设沉降缝分开。如不便设沉降缝，可用设后

浇带，或先施工高层后裙房的方法处理调整沉降差。

（5）房屋总长宜控制在最大伸缩缝间距内，否则设伸缩缝。

12.2.3　结构承重方案布置

（1）承重框架沿房屋横向布置（主梁横向布置，图12.2.3a）

房屋横向刚度好，纵向连梁截面小，对采光通风有利；横向主梁截面大，对集中通风的通风管布置不利。

（2）承重框架沿房屋纵向布置（主梁纵向布置，图12.2.3b）

平面布置灵活：横向连梁截面小，对通风管布置有利，可降低层高；横向刚度较差，仅适用多层建筑。

（3）承重框架沿房屋双向布置（主梁双向布置，图12.2.3c、图12.2.3d）

兼有上述两种优点，适合：

1）有大空间大柱网房屋；

2）柱网平面接近方形或荷载较大的房屋；

3）有抗震设防要求房屋。

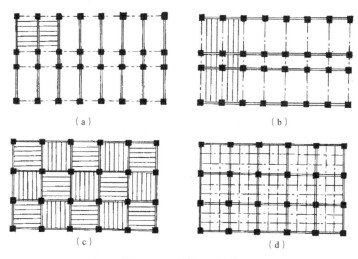

（a）　　　　　　　　　　　　　（b）

（c）　　　　　　　　　　　　　（d）

图12.2.3　结构承重方案

（a）横向承重；（b）纵向承重；（c）纵、横向承重（预制板）；（d）纵、横向承重（现浇楼盖）

12.3　钢排架结构

钢排架结构由屋架（或屋面梁）、柱和基础组成，柱与屋架铰接，与基础刚接，是单层厂房结构的基本结构形式。钢排架厂房结构通常由下列构件组成一个复杂的空间受力体系。

（1）屋盖结构

屋盖结构由排架柱顶以上部分各构件（包括屋面板、天窗架、屋架、托架等）组成，其作用主要是围护和压重（承受屋盖结构的自重、屋面活载、雪载和其他荷载，并将这些荷载传给排架柱），以及采光和通风。

屋盖结构分无檩和有檩两种体系。无檩体系由大型屋面板、屋架或屋面梁及屋盖支撑组成，有时还包括天窗架和托架等构件（图12.3a）。这种屋盖的屋面刚度大、整体性好、构件数量和种类较少、施工速度快，是单层厂房中应用较广的一种屋盖结构形式。有檩体系是由小型屋面板、檩条、屋架及屋盖支撑所组成（图12.3b）。这种屋盖的构造和荷载传递都比较复杂，整体性和刚度也较差，适用于一般中、小型厂房。

（2）横向平面排架

横向平面排架由横梁（屋架或屋面梁）和横向柱列（包括基础）组成，是厂房的基本承重结构，厂房承受的竖向荷载（包括结构自重、屋面活载、雪载和吊车竖向荷载等）及横向水平荷载（包括风载、吊车横向制动力，横向水平地震作用等）主要通过横向平面排架传至基础及地基。

（3）纵向平面排架

纵向平面排架由连系梁、吊车梁、纵向柱列（包括基础）和柱间支撑等组成，其作用是保证厂房结构的纵向稳定性和刚度，承受吊车纵向水平荷载、纵向水平地震作用、温度应力及作用在山墙与天窗架端壁并通过屋盖结构传来的纵向风荷载等。

（4）围护结构

围护结构包括纵墙、横墙（山墙）、抗风柱、连系梁、基础梁等构件。这些构件所承受的荷载，主要是墙体和构件的自重及作用在墙面上的风荷载。

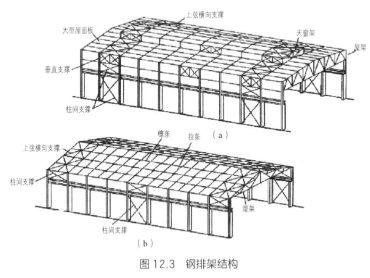

图12.3 钢排架结构

（a）无檩屋盖；（b）有檩屋盖

12.3.1 结构平面布置

（1）柱网布置

由厂房承重柱的纵向和横向定位轴线所形成的网络，称为柱网。柱网布置就是确定纵向定位轴线之间（跨度）和横向定位轴线之间（柱距）的尺寸。当单层厂房钢结构跨度小于或等于18m时，应以3m为模数，即9m、12m、15m、18m；当厂房跨度大于18m时，则以6m为模数，即24m、30m、36m。但当工艺布置和技术经济有明显的优越性时，也可采用21m、27m、33m等。厂房的柱距一般采用6m较为经济。

（2）变形缝

温度变化将引起结构变形，使厂房钢结构产生温度应力。当厂房平面尺寸较大时，为避免产生过大的温度变形和温度应力，应在厂房钢结构的横向和纵向设置温度伸缩缝。温度伸缩缝的布置决定于厂房钢结构的纵向和横向长度。

单层排架结构对基础不均匀沉降有较好的适应能力，故在一般单层厂房中可不设置沉降缝。

12.3.2　支撑的作用和布置

（1）柱间支撑

柱间支撑按结构形式分为十字交叉式、八字式、门刚式等。柱间支撑与厂房钢结构框架柱相连接，其作用为：

1）组成坚强的纵向构架，保证单层厂房钢结构的纵向刚度；

2）承受单层厂房钢结构端部山墙的风荷载、吊车纵向水平荷载及温度应力等，在地震区尚应承受纵向地震作用，并将这些力和作用传至基础；

3）可作为框架柱在框架平面外的支点，减少柱在框架平面外的计算长度。

当温度区段小于90m时，在它的中央设置一道下层支撑；如果温度区段长度超过90m，则在它的1/3点处各设一道支撑，以免传力路程太长。在短而高的单层厂房钢结构中，下层支撑也可布置在单层厂房钢结构的两端。

（2）屋盖支撑

屋盖支撑包括上、下弦横向水平支撑、纵向水平支撑、垂直支撑与纵向水平系杆、天窗架支撑等。

1）上弦横向水平支撑

上弦横向水平支撑一般布置在屋盖两端（或每个温度区段的西端）的两榀相邻屋架的上弦杆之间，位于屋架上弦平面沿屋架全跨布置，形成一平行弦桁架，其节间长度为屋架节间距的2~4倍。它的弦杆即屋架的上弦杆，腹杆由交叉的斜杆及竖杆组成。交叉的斜杆一般用单角钢或圆钢制成（按拉杆计算），竖杆常用双角钢的T形截面。当屋架有檩条时，竖杆由檩条兼任。

2）下弦横向水平支撑

下弦横向水平支撑布置在与上弦横向水平支撑同一开间，它也形成一个平行弦桁架，位于屋架下弦平面。其弦杆即屋架的下弦，腹杆也是由交叉的斜杆及竖杆组成，其形式和构造与上弦横向水平支撑相同。横向水平支撑的间距不宜大于60m，当温度区段长度较长时，应在中部增设上下弦横向水平支撑。

3）下弦纵向水平支撑

它位于屋架下弦两端节间处，位于屋架下弦平面，沿房屋全长布置，也组成一个具有交叉斜杆及竖杆的平行弦桁架，它的端竖杆就是屋架端节间的下弦。下弦纵向水平支撑与下弦横向水平支撑共同构成一个封闭的支撑框架，以保证屋盖结构有足够的水平刚度。

一般情况下，屋架可以不设置下弦纵向水平支撑，仅在房屋有较大起重量的桥式吊车、壁行吊车或锻锤等较大振动设备，以及房屋高度或跨度较大或空间刚度要求较大时，才设置下弦纵向水平支撑。此外，在房屋设有托架处，为保证托架的侧向稳定，在托架范围及两端各延伸一个柱间应设置下弦纵向水平支撑。

（3）垂直支撑

垂直支撑位于上、下弦横向水平支撑同一开间内，形成一个跨长为屋架间距的平行弦桁架。它的上、下弦杆分别为上、下弦横向水平支撑的竖杆，它的端竖杆就是屋架的竖杆（或斜腹杆）。垂直支撑中央腹杆的形式由支撑桁架的高跨比决定，一般常采用 W 或双节间交叉斜杆等形式。腹杆截面可采用单角钢或双角钢 T 形截面。

跨度小于 30m 的梯形屋架通常在屋架两端和跨度中央各设置一道垂直支撑。当跨度大于 30m 时，则在两端和跨度 1/3 处分别共设四道。一般情况下，跨度小于 18m 的三角形屋架只需在跨度中央设一道垂直支撑，大于 18m 时则在 1/3 跨度处共设两道。

（4）系杆

沿厂房纵向每间隔 4～6 个屋架应设置垂直支撑，以保证屋架安装时的稳定性。在未设横向支撑的开间，相邻平面屋架由系杆连接。系杆通常在屋架两端，有垂直支撑位置的上、下弦节点以及屋脊和天窗侧柱位置，沿房屋纵向通长布置。系杆对屋架上、下弦杆提供侧向支承，因此必要时，还应根据控制这些弦杆长细比的要求按一定距离增设中间系杆。对于有檩屋盖檩条可兼作系杆。

12.3.3 屋盖桁架形式

普通钢桁架按其外形可分为三角形、梯形及平行弦三种。采用两个角钢组成的 T 形或十字形截面的杆件，在杆件汇交处（节点）通过节点板缝连接而成的普通钢桁架，具有受力性能好、制造安装方便、取材容易、与支撑系形成的屋盖结构整体刚度好、工作可靠、适应性强等优点，因而在工业与民用房屋的屋盖结构中得到较广泛应用。普通钢桁架所用的普通型钢（角钢）的厚度较大，因此其耗钢量较大用于屋面荷载轻及跨度较小的桁架不够经济。另外，受角钢最大规格限制，屋面荷载重、静压大的房屋也不宜采用。其最适宜的跨度一般在 18～36m。

12.4 砖木结构

砖木结构是指承重的主要构件是用砖、木材建造的。

砖木结构是房屋的一种建筑结构。指建筑物中竖向承重结构的墙、柱等采用砖或砌块砌筑，楼板、屋架等用木结构。由于力学工程与工程强度的限制，一般砖木结构是平层（1～3层），这种结构建造简单，材料容易准备，费用较低。通常用于农村的屋舍、庙宇等。

中国传统古建砖木结构主要有斗栱式、穿斗式、抬梁式。随着技术的发展，出现了桁架这一构件形式，木结构房屋逐渐转变为由承重砖墙支承的木桁架结构体系所替代。建国初期百废待兴，而钢材、水泥短缺，大多数民用建筑和部分工业建筑都采用了这种砖木结构形式（图12.4）。

图12.4　砖木结构

12.5　其他常见结构

12.5.1　剪力墙结构

剪力墙体系是利用建筑物的墙体（内墙和外墙）做成剪力墙来抵抗水平体力。剪力墙一般为钢筋混凝土墙，厚度不小于140mm。剪力墙的间距一般不小于3m，适用于小开间的住宅和旅馆等。

剪力墙结构的优点是侧向刚度大，在水平荷载作用下侧移小，抗震能力强。其缺点是剪力墙的间距有一定限制，建筑平面布置不灵活，不适合要求大空间的公共建筑，另外结构自重也较大，灵活性就差。一般适用住宅、公寓和旅馆。

12.5.2　框架—剪力墙结构

框架—剪力墙结构是在框架结构中设置适当剪力墙的结构。

框架—剪力墙具有框架结构平面布置灵活，有较大空间的优点，又具有侧向刚度较大的优势特点。

框架结构的建筑布置比较灵活，可以形成较大空间，但抗侧刚度较小，抵抗水平力的能力较弱；剪力墙结构的刚度较大，抵抗水平力的能力较强，但结构布置不灵活，难以形成大空间。框架—剪力墙结构结合了两个体系各自的优点，因而广泛地应用于高层办公楼及宾馆等建筑中。

12.5.3 筒体结构

筒体结构主要抗侧力，四周的剪力墙围成竖向薄壁筒和柱框架组成竖向箱形截面的框筒，形成整体，整体作用抗荷。

由密柱高梁空间框架或空间剪力墙所组成，在水平荷载作用下起整体空间作用的抗侧力构件称为筒体（由密柱框架组成的筒体称为框筒；由剪力墙组成的筒体称为薄壁筒）。由一个或数个筒体作为主要抗侧力构件而形成的结构称为筒体结构，它适用于平面或竖向布置繁杂、水平荷载大的高层建筑。

第 13 章　结构力学

13.1　结构力学基本概念

结构力学是力学学科的一个分支，是研究结构在荷载和外界因素作用下的力学响应—结构的受力和变形的学科。

结构力学研究的内容包括结构的组成规则，结构在各种效应（外力，温度效应，施工误差及支座变形等）作用下的响应，包括内力（轴力，剪力，弯矩，扭矩）的计算，位移（线位移，角位移）计算，以及结构在动力荷载作用下的动力响应（自振周期，振型）的计算等。结构力学通常有三种分析的方法：能量法，力法，位移法。由位移法衍生出的矩阵位移法后来发展出有限元法，成为利用计算机进行结构计算的理论基础。

结构力学是研究结构的合理形式以及结构在受力状态下的内力、变形、动力响应和稳定性等方面的规律性，使结构满足安全性、使用性和经济方面的要求。

结构力学与其他相关各力学课程的区别　　　　　　　　　　　　　　　　表 13.1

学科	研究对象	研究任务
理论力学	质点、刚体	物体机械运动的一般规律
材料力学	单根杆件	变形体的强度、刚结构力学、杆件结构度、稳定性和动力反应
弹性力学	板壳、实体结构	
结构力学	杆件结构	

13.1.1　结构以及结构的类型

在土木工程中，由建筑材料按照一定的方式组成并能承受或传递荷载起骨架作用的部分称为工程结构（简称结构 Structure）。

结构力学研究对象涉及较广，根据所涉及范围，通常将结构力学分为"狭义结构力学""广义结构力学"和"现代结构力学"。

（1）广义结构力学：其所研究的对象为可变形的物体。除可变形杆件组成的体系外，还包括可变形的连续体（平板、块体、壳体等）。

（2）狭义结构力学：其研究对象为由杆件所组成的体系。这种体系能承担外界荷载作用，并起传力骨架作用，又称为经典结构力学。

（3）现代结构力学：将工程项目从论证到设计，从施工到使用期内维护的整个过程作为大系统，研究大系统中的各种各样力学问题。显然其研究对象范围更广。

本书主要论述狭义结构力学，典型的结构实例为房屋建筑中的梁、板、柱体系；交通土建中的公路、铁路上的桥梁和隧洞；水工建筑物中的闸门和水坝等。

13.1.1.1 结构类型

从几何角度来看，结构可分为三种类型：

（1）杆件结构（Structure of bar system）——这类结构是由杆件所组成。杆件的横截面尺寸要比长度小得多。梁、拱、刚架、桁架属于杆件结构（图13.1.1.1-1）。

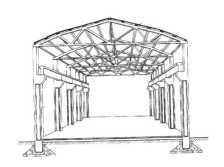

图13.1.1.1-1　杆件结构

（2）板壳结构（Plate and shell structures）——这类结构也称薄壁结构（图13.1.1.1-2）。厚度要比长度和宽度小得多，房屋中的楼板和壳体屋盖。

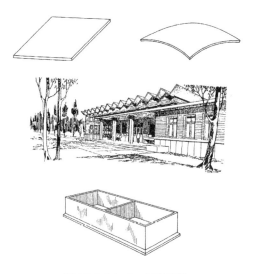

图13.1.1.1-2　板壳结构

（3）实体结构（Massive structure）——这类结构的长、宽、厚三个尺度大小相仿（图13.1.1.1-3）。例如堤坝、挡土墙、块式基础等均属实体结构。

图 13.1.1.1-3　实体结构

13.1.1.2　结构力学的内容及其研究手段

（1）讨论结构的组成规律和合理形式，以及结构计算简图的合理选择。

（2）讨论结构内力和变形的计算方法，以便进行结构强度和刚度的验算。

（3）讨论结构的稳定性以及在动力荷载作用下结构的反应。

（4）结构力学问题的研究手段包含理论分析、实验研究和数值计算三个方面。

13.1.2　结构基本知识

13.1.2.1　荷载的分类

（1）荷载：指作用在结构上的主动力。如：自重、荷重、风载、雪载……

（2）荷载的分类：

1）按作用时间长短：恒载（长期且不变），如自重、土压力等；活载（暂时且可变），如车辆、人群、风、雪等。

2）按作用位置是否变化：固定荷载（位置不变），包括恒载及某些活载；移动荷载（位置可变），如：移动的活载等。

3）按动力效应大小：静力荷载（荷载的大小、方向和位置不随时间变化或变化很缓慢——动力效应小）；动力荷载（动力效应大——冲击荷载、风及地震产生的随机荷载等）。

13.1.2.2　结构的计算简图

（1）计算简图：能表现结构的主要特点（包括结构形状、支撑及荷载），略去次要因素的原结构的简化图形。

（2）选择计算简图的原则

1）从实际出发——计算简图要反映实际结构的主要性能；

2）分清主次，略去细节——计算简图要便于计算。

（3）简化的内容：

1）结构体系的简化：将工程上的空间结构简化为平面结构（图 13.1.2.2-1）。

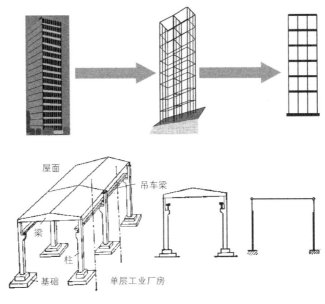

图 13.1.2.2-1　空间结构化简为平面结构

2）杆件的简化：以杆件的轴线代替杆件。杆件间的连接区用结点表示，杆长用结点间的距离表示，而荷载的作用点也转移到轴线上（图 13.1.2.2-2）。

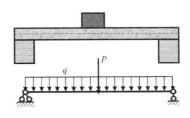

图 13.1.2.2-2　简支梁模型

3）荷载的简化：把作用在结构上的体积力和表面力都简化为作用于结构杆件轴线上的力。

　　a. 体积力：重力、惯性力；

　　b. 表面力：车轮压力、设备重力、风压力、水压力、土压力；

　　c. 把作用面积很小的分布荷载简化为集中荷载；

　　d. 荷载集度变化不大的分布荷载简化为均布荷载。

4）支座和结点的简化：理想结点代替杆件与杆件之间的连接（图 13.1.2.2-3）。

　　a. 滚轴支座：只约束了竖向位移，允许水平移动和转动。提供竖向反力。在计算简图中用支杆表示。

b. 铰支座：约束竖向和水平位移，只允许转动。提供两个反力。在计算简图中用两根相交的支杆表示。

c. 定向支座：只允许沿一个方向平行滑动。提供反力矩和一个反力。在计算简图中用两根平行支杆表示。

d. 固定支座：约束了所有位移。提供两个反力和一个反力矩。

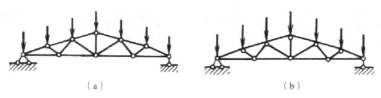

图 13.1.2.2-3　按实际情况简化

（a）当屋架跨度不太大，承受的力也不很大时，屋架上弦杆也可认为主要只承受轴力；

（b）当屋架跨度较大，承受的力也很大，上弦杆的弯矩和剪力不能忽略时

5）材料性质的简化：

在土木、水利工程中结构所用的建筑材料通常为钢、混凝土、砖、石、木料等。在结构计算中，为了简化，对组成各构件的材料一般都假设为连续的、均匀的、各向同性的、完全弹性或弹塑性的。

上述假设对于金属材料在一定受力范围内是符合实际情况的。对于混凝土、钢筋混凝土、砖、石等材料则带有一定程度的近似性。至于木材，因其顺纹和横纹方向的物理性质不同，故应用这些假设时应予注意。

13.1.2.3　支座和结点

（1）支座的类型

1）活动铰支座（图 13.1.2.3-1）

2）固定铰支座（图 13.1.2.3-2）

3）固定支座（图 13.1.2.3-3）

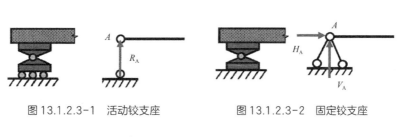

图 13.1.2.3-1　活动铰支座　　　图 13.1.2.3-2　固定铰支座

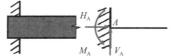

图 13.1.2.3-3　固定支座

（2）节点的类型

1）铰结点（图 13.1.2.3-4）

2）刚结点（图 13.1.2.3-5）

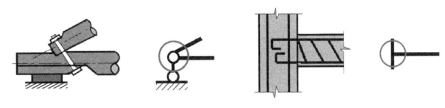

图13.1.2.3-4　铰结点　　　　　　图13.1.2.3-5　刚结点

13.1.2.4　结构分类

（1）静定结构：在任意荷载作用下，结构的全部反力和内力都可以由静力平衡条件确定。

（2）超静定结构：在任意荷载作用下，结构的全部反力和内力不能由静力平衡条件确定。

13.2　静定梁

13.2.1　静定结构的特点

从几何构造分析的角度看，结构必须是几何不变体系。根据多余约束 n，几何不变体系又分为：有多余约束（$n>0$）的几何不变体系——超静定结构；无多余约束（$n=0$）的几何不变体系——静定结构。

静定结构：凡只需要利用静力平衡条件就能计算出结构的全部支座反力和杆件内力的结构。

超静定结构：若结构的全部支座反力和杆件内力，不能只有静力平衡条件来确定的结构。

13.2.2　梁的内力计算

13.2.2.1　内力的概念和表示

（1）在平面杆件的任意截面上，将内力一般分为三个分量：轴力 F_N、剪力 F_Q 和弯矩 M（图 13.2.2.1）。

轴力——截面上应力沿轴线方向的合力，轴力以拉力为正。

剪力——截面上应力沿杆轴法线方向的合力，剪力以截开部分顺时针转向为正。

弯矩——截面上应力对截面形心的力矩，在水平杆件中，当弯矩使杆件下部受拉时弯矩为正。

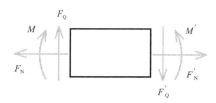

图 13.2.2.1　梁截面典型内力图

（2）作图时，轴力图、剪力图要注明正负号，弯矩图规定画在杆件受拉的一侧，不用注明正负号。

13.2.2.2　内力的计算方法

（1）梁的内力的计算方法主要采用截面法，截面法主要要点：

1）截开——在所求内力的截面处截开，任取一部分作为隔离体。

2）代替——用相应内力代替该截面的应力之和。

3）平衡——利用隔离体的平衡条件，确定该截面的内力。

（2）利用截面法可得出以下结论：

1）轴力等于该截面一侧所有的外力沿杆轴切线方向的投影代数和；

2）剪力等于该截面一侧所有外力沿杆轴法线方向的投影代数和；

3）弯矩等于该截面一侧所有外力对截面形心的力矩的代数和。

13.2.2.3　内力图与荷载的关系

（1）弯矩、剪力与荷载的微分关系

对于分布荷载 q，则分布区域内的剪力 F_Q 对长度的一阶导数为 q，弯矩对长度的一阶导数等于剪力。

（2）内力图与荷载的关系

1）无荷载的区段弯矩图为直线，剪力图为平行于轴线的直线。

2）有均布荷载的区段，弯矩图为曲线，曲线的图像与均布荷载的指向一致，剪力图为一直线。

3）在集中力作用处，剪力在截面的左、右侧面有增量，增值为集中力的大小，弯矩图则出现尖角。

4）在集中力偶作用处，弯矩在截面的左、右侧面有增量，增值为集中力偶矩的大小，剪力不发生变化。

13.2.2.4　分段叠加法画弯矩图

（1）叠加原理

几个力对杆件的作用效果，等于每一个力单独作用效果的总和。

利用叠加原理，可做出以下梁的弯矩图（图 13.2.2.4-1）：

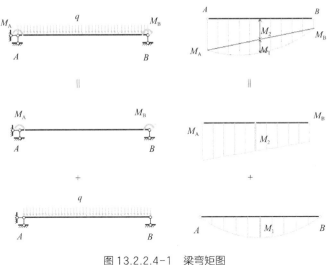

图 13.2.2.4-1 梁弯矩图

（2）分段叠加原理

上述叠加法同样可用于绘制结构中任意直杆段的弯矩图（图 13.2.2.4-2）。

其中图（a）为一简支梁，*AB* 段的弯矩可以用叠加法进行计算，计算过程可用图（a）~（d）表示。

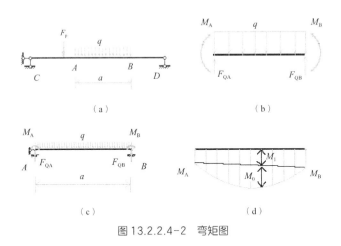

图 13.2.2.4-2 弯矩图

其过程为：先求出直线段两端截面上的弯矩 M_A 和 M_B，画出直线的弯矩 M_1。在此基础上，叠加相应简支梁 *AB* 在跨间荷载作用下的弯矩 M_0。

利用分段叠加法求弯矩可用（式 13.2.2.4-1）计算：

$$M = M_1 + M_0 \tag{13.2.2.4-1}$$

AB 段中点的弯矩值可用（式 13.2.2.4-2）计算：

$$M' = \frac{M_A + M_B}{2} + \frac{1}{8} q l^2 \tag{13.2.2.4-2}$$

13.2.3　多跨静定梁

13.2.3.1　多跨静定梁的受力特点

（1）多跨静定连续梁的实例

如由几根短梁用榫接相连而成的梁，在力学中可以将榫接简化成铰约束，这样由几个单跨梁组成的几何不变体，称作为多跨静定连续梁。图 13.2.3.1（a）为简化的多跨静定连续梁。

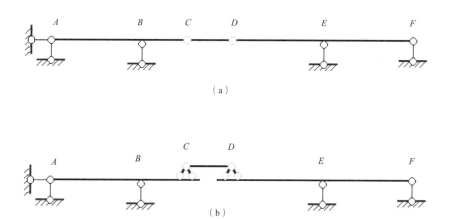

图 13.2.3.1　多跨静定连续梁

（2）多跨静定连续梁的受力特点和结构特点

1）结构特点：图 13.2.3.1（a）中 *AB* 依靠自身就能保持其几何不变性的部分称为基本部分；而必须依靠基本部分才能维持其几何不变性的部分称为附属部分，如图 13.2.3.1（a）中 *CD*。

2）受力特点：作用在基本部分的力不影响附属部分，作用在附属部分的力反过来影响基本部分。因此，多跨静定梁的解题顺序为先附属部分后基本部分。为了更好地分析梁的受力，往往先画出能够表示多跨静定梁各个部分相互依赖关系的层次图（图 13.2.3.1b）。

3）因此，计算多跨静定梁时，应遵守以下原则：先计算附属部分后计算基本部分。将附属部分的支座反力反向指向，作用在基本部分上，把多跨梁拆成多个单跨梁，依次解决。将单跨梁的内力图连在一起，就是多跨梁的内力图。弯矩图和剪力图的画法同单跨梁相同。

13.2.3.2　多跨静定梁的实例

画出图 13.2.3.2-1 所示多跨梁的弯矩图和剪力。

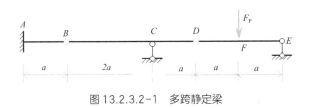

图 13.2.3.2-1　多跨静定梁

解:

（1）结构分析和绘层次图

此梁的组成顺序为先固定梁 AB，再固定梁 BD，最后固定梁 DE。由此得到层次图（图 13.2.3.2-2）。

（2）计算各单跨梁的支座反力

计算是根据层次图，将梁拆成单跨梁（图 13.2.3.2-3）进行计算，以先附属部分后基本部分，按顺序依次进行，求得各个单跨梁的支座反力。

（3）画弯矩图和剪力图

根据各梁的荷载和支座反力，依照弯矩图和剪力图的作图规律，分别画出各个梁的弯矩图及剪力图，再连成一体，即得到相应的弯矩图和剪力图（图 13.2.3.2-4、图 13.2.3.2-5）。

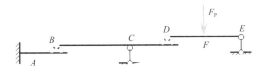

图 13.2.3.2-2　结构分析图

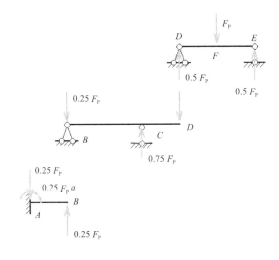

图 13.2.3.2-3　层次图

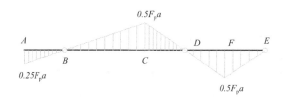

图 13.2.3.2-4　弯矩图

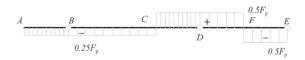

图 13.2.3.2-5　剪力图

13.3　静定平面刚架

13.3.1　刚架的特点

刚架：由直杆组成具有刚结点的结构。当组成刚架的各杆的轴线和外力都在同一平面时，称作平面刚架。

如图 13.3.1（a）所示为一平面刚架。

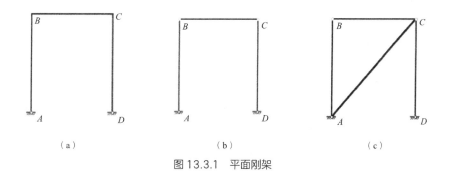

|（a）|（b）|（c）|

图 13.3.1　平面刚架

当 B、C 处为铰结点时为几何可变体（图 13.3.1b），要是结构为几何不变体，则需增加杆 AC（图 13.3.1c）或把 B、C 变为刚结点。

13.3.1.1　刚架的特点：

（1）杆件少，内部空间大，便于利用。

（2）刚结点处各杆不能发生相对转动，因而各杆件的夹角始终保持不变。

（3）刚结点处可以承受和传递弯矩，因而在刚架中弯矩是主要内力。

（4）刚架中的各杆通常情况下为直杆。

13.3.1.2　静定平面刚架的类型

（1）悬臂刚架：常用于火车站站台（图13.3.1.2a）、雨篷等。

（2）简支刚架：常用于起重机的刚支架及渡槽横向计算所取的简图等（图13.3.1.2b）；

（3）三铰刚架：常用于小型厂房、仓库、食堂等结构（图13.3.1.2c）。

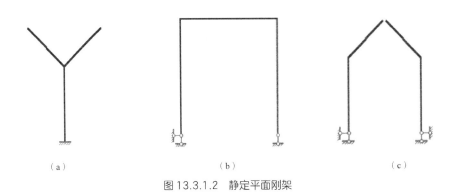

（a）　　　　　　　　　　　（b）　　　　　　　　　　　（c）

图13.3.1.2　静定平面刚架

13.3.2　刚架的支座反力

　　刚架结构常见的有：悬臂刚架、简支刚架、三铰刚架和复杂刚架。悬臂刚架、简支刚架的支座反力可利用平衡方程直接求出。

　　以下以三铰刚架来分析刚架支座反力的求法。

　　三铰刚架的支座反力的求法主要是充分利用平衡条件来进行计算，分析时经常采用先整体后拆开的方法。

　　三铰刚架一般由两部分组成（图13.3.2a），整体共有四个约束反力：F_{xA}、F_{yA}、F_{xB}、F_{yB}（图13.3.2b）。整体有三个平衡方程，为了求解还应拆开考虑，取半部分作为研究对象，利用铰结点的弯矩为零，就可以全部求解。

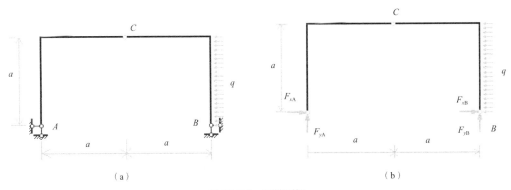

（a）　　　　　　　　　　　　　　　　　　　（b）

图13.3.2　三铰刚架

（1）利用两个整体平衡方程求 F_{yA}、F_{yB}

$$\sum M_B=0, F_{yA}\times 2a-\frac{1}{2}qa^2=0, F_{yA}=\frac{1}{4}qa$$

$$\sum M_A=0, F_{yB}\times 2a+\frac{1}{2}qa^2=0, F_{yB}=-\frac{1}{4}qa$$

（2）利用铰 C 处弯矩等于零的平衡方程求 F_{xA}

取左半部分：

$$\sum M_C=0, F_{yA}\times a-F_{xA}\times a=0, F_{yB}=F_{xA}=\frac{1}{4}qa$$

（3）利用整体的第三个平衡方程求 F_{xB}

$$\sum F_x=0, F_{xA}+F_{xB}+qa=0, F_{xB}=\frac{3}{4}qa$$

13.3.3 刚架内力图

13.3.3.1 刚架的内力计算

刚架中的杆件多为梁式杆，杆截面中同时存在弯矩、剪力和轴力。计算的方法与梁完全相同。只需将刚架的每一根杆看作是梁，逐杆用截面法计算控制截面的内力。

计算时应注意：

（1）内力的正负号

（2）结点处有不同的杆端截面

（3）正确选取隔离体

（4）结点处平衡

13.3.3.2 刚架中杆端内力的表示

由于刚架内力的正负号与梁基本相同。为了明确各截面内力，特别是区别相交于同一结点的不同杆端截面的内力，在内力符号右下角采用两个角标，其中第一个角标表示内力所属截面，第二个角标表示该截面所在杆的另一端。

M_{AB} 表示 AB 杆 A 端截面的弯矩，M_{BA} 则表示 AB 杆端 B 截面的弯矩。

13.3.3.3 刚架内力图的画法

弯矩图：画在杆件的受拉一侧，不注正、负号。

剪力图：画在杆件的任一侧，但应注明正、负号。

轴力图：画在杆件的任一侧，但应注明正、负号。

剪力的正负号规定：剪力使所在杆件产生顺时针转向为正，反之为负。

轴力的正负号规定：拉力为正、压力为负。

13.3.4 刚架内力图实例分析

例题：作出图 13.3.4-1 所示简支刚架的内力图。

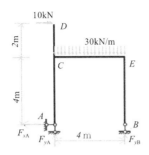

图 13.3.4-1　内力图

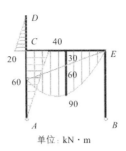

图 13.3.4-2　弯矩图

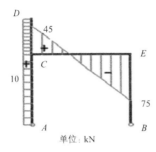

图 13.3.4-3　剪力图

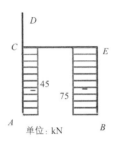

图 13.3.4-4　轴力图

解：

（1）求支座反力：以整体为脱离体。

$\sum M_A=0$　　　　　$F_{yB}=75$kN（向上）

$\sum M_B=0$　　　　　$F_{yA}=45$kN（向上）

$\sum F_X=0$　　　　　$F_{xA}=10$kN（向左）

（2）作弯矩图：逐杆分段计算控制截面的弯矩，利用作图规律和叠加法作弯矩图（图 13.3.4-2）。

AC 杆：$M_{AC}=0$　　　$M_{CA}=40$kN·m（右侧受拉）AC 杆上无荷载，弯矩图为直线。

CD 杆：$M_{DC}=0$　　　$M_{CD}=20$kN·m（左侧受拉）CD 杆上无荷载，弯矩图为直线。

CE 杆：$M_{CE}=60$kN·m（下侧受拉）

$M_{EC}=0$kN·m　CE 杆上为均布荷载，弯矩图为抛物线。

利用叠加法求出中点截面弯矩 $M_{CE中}=30+60=90$（kN·m）。

（3）作剪力图

利用截面法和反力直接计算各杆端剪力。

$Q_{CD}=10$kN　　$Q_{CA}=10$kN　　$Q_{CE}=45$kN　　$Q_{EC}=-75$kN　　$Q_{EB}=0$kN

剪力图一般为直线，求出杆端剪力后直接画出剪力图。AC 杆上无荷载，剪力为常数。CE 杆上有均布荷载，剪力图为斜线（图 13.3.4-3）。

（4）作轴力图

利用平衡条件，求各杆端轴力。

$N_{CA}=N_{AC}=-45kN \qquad N_{EB}=N_{BE}=-75kN$

各杆上均无切向荷载，轴力均为常数（图 13.3.4-4）。

（5）校核

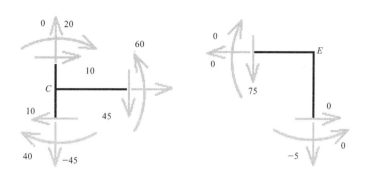

图 13.3.4-5　校核图 1　　　　　　　图 13.3.4-6　校核图 2

结点 C 各杆端的弯矩、剪力、轴力，满足平衡条件（图 13.3.4-5）：

$\sum M_C=60-20-40=0$

$\sum F_x=10-10=0$

$\sum F_y=45-45=0$

同理，结点 E 处也满足平衡方程（图 13.3.4-6）。

13.4　静定平面桁架

13.4.1　静定平面桁架的特点

（1）静定平面桁架：由若干直杆在两端铰接组成的静定结构。

桁架在工程实际中得到广泛的应用，但是，结构力学中的桁架与实际有差别，主要进行了以下简化：

1）所有结点都是无摩擦的理想铰；

2）各杆的轴线都是直线并通过铰的中心；

3）荷载和支座反力都作用在结点上。

（2）桁架的受力特点

桁架的杆件都在两端受轴向力，因此，桁架中的所有杆件均为二力杆。

（3）桁架的分类

简单桁架：由一个基本铰接三角形开始，逐次增加二元体所组成的几何不变体（图 13.4.1a）。

联合桁架：由几个简单桁架，按两刚片法则或三刚片法则所组成的几何不变体（图 13.4.1b）。

复杂桁架：不属于前两种的桁架（图 13.4.1c）。

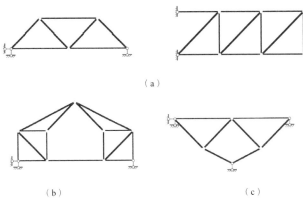

图 13.4.1　复杂桁架

（4）桁架内力计算的方法

结点法、截面法、联合法。

13.4.2　结点法

13.4.2.1　结点法（方法一）

截取桁架的一个结点为脱离体计算桁架内力的方法。

结点上的荷载、反力和杆件内力作用线都汇交于一点，组成了平面汇交力系，因此，结点法是利用平面汇交力系求解内力的。

常见的以下几种情况可使计算简化：

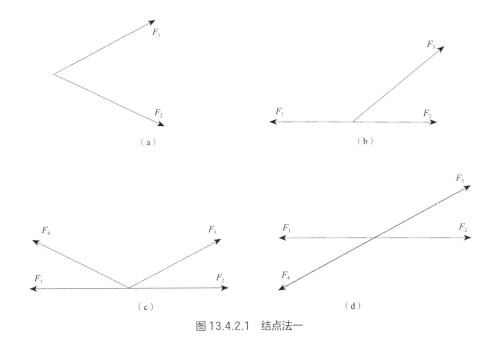

图 13.4.2.1　结点法一

（1）不共线的两杆结点，当无荷载作用时，则两杆内力为零（图 13.4.2.1a），$F_1=F_2=0$。

（2）由三杆构成的结点，有两杆共线且无荷载作用时（图 13.4.2.1b），则不共线的第三杆内力必为零，共线的两杆内力相等，符号相同，$F_1=F_2$，$F_3=0$。

（3）由四根杆件构成的 K 形结点，其中两杆共线，另两杆在此直线的同侧且夹角相同（图 13.4.2.1c），在无荷载作用时，则不共线的两杆内力相等，符号相反，$F_3=-F_4$。

（4）由四根杆件构成的 X 型结点，各杆两两共线（图 13.4.2.1d），在无荷载作用时，则共线的内力相等，且符号相同，$F_1=F_2$，$F_3=F_4$。

13.4.2.2　结点法（方法二）

利用结点法求解桁架，主要是利用汇交力系求解，每一个结点只能求解两根杆件的内力，因此，结点法最适用于计算简单桁架。

由于静定桁架的自由度为零，即：

$$W = 2j - b = 0$$

于是：$b = 2j$。因此，利用 j 个结点的 $2j$ 个独立的平衡方程，便可求出全部 b 个杆件或支杆的未知力。

在建立平衡方程式，一般将斜杆的轴力 F 分解为水平分力 F_x 和竖向分 F_y。此三个力与杆长 l 及其水平投影 l_x 和竖向投影 l_y 存在以下关系（式 13.4.2.2、图 13.4.2.2）：

$$\frac{F_{\mathrm{N}}}{l} = \frac{F_x}{l_x} = \frac{F_y}{l_y} \tag{13.4.2.2}$$

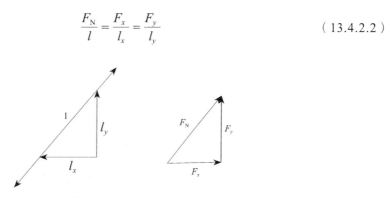

图 13.4.2.2　结点法二

13.4.2.3　简单桁架内力实例分析

分析时，各个杆件的内力一般先假设为受拉，当计算结果为正时，说明杆件受拉；为负时，杆件受压。

例：求出图 13.4.2.3（a）所示桁架所有杆件的轴力。

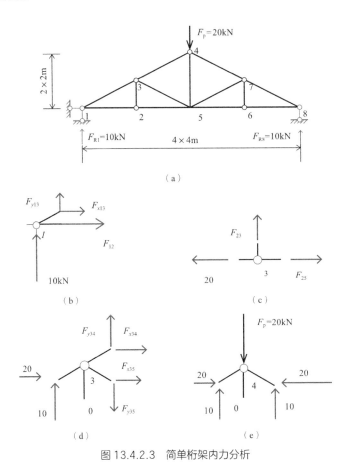

图 13.4.2.3　简单桁架内力分析

解：由于桁架和荷载都是对称的，相应的杆的内力和支座反力也必然是对称的，故计算半个桁架的内力即可。

（1）计算支座反力

$$V_1 = V_8 = 10\text{kN}$$

（2）计算各杆内力

由于只有结点 1、8 处仅包含两个未知力，故从结点 1 开始计算，逐步依次进行，计算结果如下：

结点 1 如图 13.4.2.3（b）所示，列平衡方程：

$$\sum F_y = 0, F_{y13} + 10 = 0, F_{y13} = -10\text{kN}$$

由比例关系可得：

$$F_{x13} = 2F_{y13} = -20\text{kN}, \quad F_{13} = \sqrt{5}\, F_{y13} = 22.4\text{kN（压力）}$$

$$\sum F_x = 0, F_{12} + F_{x13} = 0, F_{12} = 20\text{kN（拉力）}$$

结点 2 如图 13.4.2.3（c）所示，列平衡方程：

$$\sum F_y = 0, F_{23} = 0\text{kN}$$

$$\sum F_x=0,F_{25}=F_{12}=20\text{kN}（拉力）$$

结点 3 如图 13.4.2.3（d）所示，列平衡方程：

$$\sum F_x=0,-20+F_{x35}+F_{x34}=0$$

再利用比例关系，可求：

$$F_{x34}=-20\text{kN},F_{y34}=-10\text{kN},F_{34}=-22.4\text{kN}（压力）$$

$$F_{x35}=0\text{kN},F_{y35}=0\text{kN},F_{35}=0\text{kN}$$

$$F_{45}=0$$

（为什么、可考虑结点 4）

校核：利用结点 4（图 13.4.2.3e）

$$\sum F_y=10+10-20=0$$
$$\sum F_x=20-20=0$$

13.4.3　结点单杆

结点单杆的概念：在同一结点的所有内力为未知的各杆中，除结点单杆外，其余杆件均共线。

结点单杆主要有以下两种情况：

（1）结点只包含两个未知力杆，且此二杆不共线，则每杆都是单杆。

（2）结点只包含三个未知力杆，其中有两杆共线，则第三杆是单杆。

性质及应用：

（1）结点单杆的内力，可由该结点的平衡条件直接求出。

（2）当结点无荷载时，则单杆必为零杆（内力为零）。

（3）如果依靠拆除结点单杆的方法可将整个桁架拆完，则此桁架可应用结点法按照每次只解一个未知力的方式求出各杆内力。

13.4.4　截面法

13.4.4.1　截面法应用

截面法：用适当的截面，截取桁架的一部分（至少包括两个结点）为隔离体，利用平面任意力系的平衡条件进行求解。

截面法最适用于求解指定杆件的内力，隔离体上的未知力一般不超过三个。在计算中，轴力一般假设为拉力。

为避免联立方程求解，平衡方程要注意选择，每一个平衡方程一般包含一个未知力。另外，有时轴力的计算可直接计算，可以不进行分解。

例题分析：求出图示杆件 1、2、3 的内力（图 13.4.4.1a）。

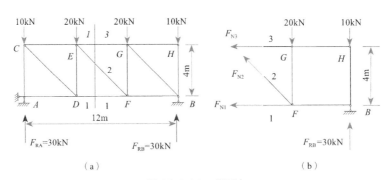

图 13.4.4.1　截面法

解:

（1）求支反力

由于对称性可得：$F_{RA}=F_{RB}=30kN$

（2）将桁架沿 1-1 截开，选取右半部分为研究对象，截开杆件处用轴力代替（图 13.4.4.1b），列平衡方程：

问题：左半部分如何？

$$\sum M_F=0 \qquad -F_{N3}\times 4-F_{RB}\times 4+10\times 4=0$$

$$\sum F_y=0 \qquad -F_{RB}+F_{N2}\times\cos\frac{\pi}{4}-20-10=0$$

$$\sum F_x=0 \qquad -F_{N1}-F_{N3}-F_{N2}\times\sin\frac{\pi}{4}=0$$

（3）校核：

$$\sum M_G=20\times 4-30\times 4+10\times 4=0$$

计算结果无误。

13.4.4.2　截面法技巧

截面单杆的概念：如果某一截面所截的内力为未知的各杆中，除某一根杆件外，其余各杆都汇交于一点（或平行），此杆称为该截面的单杆。

截面单杆在解决复杂桁架时，往往是解题的关键，要学会分析截面单杆。

截面单杆主要在以下情况中：

（1）截面只截断三根杆，此三杆不完全汇交，也不完全平行，则每一根杆均是截面单杆（上一例题中的截面所示）。

（2）截面所截杆数大于 3，除一根杆外，其余杆件均汇交于一点（或平行），则这根杆为截面单杆。

性质：截面单杆的内力可由本截面相应的隔离体的平衡方程直接求出。

（平衡方程的选取：坐标轴与未知力平行、矩心选在未知力的交点处）

以下几种情况中就是几种截面单杆的例子。

图 13.4.4.2（a）中的杆 2，图 13.4.4.2（b）中的杆 1、2、3 都是截面单杆。

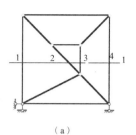
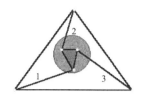

（a）   （b）

图 13.4.4.2　截面单杆

13.5　结构力学各种计算方法简介

13.5.1　虚功原理

一般应用于利用假设的位移进行求解未知力。

（1）虚功原理的表达形式有多种多样，对于理想约束的刚体体系可描述如下：

1）设刚体上作用任意的平衡力系，又设体系发生符合约束条件的无限小的刚体体系位移，则主动力在位移上所做的虚功总和等于零。

2）虚功原理的关键：平衡力系与位移的相互独立性，二者都可以进行假设，根据不同的问题进行不同的假设。

（2）虚功原理特点：

1）位移是假设的；

2）解题的关键是利用几何关系求出位移之间的几何关系；

3）采用几何的方法求解静力平衡问题。

13.5.2　虚力原理（单位荷载法）

虚力原理是虚功原理在位移计算中的应用形式。

（1）虚功原理的关键是位移与力系是独立无关的。因此，可以把位移看成是虚设的，也可以把力系看成是虚设的，是把力系看作是虚设的，求刚体体系的位移。

如图 13.5.2（a）中所示的静定梁，支座 C 向上移动了一个已知距离 c_1，现在求 B 处的位移 Δ。

为了应用虚功原理，计算图 13.5.2（a）中的位移状态中的位移，应根据所求位移来虚设力系，由于位移状态为给定状态，力状态为虚设状态，因此称为虚力原理。

（2）根据虚功原理力状态和位移状态除了结构形式和支座情况需要相同外，其他方面两者完全无关，因此应根据所需来虚设力状态。为了使力状态上的力能够在实际状态的所求位移 Δ 上做虚功，应在该点施加一集中力大小为 1（为什么）——在拟求位移的方向上设置单位荷载，而在其他处不再设置荷载（图 13.5.2b）。应用平衡条件可求出支座反力。

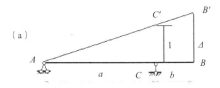

图 13.5.2 静定架

利用虚功原理可得：

$$-\Delta \times 1 + c_1 \times \bar{F}_{R1} = 0$$

$$\Delta = c_1 \times \bar{F}_{R1} = \frac{a+b}{a} c_1$$

（3）在拟求位移的方向上虚设单位荷载，利用平衡条件求支反力。利用虚力原理列出虚力方程进行求解，由于是在所求位移处设置单位荷载，因此，这种解法又称单位荷载法。

13.5.3 图乘法

图 13.5.3-1 为某直杆段 AB 的两个弯矩图，其中有一个图形为直线（M_i 图），如果抗弯刚度 EI 为常数，则可进行以下计算：

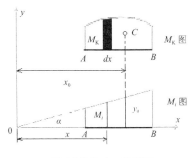

图 13.5.3-1 图乘法

$$\Delta = \sum \int_A^B \frac{M_i M_K}{EI} ds = \sum \frac{1}{EI} \int_A^B x \times \tan\alpha \times M_K ds = \sum \frac{\tan\alpha}{EI} \int_A^B x dA$$

$dA = M_K ds$ 是 M_K 中阴影的微面积，利用静矩的概念可得

$\int_A^B x dA = A \times x_0$ 代入上式

$$\Delta = \sum \int_A^B \frac{M_i M_K}{EI}\,\mathrm{d}s = \sum \frac{\tan\alpha}{EI} A \times x_0 = \sum \frac{1}{EI} A y_0$$

上式中 y_0 是在 M_K 图形心 C 对应处的 M_i 图标距，A 是 M_K 图的面积，因此：位移计算的问题转化为求图形的面积、形心和标距的问题。

应用图乘法应注意两点：

（1）应用条件：

杆段应是等截面直杆段；两个图形中至少有一个是直线，标距 y_0 应取自直线图形中。

（2）正负号规定：

面积 A 与标距 y_0 在同一侧时，乘积取正号；反之取负号。

（3）常见图形的面积和形心

根据图乘法，位移计算主要是计算图形的面积、形心和标距，下面介绍常见图形的形心和面积（图 13.5.3-2）。

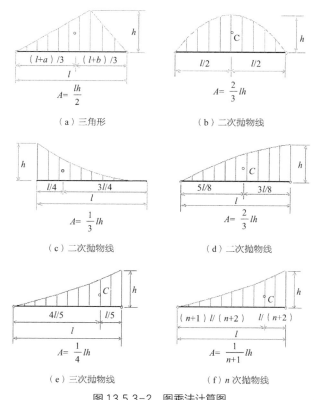

图 13.5.3-2　图乘法计算图

以上图形的抛物线均为标准抛物线——抛物线的顶点处的切线都是与基线平行。

13.5.4　力法

力法的基本思路：将超静定结构的计算转化为静定结构的计算，首先选择基本结构和基本体系，然后利用基本体系与原结构之间在多余约束方向的位移一致性和变形叠加列出力法典型方程，最后求出多余未知力和原结构的内力。力法是计算超静定结构的最基本方法。

结合实例说明力法的基本思路和原理。

图 13.5.4（a）为一次超静定结构，如果撤去 B 处的支座链杆并用未知力 X_1 代替变成了图 13.5.4（b）所示的静定结构，这样就得到了含有多余未知力的静定结构，此结构称为力法的基本体系（基本体系并不唯一）。相应的把原超静定结构中多余约束和荷载都去掉后得到的静定结构称为力法的基本结构图 13.5.4（c）。

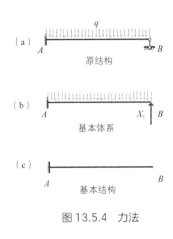

图 13.5.4　力法

这样通过把多余约束去掉用多余未知力来代替，将超静定结构变为静定结构，解题的关键就是多余未知力的求解问题，这也是力法的一个特点：

把多余未知力的计算问题当作超静定问题的关键，把多余未知力当作关键地位的未知力——力法的基本未知量。

（1）建立力法方程

1）从受力上看，当基本未知量 X_1 为任意有限值时，基本体系和原结构都满足的平衡方程。

2）从变形上看，原结构由于支座 B 的支承，因此，不会发生竖向位移。而基本体系 B 处的竖向位移与基本未知量 X_1 有关，只有当基本未知量 X_1 为某一值时，基本体系 B 处的竖向位移 Δ_1 恰好等于零，即不发生竖向位移，这时基本体系的变形也与原结构的变形相同。于是，可以根据 $\Delta_1=0$ 的条件来确定基本未知量 X_1 的大小，所求的 X_1 就是原结构多余约束的反力。

（2）归纳起来力法的基本思路就是：

第一步：去掉原结构的多余约束，代之以多余未知力，得到静定的基本体系。

第二步：基本体系和原结构的变形相同，特别是基本体系上与多余未知力相应的位移与原超静定结构上多余约束处的位移条件一致，这是确定多余未知力大小的依据。一般情况下，当原结构上在多余约束处没有支座位移时，则基本体系应满足的变形条

件是：与多余未知力相应的位移为零。

13.5.5 位移法

（1）位移法的基本概念

力法和位移法是分析超静定结构的两种基本方法，力法是以多余的约束力作为基本未知量，而位移法则是以结点位移作为基本未知量。

1）位移法是以刚结点的转角和独立结点线位移为基本未知量，其未知量的数目与超静定的次数无关，因此，对于超静定次数较高而结点位移数目较少的结构用位移法比较方便。

2）在位移法中，是以平衡方程为基本方程进行求解基本未知量。对一个刚结点有一个转角未知量，对应有一个刚结点力矩平衡方程。对每一个独立的结点线位移，可以有一个截面平衡方程，因此未知数与方程数是彼此相同的。

（2）位移法的基本解题步骤为：

1）确定基本未知量

2）建立各杆的转角位移方程

3）建立位移法的基本方程

4）计算各杆的杆端弯矩

5）画弯矩图

（3）位移法技巧

1）确定结构上的基本未知量以及写出各个杆件的转角位移方程是位移法的关键。

2）对称结构的计算，可以取半结构进行。关键是半结构的取法，了解清楚在对称荷载或反对称荷载作用下结构有哪些独立的结点位移。

第14章 结构加固技术

14.1 改造建筑的结构设计

对于既有建筑改造，建筑主体结构的存在很大程度上限制了建筑的改造内容，即使建筑改造内容不涉及对主体结构的改变，但因建筑使用功能的改变，超载使用，使用环境恶化等，均会影响主体结构安全及使用年限。当建筑改造方案使主体结构需要大量加固工作量，耗时耗工耗材料，则失去了对既有建筑物改造的意义。所以建筑改造需要兼顾原有主体结构布置作出合理的改造方案布置，而加固设计基于改建建筑方案，确定结构加固设计方案，其对业主决策十分重要。

在结构改造设计的方案阶段，应该整体分析既有建筑结构在抗震、强度、耐久性等方面的鉴定，通过对原有建筑竣工图、施工记录、现场勘察、分析工程改造的内容，来确定工程改造的可行性以及对改造提出限制性要求。

常规改造结构设计一般包括下列内容：

（1）整体结构分析和计算；

（2）新加结构的设计；

（3）既有混凝土结构的可靠性评估与加固设计；

（4）新旧结构的连接设计；

（5）改造过程中的防倒塌设计；

（6）相关的地基基础设计；

（7）满足特殊改造要求的结构专项设计。

14.1.1 一般规定

（1）主体结构经可靠性鉴定确认需要加固时，应根据鉴定结论和委托方提出的要求，现行国家标准《混凝土结构加固设计规范》GB 50367，《砌体结构加固设计规范》GB 50702，广东省标准《既有建筑混凝土结构改造设计规范》的规定和业主的要求进行加固设计。加固设计的范围，可按整幢建筑物或其中某独立区段确定，也可按指定的结构、构件或连接确定，但均应考虑该结构的整体牢固性。结构鉴定包括可靠性鉴定和抗震鉴定，前者主要依据现行国家标准《民用建筑可靠性鉴定标准》GB 50292 和《工业建筑可靠性鉴定标准》GB 50144，重点在结构的安全性和正常使用性；后者依据《建筑抗震鉴定标准》GB 50023，重点在房屋的综合抗震能力及整体性。

（2）构件的加固设计，应与实际施工方法紧密结合，采取有效措施，保证新增构件和部件与原结构连接可靠，新增截面与原截面粘结牢固，形成整体共同工作；并应避免对未加固部分，以及相关的结构、构件和地基基础造成不利的影响；应综合考虑其技术经济效果，避免不必要的拆除或更换。

（3）对高温、高湿、低温、冻融、化学腐蚀、振动、收缩应力、温度应力、地基不均匀沉降等影响因素引起的原结构损坏，应在加固设计中提出有效的防治对策，并按设计规定的顺序进行治理和加固。

（4）对加固过程中可能出现倾斜、失稳、过大变形或坍塌的混凝土结构，应在加固设计文件中提出相应的临时性安全措施并明确要求施工单位应严格执行。

（5）改造设计时宜取建筑物的整体结构作为改造设计范围，并对其进行相关的结构计算和结构设计。对于只涉及局部结构的改造，当同时满足下列条件时，可仅取改造范围内的结构及其相关结构作为改造设计范围：

1）改造不需要延长设计使用年限；

2）改造对整体结构安全性的不利影响较小；

3）建筑物已经竣工验收合格，设计图纸、竣工图纸和工程质保资料齐全、可信；

4）改造前未曾改变使用条件、使用功能，未曾进行降低结构性能的改造；

5）建筑物前期正常使用，未曾遭受火灾、地震、爆炸、洪水、非正常撞击等灾害性损伤。

（6）加固设计使用年限，应按下列原则确定：

1）结构加固后的使用年限，应在综合考虑业主的改造需求、结构现状和技术经济指标后，由业主和设计单位共同商定。

2）一般情况下，不宜取少于30年；到期后，若重新进行的可靠性鉴定认为该结构工作正常，仍可继续延长其使用年限。

3）对使用胶粘方法或掺有聚合物加固的结构、构件，尚应定期检查其工作状态。检查的时间间隔可由设计单位确定，但第一次检查时间不应迟于10年。

4）对于有抗震要求的建筑，还应遵循《建筑抗震加固技术规程》JGJ 116—2009和《建筑抗震鉴定标准》GB 50023—2013的相关规定。

5）对于改造后的混凝土结构，应在设计图纸中明确改造后的使用功能和后续使用年限。

14.1.2　加固程序

（1）结构加固工作必须遵循以下程序：

原结构可靠性鉴定和抗震鉴定→加固方案选择→加固施工图设计→施工图审查→施工→竣工验收。

（2）加固方案的选定

加固方案应根据结构鉴定结论，结合该结构特点及加固施工条件，按安全可靠、经济合理原则确定。加固方案宜结合维修改造，并宜根据原结构的具体特点和技术经济条件的分析，采用新技术、新材料。加固方法应便于施工，并应减少对建筑正常使用功能的影响。结构的静力加固着重于提高结构构件的承载能力；抗震加固着重于提高结构的延性和增强房屋的整体性；地基基础加固成本较高，施工复杂，宜采取措施，不动或少动地基基础。

（3）加固施工

加固施工应采取措施避免或减少损伤原结构构件。发现原结构或相关工程隐蔽部位的构造有严重缺陷时，应会同加固设计单位采取有效处理措施后，方可继续施工。对可能导致的倾斜或局部倒塌等现象，应预先采取安全措施。所有埋入原结构构件的植筋、锚栓及螺杆，钻孔时均不得切断和损伤原钢筋。

14.1.3 设计计算原则

（1）在改造设计时，既有结构的结构布置、构件尺寸、钢筋配置及材料力学性能指标应根据原图纸资料和可靠性鉴定报告取值，当原图纸资料与可靠性鉴定报告不一致时，应以可靠性鉴定报告中的实测数据为准。

（2）在对既有结构进行结构分析时，应按改造后的结构布置及作用建立结构计算模型、进行结构分析。结构计算模型应符合结构的实际受力状况。当结构计算模型与实际受力状况不一致时，应根据具体情况对结构构件的计算内力进行适当调整。

（3）进行结构分析时，应充分考虑既有混凝土结构前期已发生的结构变形和基础沉降变形，以及改造后结构可能发生的结构变形和基础沉降变形，评估上述变形对改造后结构的影响。

（4）结构加固设计采用的结构分析方法，应遵守现行国家标准《混凝土结构设计规范》GB 50010 规定的结构分析基本原则，且在一般情况下，应采用线弹性分析方法计算结构的作用效应。

（5）改造设计时，应进行承载能力极限状态和正常使用极限状态的设计、验算；结构承载力计算应包括下列内容：

1）新加结构构件的承载力计算（包括稳定性验算）；

2）既有结构构件的承载力验算及加固后承载力计算（包括稳定性验算）；

3）新旧结构连接界面及相关连接部件的承载力计算；

4）按抗震设防要求进行抗震承载力计算；

5）对直接承受重复荷载的构件应进行疲劳验算；

6）必要时应进行结构的抗倾覆、抗滑移、抗漂浮验算；

7）对可能遭受偶然作用或发生意外偏位，且倒塌可能引起严重后果的重要结构，宜进行防连续倒塌设计。

（6）结构上的作用，应经调查或检测核实，并应按《混凝土结构加固设计规范》GB 50367—2013 附录 A 的规定和要求确定其标准值或代表值，若此项工作已在可靠性鉴定中完成，宜加以引用。

（7）被加固结构、构件的作用效应，应按下列要求确定：

1）结构的计算模型，应符合其实际受力和构造状况；

2）作用效应组合和组合值系数以及作用的分项系数，应按现行国家标准《建筑结构荷载规范》GB 50009 确定，并应考虑由于实际荷载偏心、结构变形、温度作用等造成的附加内力。

（8）结构、构件的尺寸，对原有部分应采用实测值；对新增部分，可采用加固设计文件给出的数据。

（9）对于作用于结构上的可变荷载，应按改造后的使用功能、后续使用年限根据现行国家标准《建筑结构荷载规范》GB 50009 的规定计算。在计算基本组合下的内力设计值时，应考虑后续使用年限对可变荷载做调整，荷载调整系数 γ_L 应按广东省标准《既有建筑混凝土结构改造设计规范》DBJ/T 15—182 表 3.4.4 采用。

（10）原结构、构件的混凝土强度等级和受力钢筋抗拉强度标准值应按下列规定取值：

1）当原设计文件有效，且能确定结构无严重的性能退化时，可采用原设计的标准值；

2）当结构可靠性鉴定认为应重新进行现场检测时，应采用检测结果推定的标准值；

3）当原构件混凝土强度等级的检测受实际条件限制而无法取芯时，可采用回弹法检测，但其强度换算值应按《混凝土结构加固设计规范》GB 50367—2013 附录 B 的规定进行龄期修正，且仅可用于结构的加固设计。

（11）加固材料的强度，应按《混凝土结构加固设计规范》GB 50367—2013 的规定采用。

（12）验算结构、构件承载力时，应考虑原结构在加固时的实际受力状况，包括加固部分应变滞后的特点，以及加固部分与原结构共同工作程度。

（13）加固后改变结构传力路线或导致结构质量增大时，应对相关结构、构件及建筑物地基基础进行必要的验算。

（14）在进行承载力验算时，对于改造前后结构内力未发生变化的结构构件，可采纳可靠性鉴定报告提供的承载力验算结论；对于改造前后结构内力已发生变化的结构构件，应按改造后的结构内力重新进行承载力验算。

（15）对于同时符合下列条件的钢筋混凝土梁板结构，可直接评定其承载力满足要求，不再进行承载力加固：

1）该构件已正常使用不少于两年；

2）该构件未曾发生明显的钢筋锈蚀、混凝土受力开裂或其他结构性损伤；

3）在后续使用年限内，该构件所承受的作用效应及所处的使用环境与改造前相比不会发生显著的不利变化。

（16）抗震设计时，应按改造后的使用功能和建筑规模，根据现行国家标准《建筑工程抗震设防分类标准》GB 50223 的规定确定抗震设防类别，根据现行国家标准《建筑抗震设计规范》GB 50011 的规定确定抗震设防标准、计算地震作用。

（17）新加结构构件应根据国家现行有关标准的规定进行抗震设计；既有结构构件可按抗震性能评定结论根据国家现行有关标准的规定进行抗震加固设计。即与新加结构构件的抗震设计不同，既有结构构件的抗震设计可在抗震性能评定的基础上进行，针对抗震性能评定中发现的不满足抗震要求的问题进行相应的抗震加固设计。

（18）既有混凝土结构应按下列规定评估抗震性能：

1）当改造前的抗震构造措施符合现行国家标准《建筑抗震鉴定标准》GB 50023 的要求时，可不再进行抗震构造措施加固；

2）当改造前的抗震构造措施不符合现行国家标准《建筑抗震鉴定标准》GB 50023 的要求时，可根据现行广东省标准《建筑工程混凝土结构抗震性能设计规程》DBJ/T 15—151 评估在中震和大震作用下的抗震性能，确定是否需要对结构构件进行抗震构造措施加固。评估时，对于抗震设防类别为乙类和丙类的建筑，6 度设防的结构抗震性能目标宜取 C 级；7、8 度设防的结构抗震性能目标可取 D 级。

（19）在确定既有地基基础的承载力时，宜考虑地基在建筑荷载长期作用下的压密固结作用，适当提高既有地基基础的承载力：

1）当建筑物已投入使用少于 10 年时，地基承载力特征值和桩侧土层极限侧阻力标准值的提高幅度宜取 5% ~ 10%；

2）当建筑物已投入使用 10 年及以上时，地基承载力特征值和桩侧土层极限侧阻力标准值的提高幅度宜取 10% ~ 15%。

14.2 加固方法及技术

14.2.1 加固方法

混凝土结构常用的加固方法有：增大截面加固法、置换混凝土加固法、外粘型钢加固法、粘贴钢板加固法、粘贴纤维复合材加固法、绕丝加固法、钢绞线网片—聚合物砂浆加固法、外加预应力加固法、增设支点加固法、结构体系加固法、增设拉结体系加固法等。

14.2.1.1 增大截面加固法

增大截面加固法，也称为外包混凝土加固法，它通过增大构件的截面和配筋，来提高构件的强度、刚度、稳定性和抗裂性，该方法施工工艺简单，适用面广，可广泛用于梁、板、柱、墙、基础、屋架等混凝土构件的加固，根据构件受力特点和加固的目的要求、构件几何尺寸、施工方便等可设计为单侧、双侧或三侧的加固和四面包套的加固，例如梁常用上、下侧加固层加固，中心受压柱常用四面外包加固，偏心受压柱常用单侧或者双侧加厚层加固。加固中应将新旧钢筋加以焊接，做好新旧混凝土的结合。当遇到混凝土强度等级低，或是密实性差，甚至还有蜂窝、空洞等缺陷时，不应直接采用增大截面法进行加固，而应先置换有局部缺陷或密实性太差的混凝土，然后再进行加固。

增大截面法的技术特点是，在设计构造方面必须注意解决好新加部分与原有部分的整体工作共同受力问题。加固结构在受力过程中，结合面会出现拉压弯剪等各种复杂应力，其中主要是拉力和剪力。在弹性阶段，结合面的剪应力和法向拉应力主要是靠结合面两边新旧混凝土上的粘结强度承担；开裂后至极限状态，则主要是通过贯穿结合面的锚固钢筋或锚固螺栓所产生的被动剪切摩擦力传递。

　　这种方法要求的现场湿作业工作量大，养护时间较长，对生产和生活有一定影响，而且构件的截面增大后对结构的外观和房屋净空也有一定影响，故在采用时应考虑其局限性及适用效果（图 14.2.1.1）。

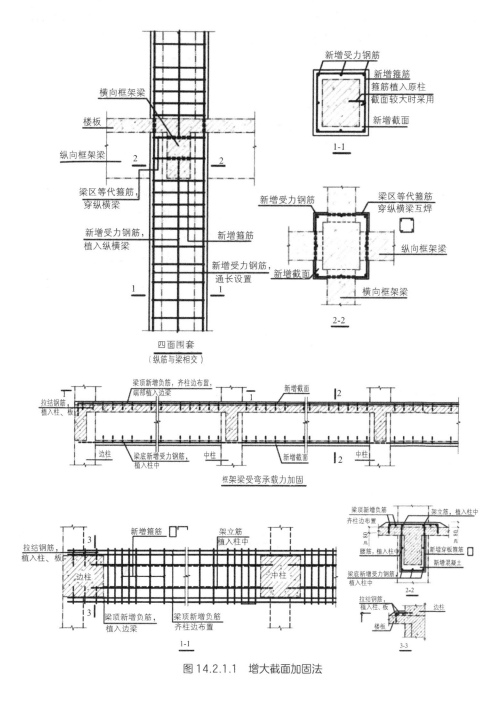

图 14.2.1.1　增大截面加固法

14.2.1.2 外包型钢加固法

外包型钢（一般为角钢或扁钢）加固法，是一种既可靠，又能大幅度提高原结构承载能力和抗震能力的加固技术。当采用结构胶粘合混凝土构件与型钢构架时，称为有粘结外包型钢加固法，也称外粘型钢加固法，或混式外包钢加固法，属复合构件范畴；当不使用结构胶，或仅用水泥砂浆堵塞混凝土与型钢间缝隙时，称为无粘结外包型钢加固法，也称干式外包钢加固法，这种加固方法，属组合构件范畴；由于型钢与原构件间无有效的连结，因而其所受的外力，只能按原柱和型钢的各自刚度进行分配，而不能视为复合构件受力，以致很费钢材，仅在不宜使用胶粘的场合使用。

在钢筋混凝土柱、梁构件截面的四角沿构件通长或沿某一段设置角钢，横向用箍板或螺栓套箍将角钢连接成整体，成为外包于构件的刚构架（角钢套箍），外包钢构架可以完全替代或部分替代原构件工作，达到加固的目的。对于矩形构件大多在构件四角包角钢，横向用箍板连接；对于圆形柱、烟囱等圆形构件，多用扁钢加套箍的办法加固。近年来，不少新建工程的加固，为了做到不致因加固而影响其设计使用年限，往往选择使用干式外包钢法。当工程允许使用结构胶粘接混凝土与型钢时，宜选用有粘结外包型钢加固法。因为两者粘结后能形成共同工作的复合截面构件，不仅节约钢材，而且将获得更大的承载力。因此，比干式外包钢更能得到良好的技术经济效益。

外包型钢加固法优点是构件截面尺寸增加不多，而构件承载力可大幅度提高，并且经加固后原构件混凝土受到外包钢的约束，原柱子的承载力和延性得到改善。同时，此法还具有施工简便、工期短等特点，目前广泛用于加固钢筋混凝土柱、梁、桁架、防护层弦、腹杆（图 14.2.1.2）。

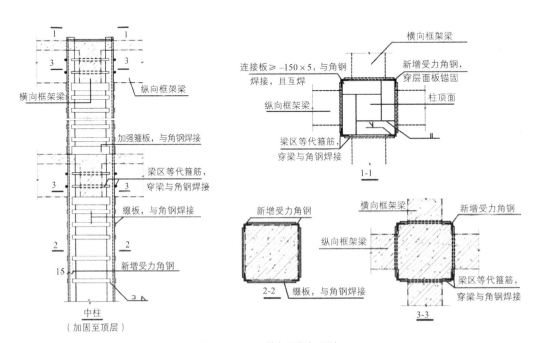

图 14.2.1.2　外包型钢加固法

采用外包型钢加固混凝土结构构件时，应采用改性环氧树脂胶粘剂进行灌注。

采用外包型钢加固钢筋混凝土构件注胶时，外包型钢的胶缝厚度宜控制在3~5mm；局部允许有长度不大于300mm，厚度不大于8mm的胶缝，但不得出现在角钢端部600mm的范围内。型钢表面（包括混凝土表面）应抹厚度不小于25mm的高强度等级水泥砂浆（应加钢丝网防裂）作防护层，也可采用其他具有防腐蚀和防火性能的饰面材料加以保护，提高其耐久性。

14.2.1.3　粘贴钢板加固法

粘贴钢板法是一种建筑结构工程的加固新技术。用特制的结构胶粘剂，将钢板粘贴在钢筋混凝土结构的表面，能达到加固和增强原结构强度和刚度的目的。粘贴钢板法与其他的加固方法比较，有许多独特的优点和先进性，主要有：坚固耐用、施工快速、简洁轻巧、灵活多样、经济合理。

该法主要用于下列工程：钢筋焊接点断裂加固，施工中漏放钢筋加固，混凝土强度等级达不到提高结构强度加固，加层抗震加固，阳台根部断裂加固，牛腿接点加固，悬挂式吊车梁提高荷载加固，楼面荷载集中力加固，火灾后梁柱混凝土烧坏加固，混凝土柱子牛腿断裂加固，桥式吊车梁加固，薄腹梁断裂加固，爆炸冲击波破坏梁体加固，提高楼面荷载加固，屋架梁下弦腐蚀严重露筋加固，断梁加固，截柱加固，减震加固，梁柱受化学腐蚀的粘钢加固，旧房改造综合加固，生命线建筑物抗震加固等（图14.2.1.3）。

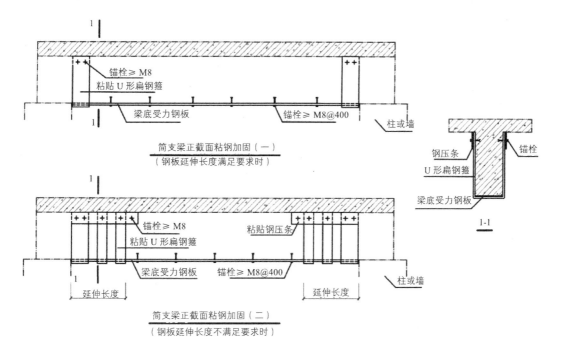

图14.2.1.3　粘贴钢板法

14.2.1.4 粘贴纤维加固法

粘贴碳纤维结构加固技术是指采用高性能胶粘剂将碳纤维布粘贴在建筑结构构件表面，使两者共同工作，提高结构构件的（抗弯、抗剪）承载能力，由此而达到对建筑物进行加固、补强的目的，粘贴碳纤维结构加固技术适用于钢筋混凝土受弯、轴心受压、大偏心受压及受拉构件的加固。因为纤维增强复合材仅适合于承受拉应力作用，而小偏心受压构件的纵向受拉钢筋达不到屈服强度，采用粘贴纤维复合材将造成材料的极大浪费，因此，对小偏心受压构件，应建议采用其他合适的方法加固，本方法不适用于素混凝土构件，包括纵向受力钢筋一侧配筋率小于 0.2% 的构件加固。

规范规定：被加固的混凝土结构构件，其现场实测混凝土强度等级不得低于 C15，且混凝土表面的正拉粘结强度不得低于 1.5MPa。在实际工程中，经常会遇到原结构的混凝土强度低于现行设计规范规定的最低强度等级的情况，如果原结构混凝土强度过低，它与纤维复合材的粘结强度也必然会很低，易发生呈脆性的剥离破坏。此时，纤维复合材不能充分发挥作用，因此规定了被加固结构、构件的混凝土强度等级，以及混凝土与纤维复合材正拉粘结强度的最低要求。

采用纤维复合材对钢筋混凝土结构进行加固时，应采取措施卸除或大部分卸除作用在结构上的活荷载，其目的是减少二次受力的影响，亦即降低纤维复合材的滞后应变，使得加固后的结构能充分利用纤维材料的强度。当被加固构件的表面有防火要求时，应按现行国家标准《建筑设计防火规范》GB 50016 规定的耐火等级及耐火极限要求，对纤维复合材进行防护，这是因为粘贴纤维复合材的胶粘剂一般是可燃的。

使用碳纤维布加固具有以下优点：①强度高（强度约为普通钢材的 10 倍），效果好；②加固后能大大提高结构的耐腐蚀性及耐久性；③自重轻（约 200 g/m），基本不增加结构自重及截面尺寸，柔性好，易于裁剪，适用范围广；④施工简便（不需大型施工机械及周转材料），易于操作，经济性好；⑤施工工期短。因此，碳纤维结构加固技术在混凝土结构方面已广泛应用（图 14.2.1.4）。

目前的研究结果表明，要使得碳纤维加固法发挥其加固效果，必须保证加固材料和原构件有足够的锚固措施，需严格保证施工质量，这对施工人员提出了较高的要求。另外，对碳纤维材料施加预应力使得其材料强度的利用率进一步提高。

14.2.1.5 绕丝加固法

本方法适用于提高钢筋混凝土柱的位移延性加固。绕丝法因限于构造条件，其约束作用不如螺旋式间接钢筋。在高强混凝土中，其约束作用更是显著下降。所以，采用绕丝法时，原构件按现场检测结果推定的混凝土强度等级不应低于 C10 级，但也不得高于 C50 级；若柱的截面为方形，其长边尺寸 h 与短边尺寸 b 之比，应不大于 1.5，当绕丝的构造符合《混凝土结构加固设计规范》GB 50367—2013 的规定时，采用绕丝法加固的构件可按整体截面进行计算。

　　绕丝加固法能够显著地提高钢筋混凝土构件的斜截面承载力，另外由于绕丝引起的约束混凝土作用，还能提高轴心受压构件的正截面承载力。不过从实用的角度来说，绕丝的效果虽然可靠（特别是机械绕丝），但对受压构件使用阶段的承载力提高的增量不大，因此，在工程上仅用于提高钢筋混凝土柱位移延性的加固（图 14.2.1.5）。

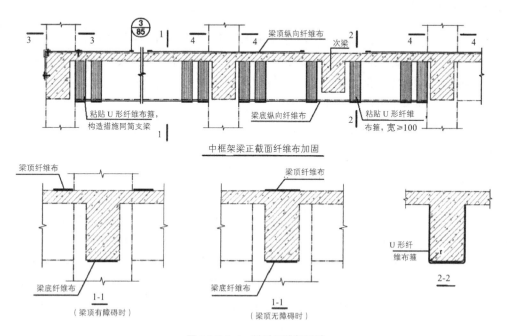

图 14.2.1.4　粘贴纤维加固法

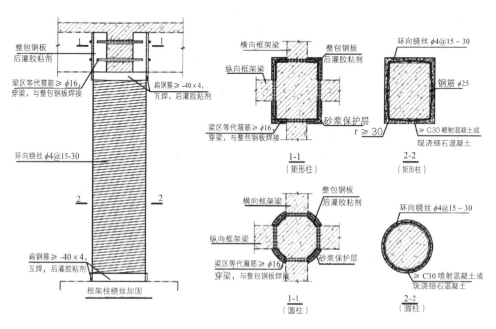

图 14.2.1.5　绕丝加固法

14.2.2 加固技术

与结构加固方法配套使用的相关技术种类很多，主要有植筋技术、锚栓技术、裂缝修补技术、阻锈技术、喷射混凝土技术等。

14.2.2.1 植筋技术

近年来，混凝土新技术和新材料在工程改建和加固中普遍开始应用，植筋技术是一种新型的钢筋混凝土结构加固改造技术，它是在需连接的旧混凝土构件上根据结构的受力转点，确定钢筋的数量、规格、位置，在旧构件上经过钻孔、清孔、注入植筋胶粘剂，再插入所需钢筋，使钢筋与混凝土通过结构胶粘结在一起，然后浇筑新混凝土，从而完成新旧钢筋混凝土的有效连接，达到共同作用、整体受力的目的。作为一种新型的加固技术，它不仅具有施工方便、工作面小、工作效率高的特点，而且还具有适应性强、适用范围广、锚固结构的整体性能良好、价格低廉等优点。因此，植筋技术被广泛应用于建筑结构加固及混凝土的补强工程中。

由于在钢筋混凝土结构上植筋锚固已不必再进行大量的开凿挖洞，而只需在植筋部位钻孔后，利用化学锚固剂作为钢筋与混凝土的胶粘剂就能保证钢筋与混凝土的良好粘结，从而减轻对原有结构构件的损伤，也减少了加固改造工程的工程量；又因植筋胶对钢筋的锚固作用不是靠锚筋与基材的胀压与摩擦产生的力，而是利用其自身粘结材料的锚固力，使锚杆与基材有效地锚固在一起、产生的粘结强度与机械咬合力来承受受拉荷载，当植筋达到一定的锚固深度后，植入的钢筋就具有很强的抗拔力，从而保证了锚固强度。

实际工程中，由于建筑功能改变，承受荷载增加或者因质量事故等原因，使原结构构件，如梁、板、柱、墙等承载力不足；或因布局改变，要新增梁、板、柱和墙，要扩大断面新增钢筋等，采用钻孔植筋技术能取得格外简捷的效果。

14.2.2.2 锚栓技术

锚栓是由头部和螺杆两部分组成的一类紧固件，需与螺母配合使用，用于紧固连接两个带有通孔的零件，是将被连接件锚固到已硬化的混凝土基材上的锚固组件。轻质混凝结构的锚栓锚固，应采用适应其材性的专用锚栓。目前市场上有不同品牌和功能的国内外产品可供选择。严重风化的混凝土结构不能作为锚栓锚固的基材，但若必须使用锚栓，应先对被锚固的构件进行混凝土置换，然后再植入锚栓，才能起到承载作用。建筑锚栓按其工作原理及构造可分为：膨胀锚栓、扩孔型锚栓和粘结型锚栓。

膨胀锚栓是利用膨胀锥与套筒的相对位移，促使套筒膨胀，与混凝土孔壁产生膨胀挤压力，并通过剪切摩擦作用产生抗拔力，实现对固定件的锚固。膨胀锚栓按套筒膨胀方式的不同可分为：扭矩控制式锚栓和位移控制式锚栓。

扩孔型锚栓是通过钻孔底部混凝土的扩孔，利用扩孔后形成的混凝土斜面与锚栓膨胀锥之间的机械互锁，实现对结构固定件的锚固。扩孔型锚栓锚固力的产生主要是膨胀锥与混凝土锥孔间的直接压力，而不单是间接膨胀摩擦力，因此，膨胀挤压力较小。扩孔型锚栓按扩孔方式的不同可分为：预扩孔普通锚栓和自扩孔专用锚栓。

粘结型锚栓是通过特制的化学粘结剂，将螺杆及内螺纹管胶结固定于混凝土基材钻孔中，通过粘结剂与锚栓及粘结剂与混凝土孔壁间的粘结与锁键作用，实现对固定件的锚固。

混凝土结构采用锚栓技术时，其混凝土强度等级，对重要构件不应低于C25级；对一般构件不应低于C20级，主要是为了保证承载的安全。

在抗震设防区的结构中，以及直接承受动力荷载的构件中，不得使用膨胀锚栓作为承重结构的连接件。当在抗震设防区承重结构中使用锚栓时，应采用后扩底锚栓或特殊倒铁形胶粘型锚栓，且仅允许用于设防烈度不高于8度且建于Ⅰ、Ⅱ类场地的建筑物。用于抗震设防区承重结构或承受动力作用的锚栓，其性能应通过现行行业标准《混凝土用膨胀型、扩孔型建筑锚栓》JG 160的低周期反复荷载作用或疲劳荷载作用的检验。承重结构锚栓连接的设计计算，应采用开裂混凝土的假定；不得考虑非开裂混凝土对其承载力的提高作用。

14.2.2.3　裂缝修补技术

裂缝对混凝土建筑的危害主要表现在结构耐久性和正常使用功能的降低。裂缝的存在及超限会引起钢筋锈蚀，降低结构使用年限；裂缝对建筑正常使用功能的影响，主要是降低了结构的防水性能和气密性，影响建筑美观，给人们造成一种不安全的精神压力和心理负担。裂缝危害性大小与裂缝性状、结构功能要求、环境条件及结构抗腐蚀能力有关。

（1）混凝土结构的裂缝按其形态可分为静止裂缝、活动裂缝、尚在发展的裂缝三类。

1）静止裂缝：尺寸和数量均已稳定不再发展的裂缝。修补时，仅需依裂缝粗细选择修补材料和方法。

2）活动裂缝：在现有环境和工作条件下始终不能保持稳定、易随着结构构件的受力、变形或环境温度、湿度的变化而时张、时闭的裂缝。修补时，应先消除其成因，并观察一段时间，确认已稳定后，再按静止裂缝的处理方法修补；若不能完全消除其成因，但可确认对结构、构件的安全性不构成危害时，可使用具有弹性和柔韧性的材料进行修补，并根据裂缝特点确定修补时机。

3）尚在发展的裂缝：长度、宽度或数量尚在发展，但经历一段时间后将会终止的裂缝。对此类裂缝应待其停止发展后，再进行修补或加固。

（2）混凝土结构裂缝修补方法，主要有表面封闭法、注射法、压力注浆法和填充密封法，分别适用于不同情况。应根据裂缝成因、性状、宽度、深度、裂缝是否稳定、钢筋是否锈蚀以及修补目的的不同对症选用。

1）表面封闭法：利用混凝土表层微细独立裂缝（裂缝宽度 $W \leqslant 0.2$mm）或网状裂纹的毛细作用吸收低黏度且具有良好渗透性的修补胶液，封闭裂缝通道。对楼板和其他需要防渗的部位，尚可在混凝土表面粘贴纤维复合材料以增强封护作用。

2）注射法：以一定的压力将低黏度、高强度的裂缝修补胶液注入裂缝腔内。此方法适合于 $0.1mm \leqslant W \leqslant 1.5mm$ 静止的独立裂缝、贯穿性裂缝以及蜂窝状局部缺陷的补强和封闭。注射前，应按产品说明书的规定，对裂缝周边进行密封。

3）压力注浆法：在一定时间内，以较高压力（按产品使用说明书确定）将修补裂缝用的注浆料压入裂缝腔内。此法适用于处理大型结构贯穿性裂缝、大体积混凝土的蜂窝状严重缺陷以及深而蜿蜒的裂缝。

4）填充密封法：在构件表面沿裂缝走向骑缝凿出槽深和槽宽分别不小于 20mm 和 15mm 的 V 形沟槽，然后用改性环氧树脂或弹性填缝材料充填，并粘贴纤维复合材附加约束。此法适用于处理 $W \geqslant 0.5mm$ 的活动裂缝和静止裂缝。填充完毕后，其表面应做防护层。

14.2.2.4 阻锈技术

既有混凝土结构中钢筋的防锈与锈蚀损坏的修复所使用的阻锈剂分为掺加型和渗透型两类。掺加型是将阻锈剂掺入混凝土或砂浆中使用，适用于局部混凝土缺陷及钢筋锈蚀的修补处理。渗透型，亦称喷涂型，是直接将阻锈剂喷涂或涂刷在病害混凝土表面或局部剔凿后的混凝土表面。

混凝土结构钢筋的防锈，宜采用喷涂型阻锈剂。承重构件应采用烷氧基类或氨基类喷涂型阻锈剂。对掺加氯盐、使用除冰盐和海砂以及受海水侵蚀的混凝土承重结构加固时，必须采用有效的阻锈剂，并在构造上采取措施进行补救。

14.2.2.5 喷射混凝土技术

喷射混凝土是利用压缩空气将混凝土喷射到指定部位结构表面的一种混凝土浇筑技术，分为干喷与湿喷，我国目前主要采用干喷。优点是施工简便，不用支模，与基层的粘结力强，密实度高，费用较低。缺点是设备复杂，技术要求较高。适用于旧房改造、结构加固及非平面结构等薄壁层（30～80mm）混凝土浇筑，宜用于墙、板类构件。

水泥应优先采用硅酸盐或普通硅酸盐水泥，强度等级应不低于 32.5 级。石子应采用坚硬耐久性好的卵石或碎石，粒径不应大于 12mm，宜采用连续级配；当掺入短纤维材料时，粒径不应大于 10mm。水质要求与普通混凝土相同。

喷射混凝土的配合比宜通过试配试喷确定，其强度应符合设计要求，且应满足节约水泥、回弹量少、黏附性好等要求。喷射混凝土终凝 2h 后，应喷水养护；养护时间不得少于 14d。气温低于 + 5℃时，不得喷水养护。

第15章 工程制图、钢筋平法识图

15.1 工程制图

15.1.1 建筑制图国家标准

采用《房屋建筑制图统一标准》GB/T 50001—2017。

15.1.2 纸幅面及格式（表 15.1.2、图 15.1.2）

纸幅面及格式 表 15.1.2

幅面代号 尺寸代号	A0	A1	A2	A3	A4
$b \times l$	841×1189	594×841	420×594	297×420	210×297
c	10			5	
a	25				

注：表中 b 为幅面短边尺寸，i 为幅面长边尺寸，c 为图框线与幅面线间宽度，a 为图框线与装订边间宽度。

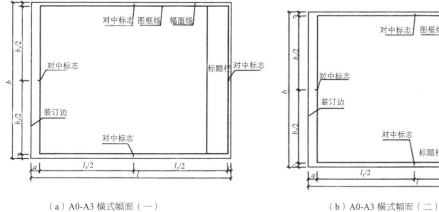

（a）A0-A3 横式幅面（一）

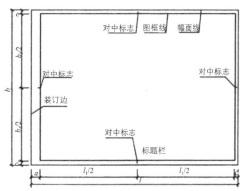

（b）A0-A3 横式幅面（二）

图 15.1.2（一）

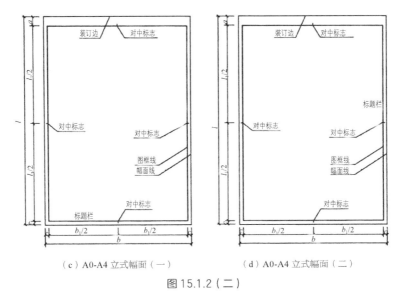

（c）A0-A4 立式幅面（一）　　　　　（d）A0-A4 立式幅面（二）

图 15.1.2（二）

15.1.3　比例

图样中形体的线性尺寸与实际形体相应要素的线性尺寸之比称为比例。绘图所用的比例应根据图样的用途与被绘对象的复杂程度，从表 15.1.3 中选用，并应优先采用表中常用比例。

绘图所用的比例　　　　　　　　　　　　　　　　表 15.1.3

常用比例	1:1、1:2、1:5、1:10、1:20、1:30、1:50、1:100、1:150、1:200、1:500、1:1000、1:2000
可用比例	1:3、1:4、1:6、1:15、1:25、1:40、1:60、1:80、1:250、1:300、1:400、1:600、1:5000、1:10000、1:20000、1:50000、1:100000、1:200000

15.1.4　字体

（1）图纸上所需书写的文字、数字或符号等，均应笔画清晰、字体端正、排列整齐；标点符号应清楚正确。文字的字高，应从表 15.1.4-1 中选用。字高大于 10mm 的文字宜采用 True type 字体，如需书写更大的字，其高度应按 $\sqrt{2}$ 的倍数递增。

文字的字高（mm）　　　　　　　　　　　　　　表 15.1.4-1

字体种类	汉字矢量字体	Truc type 字体及非汉字矢量字体
字高	3、5、5、7、10、14、20	3、4、6、8、10、14、20

（2）图样及说明中的汉字，宜优先采用 True type 字体中的宋体字型，采用矢量字体时应为长仿宋体字型。同一图纸字体种类不应超过两种。矢量字体的宽高比宜为 0.7，且应符合表 15.1.4-2 的规定，打印线宽宜为 0.25～0.35mm；True type 字体宽高比宜为 1。大标题、图册封面、地形图等的汉字，也可书写成其他字体，但应易于辨认，其宽高

比宜为 1。

长仿宋字高宽关系（mm） 表 15.1.4-2

字高	3.5	5	7	10	14	20
字宽	2.5	3.5	5	7	10	14

15.1.5 图线

图线的基本线宽 b，宜按照图纸比例及图纸性质从 1.4mm、1.0mm、0.7mm、0.5mm 线宽系列中选取。每个图样，应根据复杂程度与比例大小，先选定基本线宽 b，再选用表 15.1.5-1 中相应的线宽组与图 15.1.5-2 中相应的图线。

线宽组（mm） 表 15.1.5-1

线宽比	线宽组			
b	1.4	1.0	0.7	0.5
$0.7b$	1.0	0.7	0.5	0.35
$0.5b$	0.7	0.5	0.35	0.25
$0.25b$	0.35	0.25	0.18	0.13

注：1. 需要缩微的图纸，不宜采用 0.18mm 及更细的线宽。

2. 同一张图纸内，各不同线宽中的细线，可统一采用较细的线宽组的细线。

图线（mm） 表 15.1.5-2

名称		线型	线宽	用途
实线	粗		b	主要可见轮廓线
	中粗		$0.7b$	可见轮廓线，变更云线
	中		$0.5b$	可见轮廓线，尺寸线
	细		$0.25b$	图例填充线，家具线
虚线	粗		b	见各有关专业制图标准
	中粗		$0.7b$	不可见轮廓线
	中		$0.5b$	不可见轮廓线，图例线
	细		$0.25b$	图例填充线，家具线
单点长画线	粗		b	见各有关专业制图标准
	中		$0.5b$	见各有关专业制图标准
	细		$0.25b$	中心线、对称线、轴线等
双点长画线	粗		b	见各有关专业制图标准
	中		$0.5b$	见各有关专业制图标准
	细		$0.25b$	假想轮廓线、成型前原始轮廓线

名称		线型	线宽	用途
折断线	细	——⌒——	0.25b	断开界线
波浪线	细	〜〜〜	0.25b	断开界线

15.1.6 常用建筑材料图例（表15.1.6）

常用建筑材料图例 表15.1.6

序号	名称	图例	备注
1	自然土壤		包括各种自然土壤
2	夯实土壤		—
3	砂、灰土		—
4	砂砾石、碎砖三合土		—
5	石材		—
6	毛石		—
7	实心砖、多孔砖		包括普通砖、多孔砖、混凝土砖等砌体
8	耐火砖		包括耐酸砖等砌体
9	空心砖、空心砌块		包括空心砖、普通或轻骨料混凝土小型空心砌块等砌体
10	加气混凝土		包括加气混凝土砌块砌体、加气混凝土墙板及加气混凝土材料制品等
11	饰面砖		包括铺地砖、玻璃马赛克、陶瓷锦砖、人造大理石等
12	焦渣、矿渣		包括与水泥、石灰等混合而成的材料
13	混凝土		（1）包括各种强度等级、骨料、添加剂的混凝土 （2）在剖面图上绘制表达钢筋时，则不需要绘制图例线 （3）断面图形较小，不易绘制表达图例线时，可填黑或深灰（灰度宜70%）
14	钢筋混凝土		
15	多孔材料		包括水泥珍珠岩、沥青珍珠岩、泡沫混凝土、软木、蛭石制品等

续表

序号	名称	图例	备注
16	纤维材料		包括矿棉、岩棉、玻璃棉、麻丝、木丝板、纤维板等
17	泡沫塑料材料		包括聚苯乙烯、聚乙烯、聚氨酯等多聚合物类材料
18	木材		（1）上图为横断面，左上图为垫木、木砖或木龙骨 （2）下图为纵断面
19	胶合板		应注明为 X 层胶合板
20	石膏板		包括圆孔或方孔石膏板、防水石膏板、硅钙板、防火石膏板等
21	金属		（1）包括各种金属 （2）图形较小时，可填黑或深灰（灰度宜70%）
22	网状材料		（1）包括金属、塑料网状材料 （2）应注明具体材料名称
23	液体		应注明具体液体名称
24	玻璃		包括平板玻璃、磨砂玻璃、夹丝玻璃、钢化玻璃、中空玻璃、夹层玻璃、镀膜玻璃等
25	橡胶		—
26	塑料		包括各种软、硬塑料及有机玻璃等
27	防水材料		构造层次多或绘制比例大时，采用上面的图例
28	粉刷		本图例采用较稀的点

注：1. 本表中所列图例通常在 1 ： 50 及以上比例的详图中绘制表达。

2. 如需表达砖、砌块等砌体墙的承重情况时，可通过在原有建筑材料图例上增加填灰等方式进行区分，灰度宜为25%左右。

3. 序号1、2、5、7、8、14、15、21图例中的斜线、短斜线、交叉线等均为45°。

15.1.7 尺寸标注

（1）图样上的尺寸，应包括尺寸界线、尺寸线、尺寸起止符号和尺寸数字（图 15.1.7-1）。

图 15.1.7-1　尺寸标准

（2）尺寸界线应用细实线绘制，应与被注长度垂直，其一端应离开图样轮廓线不小于 2mm，另一端宜超出尺寸线 2~3mm。图样轮廓线可用作尺寸界线（图 15.1.7-2）。

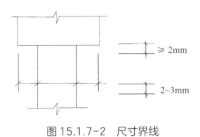

图 15.1.7-2　尺寸界线

（3）尺寸线应用细实线绘制，应与被注长度平行，两端宜以尺寸界线为边界，也可超出尺寸界线 2~3mm。图样本身的任何图线均不得用作尺寸线。

（4）尺寸起止符号用中粗斜短线绘制，其倾斜方向应与尺寸界线成顺时针 45°角，长度宜为 2~3mm。轴测图中用小圆点表示尺寸起止符号，小圆点直径 1mm（图 15.1.7-3a）。半径、直径、角度与弧长的尺寸起止符号，宜用箭头表示，箭头宽度 b 不宜小于 1mm（图 15.1.7-3 b）。

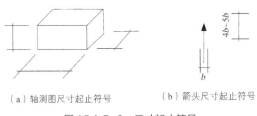

（a）轴测图尺寸起止符号　　　　　　（b）箭头尺寸起止符号

图 15.1.7-3　尺寸起止符号

15.2　钢筋平法识图

（1）柱平法施工图列表注写方式示例（图 15.2-1）

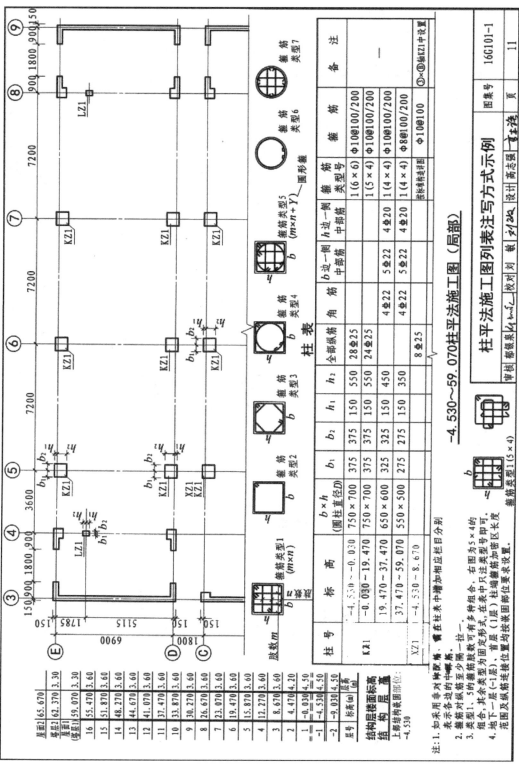

图 15.2-1

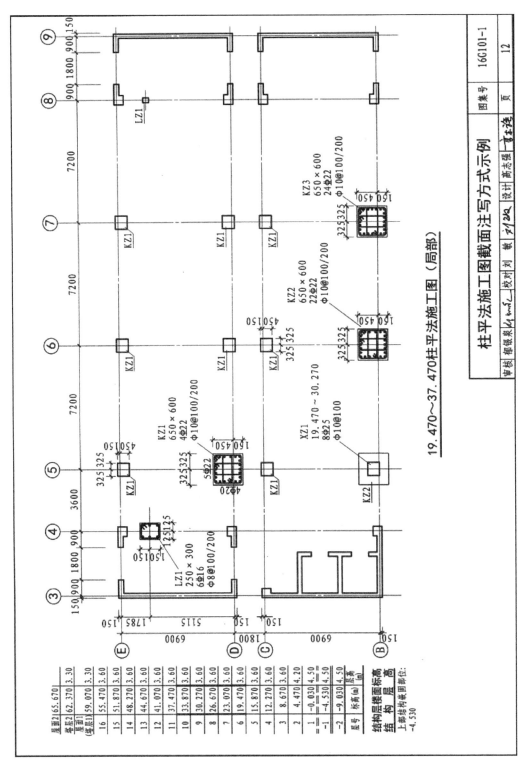

房屋安全鉴定培训教材

（2）柱平法施工图截面注写方式示例（图 15.2-2）

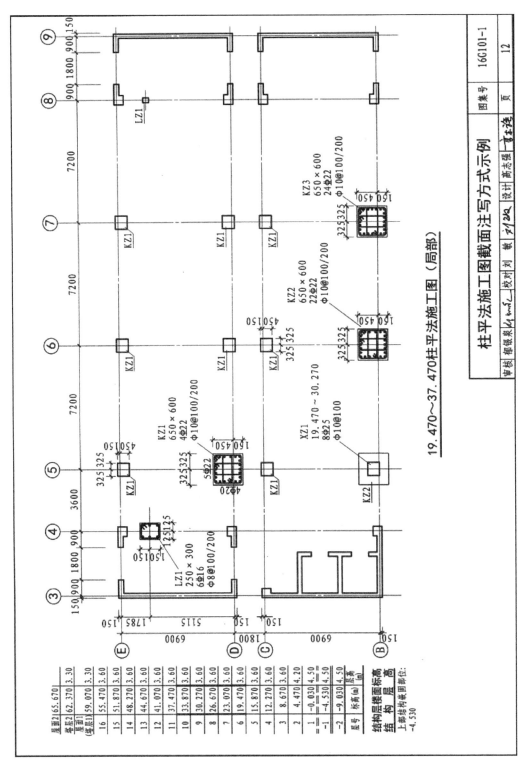

图 15.2-2

320

（3）剪力墙平法施工图列表注写方式示例（图 15.2-3）

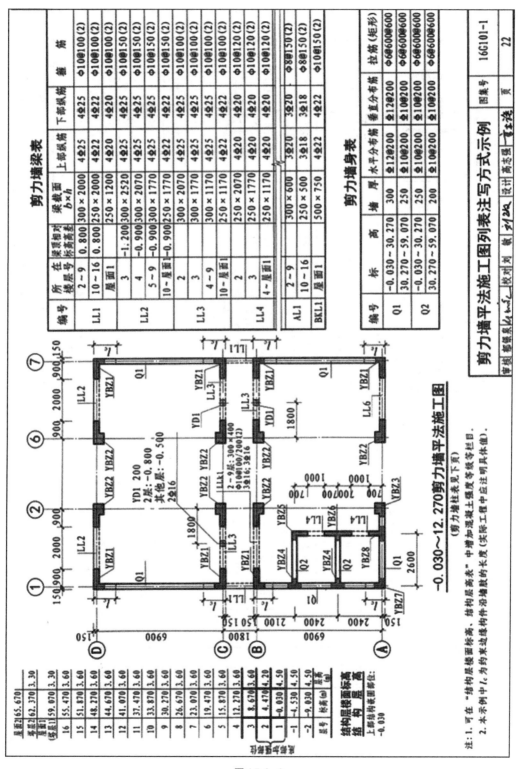

图 15.2-3

（4）剪力墙平法施工图列表注写方式示例（图 15.2-4）

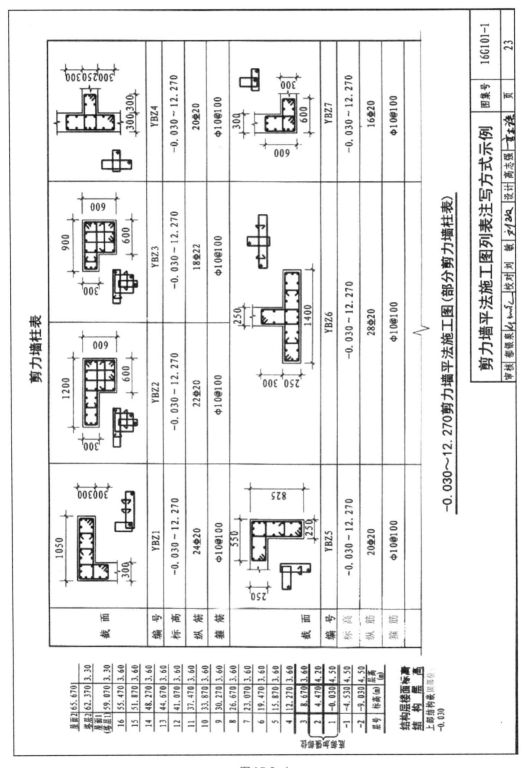

图 15.2-4

（5）剪力墙平法施工图截面注写方式示例（图 15.2-5）

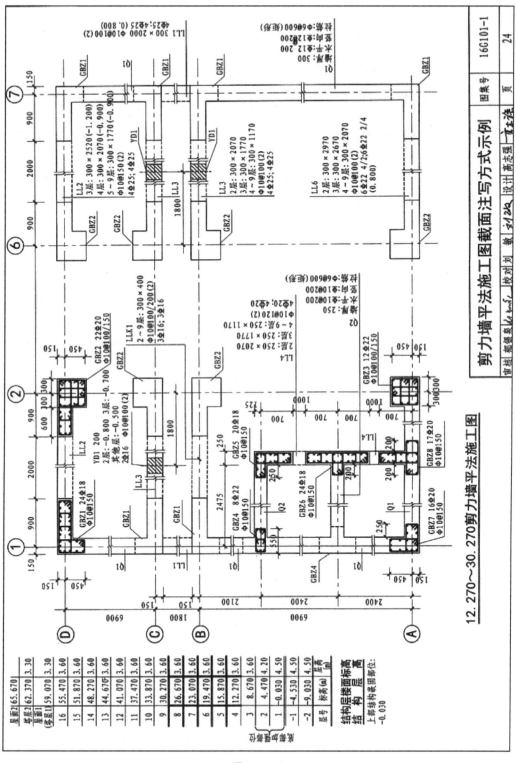

图 15.2-5

（6）梁平法施工图平面注写方式示例（图 15.2-6）

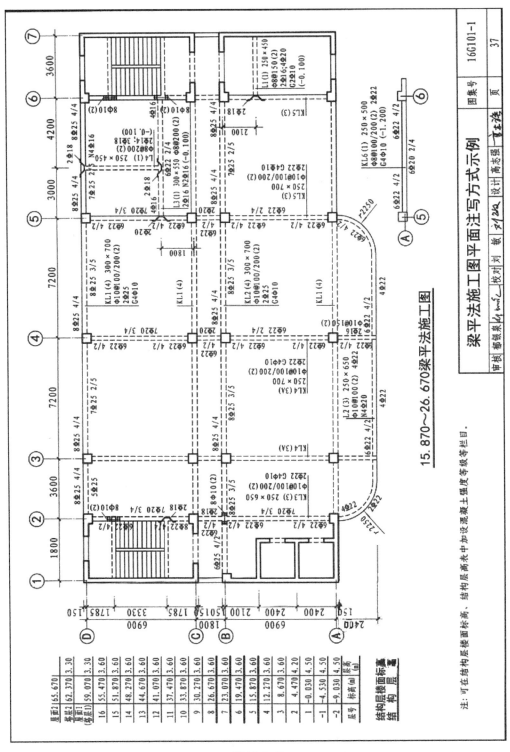

图 15.2-6

（7）独立基础法施工图平面注写方式示例（图15.2-7）

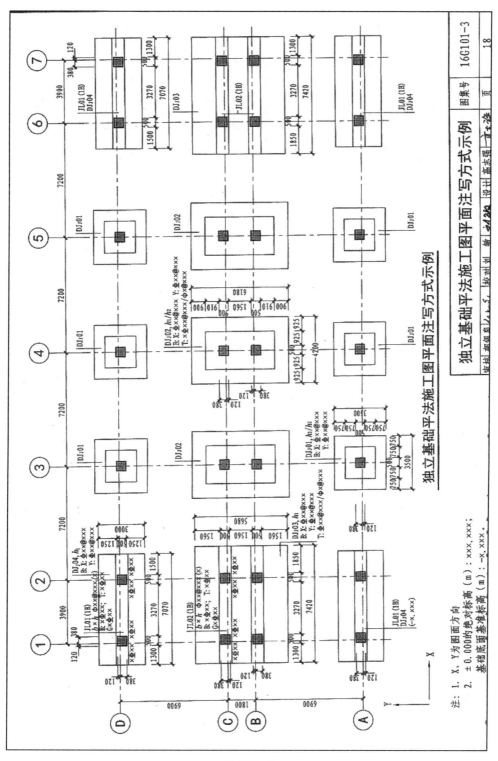

图15.2-7

（8）条形基础法施工图平面注写方式示例（图 15.2-8）

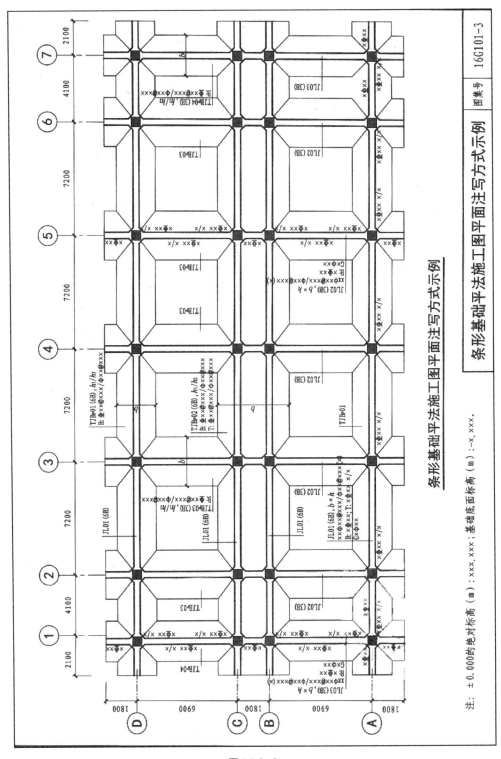

图 15.2-8

（9）梁板式筏形基础平板 LPB 标注图示（图 15.2-9）

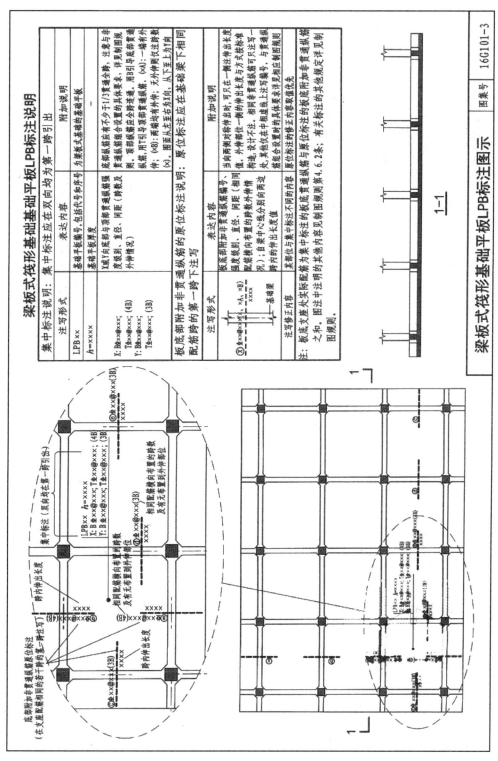

图 15.2-9

（10）平板式筏形基础平板 BPB 标注图示（图 15.2-10）

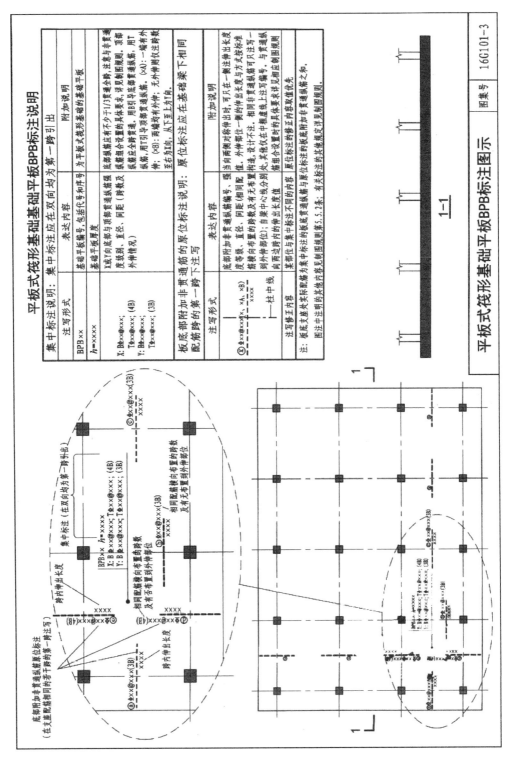

图 15.2-10

第四篇

资质认定及管理

第16章 房屋安全鉴定机构管理体系

16.1 机构

（1）房屋安全鉴定机构应为法律实体，或者为某个法律实体的明确部分，该实体应对其全部鉴定活动承担法律责任。如果房屋安全鉴定机构是一个法律实体的一部分，该实体还从事鉴定以外的其他活动，房屋安全鉴定机构在该实体中应可识别。房屋安全鉴定机构应有充分的措施（例如保险或风险储备金），以承担经营鉴定业务产生的责任风险。房屋安全鉴定机构应制定文件描述其提供鉴定服务的合同条件。

如《广州市房屋使用安全管理规定》（广州市人民政府令第164号）第二十三条 房屋使用安全鉴定单位应当具备至少一名国家注册结构工程师、专业设施设备和经营场所等条件，并向区房屋行政主管部门备案，提交下列信息：

（一）营业执照信息；

（二）法定代表人和技术人员身份信息；

（三）技术人员资格证信息；

（四）专业设施设备、经营场所证明等信息。

房屋使用安全鉴定单位备案信息发生变更的，房屋使用安全鉴定单位应当在备案信息变更之日起20个工作日内办理备案信息变更。

房屋使用安全鉴定单位对备案信息的真实性、准确性、完整性负责。

（2）房屋安全鉴定机构的组织和管理应能确保其保持开展鉴定业务所需的能力。房屋安全鉴定机构应明确组织内的职责和汇报架构并形成文件。

（3）房屋安全鉴定机构应从结构和管理上保障鉴定活动的公正性。鉴定活动应公正地实施。房屋安全鉴定机构应对其鉴定活动的公正性负责，且不应允许来自商业、财务或其他方面的压力影响其公正性。房屋安全鉴定机构应持续不断地识别其公正性的风险。这些风险可能源于其自身的活动、各种关系，或者源于其工作人员的关系。然而，这些关系并不一定都会对房屋安全鉴定机构的公正性产生风险。如果房屋安全鉴定机构识别出公正性的某类风险，则机构应能够证明其如何消除或将此类风险降至最低。房屋安全鉴定机构应有最高管理者对公正性的承诺。

（4）房屋安全鉴定机构应通过具有法律效力的承诺，对在实施鉴定活动中获得或产生的所有信息承担管理责任。房屋安全鉴定机构应将拟在公开场合发布的信息事先通知客户。除非是客户公开的信息或房屋安全鉴定机构和客户达成了一致（如：对投诉

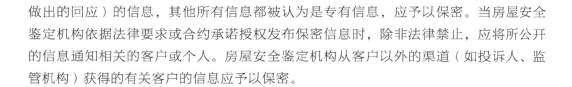

做出的回应）的信息，其他所有信息都被认为是专有信息，应予以保密。当房屋安全鉴定机构依据法律要求或合约承诺授权发布保密信息时，除非法律禁止，应将所公开的信息通知相关的客户或个人。房屋安全鉴定机构从客户以外的渠道（如投诉人、监管机构）获得的有关客户的信息应予以保密。

16.2　人员

（1）房屋安全鉴定机构应规定所有与鉴定活动相关的人员的能力要求，包括教育、培训、技术知识、技能和经验，并形成文件。

（2）房屋安全鉴定机构应雇用或签约足够的人员，这些人员应具有从事鉴定活动的类型、范围和工作量所需的能力，需要时，还应包括专业判断能力。

如《广州市房屋使用安全管理规定》（广州市人民政府令第 164 号）第二十四条 进行房屋使用安全鉴定，应当有二名以上房屋使用安全鉴定人员参加；对特别复杂的鉴定项目，房屋使用安全鉴定单位可以另外聘请专业人员或者邀请有关部门派员参与鉴定。

任何单位或者个人不得阻挠、干扰房屋使用安全鉴定。

（3）负责鉴定的人员应具备与所执行的鉴定相适当的资格、培训、经验和符合要求的知识。

（4）房屋安全鉴定机构应让每一个人清楚他们的职能职责、责任和权限。

（5）房屋安全鉴定机构应有形成文件的程序，用于鉴定员以及其他与鉴定活动相关的人员的选择、培训、正式授权和监督。

（6）形成文件的培训程序，应分为以下阶段：

1）上岗培训阶段；

2）在资深鉴定员指导下的实习工作阶段；

3）与技术和鉴定方法发展同步的持续培训阶段。

（7）所需的培训应取决于每个鉴定员以及其他与鉴定活动相关的人员的能力、资格和经验，也取决于监督的结果。

（8）熟悉鉴定方法和程序的人员应监督所有鉴定人员以及其他涉及鉴定活动的人员，以确保鉴定活动符合要求。监督结果应作为识别培训需求的一种方式。

基于鉴定活动的特性，监督可包括下列方法的组合，如现场观察、报告复核、面谈、模拟鉴定以及其他评价被监督人员表现的方法。

（9）应对所有鉴定员安排现场观察，除非有足够支持性证据表明该鉴定员是持续胜任的。现场观察应以尽量减少对鉴定的干扰的方式实施，尤其是从客户的角度。

（10）房屋安全鉴定机构应保存涉及鉴定活动的每个人员的监督、教育、培训、技术知识、技能、经验和授权的记录。

（11）不应以影响鉴定结果的方式向涉及鉴定活动的人员支付薪酬。

（12）可能影响鉴定活动的房屋安全鉴定机构所有人员，无论内部人员或外部人员，应行为公正。

（13）除法律要求以外，房屋安全鉴定机构的所有人员，包括分包方、外部机构的人员、代表房屋安全鉴定机构工作的个人，应对鉴定活动中获得或产生的所有信息保密。

（14）房屋安全鉴定机构应有一名或一名以上技术负责人，对确保按照本标准的要求开展鉴定活动全面负责。担任该职位的人，应具备运作房屋安全鉴定机构的技术能力和工作经验，并持有一级注册结构工程师证书。房屋安全鉴定机构应指定一名或多名人员在技术负责人缺席时代理其职责，负责鉴定活动的持续进行。

（15）房屋安全鉴定机构应有针对组织内涉及鉴定活动的每个岗位的岗位描述或相关文件。

（16）房屋安全鉴定机构的最高管理者应在管理层指定一名人员，无论该成员在其他方面的职责如何，应使其具有以下方面的职责和权力：

1）确保管理体系所需的过程和程序得到建立、实施和保持；

2）向最高管理者报告管理体系的绩效和任何改进的需求。

16.3 场所环境

（1）房屋安全鉴定机构应有固定的场所，上述场所应满足相关法律法规、标准或技术规范的要求。

（2）房屋安全鉴定机构在固定场所以外进行鉴定或抽样时，提出相应的控制要求，以确保环境条件满足鉴定标准或技术规范的要求。

（3）房屋安全鉴定机构应建立和保持鉴定场所良好的内务管理程序，该程序应考虑安全和环境的因素。

16.4 设备设施

16.4.1 设备设施的配备

鉴定机构应有可获得的、适宜的、充足的设施和设备，以胜任及安全的方式开展与鉴定活动相关的一切活动。

房屋安全鉴定机构无须是其使用的设施或设备的拥有者。设施和设备可以是借用的、租用的、雇用的、租赁的或由其他机构（如设备的制造者或安装者）提供的。但鉴定所用设备的适用性和校准状态的责任，无论设备是否为房屋安全鉴定机构拥有，均应由房屋安全鉴定机构独立承担。

应记录与设备（包括软件）相关的信息，通常包含标识信息，适当时，包含校准和维护的信息。房屋安全鉴定机构应确保设施和设备用于预期用途时的持续适宜性。

16.4.2 设备控制

房屋安全鉴定机构应界定所有对鉴定结果有显著影响的设备，适当时，应有唯一识别。

16.4.3 设备维护

房屋安全鉴定机构应按照形成文件的程序和作业指导书，对所有设备进行维护。

16.4.4 计算机软件

房屋安全鉴定机构使用了与鉴定活动相关的计算机软件，应确保计算机软件是适用的；使用前的运算确认相关硬件或软件的定期再确认；相关硬件或软件改变后的再确认；需要时的软件升级。

16.4.5 故障处理

房屋安全鉴定机构应制定处置缺陷设备的程序文件。缺陷设备应停用，并隔离、做明显的标识或标记。房屋安全鉴定机构应鉴定缺陷设备对之前鉴定的影响，必要时，采取适当的纠正措施。

16.5 管理体系

16.5.1 总则

房屋安全鉴定机构的最高管理者应制定和保持满足本标准的政策和目标并形成文件，且应确保该政策和目标在房屋安全鉴定机构组织的各级人员中能够得到理解和执行。房屋安全鉴定机构管理体系应包括：管理体系文件（如手册、政策、职责界定）；文件控制；记录控制；管理评审；内部审核；纠正措施；预防措施；投诉和申诉。最高管理者应对建立与实施管理体系的承诺和持续符合本标准的有效性提供证据。满足本标准要求的所有相关文件、过程、体系、记录等应被包括、引用或链接至管理体系文件。所有涉及鉴定活动的人员应获得适用其职责的相关管理体系文件和信息。

16.5.2 方针目标

房屋安全鉴定机构应阐明质量方针，制定质量目标，并在管理评审时予以评审。

16.5.3 文件控制

房屋安全鉴定机构应建立程序，以控制使本标准得到满足的相关文件（内部或外部）。该程序应规定以下控制要求：

（1）文件发布前得到批准，以确保文件是充分与适宜的；

（2）必要时，对文件进行评审与更新，并再次批准；

（3）确保文件的更改和现行修订状态得到识别；

（4）确保在使用处可获得有关版本的适用文件；

（5）确保文件保持清晰、易于识别；

（6）确保外来文件得到识别，并控制其分发；

（7）防止作废文件的非预期使用，如果出于某种目的而保留作废文件，对这些文件进行适当标识。

16.5.4 合同评审

房屋安全鉴定机构应建立和保持评审客户要求、标书、合同的程序。对要求、标书、合同的偏离、变更应征得客户同意并通知相关人员。当客户要求出具的鉴定报告中包含对标准或规范的符合性声明时，房屋安全鉴定机构应有相应的判定规则。若标准或规范不包含判定规则内容，房屋安全鉴定机构选择的判定规则应与客户沟通并得到同意。

16.5.5 分包

通常情况下，房屋安全鉴定机构应自行执行合同任务。当房屋安全鉴定机构分包鉴定工作的任何一部分时，应确保并能够证明该分包方有能力承担相应的活动，适当时，应符合本标准或其他相关要求中有关要求的规定。

分包的原因一般有：检验检测活动；复杂结构的分析计算；超出了房屋安全鉴定机构的能力或资源。

房屋安全鉴定机构应向客户说明其将某一部分鉴定工作分包的意图。当鉴定工作的一部分由分包方完成时，确定该鉴定工作是否符合要求的责任仍应由房屋安全鉴定机构承担。房屋安全鉴定机构应记录和保留对分包方能力的详细调查记录，以及分包方符合本标准或其他相关要求的适用要求的详细调查结果。房屋安全鉴定机构应维持所有分包方名录。

16.5.6 采购

房屋安全鉴定机构应建立和保持选择和购买对鉴定质量有影响的服务和供应品的程序，明确服务、供应品、消耗材料等的购买、验收、存储的要求，并保存对供应商的评价记录。

16.5.7 服务客户

房屋安全鉴定机构应建立和保持服务客户的程序，包括：保持与客户沟通，对客户进行服务满意度调查跟踪客户的需求，以及允许客户或其代表合理进入为其鉴定的相关区域观察。

16.5.8 投诉和申诉

房屋安全鉴定机构应建立对投诉和申诉的接收、评价和做出决定的过程，并形成文件。在有要求时，对处理投诉和申诉的过程的描述应可为任何相关方获得。接到投诉，房屋安全鉴定机构应确认投诉是否与其负责的鉴定活动相关，如果相关，则应进行处理。房屋安全鉴定机构应对在投诉和申诉处理过程中各个层次的所有决定负责。申诉的调查和决定不应引起任何歧视性行为。

处理投诉和申诉的过程应至少包括以下要素和方法：

（1）对投诉和申诉的接收、确认、调查以及决定采取何种应对措施的过程描述；

（2）跟踪并记录投诉和申诉，包括解决投诉和申诉而采取的措施；

（3）确保采取适宜的措施。

接收投诉或申诉的房屋安全鉴定机构应负责收集并验证所有必要的信息，以便确认该投诉或申诉是否有效。只要可能，房屋安全鉴定机构应告知投诉人或申诉人已收到投诉或申诉，并向其提供有关处理进程的报告和处理结果。对送交投诉人或申诉人的决定，应由申诉或投诉所涉及的鉴定活动无关的人员做出，或对其审查和批准。只要可能，房屋安全鉴定机构应将投诉和申诉处理过程的结果正式通知给投诉人或申诉人。

16.5.9　纠正措施

房屋安全鉴定机构应建立程序，识别和管理其运作中的不符合。需要时，房屋安全鉴定机构还应采取措施消除不符合的原因以防止再发生。纠正措施应与所发现问题的影响程度相适应。该程序应规定以下要求：

（1）识别不符合；

（2）确定不符合的原因；

（3）纠正不符合；

（4）评价确保不符合不再发生的措施需求；

（5）确定并及时实施所需措施；

（6）记录所采取措施的结果；

（7）评审纠正措施的有效性。

16.5.10　预防措施

房屋安全鉴定机构应建立程序，以采取预防措施消除导致潜在不符合产生的原因。所采取预防措施应与潜在问题的可能影响程度相适应。预防措施程序应规定以下要求：

（1）识别潜在的不符合及其原因；

（2）评价防止不符合发生的措施的需求；

（3）确定和实施所需的措施；

（4）记录所采取措施的结果；

（5）评审采取的预防措施的有效性。

16.5.11　记录控制

房屋安全鉴定机构应建立程序，以规定与实施记录所需的控制，包括识别、贮存、保护、检索、处置及保存期限。房屋安全鉴定机构应建立程序，以明确与其合同、法律责任相一致的记录保存期限。对这些记录的获取应与保密安排相一致。

房屋安全鉴定机构应保持一个记录体系以表明有效执行鉴定程序且能够对鉴定活

动进行评价。鉴定报告或证书在内部应能追溯到实施该项鉴定的鉴定员。

16.5.12　内部审核

房屋安全鉴定机构应建立内部审核程序，以验证其满足本标准要求，并验证其管理体系得以有效实施和保持。房屋安全鉴定机构应以计划和系统的方式定期实施覆盖全部程序的内部审核，以验证管理体系的有效实施。内部审核应至少每12个月进行一次。依据管理体系的可证实的有效性和稳定性，内部审核的频率可进行调整。房屋安全鉴定机构应确保：

（1）内部审核由熟悉鉴定、审核和本标准要求的具备资格的人员实施；

（2）审核员不应审核自己的工作；

（3）将审核结果告知被审核区域的负责人；

（4）根据内部审核结果及时采取适当的措施；

（5）识别所有改进的机会；

（6）将审核结果形成文件。

16.5.13　管理评审

房屋安全鉴定机构最高管理者应建立程序，按计划的时间间隔对管理体系进行评审，以确保其持续适用性、充分性和有效性。评审应包括声明满足本标准有关的政策和目标。此类评审应至少每年进行一次。或者，分成几部分进行的一次完整的评审（滚动式评审）应在12个月内完成。应保留评审记录。管理评审输入应包括以下相关信息：

（1）内部和外部审核的结果；

（2）与满足本标准有关的客户和相关方的反馈；

（3）预防和纠正措施的状态；

（4）以往管理评审的跟踪措施；

（5）目标的完成情况；

（6）可能影响管理体系的变更；

（7）申诉和投诉。

评审输出应包括以下相关决定和措施：

（1）管理体系和过程有效性的改进；

（2）房屋安全鉴定机构满足相关的改进；

（3）资源需求。

16.5.14　鉴定方法和程序

房屋安全鉴定机构应根据所实施的鉴定活动，使用要求中规定的鉴定方法和程序。如果房屋安全鉴定机构认为客户建议的鉴定方法不合适时，应通知客户。

进行鉴定所依据的要求通常在法规、标准、规范、鉴定方案或合同中规定，规范可能包括客户或内部要求。

当缺少形成文件的指导书可能影响鉴定过程的有效性时，房屋安全鉴定机构应制定和使用针对鉴定计划、抽样和鉴定技术方面形成文件的指导书。

房屋安全鉴定机构应将与工作有关的所有指导书、标准或书面程序、工作表格、鉴定表和参考数据保持现行有效并便于员工获得。

房屋安全鉴定机构应有合同或工作指令控制体系，以确保：

（1）在其专业能力范围内从事工作，并有充分的资源来满足要求；

（2）应充分明确客户对房屋安全鉴定机构服务提出的要求，并能正确理解其特殊条件，以确保向负责实施的人员下达明确的指令；

（3）通过定期复核和采取纠正措施，使工作处于受控状态；

（4）满足合同或工作指令的要求。

当房屋安全鉴定机构使用任何其他方提供的信息作为房屋安全鉴定机构做出符合性决定的一部分，应验证该信息的完整性。

应及时记录鉴定过程中获得的观测资料和数据，以防丢失有关信息。

计算和数据传递应予以适当的核查。

房屋安全鉴定机构应有安全实施鉴定的文件化指导书。

16.5.15　数据信息管理

房屋安全鉴定机构应获得鉴定活动所需的数据和信息，并对其信息管理系统进行有效管理。房屋安全鉴定机构应对计算和数据转移进行系统和适当地检查。当利用计算机对鉴定数据进行采集、处理、记录、报告、存储或检索时，房屋安全鉴定机构应建立和保持数据完整性、正确性和保密性的保护程序，定期维护计算机，保持其功能正常。

16.5.16　抽样和样品的处置

房屋安全鉴定机构为后续的检验检测或计算分析，需要对物质、材料或产品进行抽样时，应建立和保持抽样控制程序。抽样计划应根据适当的统计方法制定，抽样应确保检验检测结果的有效性。当客户对抽样程序有偏离的要求时，应予以详细记录，同时告知相关人员。如果客户要求的偏离影响到检验检测结果，应在报告、证书中做出声明。房屋安全鉴定机构应使样品可以被唯一性识别，以避免混淆。

16.5.17　鉴定报告

房屋安全鉴定机构完成的工作应包含在可追溯的鉴定报告中。鉴定报告应正确、准确、清晰表述，应包括以下内容：

（1）签发机构的标识、获授权人员的签名；

（2）唯一性标识、鉴定日期和签发日期；

（3）建筑物概况；

（4）鉴定目的和依据、鉴定类别的标识；

（5）鉴定情况；

（6）适用时的符合性声明；

（7）鉴定结论。

鉴定报告中可包括下列可选要素：

（1）客户的标识；

（2）识别或简述所使用的鉴定方法和程序，并应说明与认定的方法和程序的偏离、扩展或排除使用；

（3）测量、检测所用设备的标识；

（4）适用时，如果在鉴定方法或程序中没有规定，应指出所用抽样方法或对抽样方法进行描述，以及抽样地点、抽样时间、抽样方案、抽样人的有关信息；

（5）鉴定结果只针对预定工作、鉴定项目的声明；

（6）不得部分复制鉴定报告的声明；

（7）鉴定员的标记或签章；

（8）实施鉴定工作人员的名字，如果未使用电子授权的话，还应有签名；

（9）图纸资料调查；

（10）结构检测情况；

（11）结构承载力验算；

（12）处理建议；

（13）附件。

当鉴定报告中包含分包方提供的结果时，这些结果应可明确识别。

鉴定报告签发后，若有更正或增补应予以记录。修订的报告应标明所代替的报告或证书，并注以唯一性标识。

当用电话、传真或其他电子或电磁方式传送鉴定结果时，应满足本标准对数据控制的要求。鉴定报告或证书的格式应设计为适用于所进行的各种鉴定类型，并尽量减小产生误解或误用的可能性。

如《广州市房屋使用安全管理规定》（广州市人民政府令第164号）第二十五条 房屋使用安全鉴定单位应当按照业务规范和标准开展鉴定活动，制作鉴定报告并及时送达鉴定委托人，同时将鉴定报告上传至房屋使用安全动态信息管理系统。

房屋使用安全鉴定报告应当由国家注册结构工程师签章；涉及结构实体检测的，应当由经过相应计量认证的单位出具检测数据。

房屋使用安全鉴定单位对其出具的鉴定报告的真实性和准确性负责。

房屋使用安全鉴定单位应当建立并保管房屋使用安全鉴定业务档案。

16.5.18 记录与保存

房屋安全鉴定机构应对鉴定原始记录、报告、证书归档留存，保证其具有可追溯性。鉴定原始记录、报告、证书的保存期限宜为20年。

《关于印发房屋安全鉴定项目资料管理指引的通知》（穗房鉴协字〔2020〕010号）对报告归档做了较为具体的规定。

第 17 章　资质认定概论

资质认定制度最早始于 1985 年，经过 30 多年的发展，这项我国检验检测市场的准入制度由最初的产品质量检验机构计量认证制度演变为检验检测机构资质认定制度。作为一项行政许可，检验检测机构资质认定制度正向着"简政放权，放管结合，优化服务"的方向不断改革发展。下面从产品质量检验机构计量认证，产品质量监督检验机构审查认可（验收），实验室和检验机构认可，检验检测机构资质认定，检验检测机构资质认定的评审过程五个方面做简要介绍。

17.1　产品质量检验机构计量认证

20 世纪 80 年代初，改革开放使我们社会经济建设发生了巨大变化，计划经济时期造成的"短缺经济"被改革开放后的"供需平衡""供过于求"所代替，市场上也出现了假冒伪劣产品。

为了对产品的质量监督抽查及检验、仲裁，1985 年公布了《中华人民共和国计量法》，这是我国检验检测机构市场的早期主要准入制度。"第二十二条　为社会提供公证数据的产品质量检验机构，必须经省级以上人民政府计量行政部门对其计量检定、测试的能力和可靠性考核合格。"

1987 年，国务院发布《中华人民共和国计量法实施细则》，将产品质量检验机构的考核称之为"计量认证"。"第二十九条　为社会提供公证数据的产品质量检验机构，必须经省级以上人民政府计量行政部门计量认证。""第三十条　产品质量检验机构计量认证的内容：（一）计量检定、测试设备的性能；（二）计量检定、测试设备的工作环境和人员的操作技能；（三）保证量值统一、准确的措施及检测数据公正可靠的管理制度。"

1987 年，国家计量局计量认证办公室印发了《计量认证标志和标志的使用说明》，其中规定了 CMA 的含义，分别由英文 China Metrology Accreditation 三个词的第一个字母组成，意为"中国计量认证"。

1987 年，国家计量局发布了《产品质量检验机构计量认证管理办法》。明确了计量认证的内容、管理、程序、监督等内容。

1990 年，国家技术监督局批准了《产品质量检验机构计量认证技术考核规范》JJG 1021—1990，俗称"50 条"，规定了对"人、机、料、法、环、测"6 方面 50 条考核。

2000 年，国家质量技术监督局发布《产品质量检验机构计量认证 / 审查认可（验收）

评审准则（试行）》，实施统一的评审标准。

17.2 产品质量监督检验机构审查认可（验收）

1988 年实施《中华人民共和国标准化法》，第十九条规定：县级以上政府标准化行政主管部门，可以根据需要设置检验机构，或者授权其他单位的检验机构，对产品是否符合标准进行检验。

1990 年实施《中华人民共和国标准化法实施条例》。"第二十九条　县级以上人民政府标准化行政主管部门，可以根据需要设置检验机构，或者授权其他单位的检验机构，对产品是否符合标准进行检验和承担其他标准实施的监督检验任务。"检验机构的设置应当合理布局，充分利用现有力量。国家检验机构由国务院标准化行政主管部门会同国务院有关行政主管部门规划、审查。地方检验机构由省、自治区、直辖市人民政府标准化行政主管部门会同省级有关行政主管部门规划、审查。处理有关产品是否符合标准的争议，以本条规定的检验机构的检验数据为准。

1990 年，国家技术监督局印发《关于印发"国家质检中心"、"地方质检站"、"质检所"审查认可和验收细则的通知》（计监监发〔1990〕34 号）（俗称"39 条"）。

1993 年实施《中华人民共和国产品质量法》第十九条　产品质量检验机构必须具备相应的检测条件和能力，经省级以上人民政府产品质量监督部门或者其授权的部门考核合格后，方可承担产品质量检验工作。法律、行政法规对产品质量检验机构另有规定的，依照有关法律、行政法规的规定执行。

《中华人民共和国产品质量法条文释义》（技监局法函〔1993〕345 号印发）中规定：建设工程不适用于本法。产品质量检验机构是指县级以上人民政府产品质量监督管理部门依法设置和依法授权的、为社会提供公正数据的产品质量检验机构。

1994 年，国家技术监督局印发《关于产品质量检验机构考核合格符合的通知》（计监监函〔1994〕35 号），规定考核合格符号 CAL。

2000 年，国家质量技术监督局印发《关于发送〈产品质量检验机构计量认证 / 审查认可（验收）评审准则〉（试行）的通知》（质技监认函〔2000〕046 号），将"50 条"和"39 条"进行了统一。

17.3 实验室和检验机构认可

我国认可工作始于 20 世纪 90 年代初，目前是由国家认监委批准设立并授权的中国合格评定国家认可委员会（简称 CNAS）开展。根据《中华人民共和国认证认可条例》（国务院令第 390 号）的规定，CNAS 统一负责对认证机构、实验室和检验机构等相关机构实施认可工作。

认证，是指由认证机构证明产品、服务、管理体系符合相关技术规范、相关技术规范的强制性要求或者标准的合格评定活动。

认可，是指由认可机构对认证机构、检查机构、实验室以及从事评审、审核等认证活动人员的能力和执业资格，予以承认的合格评定活动。

CNAS 依据法律法规和《合格评定 认可机构要求》GB/T 27011—2019、《检测和校准实验室能力的通用要求》GB/T 27025—2019、《合格评定 各类检验机构的运作要求》GB/T 27020—2016 等标准为准则开展认可活动。

CNAS 签署了 12 项国际互认协议，包括质量管理体系认证、环境管理体系认证、食品安全管理体系认证、产品认证机构认可国际互认协议、检测实验室、校准实验室、医学实验室、标准物质生产者、能力验证提供者，检验机构认可国际互认协议、协议范围覆盖全球 70 个经济体的认可机构，这些经济体占全球经济总量的 95% 以上。认可国际互认为我国检验检测认证机构走向世界搭起了沟通的桥梁，搭建了信任的平台。

17.4 检验检测机构资质认定

2001 年，国家认证认可监督管理委员会成立，产品质量检验机构计量认证、审查认可（验收）职能划转到国家认监委。

2003 年，国务院公布《中华人民共和国认证认可条例》（国务院令第 390 号），第十六条 向社会出具具有证明作用的数据和结果的检查机构、实验室，应当具备有关法律、行政法规规定的基本条件和能力，并依法经认定后，方可从事相应活动，认定结果由国务院认证认可监督管理部门公布。

2006 年，国家质量监督检验检疫总局发布《实验室和检查机构资质认定管理办法》（总局令第 86 号），1987 年《产品质量检验机构计量认证管理办法》同时废止。

2006 年，国家认监委印发了《实验室资质认定评审准则》（国认实函〔2006〕141号）。2000 年发布的《关于发送〈产品质量检验机构计量认证 / 审查认可（验收）评审准则〉（试行）的通知》（质技监认函〔2000〕046 号）同时废止。

2015 年，国家质量监督检验检疫总局发布了《检验检测机构资质认定管理办法》（总局令第 163 号）。第三条规定，检验检测机构从事下列活动，应当取得资质认定：

（一）为司法机关作出的裁决出具具有证明作用的数据、结果的；

（二）为行政机关作出的行政决定出具具有证明作用的数据、结果的；

（三）为仲裁机构作出的仲裁决定出具具有证明作用的数据、结果的；

（四）为社会经济、公益活动出具具有证明作用的数据、结果的；

（五）其他法律法规规定应当取得资质认定的。

2015 年，《国家认监委关于印发检验检测机构资质认定配套工作程序和技术要求的通知》（国认实〔2015〕50 号）印发了，并附 15 份配套工作程序和技术要求：

1：检验检测机构资质认定 公正性和保密性要求

2：检验检测机构资质认定 专业技术评价机构基本要求

3：检验检测机构资质认定 评审员管理要求

4：检验检测机构资质认定 标志及其使用要求

5：检验检测机构资质认定 证书及其使用要求

6：检验检测机构资质认定 检验检测专用章使用要求

7：检验检测机构资质认定 分类监管实施意见

8：检验检测机构资质认定 评审工作程序

9：检验检测机构资质认定 评审准则

10：检验检测机构资质认定 刑事技术机构评审补充要求

11：检验检测机构资质认定 司法鉴定机构评审补充要求

12：检验检测机构资质认定 许可公示表

13：检验检测机构资质认定 申请书

14：检验检测机构资质认定 评审报告

15：检验检测机构资质认定 审批表

相关文件自发布之日起试行，试行期一年。其中黑色加粗部分仍现行有效。

2016 年，国家认监委关于印发《检验检测机构资质认定评审准则》及释义和《检验检测机构资质认定评审员管理要求》的通知（国认实〔2016〕33 号）。经试行及修订，正式印发了《检验检测机构资质认定评审准则》《检验检测机构资质认定评审准则及释义》和《检验检测机构资质认定评审员管理要求》等 3 份文件。

2017 年，《国家认监委关于印发检验检测机构资质认定相关配套文件的通知》（国认实〔2017〕10 号）。正式印发了《检验检测机构资质认定专业技术评价机构管理要求》及《检验检测机构资质认定申请书》《检验检测机构资质认定评审报告》《检验检测机构资质认定审核表》等文件。为确保新旧文件的有序过渡，本次印发文件自 2017 年 7 月 1 日正式施行。

2017 年，国家认监委发布了《检验检测机构资质认定能力评价 检验检测机构通用要求》RB/T 214—2017 及食品、医疗器械、机动车等专项要求文件。

2018 年，《国家认监委关于推进检验检测机构资质认定统一实施的通知》（国认实〔2018〕12 号），一、（三）3. 除国家认监委已发文修订或者以认证认可行业标准的形式发布的资质认定评审要求之外，《国家认监委关于印发检验检测机构资质认定配套工作程序和技术要求的通知》（国认实〔2015〕50 号）印发的相关附件继续执行。三、（三）规范检验检测报告和证书，未加盖资质认定标志（CMA）的检验检测报告、证书，不具有对社会的证明作用。检验检测机构接受相关业务委托，涉及未取得资质认定的项目，又需要对外出具检验检测报告、证书时，相关检验检测报告、证书不得加盖资质认定（CMA）标志，并应在报告显著位置注明"相关项目未取得资质认定，仅作为科研、教学或内部质量控制之用"或类似表述。

2018 年，《国家认监委关于检验检测机构资质认定工作采用相关认证认可行业标准的通知》（国认实〔2018〕28 号）一、使用下列认证认可行业标准作为相关领域检验检测机构的资质认定评审依据,检验检测机构资质认定评审继续遵循"通用要求＋特殊要求"的模式。（一）通用评审要求,《检验检测机构资质认定能力评价 检验检测机构通用要求》RB/T 214—2017，适用所有检验检测领域。二、使用《检验检测机构资质认定能力评价评审员管理要求》RB/T 213—2017 作为资质认定评审员管理依据。

2019 年，国家市场监管总局发布了《关于进一步推进检验检测机构资质认定改革工作的意见》（国市监检测〔2019〕206 号），主要改革措施规定，法律、法规未明确规定应当取得检验检测机构资质认定的，无需取得资质认定。对于仅从事科研、医学及保健、职业卫生技术评价服务、动植物检疫以及建设工程质量鉴定、房屋鉴定、消防设施维护保养检测等领域的机构，不再颁发资质认定证书。已取得资质认定证书的，有效期内不再受理相关资质认定事项申请，不再延续资质认定证书有效期。

2020 年，国务院办公厅发布了《国务院办公厅关于深化商事制度改革进一步为企业松绑减负激发企业活力的通知》（国办发〔2020〕29 号）中第（七）条，深化检验检测机构资质认定改革，将疫情防控期间远程评审等应急措施长效化。2021 年在全国范围内推行检验检测机构资质认定告知承诺制。全面推行检验检测机构资质认定网上审批，完善机构信息查询功能。

17.5　检验检测机构资质认定的评审过程

2015 年，国家质量监督检验检疫总局《检验检测机构资质认定管理办法》（总局令第 163 号）第十条　检验检测机构资质认定程序：

（一）申请资质认定的检验检测机构（以下简称申请人），应当向国家认监委或者省级资质认定部门（以下统称资质认定部门）提交书面申请和相关材料，并对其真实性负责。

（二）资质认定部门应当对申请人提交的书面申请和相关材料进行初审，自收到之日起 5 个工作日内作出受理或者不予受理的决定，并书面告知申请人。

（三）资质认定部门应当自受理申请之日起 45 个工作日内，依据检验检测机构资质认定基本规范、评审准则的要求，完成对申请人的技术评审。技术评审包括书面审查和现场评审。技术评审时间不计算在资质认定期限内，资质认定部门应当将技术评审时间书面告知申请人。由于申请人整改或者其他自身原因导致无法在规定时间内完成的情况除外。

（四）资质认定部门应当自收到技术评审结论之日起 20 个工作日内，作出是否准予许可的书面决定。准予许可的，自作出决定之日起 10 个工作日内，向申请人颁发资质认定证书。不予许可的，应当书面通知申请人，并说明理由。

技术评审包括书面审查和现场评审。书面审查包括变更审查和自我申明审查。当有下列情形之一的，检验检测机构应当向资质认定部门申请办理变更手续的书面审查。当机构名称、地址、法人性质发生变更的；法定代表人、最高管理者、技术负责人、检验检测报告授权签字人发生变更的；资质认定检验检测项目取消的；检验检测标准或者检验检测方法发生变更的；依法需要办理变更的其他事项。现场评审包括首次评审，变更评审，复查评审，其他评审。

评审组依据《检验检测机构资质认定管理办法》（总局令第 163 号），《检验检测机构资质认定能力评价 检验检测机构通用要求》RB/T 214—2017（以下简称《通用要求》）、检验检测技术标准规范等，按照评审计划到现场，对检验检测机构的基本条件和技术能力是否符合要求进行审查和考核。

17.5.1 预备会议（评审组长组织）

（1）评审组长声明评审工作的公正、客观、保密要求；

（2）说明本次评审的目的、范围和依据；

（3）介绍检验检测机构文件审查情况；

（4）明确现场评审要求，统一有关判定原则；

（5）听取评审组成员有关工作建议，解答评审组成员提出的疑问；

（6）明确评审组成员的分工和职责，并向评审组成员提供相应评审文件及现场评审表格；

（7）确定现场评审日程表；

（8）需要时，要求检验检测机构提供与评审相关的补充材料；

（9）需要时，组长对评审员／技术专家进行简短的培训及评审经验交流。

17.5.2 首次会议

（1）主持人：评审组长。

（2）参加人员：评审组全体成员，检验检测机构管理层、技术负责人、质量负责人、检验检测部门负责人及相关人员。

（3）会议内容：

1）介绍评审组成员及实验室人员情况；

2）评审组长宣读评审通知、明确评审相关事项及评审组成员分工、宣布评审的方法和程序；

3）强调评审的判定原则、重申工作纪律、作出保密承诺（介绍每个条款评审结果会对应 5 种结果中的一种；总体结论 4 种）；

4）明确事项：评审组的工作场所、联络人员、限制进入的区域及限制交谈人员；

5）实验室负责人介绍实验室概况及评审准备工作情况、其他需要说明的情况。

17.5.3 考察检验检测机构场所

首次会结束后，实地考察检验检测机构的相关办公、检验检测场所及设施。可采取提问、有目的的观察环境条件、仪器设备、检测设施是否符合检测要求等方式，收集与评审相关检验检测机构信息。

评审组现场考察时，所提的问题一般应由现场工作人员回答，不应由管理人员统一回答，并要作为对检测技术人员素质考核的内容。

现场参观应在评审日程表规定的时间内完成，防止陪同人员过细地介绍，拖延评审进度。评审员应将发现的情况记录下来。对一些特殊问题、特殊情况，评审组长可以派一名评审员及时追踪审核，其他人员继续现场观察。

17.5.4　管理体系考核

按照《检验检测机构资质认定能力评价 检验检测机构通用要求》，对管理体系及相关支持性文件的建立进行考核。

17.5.5　现场试验考核

检验检测机构是否使用合适的方法和程序来进行所有检测（包括抽样、样品接收和准备、样品处理、设备操作、数据处理、结果报告，以至于测量不确定度的测定、检测数据的分析和统计）。通过现场试验，考核人员的技术能力以及环境、设备等保证能力。

（1）选择考核项目

现场考核项目必须覆盖申请范围内每个领域，对产品分类的覆盖应达到 100%。总的考核技术参数应覆盖申请项目总参数的 30% ~ 50%（总参数：以不重复参数计）。

标准一般变更的产品、参数，被评审检验检测机构应提供检测报告等有效证明材料（确认记录或经历报告），评审组据此予以能力确认。以样品复测、人员比对、仪器比对的方式进行考核的参数覆盖一般应大于 15%，并选择主要性能技术参数。

填写《现场检验项目汇总表》的序号、产品/项目名称、参数名称应与《评审组确认的资质认定项目表》一致，以直接表示现场试验项目的覆盖程度。

（2）确定考核方式

可采取盲样试验、人员比对、仪器比对、见证试验和证书验证、提问相关人员的方式进行。样品复测、人员比对、仪器比对、见证试验应出具检测报告，报告验证可不出具检测报告，人员提问要做好记录。

1）样品复测/盲样试验

由评审组成员预先准备有数据的样品，或检验检测机构留样的样品由被评审检验检测机构再次检测和赋值，其误差或不确定度应在允许范围之内。

2）人员比对

不同人员依据同一标准、使用同一设备、对同一样品实施检验，检验的误差或不确定度应在允许范围之内。

3）仪器比对

同一人员依据同一标准、使用不同设备，对同一样品实施检验，检验的误差或不确定度应在允许范围之内。

4）见证试验

对不宜做盲样试验、人员比对、仪器比对的检验项目，可采取过程考核的方式，考核检验人员操作的熟练、正确程度。过程考核可分为全过程考核、部分过程考核、加速过程考核（对持续时间较长、不能在评审期间完成的检验项目，可采取加速过程考核方式）。

5）报告验证

对于复评审的项目。如果已对外出具过正式检测报告，在评审期间又无样品时，可以提供已出具的检测报告，在评审员的观察下，做设备的操作演示。

6）现场提问

现场提问是评价检验检测机构相关技术人员工作经验和检测技能的一种重要形式。

检验检测机构主要领导人、技术负责人、质量负责人、各质量管理岗位人员以及所有从事抽样、检测、报告签发和设备操作的技术人员均应接受现场提问。

提问可与现场参观、操作考核、查阅记录等活动结合进行，也可在座谈会、考核会等场合进行。

提问的内容包括：法律法规、通用要求、体系文件、检测技术标准、检验技术等方面的问题；也可以针对评审过程中发现的问题、尚不清楚的问题作跟踪性或澄清性提问。

对所提问的问题及回答情况应有相应的记录，以便做出客观合理的评审结论。

（3）评价现场试验

现场试验结束后，评审员应对试验的结果进行评价，评价的内容如下：a. 采用的检验标准是否正确；b. 样品的接收、登记、描述、放置、样品制备及处置是否规范；c. 环境设施和适宜程度；d. 检测设备、测试系统的调试、使用是否正确；e. 检测操作的熟练程度如何；f. 检验记录是否规范；g. 检验结果的表述是否准确、清晰、明了；h. 检验人员是否有相应的检测经验；i. 检验人员是否具备了相应的承担检验的能力。

（4）现场试验结果处理

在现场试验考核中，如果样品复测、人员比对、仪器比对的结果数据不合格，或与已知数据明显偏离，应认为该检验检测机构不具备该项检测能力，撤销相应的能力申请。现场考核项目的处理结果，应体现在《评审组意见》中。

17.5.6 查阅记录

（1）管理体系运行过程中产生的管理记录，以及检测过程中产生的技术记录是复现管理过程和检测过程的证据和载体。评审组要通过对各类记录的查证，评价管理体系运行的有效性，以及技术过程的规范性。

（2）对记录的查阅应注重以下问题：a. 档案管理是否适用、有效、符合受控要求，并有相应的资源保证；b. 检验检测机构管理体系运行记录是否齐全、科学，能否真实再现管理体系运行状况；c. 原始记录、报告或证书内容应合理，并有足够的信息；d. 记录做到清晰、准确，应包括影响检测结果的全部信息，如图表等形式；e. 记录的形成、修改、保管符合体系文件的管理要求。

（3）对抽查的原始记录、检验报告的评价结论应体现在《评审组意见》中。

17.5.7 填写现场评审记录

（1）对检验检测机构评审过程要记录在《现场评审检查表》中。评审员在依据《通用要求》对检验检测机构进行逐条评审的同时，要在《现场评审检查表》中逐条记录评审状况。评审结论分为"符合""基本符合""不符合""缺此项""不适用"五种，判定原则如下：a. 符合：体系文件中有正确的描述，并能提供有效的实施证明材料；b. 基本符合：体系文件中有正确的描述，但未能准确、规范、全面地予以实施；c. 不符合：

体系文件中有正确的描述，但尚未实施；d. 缺此项：《通用要求》中对检验检测机构适用的条款，但体系文件中无此条款的描述，亦未实施；e. 不适用：检验检测机构实际运作不涉及该条款。

（2）汇总讨论评审意见。当评审意见出现"基本符合""不符合"及"缺此项"时，应在"评审记录"栏内注明具体事实。对事实的描述应客观具体，不能以"不规范""不完善"等语句模糊、笼统地进行说明。应严格引用客观证据，并可追溯。例如观察到的事实、地点、当事人，涉及的文件号、证书或报告编号，有关文件内容，有关人员的陈述等；描述应尽量简单明了、注重事实、不加修饰。

17.5.8　召开现场座谈会

通过座谈会考核检验检测机构技术人员和管理人员的基础知识、了解检验检测机构人员对体系文件的理解程度、澄清现场观察中的一些问题、交流思想、统一认识。

（1）主持人：评审组长或组长授权的评审员。

（2）参加人员：评审组成员，检验检测机构各部门管理人员、内审员、监督人员、主要抽样人员、检验人员、检验检测机构新增人员参加。

（3）座谈会的内容：a. 对《通用要求》的理解；b. 对检验检测机构体系文件的理解；c.《通用要求》和体系文件在实际工作中的应用情况；d. 各岗位人员对其职责的理解；e. 各类人员应具备的专业知识（数据修约、法定计量单位、标准滴定溶液制备等）；f. 评审过程中发现的一些问题，以及需要与被评审方澄清的问题。

17.5.9　考核授权签字人

授权签字人是指检验检测机构提名（预先授权），经过资质认定部门或委托评审组考核合格，批准签发检测报告的责任人员。

（1）授权签字人的条件

a. 具备签字领域相应的工作经历；b. 熟悉或掌握有关仪器设备的检定/校准状态；c. 熟悉或掌握所承担签字领域的相应的技术标准方法；d. 熟悉检验检测机构管理和检测报告审核签发程序；e. 具备对检测结果作出相应评价的判断能力；f. 熟悉《通用要求》以及相关的法律法规、技术文件的要求；g. 具备《通用要求》规定的职称和学历条件。

（2）考核

由评审组长主持，评审组成员尽量全部参加。考核结束后，签发《授权签字人考核表》。

17.5.10　确认检验检测能力

（1）确认检验检测机构的检测能力

确认检验检测机构的检测能力是评审组进行现场评审的核心环节，每一名评审员都应严肃认真地评定检验检测机构的检测能力，为省质量技术监督局的行政许可提供真实可靠的技术保证。检测能力必须符合以下条件：a. 检测标准的选择。项目所依据的检测标准必须现行有效；项目所依据的国际标准应译成中文，依据外国标准立项时必须注明仅限委托检测；检验检测机构自制非标检测方法的认证（必须注明仅限委托检测），必须有充分的确认资料，否则不予立项；b.设施和环境。检测活动的作业空间、所需的设施、检测环境条件必须满足标准要求；c.仪器设备。检测所需要的全部设备的量程、准确度必须满足检测能力的支持要求；d.所有的测量值均应溯源到国家计量基准；e.所有的检测、抽样人员均能正确完成检测、抽样工作；f.能够通过现场试验、盲样测试证明相应的检测能力。

（2）确定检测能力时应注意的问题

a.检测能力要以现实的条件为依据，不能以许诺、推测或计划条件作为检测能力确认的依据；b.分包和临时借用设备的现场检验项目不能作为检测能力；c.确认检测能力时，一般情况下评审组仅按检验检测机构申请受理时所申请的范围进行确认，不得擅自增加或提示增加检测项目；d.检验检测机构不能提供检测标准、检验人员不具备相应的技能、无主要检验设备或检验设备配置不正确、环境条件不满足检验要求的，均按不具备检测能力处理，不留整改项；e.同一产品中只有部分满足检验要求的检验项目，应在"限制范围或说明"栏内一一注明限制范围。

17.5.11　填写《评审组确认的资质认定项目表》

（1）被确定的检测能力填写在《评审报告》的《评审组确认的资质认定项目表》中。

（2）按产品形式认定。当检验检测机构具备产品全部参数的检验能力且需要对产品是否合格作出检验结论时，应根据产品标准认证检测能力，具体填写示例如下：

（3）按参数形式认定。当只有参数标准，或产品的参数不能全检时，可根据参数标准认证检测能力，具体填写示例如下：注："限制范围或说明"栏内应填写如下内容：a.检验参数的限制：能检或不能检测的参数，选用最为简洁的方式填写，如："只检""……除外"；b.检验量程的限制，如：能测10kV以下；c.检验方法的限制，如：限用分光光度计法；d.对申请检测项目应用限制的说明，如："限特定委托方"等。

17.5.12　评审组内部沟通会

（1）评审期间，每天安排一段时间召开评审组内部会。交流当天的评审情况，讨论评审发现的问题，确定是否构成不符合项；评审组长了解评审工作进度，及时调整评审员的工作任务，组织、调控评审过程，并对评审员的一些疑难问题提出处理意见。

（2）评审结束前，安排一次沟通会，评审组长主持对评审情况进行汇总，确定评审通过的检测能力，提出不符合项和整改要求，形成评审意见并做好评审记录。

17.5.13　与检验检测机构沟通

（1）在形成评审组意见后，评审组长与被评审检验检测机构领导进行充分沟通，简要通报评审中发现的不符合项情况和评审结论意见，听取被评审检验检测机构的意见。

（2）对不符合项和基本符合项，如被评审检验检测机构提出异议并能出具充足证据，证明该条款符合要求，评审组确认后应撤销或修改该不符合项（或基本符合项）。若被

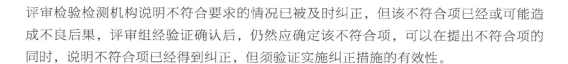

评审检验检测机构说明不符合要求的情况已被及时纠正，但该不符合项已经或可能造成不良后果，评审组经验证确认后，仍然应确定该不符合项，可以在提出不符合项的同时，说明不符合项已经得到纠正，但须验证实施纠正措施的有效性。

17.5.14　确定评审结论

按照《通用要求》的相关问题处理要求，评审结论分为"符合""基本符合""基本符合需现场复核""不符合"四种：

（1）"符合"是指，体系文件适应质量方针目标，管理体系运作符合体系文件的规定，即检验检测机构的人员条件、环境设施、仪器设备等基本能力及法律地位、体系管理等基本条件均不存在"不符合""基本符合""缺此项"；

（2）"不符合"是指，管理体系运行中，存在着区域性不符合或系统性不符合，或检验检测机构工作存在严重的违反国家有关法律法规规定的事实；

（3）"基本符合"是指，管理体系尚未构成区域性不符合或系统性不符合，存在的不符合内容的整改可以通过书面的形式见证；

（4）"基本符合需现场复核"是指，部分要素条款中的"不符合"项、"基本符合"项的整改有效性，不能通过文件的方式予以证明，必须通过现场的观察才能证实整改的完成。例如：整改项为"检测人员不能熟练操作检测设备"等。

17.5.15　形成评审报告

（1）评审组长负责撰写评审意见，评审意见主要内容包括：a.现场评审的依据（包括评审通知的文号及检验检测机构资质认定通用要求）；b.评审组人员组成；c.现场评审时间；d.评审对象、评审类型、评审范围；e.基本过程；f.对检验检测机构承担第三方检验公正性及体系运行有效性的评价；g.对人员素质、仪器设备、环境条件和检测报告的评价（要有详细的数据对比说明，特别是复审的检验检测机构，要将设备、人员、环境的变化情况以及撤销能力项目情况做清晰的交代）；h.对现场实验操作考核的评价（现场盲样操作是操作考核，不是引导式地完成现场操作形式检测报告。考核不合格的项目，相应的检测能力不能保留）；i.建议批准检验检测机构资质认定项目的数量及需要说明的其他问题；注：项目数量表述为：×××个产品（项目）及×××个产品（项目）中×××个参数以及×××个方法通过检验检测机构资质认定；每个项目中的参数重复累加；j.撤销项目、标准变更、撤换人员（技术负责人、授权签字人）的情况，并说明原因；k.不符合项及需要整改的问题；l.检验检测机构违规违法行为及事实描述；m.评审结论。

（2）《评审报告》属行政许可文书，必须使用省质量技术监督局规定的文本，所要求的项目不得短缺，有关人员应在相应的栏目内签字。

17.5.16　组织末次会议

（1）评审组长主持，评审组成员全部参加，被评审单位主要领导必须参加。

（2）末次会议内容：a.重申评审的目的、范围、依据；b.说明评审的局限性、时限性、抽样评审存在的风险性；c.评审情况和评审中发现的问题；d.宣读评审组意见和评审结论；e.对需整改项提出整改要求；f.被评审检验检测机构领导对评审结论发表意见并讲话；g.致谢并宣布现场评审工作结束。

17.5.17　整改的跟踪验证

现场评审结束后，检验检测机构在商定的时间内对评审组提出的不符合项内容进行整改，形成完整的整改文件报评审组长确认。

（1）对评审结论为"基本符合"的检验检测机构，应采取书面材料和证据评审的方式进行跟踪验证。

a.检验检测机构提交整改报告和相应的验证材料；b.评审组长根据见证材料确认整改是否有效，符合要求；当由于专业性问题组长不能判定是否符合要求时，应向当时负责专业评审的评审员征求意见；c.整改符合要求的，评审组长在整改报告书相应位置填写确认意见并签名，连同其他材料一并上报项目协调人（负责人）进行材料审查。

（2）对评审结论为"基本符合需现场复核"的检验检测机构，应采取现场检查的方式进行跟踪验证。

a.检验检测机构提交整改报告和相关验证材料；b.评审组长组织相关评审人员，对需整改的不符合内容进行现场检查，确认整改是否有效；c.整改有效、符合要求的，评审组长在整改报告书相应位置填写确认意见并签名，连同其他材料一并上报。

17.5.18　上报评审材料

评审组长在收到检验检测机构的整改材料后，应在5个工作日完成跟踪验证，向项目协调人（负责人）报送评审相关材料。

（1）评审组应提交如下评审材料：a.检验检测机构的申请材料；b.评审报告（含概况、评审结论、评审组意见、评审组确认的资质认定项目表、现场评审检查表、需整改项汇总表、现场检验项目汇总表、现场检验结果评价意见表、授权签字人考核表、授权签字人识别、评审组人员签字及联系方式）；c.现场考核所形成的报告（注：比对试验、盲样试验应提供比对分析报告）；d.整改报告书及验证材料；e.通过资质认定—×××项目表（一式两份）；通告；质量体系文件审查意见表；f.评审日程计划表；首、末次会议签到表；首、末次会议记录表；评审组长对评审员现场评审工作考核表；评审组长对评审员专业能力考核表。

（2）评审组长同时按要求在网上提交电子版评审材料。

（3）项目协调人（负责人）对评审组的材料进行审查，对满足完整性要求的予以接收，并在规定的时限内对评审材料进行全面审查，符合要求的上报省质监局，不符合要求的退回组长整改或经认评处批准后重新组织评审。

参考文献

[1] 斐刚.房屋建筑学[M].广州：华南理工大学出版社，2001.

[2] GB/T 50001—2017 房屋建筑制图统一标准.北京：中国建筑工业出版，2018.

[3] 16G101—1 国家标准设计图集.

[4] 16G101—3 国家标准设计图集.

[5] 何小菱，张卓然，黄小许，等.广州市房屋安全鉴定教材（内部使用）[Z].2013.

[6] 中国物业管理协会房屋安全鉴定委员会.房屋安全管理与鉴定（培训教材）[M].北京：中国建筑工业出版社，2018.

[7] 王赫.建筑工程质量事故分析（第二版）[M].北京：中国建筑工业出版社，1999.

[8] 卜良桃.《房屋裂缝检测与处理技术规程》解读与工程实例[M].北京：中国建筑工业出版社，2013.

[9] 袁海军，姜红.建筑结构检测鉴定与加固手册[M].北京：中国建筑工业出版社，2003.

[10] 江见鲸，王元清，龚晓南，等.建筑工程事故分析与处理（第三版）[M].北京：中国建筑工业出版社，2006.

[11] 冯乃谦，顾晴霞，郝挺宇.混凝土结构的裂缝与对策[M].北京：机械工业出版社，2006.

[12] 彭立新.《混凝土结构现场检测技术标准》理解与应用[M].北京：中国建筑工业出版社，2013.

[13] 房屋完损等级评定标准.城住字〔84〕第678号.

[14] 城市危险房屋管理规定.建设部2004年第129号令.

[15] JGJ 8—2016 建筑变形测量规范[S].北京：中国建筑工业出版社.

[16] JGJ 125—2016 危险房屋鉴定标准[S].北京：中国建筑工业出版社.

[17] GB 50292—2015 民用建筑可靠性鉴定标准[S].北京：中国建筑工业出版社.

[18] GB 50144—2019 工业建筑可靠性鉴定标准[S].北京：中国建筑工业出版社.

[19] GB 50023—2009 建筑抗震鉴定标准[S].北京：中国建筑工业出版社.

[20] T/CECS 252—2019 火灾后工程结构鉴定标准[S].北京：中国建筑工业出版社.

[21] DBJ 08—219—96 火灾后混凝土构件评定标准[S].

[22] GB/T 27020—2016 合格评定 各类检验机构的运作要求[S].北京：中国标准出版社，2016.

[23] RB/T 214—2017 检验检测机构资质认定能力评价 检验检测机构通用要求[S].北京：中国标准出版社，2018.

[24] 国家认证认可监督管理委员会.检验检测机构资质认定评审员教程[M].北京：中国标准出版社，2018.

[25] 龙驭球，包世华.结构力学教程[M].北京：高等教育出版社，2000.